普通高校"十四五"规划教材

嵌入式Linux操作系统原理与应用(第4版)

文全刚 主 编
张荣高 副主编

北京航空航天大学出版社

内容简介

本书主要内容分成3个部分：第一部分介绍嵌入式操作系统基础，包括第1章和第2章；第二部分介绍基于嵌入式Linux软件的开发，包括BootLoader、驱动程序的设计、内核的裁减和移植及应用程序的开发，本书的重点在于介绍应用程序的开发，这部分内容由第3～6章组成；第三部分是实验内容，包括第7章。相比旧版，本书更加注重实践操作部分，并对部分内容进行了整理、优化和改进。

本书非常适合于应用型本科生的教学，此外，对于嵌入式操作系统入门工程师来说，这本书也能满足他们的需要。

图书在版编目(CIP)数据

嵌入式Linux操作系统原理与应用 / 文全刚主编．--4版．--北京：北京航空航天大学出版社，2023.3

ISBN 978-7-5124-4053-1

Ⅰ.①嵌… Ⅱ.①文… Ⅲ.①Linux操作系统 Ⅳ.①TP316.85

中国国家版本馆CIP数据核字(2023)第035893号

嵌入式Linux操作系统原理与应用(第4版)

文全刚 主 编

张荣高 副主编

策划编辑 董立娟 责任编辑 董立娟

*

北京航空航天大学出版社出版发行

北京市海淀区学院路37号(邮编100191) http://www.buaapress.com.cn

发行部电话：(010)82317024 传真：(010)82328026

读者信箱：emsbook@buaacm.com.cn 邮购电话：(010)82316936

涿州市新华印刷有限公司印装 各地书店经销

*

开本：710×1000 1/16 印张：24.75 字数：527千字

2023年3月第4版 2023年3月第1次印刷 印数：2 000册

ISBN 978-7-5124-4053-1 定价：84.00元

若本书有倒页、脱页、缺页等印装质量问题，请与本社发行部联系调换。联系电话：(010)82317024

前　　言

随着物联网、云计算、5G 等战略性新兴产业的快速发展，嵌入式系统已逐渐成为新兴产业中的支撑技术，嵌入式 Linux 也得到了广泛应用。根据 IT 企业对嵌入式 Linux 研发相关岗位的需求，结合作者多年的教学实践和项目经验，本书在第 2 版的基础上对一些新技术进行了更新，在章节编排上注重实践操作部分，采用循序渐进、由浅入深的方法。

本书的主要内容分成 3 个部分：

第一部分　嵌入式 Linux 基础篇(第 1～2 章)

本篇主要内容包括嵌入式系统基础和 Linux 编程基础。介绍了 Linux 安装、设置、目录结构和文件；介绍了 Linux 命令、shell 编程和启动流程；从 Linux 下 C 语言开发工具入手，详细地讲解了 Linux 文件 I/O 编程、进程控制编程、进程间通信和多线程编程等。

第二部分　嵌入式 Linux 系统篇(第 3～6 章)

本篇主要内容包括嵌入式 Linux 开发环境、嵌入式系统引导代码、Linux 内核的裁减与移植、嵌入式文件系统移植、Linux 设备驱动程序开发、嵌入式应用程序设计、嵌入式数据库编程、嵌入式网络编程等。

第三部分　嵌入式 Linux 实验篇(第 7 章)

本篇主要内容包括嵌入式 Linux 的 10 个基本实验，大部分实验与硬件平台无关，在虚拟机中就可以实现。与平台相关的实验内容，可根据所在学校的实验室情况进行裁减。

本书有如下几个特点：

① 本书内容是嵌入式课程学习的嵌入式操作系统模块，适用于嵌入式方向应用型高等院校的教学，也适合读者自学。

② 本书编写中融入了作者多年的项目经验，所有内容通过编者十多年教学过程得到不断地修改和完善；编写时注重实践操作部分，尽量避免繁琐、高深的理论介绍，强调培养学生的动手能力。

③ 本书所有程序都可以在 Fedora、Ubuntu 开发环境中进行在线调试，同时提供了相关的教学资源供学习者参考，真正做到了手把手教学。

④ 本书所用的开发工具都使用了开源版本，且提供了下载链接，读者可根据需要选择合适的版本使用。

感谢家人对我的大力支持。鉴于作者水平有限，不足之处在所难免，谨请读者和同行专家批评指正，我的邮箱：wen_sir_125@163.com。

文全刚

2023 年 2 月于珠海

目 录

第 1 章

嵌入式系统基础

本章首先介绍嵌入式系统的基本概念和嵌入式软件的基本结构;然后介绍嵌入式操作系统的基础知识,以 Linux 作为嵌入式操作系统进行介绍,对于 Linux 命令,本书只是介绍嵌入式开发中常用到的命令而不是所有的命令;最后对 Linux 基础知识进行介绍,重点是 Linux 常用命令。

1.1 嵌入式系统概述

1.1.1 嵌入式系统的基本概念

除了 PC 以外,数码相机、摄像机、大街上的交通灯控制、监视系统、数字式的示波器、数字万用表、数控洗衣机、电冰箱、VCD、DVD 和 iPad 等,都是嵌入式系统的典型产品。可以说,嵌入式系统已经渗透到我们生活中的每个角落,包括工业、服务业和消费电子等,那么什么是嵌入式系统呢?

根据 IEEE 的定义,嵌入式系统是“控制、监视或者辅助操作机器和设备的装置”(原文为 devices used to control,monitor,or assist the operation of equipment,machinery or plants)。这主要是从应用上加以定义的,从中可以看出嵌入式系统是软件和硬件的综合体,还可以涵盖机械等附属装置。

不过上述定义并不能充分体现出嵌入式系统的精髓,目前国内一个普遍被认同的定义是:以应用为中心、以计算机技术为基础、软件硬件可裁减、适应应用系统对功能、可靠性、成本、体积和功耗严格要求的专用计算机系统。

根据这个定义,可从 3 个方面来理解嵌入式系统:

嵌入式系统是面向用户、面向产品、面向应用的,它必须与具体应用相结合才会具有生命力,才更具有优势。因此嵌入式系统是与应用紧密结合的,它具有很强的专用性,必须结合实际系统需求进行合理的裁减利用。

嵌入式系统是将先进的计算机技术、半导体技术、电子技术和各个行业的具体应用相结合后的产物,这一点就决定了它必然是一个技术密集、资金密集、高度分散和不断创新的知识集成系统。

嵌入式系统必须根据应用需求对软硬件进行裁减,满足应用系统的功能、可靠性、成本和体积等要求。因此,如果能建立相对通用的软硬件基础,然后在其上开发出适应各种需要的系统,则是一个比较好的发展模式。目前的嵌入式系统的核心往往是一个只有几 KB 到几十 KB 大小的微内核,需要根据实际应用进行功能扩展或者裁减,由于微内核的存在,这种扩展能够非常顺利地进行。

1.1.2 嵌入式系统的应用领域

嵌入式系统产业伴随着国家产业发展,从通信、消费电子转战到汽车电子、智能安防、工业控制和北斗导航,今天已经无处不在,在应用数量上已远超通用计算机。嵌入式产品从家用电子电器中的冰箱、洗衣机、电视、微波炉到 MP3、DVD;从轿车控制到火车、飞机的安全防范;从手机电话到 PDA;从医院的 B 超、CT 到核磁共振器;从机械加工中心到生产线上的机器人、机械手;从航天飞机、载人飞船,到水下核潜艇,到处都有嵌入式系统和嵌入式技术的应用。据相关机构统计,到 2015 年,全球智能系统的设备量达到 150 亿之巨。在中国,嵌入式系统产业规模持续增长,相关统计表明,2012 年我国电子制造规模达 5.45 万亿元,位居世界第二;电视、程控交换机、笔记本电脑、显示器和手机等主要电子信息产品的产量居全球首位。到今天,嵌入式系统带来的仅工业年产值已超过了 1 万亿美元。

嵌入式人才需求目前仍然是供不应求,接近 80%参与调查的工程师都表示,自己公司目前都急缺嵌入式开发方面的人才。如此巨大的人才缺口表明了在嵌入式技术高速发展的今天,专业的嵌入式开发人才已成为整个行业发展的一个瓶颈,如何培养适合企业需求的嵌入式开发人才也成为整个行业急需解决的问题。目前,我国对嵌入式系统设计人才需求较大的行业需求如图 1-1 所示。消费类电子产品开发是当前最热门、从业工程师最多的行业,占到 24%,其次是 19%在通信领域,13%在工业控制领域。

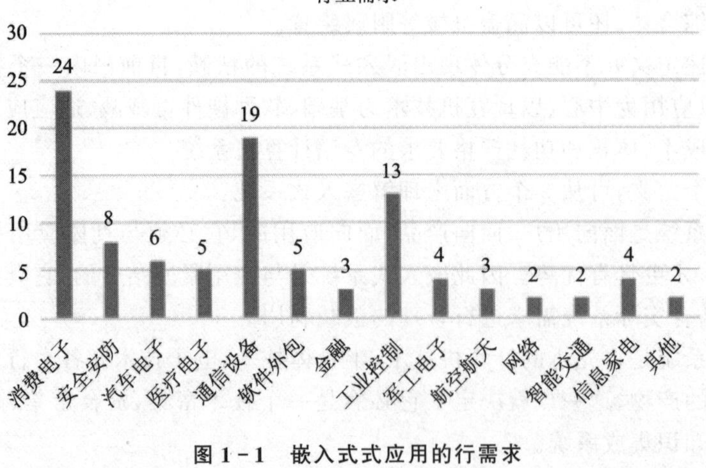

图 1-1 嵌入式式应用的行需求

嵌入式技术和设备在各方面有着广泛的应用和巨大的市场。可以说,它是信息技术的一个新的发展,是信息产业的一个新的亮点,也成为当前最热门的技术之一。下面列举一些嵌入式的应用。

(1) 消费类电子产品

我国消费类电子产品是指用于个人、家庭与广播、电视有关的音频和视频产品,主要包括电视机、影碟机、录像机、摄录机、组合音响等。而在一些发达国家,则把电话、计算机、家庭办公设备、家用电子保健设备、汽车电子产品等也归在消费类电子产品中。随着技术发展和新产品新应用的出现,数码相机、手机、PDA 等产品也在成为新兴的消费类电子产品。信息家电方面,冰箱、空调等的网络化、智能化将引领人们的生活步入一个崭新的空间。即使不在家里,也可以通过电话线、网络进行远程控制。在这些设备中,嵌入式系统将大有用武之地。水、电、煤气表的远程自动抄表,安全防火、防盗系统,其中嵌有的专用控制芯片将代替传统的人工检查,并实现更高、更准确和更安全的性能。

(2) 通信领域

通信类产品包括手机、电话、对讲机等,计算机网络产品,比如交换机、路由器、卫星等都是通信产品。在工控环境下主要包括有线通信设备和无线通信设备。有线通信设备主要介绍解决工业现场的串口通信、专业总线型的通信、工业以太网的通信以及各种通信协议之间的转换设备。无线通信设备主要是无线 AP、无线网桥、无线网卡、无线避雷器、天线等设备。

(3) 工业控制

基于嵌入式芯片的工业自动化设备将获得长足的发展,目前已经有大量的 8、16、32 位嵌入式微控制器在应用中,网络化是提高生产效率和产品质量、减少人力资源的主要途径,如工业过程控制、数字机床、电力系统、电网安全、电网设备监测、石油化工系统。就传统的工业控制产品而言,低端型采用的往往是 8 位单片机。但是随着技术的发展,32 位、64 位的处理器逐渐成为工业控制设备的核心,在未来几年内必将获得长足的发展。

(4) 交通管理

在车辆导航、流量控制、信息监测与汽车服务方面,嵌入式系统技术已经获得了广泛的应用,内嵌 GPS 模块、GSM 模块的移动定位终端已经在各种运输行业获得了广泛应用。目前,GPS 设备已经从尖端产品进入了普通百姓的家庭,只需要几百元,就可以随时随地找到你的位置。

(5) POS 网络及电子商务

公共交通无接触智能卡(Contactless Smartcard, CSC)发行系统、公共电话卡发行系统、自动售货机、各种智能 ATM 终端将全面走入人们的生活,到时手持一卡就可以行遍天下。

(6) 环境工程与自然

在水文资料实时监测,防洪体系及水土质量监测、堤坝安全,地震监测网,实时气象信息网,水源和空气污染监测等,很多环境恶劣、地况复杂的地区,嵌入式系统将实现无人监测。

这些应用中可以着重于在控制方面的应用。就远程家电控制而言,除了开发出支持 TCP/IP 的嵌入式系统之外,家电产品控制协议也需要制订和统一,这需要家电生产厂家来做。同样的道理,所有基于网络的远程控制器件都需要与嵌入式系统之间实现接口,然后再由嵌入式系统来控制并通过网络实现控制。所以,开发和探讨嵌入式系统有着十分重要的意义。

1.1.3 嵌入式系统的组成

嵌入式系统是软硬件结合紧密的系统,一般而言,嵌入式系统由嵌入式硬件平台和嵌入式软件组成。其中,嵌入式系统硬件平台包括各种嵌入式器件。图 1-2 下半部分所示的是一个以 ARM 嵌入式处理器为中心,由存储器、I/O 设备、通信模块以及电源等必要辅助接口组成的嵌入式系统硬件平台。嵌入式系统的硬件核心是嵌入式微处理器,有时为了提高系统的信息处理能力,常外接 DSP 和 DSP 协处理器(也可内部集成),以完成高性能信号处理。

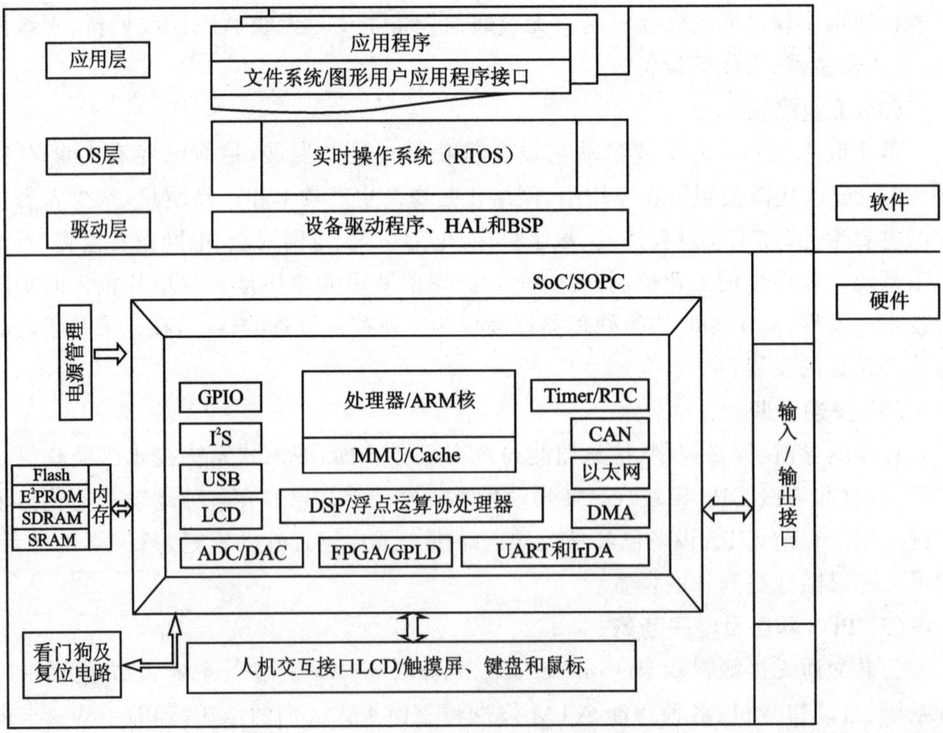

图 1-2 典型的嵌入式系统组成

嵌入式系统不同于普通计算机组成，是量身定做的专用计算机应用系统，在实际应用中的嵌入式系统硬件配置非常精简，除了微处理器和基本的外围电路以外，其余的电路都可根据需求和成本进行裁减、定制，非常经济、可靠。随着计算机技术、微电子技术和应用技术的不断发展及纳米芯片加工工艺技术的发展，以微处理器为核心，集成多功能的 SoC 系统芯片已成为嵌入式系统的核心。在嵌入式系统设计中，要尽可能地选择满足系统功能接口的 SoC 芯片。这些 SoC 集成了大量的外围 USB、UART、以太网和 AD/DA 等功能模块。

可编程片上系统 SOPC(System on Programmable Chip)结合了 SoC 和 PLD、FPGA 各自的技术特点，使得系统具有可编程的功能，是可编程逻辑器件在嵌入式应用中的完美体现，极大地提高了系统在线升级和换代能力。以 SoC/SOPC 为核心，用最少的外围部件和连接部件构成一个应用系统，满足系统的功能需求，这是嵌入式系统发展的一个方向。

嵌入式系统软件一般包含 4 个方面：设备驱动层、实时操作系统 RTOS、中间件层和实际应用程序层，嵌入式软件结构将在第 3 章详细介绍。

1.1.4 嵌入式系统的特点

嵌入式系统的特点是相对通用计算机系统(通常指 PC)而言的。与通用计算机相比，嵌入式系统的不同之处在于：

1) 嵌入性

嵌入性指的是嵌入式系统通常需要与某些物理世界中特定的环境和设施紧密结合。这也是嵌入式系统名称的由来。例如，汽车的电子防抱死系统必须与汽车的制动、刹车装置紧密结合；电子门锁必须嵌入到门内，数控机床的电子控制模块通常与机床也是一体的。

2) 专用性

与通用计算机不同，嵌入式系统通常是面向某个特定应用的，所以嵌入式系统的硬件和软件，尤其是软件，都是为特定用户群设计的，它通常都具有某种专用性的特点。例如，方便实用的 MP3、MP4 有许多不同的外观形状，但都是实现某种特定功能的产品。

3) 实时性

目前，嵌入式系统广泛应用于生产过程控制、数据采集和传输通信等场合，主要用来对宿主对象进行控制，所以都对嵌入式系统有或多或少的实时性要求。例如，对嵌入在武器装备中的嵌入式系统、在火箭中的嵌入式系统和一些工业控制装置中的控制系统等应用中的实时性要求就极高。当然，随着嵌入式系统应用的扩展，有些系统对实时性要求也并不是很高，例如近年来发展迅速的手持式计算机和掌上电脑等。但总体来说，实时性是对嵌入式系统的普遍要求，是设计者和用户重点考虑的一个重要指标。

4) 可靠性

可靠性有时候也称为鲁棒性(Robustness)。鲁棒是 Robust 的音译,也就是健壮和强壮的意思。由于有些嵌入式系统所承担的计算任务涉及产品质量、人身设备安全和国家机密等重大事务,加上有些嵌入式系统的宿主对象要工作在无人值守的场合,例如,危险性高的工业环境中、内嵌有嵌入式系统的仪器仪表中、在人迹罕至的气象检测系统中、在侦察敌方行动的小型智能装置中等。因此,与普通系统相比较,对嵌入式系统可靠性的要求极高。

5) 可裁减性

从嵌入式系统专用性的特点来看,作为嵌入式系统的供应者,理应提供各式各样的硬件和软件以备选用。但是,这样做势必会提高产品的成本。为了既不提高成本,又满足专用性的需要,嵌入式系统的供应者必须采取相应措施使产品在通用和专用之间进行某种平衡。目前的做法是,把嵌入式系统的硬件和操作系统设计成可裁减的,以便于嵌入式系统开发人员根据实际应用需要来量体裁衣,去除冗余,从而使系统在满足应用要求的前提下达到最精简的配置。

6) 功耗低

有很多嵌入式系统的宿主对象都是一些小型应用系统,例如,移动电话、PDA、MP3、飞机、舰船和数码相机等,这些设备不可能配备容量较大的电源,因此低功耗一直是嵌入式系统追求的目标。例如,手机的待机时间一直是重要性能指标之一,它基本上由内部的嵌入式系统功耗决定。而对有源的电视和 DVD 等设备,低耗电同样也是追求的指标之一。对于功耗的节省也可以从两方面入手:一方面在嵌入式系统硬件设计时,尽量选择功耗比较低的芯片并把不需要的外设和端口去掉;另一方面,嵌入式软件系统在对功能、性能进行优化的同时,也需要对功耗做出必要的优化,尽量节省对外设的使用,从而达到省电的目的。

1.1.5 嵌入式系统的发展趋势

信息时代、数字时代使得嵌入式产品获得了巨大的发展契机,为嵌入式市场展现了美好的前景,同时也对嵌入式生产厂商提出了新的挑战,从中可以看出未来嵌入式系统的几大发展趋势:

1. 由 8 位处理向 32 位过渡

初期的嵌入式处理器以单片机为主,单片机是集成了 CPU、ROM、RAM 和 I/ O 接口的微型计算机。它有很强的接口性能,非常适合于工业控制,因此又叫微控制器(MCU)。它与通用处理器不同,是从工业测控对象、环境、接口等特点出发,向着增强控制功能、提高工业环境下的可靠性等方向发展。随着微电子和嵌入式技术的蓬勃发展,基于高性能 ARM 微处理器的嵌入式工控机平台,以其体积小、可靠性高、成本低等优点,克服了传统工控机体积庞大、故障率高以及难以较长时间适应于工业控制恶劣环境等缺点,广泛应用于工业控制领域。

在嵌入式家族中，采用32位RISC架构的ARM微处理器迅速占领了大部分市场。随着国内嵌入式应用领域的发展，ARM芯片必然会获得更广泛的重视和应用。

2. 由单核向多核过渡

CPU从诞生之日起，主频就在不断提高，如今主频之路已经走到了拐点。桌面处理器的主频在2000年达到了1 GHz，2001年达到2 GHz，2002年达到了3 GHz。但在将近5年之后仍然没有看到4 GHz处理器的出现。电压和发热量成为最主要的障碍，导致在桌面处理器特别是笔记本电脑方面，Intel和AMD公司无法再通过简单提升时钟频率就可设计出下一代的CPU。面对主频之路走到尽头，Intel和AMD开始寻找其他方式用以在提升能力的同时保持住或者提升处理器的能效，而最具实际意义的方式是增加CPU内处理核心的数量。

多内核是指在一枚处理器中集成两个或多个完整的计算引擎（内核）。多核技术的开发源于工程师们认识到，仅仅提高单核芯片的速度会产生过多热量且无法带来相应的性能改善，先前的处理器产品就是如此。他们认识到，在先前产品中以那种速率，处理器产生的热量很快会超过太阳表面。即便是没有热量问题，其性价比也令人难以接受，速度稍快的处理器价格要高很多。

英特尔工程师们开发了多核芯片，使之满足“横向扩展”（而非“纵向扩充”）方法，从而提高性能。该架构实现了“分治法”战略。通过划分任务，线程应用能够充分利用多个执行内核，并可在特定的时间内执行更多任务。多核处理器是单枚芯片（也称为“硅核”），能够直接插入单一的处理器插槽中，但操作系统会利用所有相关的资源，将它的每个执行内核作为分立的逻辑处理器。通过在两个执行内核之间划分任务，多核处理器可在特定的时钟周期内执行更多任务。目前，单芯片多处理器已经成为处理器体系结构发展的一个重要趋势。

3. MCU、FPGA、ARM、DSP等齐头并进

嵌入式的应用无处不在，因此未来嵌入式芯片必定是MCU、FPGA、ARM、DSP等齐头并进的局面，各种芯片在不同的领域都有特定的位置，很难出现一种芯片“一统天下”的局面。

单片机（MCU），又称为微控制器，在一块半导体芯片上集中了CPU、ROM、RAM、I/O接口、时钟/计时器、中断系统，构成一台完整的数字计算机，单片机在工业控制领域还将占据很大市场。

FPGA即现场可编程门阵列，是一种可由最终用户配置、实现许多复杂的逻辑功能的通用逻辑器件，常用于原型逻辑硬件设计。FPGA在嵌入式芯片设计方面占据主导地位。

ARM（Advanced RISC Machines）是微处理器行业的一家知名企业，设计了大量高性能、廉价、耗能低的RISC处理器、相关技术及软件。由于所有产品均采用一个通用的软件体系，所以相同的软件可在所有产品中运行，目前ARM在消费类电子产

品中占有很大市场。

DSP(Digital Singnal Processor)是一种独特的微处理器,有自己的完整指令系统,是以数字信号来处理大量信息的器件。由于它运算能力很强、速度很快、体积很小,而且采用软件编程具有高度的灵活性,因此,为从事各种复杂的应用提供了一条有效途径。

4. 向网络化功能发展

互联网在经历过以"大型主机""服务器和 PC 机""手机和移动互联网终端(MID)"为载体的 3 个发展阶段后,将逐步迈向以嵌入式设备为载体的第四阶段,Intel 称之为"嵌入式互联网"。在这个即将到来的第四阶段中,嵌入式设备和应用将真正让互联网无处不在,人们不论是在工作、娱乐、学习甚至休息的时候,都能 7×24 小时地与互联网保持连接。

为适应嵌入式分布处理结构和应用上网需求,面向 21 世纪的嵌入式系统要求配备标准的一种或多种网络通信接口。针对外部联网要求,嵌入设备必须配有通信接口,相应需要 TCP/IP 协议簇软件支持;新一代嵌入式设备还需具备 IEEE1394、USB、CAN、Bluetooth 或 IrDA 通信接口,同时也需要提供相应的通信组网协议软件和物理层驱动软件。为了支持应用软件的特定编程模式,如 Web 或无线 Web 编程模式,还需要相应的浏览器,如 HTML、WML 等。

5. 嵌入式操作系统呈多元化趋势

嵌入式开发是一项系统工程,因此要求嵌入式系统厂商不仅要提供嵌入式软硬件系统本身,而且还需要提供强大的硬件开发工具和软件包支持。目前,很多厂商已经充分考虑到这一点,在主推系统的同时,将开发环境也作为重点推广。比如三星在推广 ARM7、ARM9 芯片的同时还提供开发板和板级支持包(BSP),而 Windows CE 在主推系统时也提供 Embedded VC++作为开发工具,还有 Vxworks 的 Tornado 开发环境、DeltaOS 的 Limda 编译环境等都是这一趋势的典型体现。当然,这也是市场竞争的结果。目前,国外商品化的嵌入式实时操作系统已进入我国市场的有 WindRiver、Microsoft、QNX 和 Nuclear 等。我国自主开发的嵌入式系统软件产品,如科银(CoreTek)公司的嵌入式软件开发平台 DeltaSystem,它不仅包括 DeltaCore 嵌入式实时操作系统,而且还包括 LamdaTools 交叉开发工具套件、测试工具、应用组件等;此外,中科院也推出了 Hopen 嵌入式操作系统。

嵌入式产品研发的软件开发平台的选择如图 1-3 所示。在 2016 年,嵌入式 Linux 以 55%的市场份额遥遥领先于其他嵌入式开发软件平台,比上一年增长 13 个百分比,这已经是连续 4 年比例增长。由此可见,Linux 凭借其得天独厚的优势和广泛的应用领域,已然成为众多嵌入式企业研发团队的首选。而作为移动互联网的重要切入点,智能手机操作系统平台也吸引了越来越多的开发者加入,Android 智能手机操作系统平台以绝对的优势(19%)成为手机操作系统平台首选,比上一年增加 3

个百分点。对比去年的调研数据,iOS 操作系统在过去的一年中比例有所下降,大部分的原因是在过去的一年中,Android 系统的应用除了在手机上,更多地在其他的智能终端上,应用领域越来越广泛。

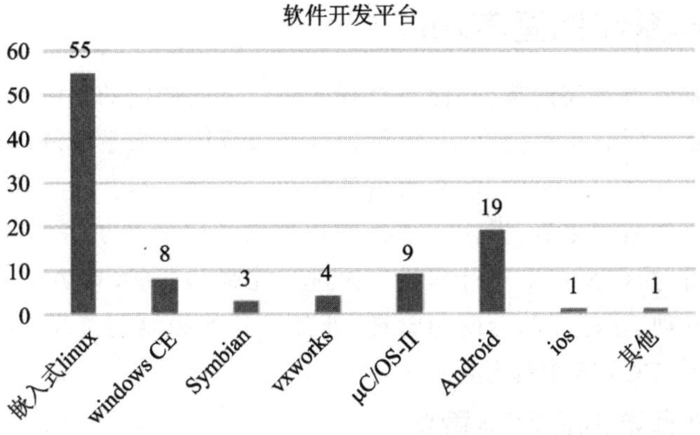

图 1-3　嵌入式开发平台比较

6. 嵌入式开发语言多样,C 语言仍占主导

2015—2016 年度的调查统计数据如图 1-4 所示,C 语言仍是在嵌入式产品研发过程中使用最普遍的语言,其市场份额继续保持领先(82%)。这一统计结果再一次表明,无论是在传统的工业控制领域、通信领域,还是迅猛发展的消费电子、安防控制、信息家电等领域,C 语言均是嵌入式开发语言的首选。对比去年的调研数据,Objective-C 的使用比例有所下降,究其原因不难看出,Android 智能手机的大量生产和推广推动了 Java 语言的广泛使用,成为在嵌入式领域内最受欢迎的高级语言;而 iOS 智能手机操作系统的开发虽一定程度上拓展了 Objective-C 语言的开发人群,但是由于 iOS 系统应用范围的局限性,造成了总体比例降低。另外,C++所占比例为 9%,位列第二;汇编语言占 2%,跟上一年相比降低了一个百分点。

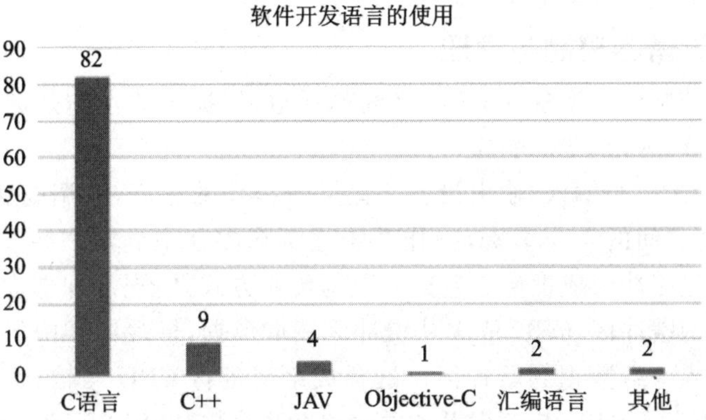

图 1-4　嵌入式开发语言比较

1.2 嵌入式操作系统

1.2.1 操作系统的基本功能

操作系统是一组程序的集合,而每个程序都将完成特定的功能,其中的一部分程序随着系统的运行而驻留在内存中,通常把这部分程序称为系统的内核或核心程序;另一部分程序则存放在外存中,需要时由外存调入内存运行。

从用户使用的角度来看,操作系统为用户提供访问计算机资源的接口。从资源管理的角度来看,操作系统要对计算机资源进行控制和管理,其功能主要分为中央处理器的控制与管理、存储器的分配与管理、外部设备的控制与管理、文件的控制与管理和作业的控制与管理5 个部分。

1. 中央处理器的控制与管理

中央处理器 CPU(Central Processing Unit)是计算机系统中最重要的硬件资源,任何程序只有占有了 CPU 才能运行,其处理信息的速度要比存储器的存取速度和外部设备的工作速度快得多,只有协调好它们之间的关系才能充分发挥 CPU 的作用。操作系统可以使 CPU 按预先规定的优先顺序和管理原则,轮流地为外部设备和用户服务,或在同一段时间内并行地处理多项任务,以达到资源共享,从而使计算机系统的工作效率得到最大的发挥。

2. 存储器的分配与管理

计算机在处理问题时不仅需要硬件资源,还要用到操作系统、编译系统、用户程序和数据等许多软件资源,而这些软件资源何时放到内存的什么地方,用户数据存放到哪里,都需要由操作系统对内存进行统一的分配并加以管理,使它们既保持联系,又避免互相干扰。如何合理地分配与使用有限的计算机内存空间,是操作系统对存储器进行管理的一项重要工作。

3. 外部设备的控制与管理

操作系统控制外部设备和 CPU 之间的通道,把提出请求的外部设备按一定的优先顺序排好队,等待 CPU 响应。

为了提高 CPU 与输入/输出设备之间并行操作的程度,协调高速 CPU 和低速输入/输出设备之间的工作节奏,操作系统通常在内存中设定一些缓冲区,使 CPU 与外部设备通过缓冲区成批传送数据。数据传输方式是:先从外部设备一次读入一组数据到内存的缓冲区,CPU 依次从缓冲区读取数据,待缓冲区中的数据用完后再从外部设备读入一组数据到缓冲区。这样成组地进行 CPU 与输入/输出设备之间的数据交互,减少了 CPU 与外部设备之间的交互次数,提高了运算速度。

4. 文件的控制和管理

把逻辑上具有完整意义的信息集合以一个名字作为整体记录下来保存在存储设备中,这个整体信息就称为文件。为了区别不同信息的文件,分别对它们命名,称为文件名。例如,一个源程序、一批数据、一个文档、一个表格或一幅图片都可以各自组成一个文件。操作系统根据用户要求实现按文件名存取,负责对文件的组织以及对文件存取权限、打印等的控制。

5. 作业的控制和管理

作业包括程序、数据以及解题的控制步骤。一个计算问题是一个作业,一个文档的打印也是一个作业。操作系统对进入系统的所有作业进行组织和管理,以提高运行效率。操作系统的作业管理功能提供"作业控制语言",用户通过它来书写控制作业执行的说明书。同时,还为操作员和终端用户提供与系统对话的"命令语言",用它来请求系统服务。操作系统按作业说明书的要求或收到的命令控制用户作业的执行。

1.2.2 嵌入式操作系统

1. 嵌入式操作系统的发展

作为嵌入式系统(包括软硬件系统)极为重要组成部分的嵌入式操作系统,通常包括与硬件相关的底层驱动软件、系统内核、设备驱动接口、通信协议、图形界面和标准化浏览器等。嵌入式操作系统具有通用操作系统的基本特点,如能够有效管理越来越复杂的系统资源;能够把硬件虚拟化,使得开发人员从繁忙的驱动程序移植和维护中解脱出来;能够提供库函数、驱动程序、工具集以及应用程序。与通用操作系统相比较,嵌入式操作系统在系统实时高效性、硬件的相关依赖性、软件固态化以及应用的专用性等方面具有较为突出的特点。嵌入式操作系统伴随着嵌入式系统的发展经历了4个比较明显的阶段:

第1阶段:无操作系统的嵌入算法阶段,以单芯片为核心的可编程控制器形式的系统,具有与监测、伺服和指示设备相配合的功能。应用于一些专业性极强的工业控制系统中,通过汇编语言编程对系统进行直接控制,运行结束后清除内存。系统结构和功能都相对单一,处理效率较低,存储容量较小,几乎没有用户接口。

第2阶段:以嵌入式CPU为基础、简单操作系统为核心的嵌入式系统。CPU种类繁多,通用性比较差;系统开销小、效率高;一般配备系统仿真器,操作系统具有一定的兼容性和扩展性;应用软件较专业,用户界面不够友好;系统主要用来控制系统负载以及监控应用程序运行。

第3阶段:通用的嵌入式实时操作系统阶段,以嵌入式操作系统为核心的嵌入式系统。能运行于各种类型的微处理器上,兼容性好;内核精小、效率高,具有高度的模块化和扩展性;具备文件和目录管理、设备支持、多任务、网络支持、图形窗口以及用户界面等功能;具有大量的应用程序接口(API);嵌入式应用软件丰富。

第 4 阶段:以基于 Internet 为标志的嵌入式系统。这是一个正在迅速发展的阶段。目前大多数嵌入式系统还孤立于 Internet 之外,但随着 Internet 的发展以及 Internet 技术与信息家电、工业控制技术等结合日益密切,嵌入式设备与 Internet 的结合将代表着嵌入式技术的真正未来。

2. 嵌入式操作系统特点

嵌入式系统覆盖面很广,从很简单到复杂度很高的系统都有,这主要是由具体的应用要求决定的。简单的嵌入式系统根本没有操作系统,而只是一个控制循环。但是当系统变得越来越复杂时,就需要一个操作系统来支持,否则,应用软件就会变得过于复杂,使开发难度过大,安全性和可靠性都难以保障。在多任务嵌入式系统中,合理的任务调度必不可少,单纯通过提高处理器的速度无法达到目的,这样就要求嵌入式系统的软件必须具有多任务调度的能力。与通用操作系统比较,嵌入式操作系统具有通用操作系统的基本特点,但是也有自己的如下特点:

- 可定制性:可以根据需要来添加或裁减操作系统的内核。
- 可移植性:可以支持在不同的处理器上运行。
- 实时性:很多应用要求实时性,所以要求嵌入式操作系统提供实时支持。
- 资源限制:出于成本、体积和能源等要求,嵌入式系统的资源相对通用操作系统来说非常有限,因此嵌入式操作系统的内核往往会很小。
- 可靠性:遇到异常情况时,系统能稳定可靠地工作。
- 应用编程接口:为应用程序的开发提供系统调用(应用编程接口 API)功能。

嵌入式实时操作系统在目前的嵌入式应用中使用越来越广泛,尤其在功能复杂、系统庞大的应用中显得越来越重要。

1.2.3 嵌入式操作系统体系结构

按照软件体系结构,可以把嵌入式操作系统分为 3 大类:宏内核结构、分层结构和微内核结构。它们的差别主要表现在两个方面:一是内核的设计,即在内核中包含了哪些功能组件;二是在系统中集成了哪些其他的系统软件(如设备驱动程序和中间件)。

1. 宏内核结构

宏内核结构又称为整体结构或单体结构(monolithic),是嵌入式软件常用的形式之一,特别适合低端嵌入式应用开发,也是早期嵌入式软件开发的唯一体系结构。这种结构的实质就是“无体系结构”:整个嵌入式软件是一组程序(函数)的集合,不区分应用软件、系统软件和驱动程序等,每个函数均可根据需要调用其他任意函数。图 1-5 给出了宏内核体系结构的示意模型。这种体系结构下的嵌入式软件开发有以下特点:

① 系统中每个函数有唯一定义好的接口参数和返回值,函数间调用不受限制。

② 软件开发是设计、函数编码/调试、链接成系统的反复过程，所有函数相互可见，不存在任何的信息隐藏。

③ 函数调用可以有简单的分类，如核心调用、系统调用和用户调用等，用来简化编程，当然也可以不严格划分。

④ 系统有唯一的主程序入口(如 C 程序的 main 函数)。

宏内核是一个很大的实体。它的内部又可以被分为若干模块(或者是层次或其他)。但是在运行时，它是一个独立的二进制大映像。其模块间的通信是通过直接调用其他模块中的函数实现的，而不是消息传递。使用这种结构的优点是：模块之间直接调用函数，除了函数调用的开销外，没有额外开销；代码执行效率高。缺点是：庞大的操作系统有数以千计的函数，复杂的调用关系势必导致操作系统维护的困难，因此，可移植性和扩展性非常差。

2. 分层结构

层次结构(Layered Architecture)的系统模型如图 1-6 所示，每层为上层软件提供服务并作为下层软件的客户。对多数层次结构而言，内层只对直接外层开放，对其他各层隐蔽，因此这些层次往往可以看成是虚拟机(或抽象层)。层次结构具有以下特点：

① 每一层对其上层而言好像是一个虚拟的计算机(virtual machine)。

② 下层为上层提供服务，上层利用下层提供的服务。

③ 层与层之间定义良好的接口，上下层之间通过接口进行交互与通信。

④ 每层划分为一个或多个模块(又称组件)，在实际应用中可根据需要配置个性化的 RTOS。

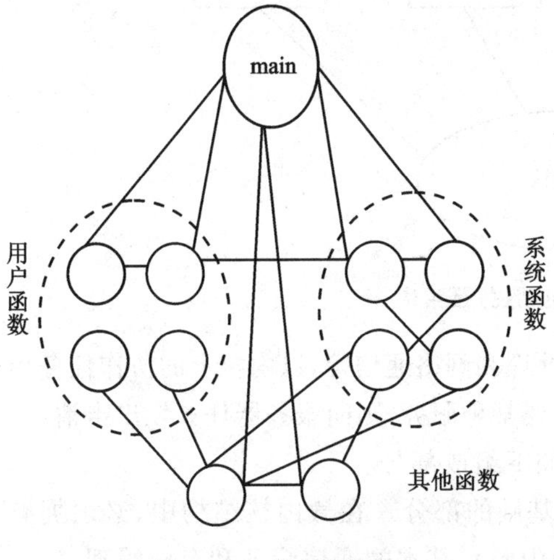

图 1-5 宏内核结构

图 1-6 分层结构

实际上,分层结构是最常用的嵌入式软件体系结构之一。在常用的嵌入式软件中,许多嵌入式操作系统和嵌入式数据库等都是层次结构的。图 1-6 是一种分层结构的嵌入式实时操作系统,其中实时多任务内核完成进程管理和任务调度等基本功能,在此基础上依次实现了内存管理、I/O、设备驱动、文件系统、网络和应用软件等功能。采用分层结构的优点如下:

➢ 有利于将复杂的功能简化,“分而治之”,便于设计实现。
➢ 每层的接口都是抽象的,支持标准化,因此很容易支持软件的重用。
➢ 可移植性、可替换性好。
➢ 开发和维护简单,当需要替换系统中的某一层时,只要接口不变,不会影响到其他层。

分层结构的缺点如下:

➢ 系统效率低,由于每个层次都要提供一组 API 接口函数,从而影响系统的性能。
➢ 底层修改时会产生连锁反应。

3. 微内核结构

微内核(Microkernel)结构,又称为客户机/服务器结构 C/S(Client/Server Architecture),是现代软件常用体系结构之一,如图 1-7 所示。其基本思想是:把操作系统的大部分功能剥离出去,只保留最核心的功能单元,微内核中只提供几种基本服务,如任务调度、任务间通信、底层的网络通信和中断处理接口以及实时时钟等。因此整个内核非常小(可能只有数十 KB),内核任务在独立的地址空间运行,速度极快。

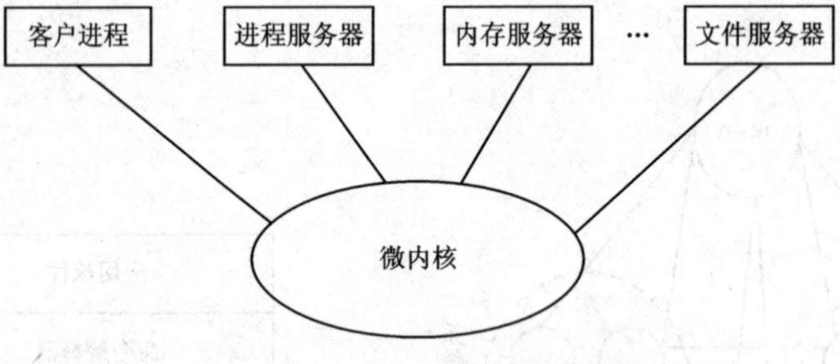

图 1-7　客户机/服务器结构

其他服务,如存储管理、文件管理、中断处理和网络通信等,以内核上的协作任务形式出现(功能服务器)。若客户任务执行中需要某种服务,则向服务器任务发出申请。

基于微内核结构的操作系统一般包括如下组成部分。

基本内核:嵌入式 RTOS 中最核心、最基础的部分。在微内核结构中,必须拥有任务管理(进程/线程)、中断管理(包括时钟中断)、基本的通信管理和存储管理。

扩展内核:在微内核的基础上新的功能组件可以动态地添加进来,这些功能可以组成方便用户使用而对 RTOS 进行的扩展。它建立在基本内核基础上,提供 GUI、

TCP/IP、Browser、Power Manager 和 File Manager 等应用编程接口。

设备驱动接口：建立在 RTOS 内核与外部硬件之间的一个硬件抽象层，用于定义软件与硬件的界限，方便 RTOS 的移植和升级。在有些嵌入式 RTOS 中，没有专门区分这一部分，统归于 RTOS 基本内核。

应用编程接口：建立在 RTOS 编程接口之上的、面向应用领域的编程接口（也称为应用编程中间件），可以极大地方便用户编写特定领域的嵌入式应用程序。

微内核操作系统的优点是：

- 内核小，扩展性好。
- 安全性高。客户单元和服务单元的内存地址空间是相互独立的，因此系统的安全性更高。
- 各个服务器模块具备相对独立性，便于移植和维护。

微内核操作系统的缺点是：

- 内核与各个服务器之间通过通信机制进行交互，这使得微内核结构的效率降低。
- 由于它们的内存地址空间是相互独立的，所以切换时，也会增加额外的开销。

在实际应用中，许多嵌入式操作系统将层次结构和微内核结构结合起来，形成基于分层的微内核结构，这样便把分层结构和微内核结构的优点都发挥出来了，如大家熟知的 VxWorks、Windows CE 和 Linux 等操作系统都是采用这种结构。Linux 操作系统的基本结构如图 1-8 所示。

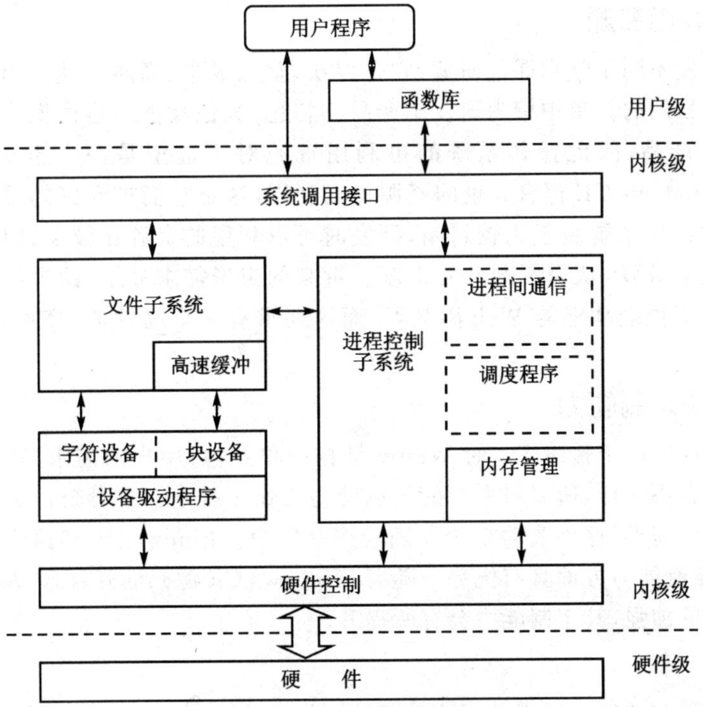

图 1-8 Linux 操作系统体系结构

1.2.4 嵌入式操作系统的选择

当设计信息电器、数字医疗设备等嵌入式产品时,嵌入式操作系统的选择至关重要。一般而言,在选择嵌入式操作系统时,可以遵循以下原则。总的来说,就是“做加法还是做减法”的问题。

1. 市场进入时间

制定产品时间表与选择操作系统有关系,实际产品和一般演示是不同的。目前 Windows 程序员可能是人力资源最丰富的,现成资源最多的也就可能是 Windows CE,使用 Windows CE 能够很快进入市场。因为 Windows CE+x86 做产品实际上是在做减法,去掉不要的功能,能很快出产品,但伴随的可能是成本高,核心竞争力差。而某些高效的操作系统可能由于编程人员缺乏,或由于这方面的技术积累不够,影响开发进度。

2. 可移植性

当进行嵌入式软件开发时,可移植性是要重点考虑的问题。良好的软件移植性应该比较好,可以在不同平台、不同系统上运行,与操作系统无关。软件的通用性和软件的性能通常是矛盾的,即通用性是以损失某些特定情况下的优化性能为代价的。很难设想开发一个嵌入式浏览器而仅能在某一特定环境下应用。反过来说,当产品与平台和操作系统紧密结合时,往往产品的特色就蕴含其中。

3. 可利用资源

产品开发不同于学术课题研究,它是以快速、低成本、高质量地推出适合用户需求的产品为目的的。集中精力研发出产品的特色,其他功能尽量由操作系统附加或采用第三方产品,因此操作系统的可利用资源对于选型是一个重要参考条件。Linux 和 Windows CE 都有大量的资源可以利用,这是它们被看好的重要原因。其他有些实时操作系统由于比较封闭,开发时可以利用的资源比较少,因此多数功能需要自己独立开发,从而影响开发进度。近来的市场需求显示,越来越多的嵌入式系统均要求提供全功能的 Web 浏览器,而这要求有一个高性能、高可靠的 GUI 的支持。

4. 系统定制能力

信息产品不同于传统 PC 的 Wintel 结构的单纯性,用户的需求是千差万别的,硬件平台也都不一样,所以对系统的定制能力提出了要求。要分析产品是否对系统底层有改动的需求,这种改动是否伴随着产品特色。Linux 由于其源代码开放的天生魅力,在定制能力方面具有优势。随着 Windows CE 源码的开放,以及微软在嵌入式领域力度的加强,其定制能力会有所提升。

5. 成 本

成本是所有产品不得不考虑的问题。操作系统的选择会对成本有什么影响呢?

Linux 免费，Windows CE 等商业系统需要支付许可证使用费，但这都不是问题的答案。成本是需要综合权衡以后进行考虑的——选择某一系统可能会对其他一系列的因素产生影响，如对硬件设备的选型、人员投入以及公司管理和与其他合作伙伴的共同开发之间的沟通等许多方面的影响。

6. 中文内核支持

国内产品需要对中文的支持。由于操作系统多数采用西文方式，是否支持双字节编码方式、是否遵循 GBK 和 GBl8030 等各种国家标准、是否支持中文输入与处理、是否提供第三方中文输入接口是针对国内用户的嵌入式产品必须考虑的重要因素。

上面提到用 Windows CE+x86 出产品是减法，这实际上就是所谓 PC 家电化；另外一种做法是加法，利用家电行业的硬件解决方案(绝大部分是非 x86 的)加以改进，加上嵌入式操作系统，再加上应用软件，这是所谓家电 PC 化的做法。这种加法的优势是成本低，特色突出；缺点是产品研发周期长，难度大(需要深入了解硬件和操作系统)。如果选择这种做法，Linux 是一个好选择，它让你能够深入到系统底层。

1.2.5 几种代表性嵌入式操作系统比较

1. VxWorks

VxWorks 操作系统是美国 WindRiver 公司于 1983 年设计开发的一种嵌入式实时操作系统(RTOS)，是 Tornado 嵌入式开发环境的关键组成部分。它具备良好的持续发展能力、高性能的内核以及友好的用户开发环境，在嵌入式实时操作系统领域逐渐占据一席之地。

VxWorks 具有可裁减的微内核结构；高效的任务管理；灵活的任务间通信；微秒级的中断处理；支持 POSIX 1003.1b 实时扩展标准；支持多种物理介质及标准的、完整的 TCP/IP 网络协议等特点。但是其价格昂贵，由于操作系统本身以及开发环境都是专有的，价格一般都比较高，通常须花费 10 万元以上人民币才能建起一个可用的开发环境，对每一个应用一般还要另外收取版税；一般不提供源代码，只提供二进制代码；由于它们都是专用操作系统，需要专门的技术人员掌握开发技术和维护，所以软件的开发和维护成本都非常高；支持的硬件数量有限。

2. 鸿蒙操作系统(鸿蒙 OS)

鸿蒙 OS 是华为公司投入 4 000 多名研发人员耗时 10 年开发的一款基于微内核，面向 5G 物联网，全场景的分布式操作系统。2019 年华为正式发布鸿蒙 OS，鸿蒙 OS 实现了模块化耦合，对应不同设备可弹性部署。

鸿蒙 OS 系统架构如图 1－9 所示。第一层是内核，采用多内核(Linux 内核或者 LiteOS)设计，支持针对不同资源受限设备选用适合的 OS 内核。第二层是系统服务，这一层是 HarmonyOS 核心功能集合，比如打电话、事件通知、多媒体、位置服务、多模输入等。这一层涵盖了系统基本能力子系统集、基础软件服务子系统集、增强软件服务子系统级、硬件服务子系统集。在实际应用中,根据不同设备的具体使用环境,还可以对这一层子系统集内部进行粒度裁减。第三层是程序框架,为应用开发提供了 C/C++/JS 等多语言的用户程序框架、Ability 框架、适用于 JS 语言的 ArkUI 框架以及各种软硬件服务对外开放的多语言框架 API。最上层是应用层,包括系统应用和第三方非系统应用。应用由一个或多个 FA(Feature Ability)或 PA(Particle Ability)组成。其中,FA 有 UI 界面,提供与用户交互的能力;而 PA 无 UI 界面,提供后台运行任务的能力以及统一的数据访问抽象。基于 FA/PA 开发的应用能够实现特定的业务功能,支持跨设备调度与分发,为用户提供一致、高效的应用体验。

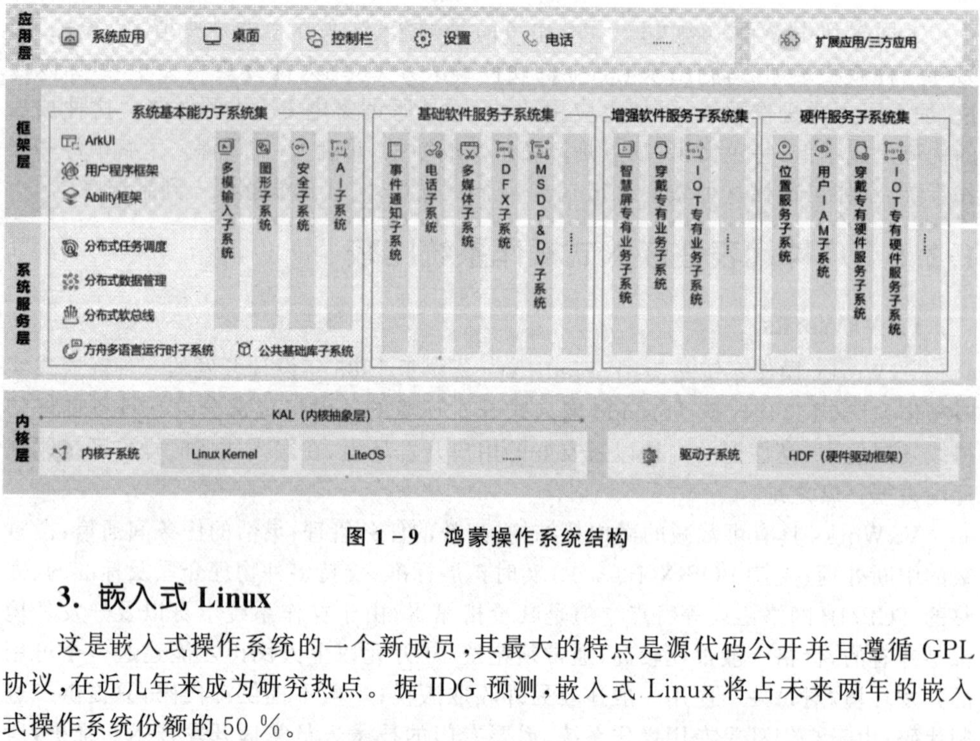

图 1-9 鸿蒙操作系统结构

3. 嵌入式 Linux

这是嵌入式操作系统的一个新成员,其最大的特点是源代码公开并且遵循 GPL 协议,在近几年来成为研究热点。据 IDG 预测,嵌入式 Linux 将占未来两年的嵌入式操作系统份额的 50 %。

由于 Linux 源代码公开,人们可以任意修改,以满足自己的应用,并且查错也很容易;遵从 GPL,无须为每例应用交纳许可证费。有大量的应用软件可用,其中大部分都遵从 GPL,是开放源代码和免费的,可以稍加修改后应用于用户自己的系统。有大量免费的、优秀的开发工具,且都遵从 GPL,是开放源代码的。有庞大的开发人员群体,无需专门的人才,只要懂 Unix/Linux 和 C 语言即可。随着 Linux 在中国的普及,这类人才越来越多,所以软件的开发和维护成本很低。优秀的网络功能在 Internet 时代尤其重要。稳定是 Linux 本身具备的一个很大优点。内核精悍,运行所需资源少,十分适合嵌入式应用。支持的硬件数量庞大。嵌入式 Linux 和普通 Linux 并无本质区别,PC 上用到的硬件嵌入式 Linux 几乎都支持。而且各种硬件的驱动程序源代码都可以得到，为用户编写自己专有硬件的驱动程序带来很大方便。

在嵌入式系统上运行 Linux 的一个缺点是需要添加实时软件模块，而这些模块运行的内核空间正是操作系统实现调度策略、硬件中断异常和执行程序的部分。由于这些实时软件模块是在内核空间运行的，因此代码错误可能会破坏操作系统从而影响整个系统的可靠性，这对于实时应用将是一个非常严重的弱点。

4. μC/OS-Ⅱ

μC/OS-Ⅱ是著名的源代码公开的实时内核，是专为嵌入式应用设计的，可用于 8 位、16 位和 32 位单片机或数字信号处理器(DSP)。它是在原版本 μC/OS 的基础上做了重大改进与升级，并有了近十年的使用实践，有许多成功应用该实时内核的实例。它的主要特点如下：

① 公开源代码，很容易就能把操作系统移植到各个不同的硬件平台上。

② 可移植性，绝大部分源代码是用 C 语言编写的，便于移植到其他微处理器上。

③ 可裁减性，有选择地使用需要的系统服务，可减少所需的存储空间。

④ 抢先式，完全是抢先式的实时内核，即总是运行就绪条件下优先级最高的任务。

⑤ 多任务，可管理 64 个任务，任务的优先级必须是不同的，不支持时间片轮转调度法。

⑥ 可确定性，函数调用与服务的执行时间具有可确定性，不依赖于任务的多少。

⑦ 实用性和可靠性，成功应用该实时内核的实例，是其实用性和可靠性的最好证据。

由于 μC/OS-Ⅱ仅是一个实时内核，这就意味着它不像其他实时操作系统那样提供给用户的只是一些 API 函数接口，还有很多工作需要用户自己去完成。

1.3 嵌入式 Linux 基础

1.3.1 Linux 简介

1. Linux 的简短历史

20 世纪 70 年代，Andrew Tanenbaum 创建了一个微内核版本的 Unix，名为 MINIX(代表 minimal Unix)，它可以在小型的个人计算机上运行。这个开源操作系统在 20 世纪 90 年代激发了 Linus Torvalds 开发 Linux 的灵感。当时他是芬兰赫尔辛基大学的学生。他的目的是设计一个代替 Minix 的操作系统，这个操作系统可用于 386、486 或奔腾处理器的个人计算机上，并且具有 Unix 操作系统的全部功能，因而开始了 Linux 雏形的设计。

Linux 的历史是和 GNU 紧密联系在一起的。1983 年，理查德・马修・斯托曼(Richard Stallman)创立了 GNU 计划(GNU Project)。这个计划有一个目标是发展一个完全免费、自由的 Unix-like 操作系统。自 1990 年发起这个计划以来,GNU 开始大量生产或收集各种系统所必备的元件:函式库(libraries)、编译器(compilers)、调试工具(debuggers)、文字编辑器(text editors)、网页服务器(web server)以及一个 Unix 的使用接口(Unix shell)、执行核心(kernel)。1990 年,GNU 计划开始在马赫微核(Mach microkernel)的架构之上开发系统核心,也就是所谓的 GNU Hurd,但是这个基于 Mach 的设计异常复杂,发展进度缓慢。

到 1991 年 Linux 内核发布的时候,GNU 已经几乎完成了除系统内核之外的各种必备软件的开发。在 Linus Torvalds 和其他开发人员的努力下,GNU 组件可以运行于 Linux 内核之上。整个内核基于 GNU 通用公共许可,也就是 GPL(GNU General Public License,GNU 通用公共许可证)。

Linux 之所以受到广大计算机爱好者的喜爱,主要原因有两个,一是它属于自由软件,用户不用支付任何费用就可以获得它和它的源代码,并且可以根据自己的需要对它进行必要的修改,无偿使用,无约束地继续传播;另一个原因是,绝大多数基于 Linux 内核的操作系统使用了大量的 GNU 软件,包括了 shell 程序、工具、程序库、编译器及工具,还有许多其他程序,如 Emacs。正因为如此,GNU 计划的开创者理查德·马修·斯托曼博士提议将 Linux 操作系统改名为 GNU/Linux。Linux 内核主要版本的发布时间如下:

内核版本号:0.01,时间:1991.9,第一个正式向外公布的 Linux 内核版本。

内核版本号:0.11,时间:1991.12,当时它被发布在 Internet 上,供人们免费使用。

内核版本号:1.0,时间:1994.3.14,使用它的用户越来越多,而且 Linux 系统的核心开发队伍也建起来了。

内核版本号:2.6,时间:2003.12.17,它在很多方面进行了改进,如支持多处理器配置和 64 位计算、支持实现高效率线和处理的本机 POSIX 线程库(NPTL)。

内核版本号:3.0,时间:2011.7.21,增加了一些新的特性,如 Btrfs 数据清理和自动碎片整理、XenDOM0 支持、ECHO 中没有特权的 ICMP 等;增加了新的硬件支持,如 Microsoft Kinect、AMD Llano Fusion APU 等;增加了许多其他驱动和小的改进。

内核版本号:4.0,时间:2015.4.12,增加了对内核代码进行实况补丁的支持,主要目的是在不重启的情况下修复安全更新,支持并行 NFS 服务器体系结构等功能。

内核版本号:5.0,时间:2019.3.3,此版本包括对 energy-aware 调度的支持,该调度将任务唤醒到 phone 中更节能的 CPU;还包括对低功耗设备的 adiantum 文件系统加密等功能;还增加了许多新的驱动因素和其他改进。

登录网址 https://kernel.org/可查看 linux 内核的最新版本,本书修订时的版本如图 1-10 所示。

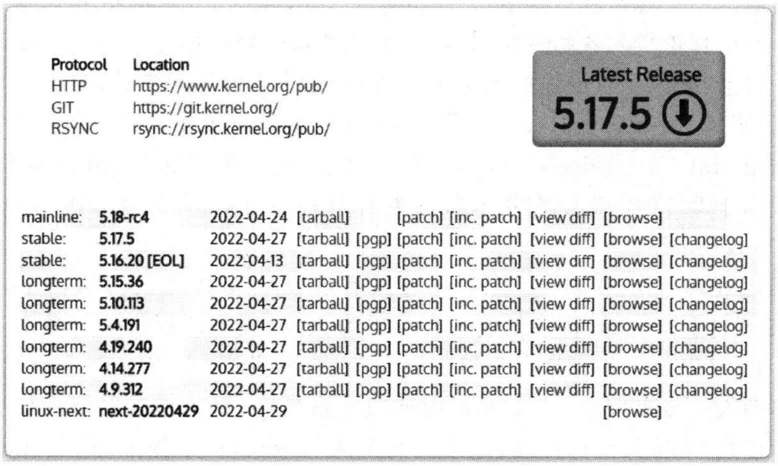

图 1-10　查看 Linux 最新版本

2. Linux 版本

Linux 的版本包括内核版本和发行版本。

Linux 内核的版本号格式是：x. y. zz-www，分为主版本号、次版本号和扩展版本号等。根据稳定版本、测试版本和开发版本定义不同版本序列。稳定版本的主版本号用偶数表示，如 2.2、2.4、2.6。每隔 2～3 年启动一个 Linux 稳定主版本号。紧接着是次版本号，如 2.6.13、2.6.14、2.6.15。次版本号不分奇偶数，顺序递增。每隔 1～2 个月发布一个稳定版本。然后是升级版本号，如 2.6.14.3、2.6.14.4、2.6.14.5。升级版本号不分奇偶数，顺序递增。每周几次发布升级版本号，修正最新的稳定版本的问题。另外一种是测试版本。在下一个稳定版本发布之前，每个月发布几个测试版本，如 2.6.12-rc1。通过测试可以使内核正式发布的时候更加稳定。还有一类是开发版本。开发版本的主版本号用奇数表示，如 2.3、2.5。也有次版本号，如 2.5.32、2.5.33。开发版本是不稳定的，适合内核开发者在新的稳定的主版本发布之前使用。用户可以从 Linux 官方网站 http://www.kernel.org/下载最新的内核代码。

Linux 内核的发展过程中，不得不提一下各种 Linux 发行版的作用，因为正是它们推动了 Linux 的应用，从而也让更多的人开始关注 Linux。一些组织或厂家，将 Linux 系统的内核与外围实用程序(Utilities)软件和文档包装起来，并提供一些系统安装界面和系统配置、设定与管理工具，就构成了一种发行版本(Distribution)。发行版为许多不同的目的而制作，包括对不同计算机结构的支持、对一个具体区域或语言的本地化、实时应用和嵌入式系统。目前，已有各种各样基于 GNU/Linux 的操作系统，如 Fedora、Debian、Mandrake、Ubuntu、Red Hat Linux、SuSE、Gentoo 和 Linux Mint 等。

Fedora 是一套从 Red Hat Linux 发展出来的免费 Linux 系统，其前身就是 Red Hat Linux。Red Hat Linux 是国内乃至是全世界的 Linux 用户都较熟悉、较耳熟能详的发行版。Red Hat 最早由 Bob Young 和 Marc Ewing 在 1995 年创建。而公司在最近才开始真正步入盈利时代,归功于收费的 Red Hat Enterprise Linux(RHEL,Red Hat 的企业版)。而正统的 Red Hat 版本早已停止技术支持,最后一版是 Red Hat 9.0。于是,目前 Red Hat 分为两个系列:由 Red Hat 公司提供收费技术支持和更新的 Red Hat Enterprise Linux,以及由社区开发的免费的 Fedora Core。Fedora Core 1 发布于 2003 年年末,自第七版后更名为 Fedora,目前最新版本为 2016 年 11 月发行的 Fedora 25。

Debian 是一个广受欢迎、技术先进且有着良好支持的发行版,Ubuntu 是在 Debian 基础之上建立的,旨在创建一个可以为桌面、服务器提供一个最新且一贯的 Linux 系统。Ubuntu 一词来自于祖鲁语和科萨语,发音"oo-BOON-too(乌班图)",被视为非洲人的传统理念。Ubuntu 精神的大意是"人道待人"(对他人仁慈),另一种翻译可以是"天下共享的信念,连接起每个人"。作为一个基于 GNU/Linux 的平台,Ubuntu 操作系统将 Ubuntu 精神带到了软件世界。Ubuntu 囊括了大量从 Debian 发行版精挑细选的软件包,同时保留了 Debian 强大的软件包管理系统,以便简易地安装或彻底地删除程序。与大多数发行版附带数量巨大的可用或可不用的软件不同,Ubuntu 的软件包清单只包含那些高质量的重要应用程序。Ubuntu 提供了一个健壮、功能丰富的计算环境,既适合家用又适用于商业环境。本项目花费了大量必要的时间,努力精益求精,每 6 个月就会发布一个版本,以提供最新、最强大的软件。Ubuntu 支持各种形形色色的架构,包括 i386(386/486/Pentium 和 Athlon/Duron/Sempron 处理器)、AMD64(Athlon64、Opteron 和最新的 64 位 Intel 处理器)以及 PowerPC(iBook/Powerbook、G4 and G5)等。

3. Linux 功能特点

(1) 开放性

Linux 可以说是作为开放源码的自由软件的代表,有如下两个特点:一是开放源码并对外免费提供,二是爱好者可以按照自己的需要自由修改、复制和发布程序的源码,并公布在 Internet 上。因此,Linux 操作系统可以从互联网上很方便地免费下载得到。

(2) 多用户、多任务

Linux 是真正的多任务多用户操作系统,只有很少的操作系统能提供真正的多任务能力,尽管许多操作系统声明支持多任务,但并不完全准确,如 Windows。而 Linux 则充分利用了 X86 CPU 的任务切换机制,实现了真正多任务、多用户环境,允许多个用户同时执行不同的程序,并且可以给紧急任务以较高的优先级。

(3) 设备独立性

为了提高操作系统的可适应性和可扩展性,现代操作中都毫无例外地实现了设备独立性,也称为设备无关性。应用程序独立于具体使用的物理设备。为了实现设备独立性而引入了逻辑设备和物理设备这两个概念。在应用程序中,使用逻辑设备名称来请求使用某类设备;而系统在实际执行时,还必须使用物理设备名称。在

Linux 中和 Unix 一样，设备被巧妙地归属为特殊文件，受文件系统抽象和管理，因此，其操作方式和文件系统一致。文件系统将对设备的操作递交给实际的设备驱动处理。

(4) 强大的网络功能

实际上，Linux 就是依靠互联网才迅速发展起来的，具有强大的网络功能也是自然而然的事情。它可以轻松地与 TCP/IP、LANManager、Windows for Workgroups、Novell Netware 或 Windows NT 网络集成在一起，还可以通过以太网或调制解调器连接到 Internet 上。Linux 不仅能够作为网络工作站使用，更可以胜任各类服务器，如 X 应用服务器、文件服务器、打印服务器、邮件服务器、新闻服务器等。

(5) 安全性

由于可以得到 Linux 的源码，所以操作系统的内部逻辑可见，这样就可以准确地查明故障原因，及时采取相应对策。在必要的情况下，用户可以及时地为 Linux 打“补丁”，这是其他操作系统所没有的优势。同时，这也使得用户容易根据操作系统的特点构建安全保障系统，不用担心来自那些不公开源码的“黑盒子”式的系统预留的“后门”的意外打击。

(6) 可移植性

Linux 完全符合 POSIX 标准，POSIX 是基于 Unix 的第一个操作系统簇国际标准，Linux 遵循这一标准，这使得 Unix 下许多应用程序可以很容易地移植到 Linux 下，相反也是这样。Linux 支持一系列的 Unix 开发，它是一个完整的 Unix 开发平台，几乎所有的主流程序设计语言都已移植到 Linux 上并可免费得到，如 C、C++、Fortran77、ADA、PASCAL、Modual2、Tcl/TkScheme、SmallTalk/X 等。

1.3.2 嵌入式 Linux

1. Linux 作为嵌入式操作系统的优势

从 Linux 系统的发展过程可以看出，Linux 从最开始就是一个开放的系统，并且始终遵循着源代码开发的原则，是一个成熟而稳定的网络操作系统。Linux 作为嵌入式操作系统有如下优势。

(1) 低成本开发系统

Linux 的源码开放性允许任何人获取并修改 Linux 的源码。这样一方面大大降低了开发的成本，另一方面又可以提高开发产品的效率，并且还可以在 Linux 社区中获得支持，用户只需向邮件列表发一封邮件，即可获得作者的支持。

(2) 可应用于多种硬件平台

Linux 可支持 x86、PowerPC、ARM、Xscale、MIPS、SH、68K、Alpha 和 SPARC 等多种体系结构，并且已经被移植到多种硬件平台。这对于经费、时间受限制的研究与开发项目是很有吸引力的。Linux 采用一个统一的框架对硬件进行管理，同时从一个硬件平台到另一个硬件平台的改动与上层应用无关。

(3) 可定制的内核

Linux 具有独特的内核模块机制,它可以根据用户的需要,实时地将某些模块插入到内核中或者从内核中移走,并能根据嵌入式设备的个性需要"量体裁衣"。经裁减的 Linux 内核最小可达到 150 KB 以下,尤其适合嵌入式领域中资源受限的应用。当前的 2.6 内核加入了许多嵌入式友好特性,如构建用于不需要用户界面的内核选项。

(4) 性能优异

Linux 系统内核精简、高效和稳定,能够充分发挥硬件的功能,因此它比其他操作系统的运行效率更高。在个人计算机上使用 Linux,可以将它作为工作站。它也非常适合在嵌入式领域中应用,对比其他操作系统,它占用的资源更少,运行更稳定,速度更快。

(5) 良好的网络支持

Linux 是首先实现 TCP/IP 协议栈的操作系统,它的内核结构在网络方面是非常完整的,并提供了对包括十兆位、百兆位及千兆位在内的以太网,还有无线网络、Token ring(令牌环)和光纤甚至卫星的支持,这对现在依赖于网络的嵌入式设备来说无疑是很好的选择。

2. 如何学习嵌入式 Linux

目前,嵌入式 Linux 开发大致涉及 3 个层次:引导程序、Linux 内核和驱动程序、应用程序。从应用角度来说,对 Linux 嵌入式不同开发人才的需求是倒"金字塔"形,如图 1-11 所示。需要最多的是应用程序开发人才,越往下,需求越少,而且学习门槛越高。因此若学习 Linux,准备做产品的话,建议读者不要把 Linux 当成终极目标(当然,这是对应用而言的),而是把 Linux 当成一个平台。更重要的还是各种产品所需求的专业技术,通信方面如 CAN、RS485 和 GPRS 等,或者工业控制方面如 I/O 控制、实时特性等。Linux 博大精深,研究起来永无止境,但是在产品中,只要一个产品够用就可以了。

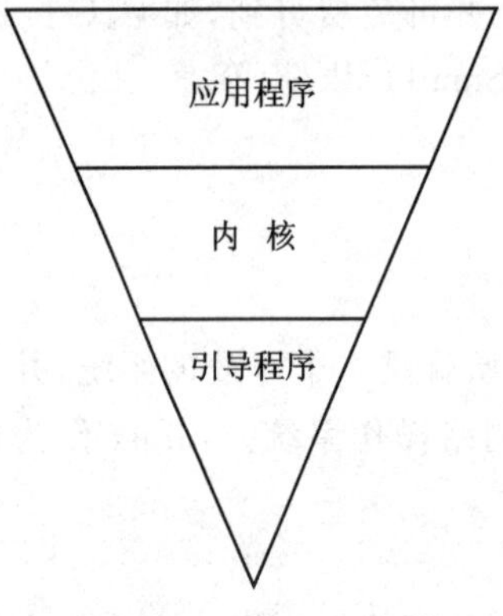

图 1-11 Linux 人才需求

对于嵌入式 Linux 入门,如果有一定基础,那么可以从驱动开始;如果没有基础,那么建议还是从应用程序开始。因为从应用程序开始是最容易的,也是最直观的。而驱动程序运行在内核态,驱动本身的结构就比较复杂,如果要彻底弄明白驱动的运行机制,则必定牵涉内核,对于高年级的学生恐怕问题会少一些,而对于低年级的学生,估计问题较多,容易失去学习的信心。

嵌入式 Linux 可选图形界面很多,远非常说的 Qt 和 MiniGUI,还包括 Tiny-X、Matchbox、OPIE 和 GPE 等。不同的 GUI 有自己的特色,有自己的特殊应用场合,对于产品开发,可根据需要选择合适的 GUI。对于学习,自然是选择容易得到、容易开发的 GUI。Qt 是一个不错的选择，由于 Qt 有一个 PC 上的模拟器，可以在没有实际液晶 LCD 的情况下，甚至在没有任何硬件的情况下都可以在 PC 上进行模拟开发。Qt 是收费的，当然，有免费版可用。MiniGUI 是国产的，若支持国货，可以考虑选择 MiniGUI。MiniGUI 可以用于工业控制场合，Qt 在这方面的应用目前在手持设备中。

1.3.3 Linux 的安装基础

嵌入式软件的开发是在交叉开发环境下进行的，对于嵌入式 Linux 而言，需要在宿主机(通常用 PC)上建立一个 Linux 开发环境。因此必须在 PC 上安装一个 Linux 操作系统。安装之前先介绍相关的基础知识。

1. 文件系统、分区和挂载

文件系统是指操作系统中与管理文件有关的软件和数据。Linux 的文件系统和 Windows 中的文件系统有很大的区别，Windows 文件系统是以驱动器的盘符为基础的，而且每一个目录与相应的分区对应，例如"E:\workplace"是指此文件在 E 盘这个分区下。而 Linux 恰好相反，文件系统是一个文件树，且它的所有文件和外部设备(如硬盘、光驱等)都是以文件的形式挂载在这个文件树上的，例如"\usr\local"。总之，在 Windows 下，目录结构属于分区；在 Linux 下，分区属于目录结构。其关系如图 1-12 所示。

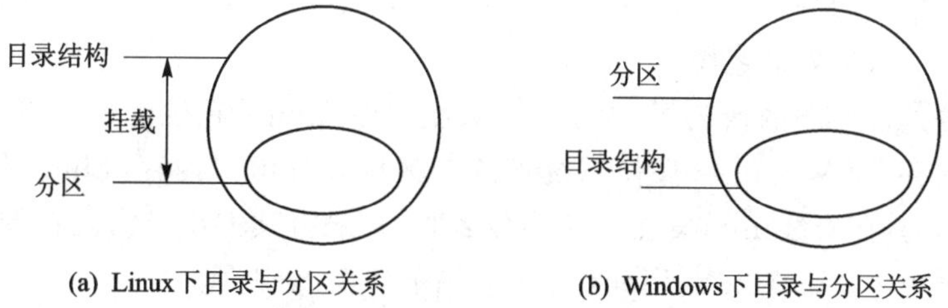

(a) Linux下目录与分区关系

(b) Windows下目录与分区关系

图 1-12 分区和目录的关系

因此，在 Linux 中把每一个分区和某一个目录对应，以后再对这个目录的操作就是对这个分区的操作，这样就实现了硬件管理手段和软件目录管理手段的统一。这个把分区和目录对应的过程称为挂载(Mount)，而这个挂载在文件树中的位置就是挂载点。这种对应关系可以由用户随时中断和改变。

2. 主分区、扩展分区和逻辑分区

硬盘分区是针对一个硬盘进行操作的，它可以分为主分区、扩展分区和逻辑分区。若在硬盘上安装操作系统，则该硬盘必须要有一个主分区，PC 每个硬盘最多只能分成 4 个主分区。主分区不利于应用程序的使用，因此在主分区的基础上引入扩展分区(Extended partion)。可将硬盘 4 个主分区中的一个用作扩展分区，在扩展分区中可以建立多个逻辑分区(Logical partion)。不同操作系统对分区的表示和解释

不同,DOS 和 Windows 用驱动器字符(盘符)表示每个主分区或逻辑分区,盘符从"C:"开始依次分配。它们的关系如图 1-13 所示。

图 1-13 Windows 下主分区、扩展分区和逻辑分区示意图

一般而言,对于先安装了 Windows 的用户,Windows 的 C 盘是装在主分区上的,可以把 Linux 安装在另一个主分区或者扩展分区上。通常为了安装方便、安全起见,一般把 Linux 装在多余的逻辑分区上,如图 1-14 所示。

Linux 下,硬盘被视为一个设备,PC 主板上有两个 IDE 控制器——IDE0 和 IDE1,总共可以接 4 个硬盘。所有这些设备统一采用/dev/hdN 表示,IDE0 接口连线上的主盘表示为/dev/hda,从盘就是/dev/hdb;而 IDE1 上的主盘表示为/dev/hdc,从盘就是/dev/hdd,依此类推。Linux 的分区表示是通过在硬盘表示的基础上追加数字来实现的,硬盘上的每个分区同样也被视为一个设备,分区表示形如/dev/hdNx。以/dev/hdc 为例,/dev/hdc1 就是该硬盘上的第一个分区,/dev/hdc4 就是第一个分区的位置,逻辑分区全部从 5 开始编号,上述第一个逻辑分区就是/dev/hdc5。

Linux 系统必须至少包括两种格式的分区——swap 分区(内核运行的需要)和根分区(Linux native 格式,挂载作为根目录使用)。鉴于 Linux 内核启动映像文件通常也使用单独的分区(Linux native 格式,挂载点/boot)存放,因此习惯上至少会划分成 3 个分区来安装系统。

在硬件条件有限的情况下,为了运行大型程序,Linux 在硬盘上划出一个区域来充当临时内存,而 Windows 操作系统把这个区域称为虚拟内存,Linux 把它称为交换分区 swap。在安装 Linux 建立交换分区时,一般将其大小设为内存的 2 倍,当然也可以设得更大。一个安装 Linux 分区的例子如表 1-1 所列。

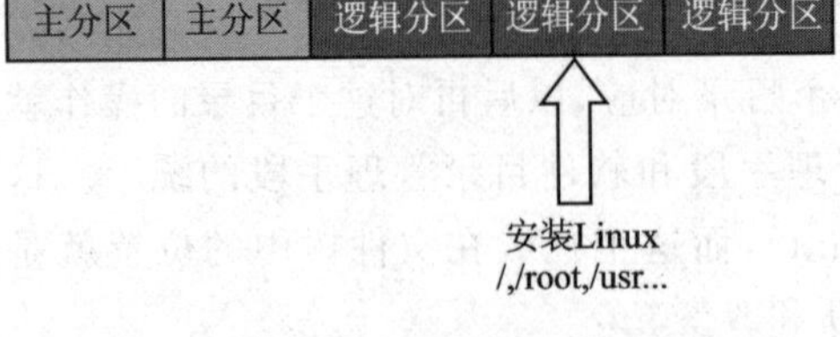

图 1-14 Linux 安装的分区示意图

表 1-1 Linux 分区格式、挂载点和分区容量

分区格式	挂载点	分区大小
Linux ext3	/boot	100 MB
Swap		设为内存的 2 倍
Linux ext3	/	剩余磁盘空间

3. Linux 的安装

安装之前需要收集相关的硬件信息,备份好有用的数据;设计好文件系统、分区和挂载;规划好主分区、扩展分区、逻辑分区和 SWAP 交换区的大小。安装过程的细节这里不详细介绍,只是提醒读者注意以下几个重要的问题。

(1) 选择文件系统的格式

不同的操作系统选择了不同的格式，同一种操作系统也可能支持多种格式。微软公司的 Windows 就选择了 FAT32 和 NTFS 两种格式，但是 Windows 不支持 Linux 上常见的分区格式。Linux 是一个开放的操作系统，它最初使用 EXT2 格式，后来使用 EXT3 格式，但是它同时支持非常多的分区格式，包括很多大型机上 UNIX 使用的 XFS 格式，也包括微软公司的 FAT 以及 NTFS 格式。

(2) 设置引导程序 GRUB

GRUB 是一种引导装入器(类似嵌入式中的 BootLoader)，它负责装入内核并引导 Linux 系统，位于硬盘的起始部分。由于 GRUB 多方面的优越性，如今的 Linux 一般都默认采用 GRUB 来引导 Linux 操作系统，但事实上它还可以引导 Windows 等多种操作系统。

(3) 设置 root 权限

Linux 也是一个多用户的系统(在这一点上类似于 Windows XP)，不同的用户和用户组会有不同的权限，其中把具有超级权限的用户称为 root 用户。root 的默认主目录在/root 下，而其他普通用户的目录则在/home 下。root 的权限极高，它甚至可以修改 Linux 的内核，因此建议初学者要慎用 root 权限，不然一个小小参数的设置错误就很有可能导致系统的严重问题。

1.3.4 基于虚拟机的 Linux 的安装

在嵌入式开发中，Linux 的安装有 3 种方式：纯 Linux、双操作系统和基于虚拟机的安装。纯 Linux 的安装类似于 Windows 操作系统的安装，安装完后，硬盘中只有一个操作系统。双操作系统是指在硬盘中同时安装了 Linux 操作系统和 Windows 操作系统，开机时通过一个选项来选择启动 Linux 还是 Windows，双操作系统的启动过程如图 1-15 所示。在安装了 Windows 和 Linux 双系统后，系统是以 Linux 的 GRUB 作为引导装入器来选择启动 Windows 和 Linux 的，因此，若此时直接在 Win-

图 1-15 双操作系统的启动

dows 下把 Linux 的分区删除,则会导致系统因没有引导装入器而无法启动 Windows,这点要格外小心。

在嵌入式软件开发中,开发者往往更青睐于基于虚拟机的方式。下面详细介绍一下这种安装方式。基于虚拟机的安装方式可以分为如下步骤:

1. 安装 VirtualBox

VirtualBox 是一款开源虚拟机软件,最初由德国 Innotek 公司开发、Sun Microsystems 公司出品,在 Sun 被 Oracle 收购后正式更名成 Oracle VM VirtualBox。VirtualBox 不仅具有丰富的特色,而且性能也很优异。它简单易用,可虚拟的系统包括 Windows(从 Windows 3.1 到 Windows 10、Windows Server 2012,所有的 Windows 系统都支持)、Mac OS X、Linux、OpenBSD、Solaris、IBM OS2 甚至 Android 等操作系统。使用者可以在 VirtualBox 上安装并且运行上述操作系统。在 VirtualBox 网站(www.virtualbox.org)下载主机操作系统对应的安装文件。根据安装向导,用户可定制 VirtualBox 特性、指定安装目录等操作,一步一步完成安装,如图 1-16 所示。

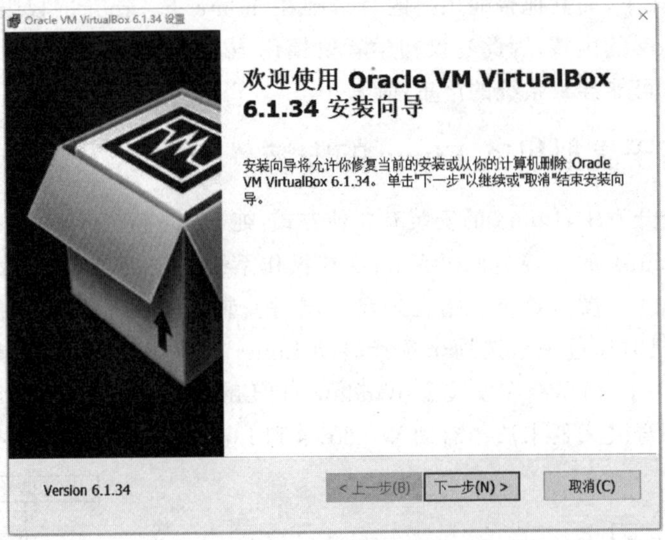

图 1-16　VirtualBox 安装

2. 创建虚拟机

VirtualBox 安装好之后就可以创建虚拟机了,很多设置可以按照用户个人的喜好进行配置。一般按照如下步骤创建虚拟机:命名虚拟机并选择将要运行的客户操作系统类型。接下来,配置计划分配给每个虚拟机的内存大小。VirtualBox 不支持内存过量使用,所以不能给一个虚拟机分配超过主机内存大小的内存值。创建虚拟磁盘并指定虚拟机磁盘文件的类型和大小。在 Oracle VM VirtualBox 中可以选择动态扩展的磁盘或者固定大小的磁盘。动态磁盘起始值较小,随着客户操作系统写入数据到磁盘而逐渐增加。对于固定磁盘类型来说,所有的磁盘空间在虚拟机创建阶段一次性分配。根据以上要求,本节创建了一个名为 ELinux 的虚拟机,如图 1-17 所示。

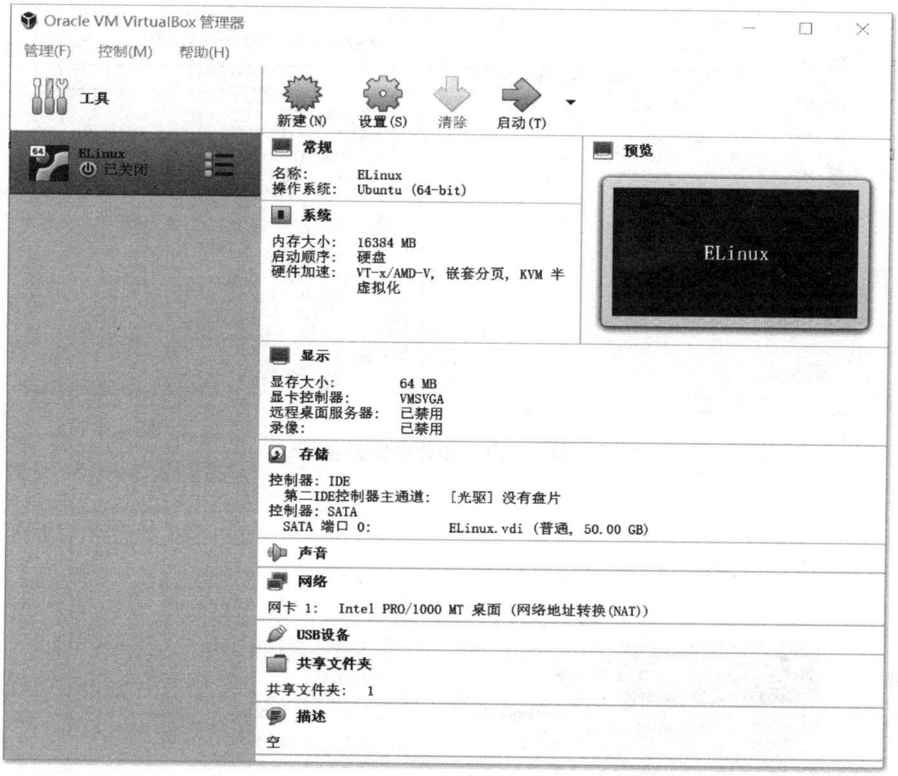

图 1-17 创建虚拟机

3. 安装客户操作系统

VirtualBox 虚拟机创建之后就可以开始安装客户操作系统了。客户操作系统安装完成后应该安装增强功能包,增强功能包包括一些便于集成主机和虚拟机的驱动程序。本节以 Ubuntu 操作系统为例说明其安装过程。

Ubuntu 操作系统是由南非人马克·沙特尔沃思(Mark Shuttleworth)创建的一个以桌面应用为主的 Linux 操作系统。本书成书时,其版本为 Ubuntu 22.04 LTS, LTS 意为"长期支持",一般为 5 年,其下载地址为:https://cn.ubuntu.com/download/desktop。通常下载 ISO 安装光盘映像文件,然后将其制作成启动盘,直接用安装光盘的方式进行安装,这是最简单,也是最常用的方法。在虚拟机中,可以使用虚拟光驱进行安装。

下载 ISO 文件后,在虚拟机的"设置→存储"菜单项中将此虚拟光盘文件映射到虚拟光驱中,如图 1-18 所示。选择“启动→正常启动”,启动安装过程如图 1-19 所示。

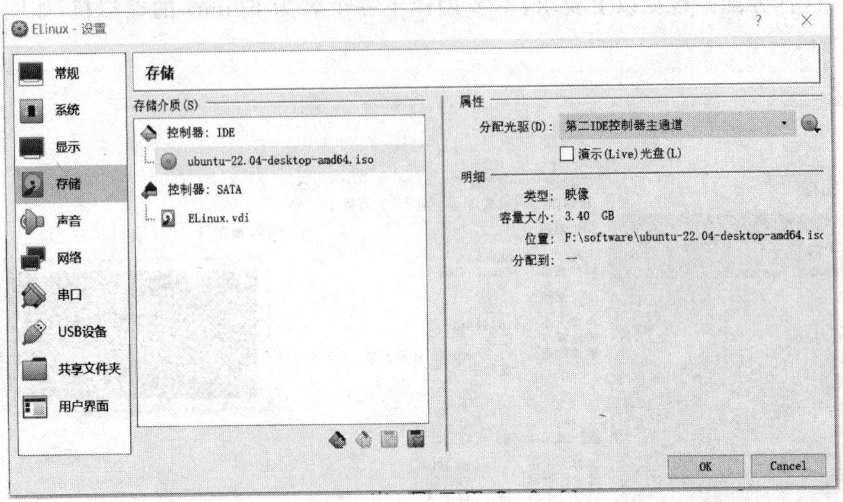

图 1-18　加载虚拟光盘

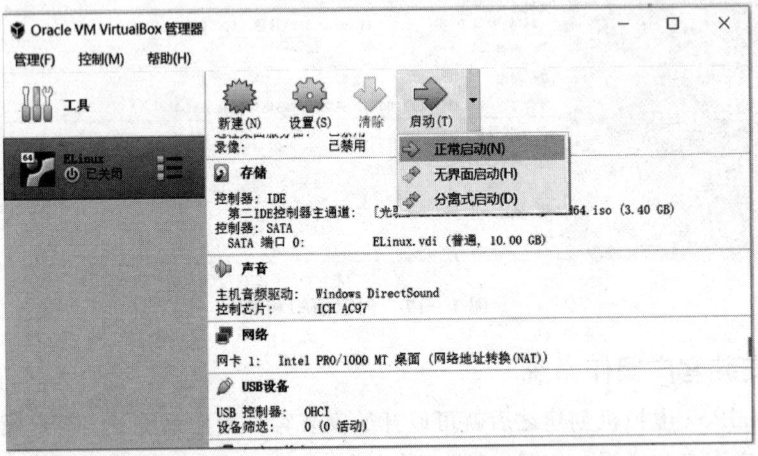

图 1-19　启动安装过程

根据安装提示,安装 Ubuntu 操作系统,如图 1-20 所示。这个过程需要几十分钟时间,具体时间长短取决于安装机器的性能和网络状况。

安装完毕后就可以启动 Ubuntu 了,输入用户名和密码。本例中的用户名和密码如图 1-21 所示。

系统正常启动后,出现如图 1-22 所示 Ubuntu 桌面,说明 Ubuntu 系统安装成功。后续即可在此操作系统中安装其他开发软件和应用程序。

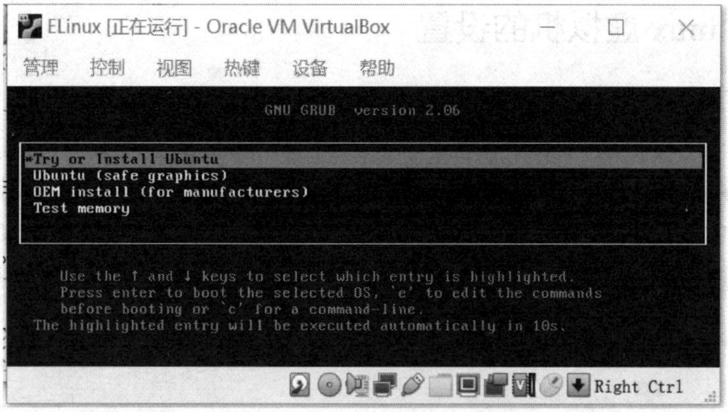

图 1－20 Ubuntu 安装过程

图 1－21 启动 Ubuntu 系统

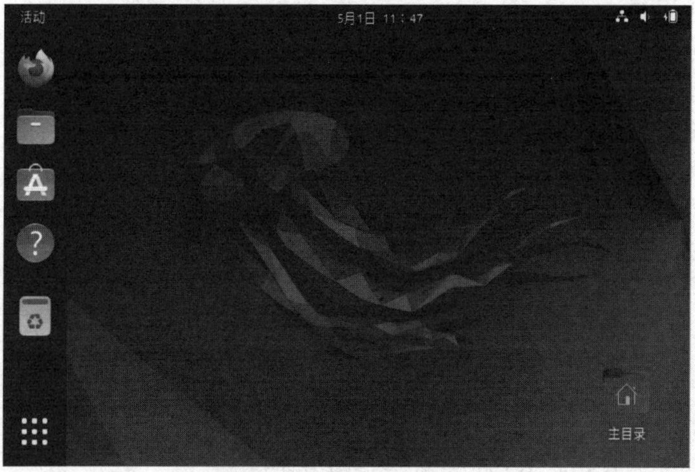

图 1－22 Ubuntu 桌面

1.3.5 Linux 虚拟机的设置

1. 硬件设置

VirtualBox 模拟的硬件包括主板、内存、硬盘(IDE 和 SCSI)、DVD/CD-ROM、软驱、网卡、声卡、串口、并口和 USB 口。用户还可以修改虚拟 CPU 的数量、配置虚拟网卡等。VirtualBox 模拟出来的各种硬件与用户的主机 HOST 没有关系,也没有依赖关系。虚拟机关闭时,可以编辑虚拟机设置并更改硬件,如图 1-23 所示。

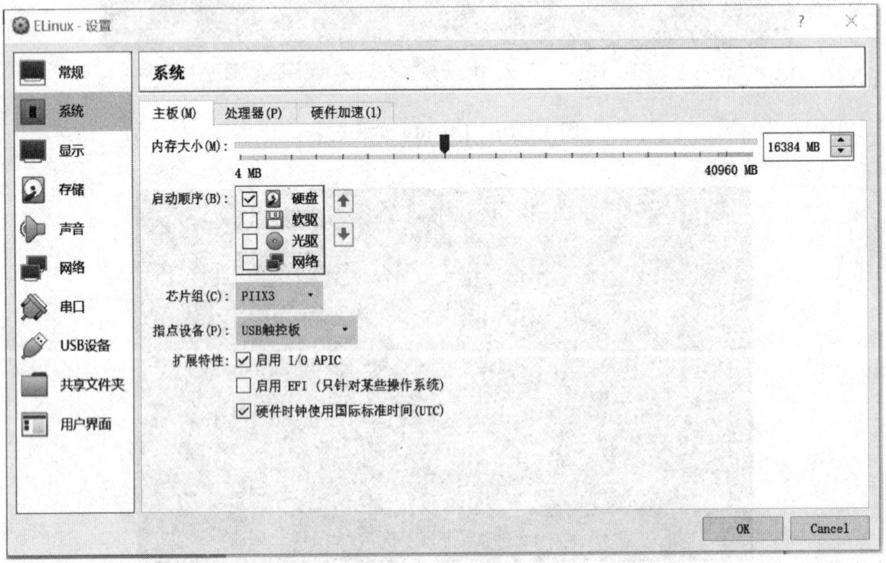

图 1-23　硬件设置

(1) 显示设置

显示设置中可以设置显存的大小、监视器的数量、缩放率以及显卡控制器等,如图 1-24 所示。

(2) 网络设置

虚拟机网络连接的设置如图 1-25 所示,主要有如下几种设置方式。

Bridged 方式:用这种方式,虚拟机的 IP 可设置成与 Host 主机在同一网段,虚拟机相当于网络内一台独立的机器;同一网络内的虚拟机之间以及虚拟机与 HOST 主机之间都可以互相访问,就像一个局域网一样。

NAT 方式:这种方式也可以实现 Host 主机与虚拟机间的双向访问。但是虚拟机为 HOST 独享的,其他局域网主机(或虚拟主机)不能访问本虚拟机,本虚拟机则可通过 Host 主机使用 NAT 协议访问网络内其他机器。

Host-Only 方式:与 HOST 主机共享网络连接。

Custom 方式:用户自定制网络连接方式。

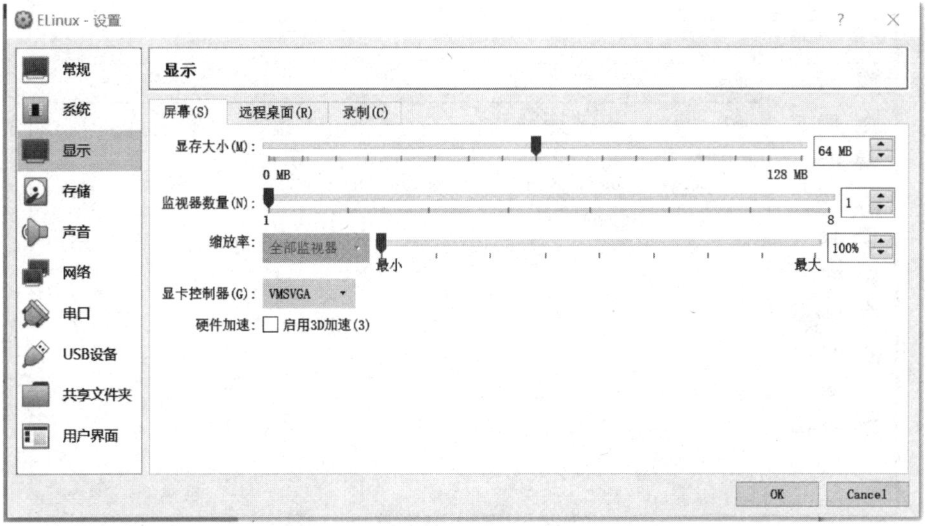

图 1-24 显示设置

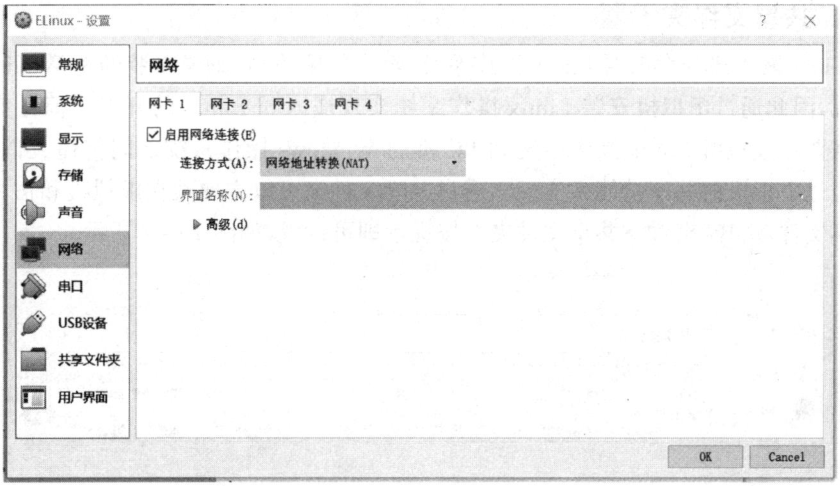

图 1-25 网络设置

这里把虚拟机设置成 NAT 模式。采用这种网络连接模式后，虚拟机访问网络的所有数据都是由主机提供的；虚拟机并不真实地存在于网络上，主机和网络中的任何机器是不能查看和访问这个虚拟机的。

(3) 串口设置

安装虚拟机默认情况下是没有串口的，但是在嵌入式开发中，利用串口运行的超级终端和 minicom 对开发板运行的程序进行调试是一种重要手段。因此必须启用一个串口，如图 1-26 所示。通常 PC 机有两个串口：COM1 和 COM2，一般来说使用 COM1 连接开发板和 PC 机。

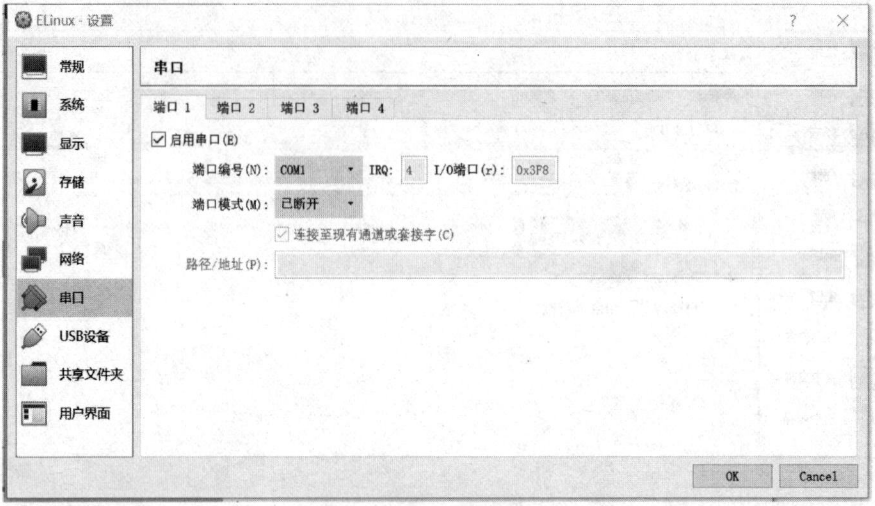

图 1-26　串口设置

2. 共享文件夹设置

Linux 嵌入式开发需要 Linux 操作系统,经常使用的 PC 通常安装的是 Windows 操作系统,因此通过虚拟机安装 Linux 操作系统实现嵌入式 Linux 的开发。但是实际中往往需要在虚拟机 Linux 操作系统和 PC 机的 Windows 操作系统之间传递文件,这时可以通过虚拟机的共享功能来实现。通过共享文件夹可以方便地在虚拟机和宿主机之间共享文件,选择“设置→共享文件夹”,按提示即可设置,如图 1-27 所示。

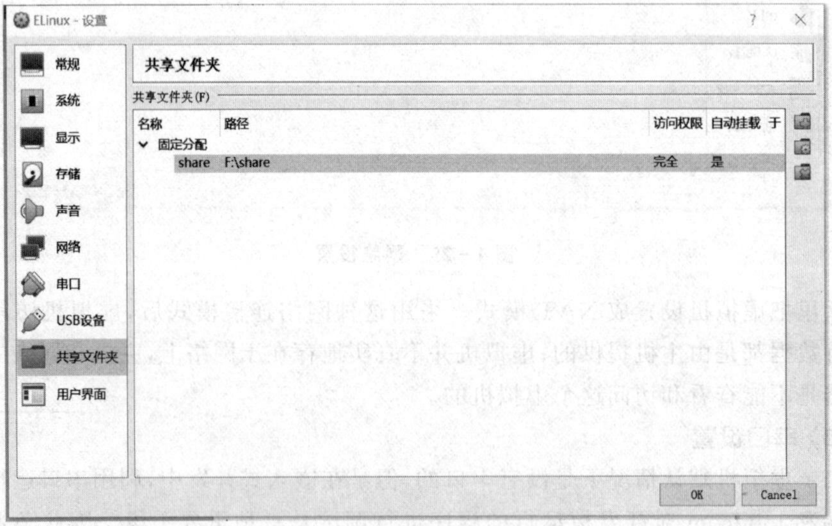

图 1-27　共享文件夹设置

1.4 Linux 目录结构及文件

1.4.1 Linux 文件系统

操作系统中负责管理和存储文件信息的软件机构称为文件管理系统，简称文件系统。文件系统由 3 部分组成：与文件管理有关的软件、被管理的文件以及实施文件管理所需的数据结构。从系统角度来看，文件系统是对文件存储器空间进行组织和分配，负责文件的存储并对存入的文件进行保护和检索的系统。具体地说，它负责为用户建立文件，存入、读出、修改和转储文件，控制文件的存取，当用户不再使用时撤销文件等。不同操作系统支持的文件系统的格式不完全相同，Linux 的一个最重要特点就是它支持许多不同的文件系统。这使 Linux 非常灵活，能够与许多其他的操作系统共存。Linux 支持的常见文件系统有 JFS、ReiserFS、ext、ext2、ext3、ISO9660、XFS、Minx、MSDOS、UMSDOS、VFAT、NTFS、HPFS、NFS、SMB、SysV 和 PROC 等。随着时间的推移，Linux 支持的文件系统还会增加。

Linux 内核含有一个虚拟文件系统层，用于系统调用操作文件。VFS 是一个间接层，用于处理涉及文件的系统调用，并调用物理文件系统代码中的必要功能来进行 I/O 操作。该间接机制常用于 Unix 类操作系统中，以利于集成和使用几种类型的文件系统。

当处理器发出一个基于文件的系统调用时，内核就会调用 VFS 中的一个函数。该函数会处理与结构无关的操作并且把调用重新转向到与结构相关的物理文件系统代码中的一个函数去。文件系统代码使用高速缓冲功能来请求对设备的 I/O 操作。这个方案如图 1-28 所示。

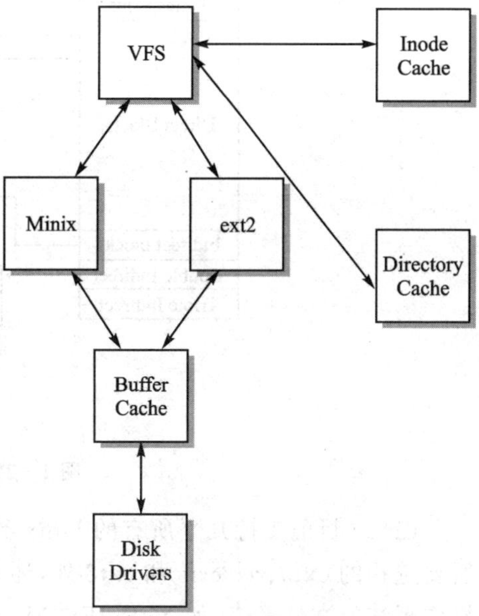

图 1-28 虚拟文件系统

VFS 定义了每个文件系统必须实现的函数集。该接口由一组操作集组成，涉及 3 类对象：文件系统、i 节点和打开文件。VFS 知道内核所支持的文件系统的类型，它使用在内核配置时定义的一张表来获取这些信息。该表中的每个条目描述了一个文件系统类型：它含有文件系统类型的名称以及在加载操作时调用的函数的指针。当需要加载一个文件系统时，就会调用相应的加载函数。该函数负责从磁盘上读取超级块和初始化内部变量，并且向 VFS 返回被加载文件系统。

Linux 通过把系统支持的各种文件系统链接到一个单独的树形层次结构中，从而实现对多文件系统的支持。该树形层次结构把文件系统表示成一个整个的独立实体。无论什么类型的文件系统，都被装配到某个目录上，由被装配的文件系统的文件覆盖该目录原有的内容。该目录被称为装配目录或装配点。在文件系统卸载时，装配目录中原有的文件才会显露出来。在 Linux 文件系统中，文件用 i 节点来表示、目录只是包含有一组目录条目列表的简单文件，而设备可以通过特殊文件上的 I/O 请求被访问。

每个文件都是由被称为 i 节点的一个结构来表示的。每个 i 节点都含有对特定文件的描述：文件类型、访问权限、属主、时间戳、大小和指向数据块的指针。分配给一个文件的数据块的地址也存储在该文件的 i 节点中。当一个用户在该文件上请求一个 I/O 操作时，内核代码将当前偏移量转换成一个块号，并使用这个块号作为块地址表中的索引来读/写实际的物理块。一个 i 节点的结构如图 1 - 29 所示。

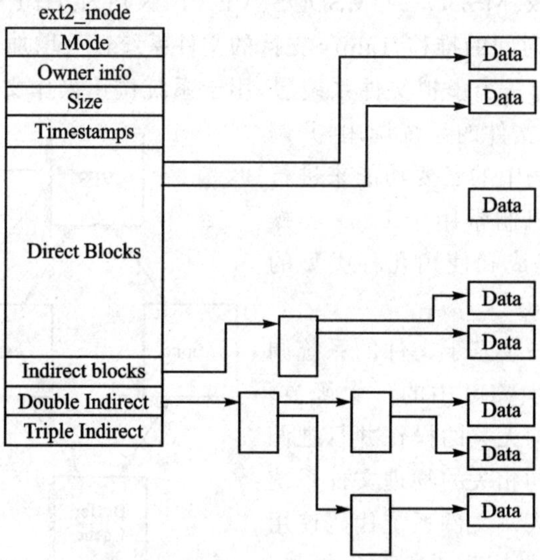

图 1 - 29　inode 节点

Linux 目前支持几乎所有的 Unix 类的文件系统，除了在安装 Linux 操作系统时所要选择的 ext3、reiserfs 和 ext2 外，还支持苹果 MACOS 的 HFS，并支持其他 Unix 操作系统的文件系统，如 XFS、JFS、Minix fs 及 UFS 等。嵌入式文件系统在后面的章节介绍，下面介绍几种常用的文件系统。

1. FAT16 和 FAT32 文件系统

通常 PC 使用的文件系统是 FAT16。像基于 MS - DOS、Win 95 等系统都采用了 FAT16 文件系统。在 Win 9x 下，FAT16 支持的分区最大为 2 GB。计算机将信息保存在硬盘上称为“簇”的区域内，使用的簇越小，保存信息的效率就越高。在FAT16的情况下，分区越大，簇就相应地越大，存储效率就越低，势必造成存储空间的浪费。随着计算机硬件和应用的不断提高，FAT16文件系统已不能很好地适应系统的要求。在这种情况下，推出了增强的文件系统FAT32。与FAT16相比，FAT32主要具有以下特点：

① 与FAT16相比，FAT32最大的优点是可以支持的磁盘大小达到2 TB(2 047 GB)，但是不能支持小于512 MB的分区。基于FAT32的Windows 2000可以支持分区最大为32 GB，而基于FAT16的Windows 2000支持的分区最大为4 GB。

② 由于采用了更小的簇，FAT32文件系统可以更有效率地保存信息。如两个分区大小都为2 GB，一个分区采用了FAT16文件系统，另一个分区采用了FAT32文件系统。采用FAT16的分区的簇大小为32 KB，而FAT32分区的簇只有4 KB的大小。这样FAT32就比FAT16的存储效率要高很多，通常情况下可以提高15 %。

③ FAT32文件系统可以重新定位根目录和使用FAT的备份副本。另外，FAT32分区的启动记录被包含在一个含有关键数据的结构中，降低了计算机系统崩溃的可能性。

2. NTFS文件系统

NTFS文件系统是一个基于安全性的文件系统，是Windows NT所采用的独特的文件系统结构。它是建立在保护文件和目录数据的基础上，同时兼顾节省存储资源与减少磁盘占用量的一种先进的文件系统。

3. ext2和ext3

ext2是GNU/Linux系统中标准的文件系统，其特点为存取文件的性能极好，对于中小型的文件更显示出优势，这主要得利于其簇快取层的优良设计。其单一文件的大小与文件系统本身的容量上限与文件系统本身的簇大小有关，在一般常见的x86电脑系统中，簇最大为4 KB，则单一文件大小上限为2 048 GB，而文件系统的容量上限为16 384 GB。

ext3是现在Linux(包括Red Hat和Mandrake)常见的默认的文件系统，它是ext2的升级版本。正如Red Hat公司的首席核心开发人员Michael K. Johnson所说，从ext2转换到ext3主要有以下4个理由：可用性、数据完整性、速度以及易于转化。ext3中采用了日志式的管理机制，它使文件系统具有很强的快速恢复能力，并且由于从ext2转换到ext3无须进行格式化，因此，更加推进了ext3文件系统的大量推广。

4. swap文件系统

该文件系统是Linux中作为交换分区使用的。在安装Linux时，交换分区是必须建立的，并且它所采用的文件系统类型必须是swap而没有其他选择。

5. NFS 文件系统

NFS 文件系统是指网络文件系统,这种文件系统也是 Linux 的独到之处。它可以很方便地在局域网内实现文件共享,并且使多台主机共享同一主机上的文件系统。而且 NFS 文件系统访问速度快、稳定性高,已经得到了广泛的应用,尤其在嵌入式领域,使用 NFS 文件系统可以很方便地实现文件本地修改,而免去了一次次读/写 Flash 的忧虑。

6. ISO9660 文件系统

这是光盘所使用的文件系统,Linux 中对光盘已有了很好的支持,它不仅可以提供对光盘的读/写,还可以实现对光盘的刻录。

1.4.2 Linux 目录结构

目录是一个分层的树结构。每个目录可以包含有文件和子目录。目录是作为一个特殊的文件实现的。实际上,目录是一个含有目录条目的文件,每个条目含有一个 i 节点号和一个文件名。当进程使用一个路径名时,内核代码就会在目录中搜索以找到相应的 i 节点号,在文件名被转换成了一个 i 节点后,该 i 节点就被加载到内存中并被随后的请求所使用。

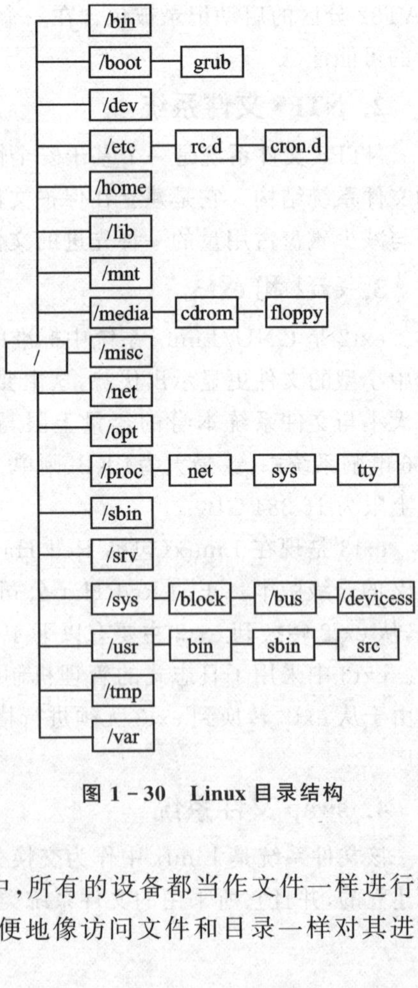

图 1-30 Linux 目录结构

Linux 的目录结构如图 1-30 所示。下面以 Red Hat 9 为例,详细列出了 Linux 文件系统中各主要目录的存放内容。

/bin:bin 就是二进制(binary)的英文缩写。这里存放前面 Linux 常用操作命令的执行文件,如 mv、ls 和 mkdir 等。有时,这个目录的内容和/usr/bin 中的内容一样,它们都是放置一般用户使用的执行文件。

/boot:这个目录下存放操作系统启动时所要用到的程序,如启动 grub 就会用到其下的/boot/grub 子目录。

/dev:该目录中包含了所有 Linux 系统中使用的外部设备。要注意的是,这里并不是存放外部设备的驱动程序,它实际上是一个访问这些外部设备的端口。由于在 Linux 中,所有的设备都当作文件一样进行操作,如/dev/cdrom 代表光驱,用户可以非常方便地像访问文件和目录一样对其进行访问。

/etc：该目录下存放了系统管理时要用到的各种配置文件和子目录，如网络配置文件、文件系统、x系统配置文件、设备配置信息和设置用户信息等都在这个目录下。系统在启动过程中需要读取其参数进行相应的配置。

/etc/rc.d：该目录主要存放Linux启动和关闭时要用到的脚本，后面的章节中还会进一步介绍。

/etc/rc.d/init：该目录存放所有Linux服务默认的启动脚本（在新版本的Linux中还用到/etc/xinetd.d目录下的内容）。

/home：该目录是Linux系统中默认的用户工具根目录。执行adduser命令后，系统会在/home目录下为对应账号建立一个同名的主目录。

/lib：该目录用来存放系统动态链接共享库。几乎所有的应用程序都会用到这个目录下的共享库。因此，千万不要轻易对这个目录进行任何操作。

/lost+found：该目录在大多数情况下都是空的。只有当系统产生异常时，会将一些遗失的片段放在此目录下。

/media：该目录是光驱和软驱的挂载点。

/misc：该目录存放从DOS下进行安装的实用工具，一般为空。

/mnt：该目录是软驱、光驱和硬盘的挂载点，也可以临时将别的文件系统挂载到此目录下。

/proc：该目录用于放置系统核心与执行程序所需的一些信息，而这些信息是在内存中由系统产生的，故不占用硬盘空间。

/root：该目录是超级用户登录时的主目录。

/sbin：该目录用来存放系统管理员的常用系统管理程序。

/tmp：该目录用来存放不同程序执行时产生的临时文件。一般Linux安装软件的默认安装路径就是这里。

/usr：这是一个非常重要的目录，用户的很多应用程序和文件都存放在这个目录下，类似于Windows下的Program Files的目录。

/usr/bin：系统用户使用的应用程序。

/usr/sbin：超级用户使用的比较高级的管理程序和系统守护程序。

/usr/src：内核源代码默认的放置目录。

/srv：该目录存放一些服务启动之后需要提取的数据。

/sys：这是Linux 2.6内核的一个很大的变化。该目录下安装了2.6内核中新出现的一个文件系统sysfs。sysfs文件系统集成了以下3种文件系统的信息：针对进程信息的proc文件系统、针对设备的devfs文件系统以及针对伪终端的devpts文件系统。该文件系统是内核设备树的一个直观反映。当一个内核对象被创建时，对应的文件和目录也在内核对象子系统中被创建。

/var：这也是一个非常重要的目录，很多服务的日志信息都存放在这里。

1.4.3 文件类型及文件属性

1. 文件类型

Linux 中的文件类型与 Windows 有显著的区别,其中最显著的区别在于 Linux 都将目录和设备当作文件来进行处理,这样就简化了对各种不同类型设备的处理,提高了效率。Linux 中主要的文件类型分为 4 种:目录文件、普通文件、链接文件和设备文件。

(1) 目录文件

在 Linux 中,目录也是文件,它们包含文件名、子目录名以及指向那些文件、子目录的指针。目录文件是 Linux 中存储文件名的唯一地方,当把文件和目录对应起来时,也就是用指针将其链接起来之后,就构成了目录文件。因此,在对目录文件进行操作时,一般不涉及对文件内容的操作,而只是对目录名和文件名的对应关系进行了操作。在 Linux 终端使用如下命令即可查看目录文件。

```
[wen@JLUZH:~ $ ] ls -l
总用量 52
drwxr-xr-x    2    wen    wen        4096   4月 30 02:00   公共的
drwxr-xr-x    2    wen    wen        4096   4月 30 02:00   模板
drwxr-xr-x    2    wen    wen        4096   4月 30 02:00   视频
drwxr-xr-x    2    wen    wen        4096   4月 30 02:00   图片
-rw-rw-r--    1    wen    wen        12     5月 1 15:44    install.log
```

当在某个目录下执行时,看到的类似 drwxr-xr-x 的文件就是目录,目录在 Linux 中是一个比较特殊的文件。注意,它的第一个字符是 d。创建目录的命令可以用 mkdir 命令或 cp 命令,cp 可以把一个目录复制为另一个目录。删除用 rm 或 rmdir 命令。

(2) 普通文件

普通文件仅仅是字节序列,Linux 并没有对其内容规定任何的结构。普通文件可以是程序源代码(C、C++、Python、Perl 等)、可执行文件(文件编辑器、数据库系统、出版工具、绘图工具等)、图片、声音、图像等。Linux 不会区别对待这些文件,只有处理这些文件的应用程序才会根据文件的内容为它们赋予相应的含义。在 DOS 或 Winodws 环境中,所有文件名的后缀就能表示该文件的类型,例如,*.exe 表示可执行文件,*.bat 表示批处理文件。在 Linux 环境下,只要是可执行的文件并具有可执行属性它就能执行,不管其文件名后缀是什么。在 Linux 终端使用如下命令来查看某个文件的属性:

```
[wen@JLUZH:~ $ ] ls -l install.log
-rw-rw-r--1    wen      wen      12     5月 1 15:44   install.log
```

可以看到有类似-rw-r--r--,值得注意的是第一个符号是-,这样的文件在 Linux 中就是普通文件。这些文件一般用一些相关的应用程序创建,比如图像工具、文档工具、归档工具或 cp 工具等。这类文件的删除方式是用 rm 命令。

(3) 链接文件

Linux 文件系统实现了链接的概念。几个文件名可以与一个 i 节点相关联。i 节点含有一个字段,其中含有与文件的关联数目。要增加一个链接只需要简单地建立一个目录项,该目录项的 i 节点号指向该 i 节点并增加该 i 节点的连接数即可。但删除一个链接时,即使用 rm 命令删除一个文件名时,内核会递减 i 节点的链接计数值;如果该计数值等于零,则就会释放该 i 节点。这种类型的链接称为硬链接(hard link),并且只能在单独的文件系统内使用,即不可能创建一个跨越文件系统的硬链接。而且,硬链接只能指向文件,即为了防止造成目录树的循环,不能创建目录的硬链接。

在大多数 Linux 文件系统中还有另外一种链接。符号链接(Symbolic link)仅是含有一个文件名的简单文件。在从路径名到 i 节点的转换中,当内核遇到一个符号链接时,就用该符号链接文件的内容替换链接的文件名,即用目标文件的名称来替换,并重新开始路径名的翻译工作。由于符号链接并没有指向 i 节点,因此就有可能创建一个跨越文件系统的符号链接。符号链接可以指向任何类型的文件,甚至是一个不存在的文件。由于没有与硬链接相关的限制,因此它们非常有用。然而,它们会用掉一点磁盘空间,并且需要为它们分配 i 节点和数据块。由于内核在遇到一个符号链接时需要重新开始路径名到 i 节点的转换工作,因此会造成路径名到 i 节点转换的额外负担。

链接文件有些类似于 Windows 中的"快捷方式",但是它的功能更为强大。它可以实现对不同的目录、文件系统甚至是不同机器上的文件直接访问,并且不必重新占用磁盘空间。在 Linux 终端使用如下命令:

```
[wen@JLUZH:~ $] ls -l install.log
-rw-rw-r--  1    wen    wen    12    5月 1 15:44   install.log
[wen@JLUZH:~ $] ln -s install.log wen.txt
[wen@JLUZH:~ $] ls -l wen.txt
lrwxrwxrwx     1    wen    wen    11    5月 1 15:55   wen.txt -> install.log
```

首先查看 install.log 文件的属性,然后通过"ln -s 源文件名 新文件名"的格式建立一个链接文件。最后再使用 ls 查看新建立的链接文件的属性,会看到类似 lrwxrwxrwx 的文件,注意第一个字符是 l,这类文件是链接文件。上面是一个例子,表示 wen.txt 是 install.log 的符号链接文件。

(4) 设备文件

在 Unix 类操作系统中,设备是可以通过特殊的文件进行访问的。设备特殊文件不会使用文件系统上的任何空间,它只是对设备驱动程序的一个访问点。设备是指计算机中的外围硬件装置,即除了 CPU 和内存以外的所有设备。通常,设备中含有数据寄存器或数据缓存器、设备控制器,它们用于完成设备同 CPU 或内存的数据交换。

在 Linux 下,为了屏蔽用户对设备访问的复杂性,采用了设备文件,即可以通过访问普通文件一样的方式来对设备进行读/写。设备文件用来访问硬件设备,包括硬盘、光驱、打印机等。每个硬件设备至少与一个设备文件相关联。存在两类设备特殊文件:字符和块设备特殊文件。前者(如键盘)允许以字符模式进行 I/O 操作,而后者(如磁盘)需要通过高速缓冲功能以块模式写数据方式进行操作。当对设备特殊文件进行 I/O 请求操作时,则会传递到(虚拟的)设备驱动程序中。对特殊文件的引用是通过主设备号和次设备号进行的,主设备号确定了设备的类型,而次设备号指明了设备单元。Linux 下设备名以文件系统中的设备文件的形式存在。所有的设备文件存放在/dev 目录下。在 Linux 终端使用如下命令:

```
[wen@JLUZH:~ $ ] ls -l /dev/tty
crw-rw-rw-    1    root    tty 5, 0   5月 1 15:38   /dev/tty
[wen@JLUZH:~ $ ] ls -l /dev/sda
brw-rw----    1    root    disk 8, 0   5月 1 15:31   /dev/sda
```

可以看到/dev/tty 的属性是 crw-rw-rw-,注意前面第一个字符是 c,这表示字符设备文件,比如 Modemn 等串口设备。/dev/hda1 的属性是 brw-r-----,注意前面的第一个字符是 b,这表示块设备,比如硬盘、光驱等设备;这个种类的文件是用 mknode 来创建,用 rm 来删除。目前在最新的 Linux 发行版本中,一般不用自己创建设备文件,因为这些文件是和内核相关联的。

2. 文件属性

一谈到文件类型,大家就能想到 Windows 的文件类型,如 file.txt、file.doc、file.sys、file.mp3 和 file.exe 等,根据文件的后缀就能判断文件的类型。但在 Linux 中一个文件是否能被执行,与后缀名没有太大的关系,主要与文件的属性有关。Linux 中的文件属性如图 1-31 所示。

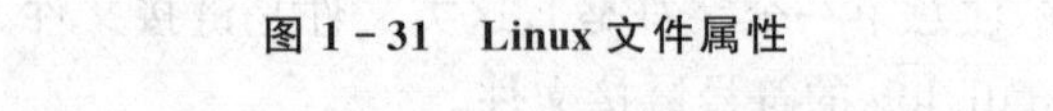

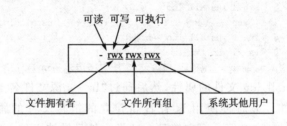

图 1-31 Linux 文件属性

首先,Linux 中文件的拥有者可以把文件的访问属性设成 3 种不同的访问权限:可读(r)、可写(w)和可执行(x)。文件又有 3 个不同的用户级别:文件拥有者(u)、所属的用户组(g)和系统里的其他用户(o)。第一个字符显示文件的类型:

➢ "_"表示普通文件。
➢ "d"表示目录文件。
➢ "l"表示链接文件。

➢ “c”表示字符设备。

➢ “b”表示块设备。

➢ “p”表示命名管道，如先进先出 FIFO 文件(First In First Out)。

➢ “f”表示堆栈文件，如后进先出 LIFO 文件(Last In First Out)。

第一个字符之后有 3 个 3 位字符组：

➢ “r”表示可读。

➢ “w”表示可写。

➢ “x”表示可执行。

➢ “-”表示该用户组对此没有权限。

第一个 3 位字符组表示文件拥有者(u)对该文件的权限；第二个 3 位字符组表示文件用户组(g)对该文件的权限；第三个 3 位字符组表示系统其他用户(o)对该文件的权限；注意目录权限和文件权限有一定的区别。对于目录而言，r 代表允许列出该目录下的文件和子目录，w 代表允许生成和删除该目录下的文件，x 代表允许访问该目录。在 Linux 终端使用如下命令：

```
[root@JLUZH root]# ls -l
总用量 248
-rwxr-xr-x    1 root    root        11548 2008-04-20 aaa
drwxr-xr-x    4 root    root        4096 2008-01-20 app
-rw-r--r--    1 root    root        85943 2008-01-20 app.tar
drwxr-xr-x    2 root    root        4096 10月 15 05:41 gdbtest
drwxr-xr-x    2 root    root        4096 2008-01-20 hanoi
drwxr-xr-x    2 root    root        4096 10月 15 05:05 hello
drwxr-xr-x    2 root    root        4096 2008-01-21 memtest
[root@JLUZH root]#
```

其中，第一个文件 aaa 具备这样的属性：普通文件，root 用户对它可读、可写、可执行，该用户组对该文件可读、可执行、不能写，其他用户对该文件可读、可执行、不能写。

1.5 Linux 常用操作命令

1.5.1 Shell 命令基础

Linux 支持像 Windows 那样的图形化界面。这个界面就是 Linux 图形化界面 X 窗口系统(简称 X)的一部分。但是 X 窗口系统仅仅是 Linux 上面的一个软件(或者也可称为服务)，它不是 Linux 自身的一部分。虽然现在的 X 窗口系统已经与 Linux 整合得相当好了，但毕竟还不能保证绝对的可靠性。另外，X 窗口系统是一个相当耗费系统资源的软件，会大大降低 Linux 的系统性能。因此，若希望更好地享受 Linux 所带来的高效及高稳定性，建议尽可能使用 Linux 的命令行界面，也就是

Shell 环境。Shell 是个命令语言解释器,它拥有自己内建的 Shell 命令集,也能被系统中其他应用程序所调用。用户在提示符下输入的命令都由 Shell 先解释,然后传给 Linux 核心,如图 1-32 所示。

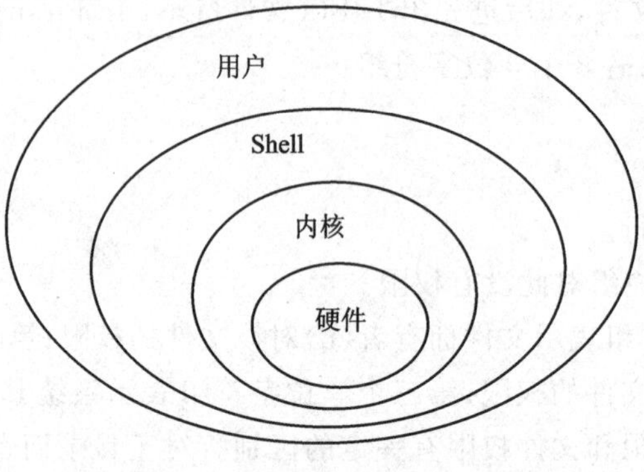

图 1-32　内核、Shell 和用户的关系

Linux 中运行 Shell 环境的是“系统工具”下的“终端”,读者可以单击“终端”以启动 Shell 环境。这时屏幕上显示类似如图 1-33 所示的信息。

图 1-33　终端的提示信息

其中,第一个 root 表示用户名;第二部分 localhost 表示机器名;第三部分 root 是指当前所在的目录。由于后面显示的是#,所以 root 是指超级用户;如果显示的是 $,则表示该用户是普通用户。普通用户和 root 用户的权限不一样,普通用户有些文件无权访问,而 root 用户拥有最大权限。为了方便起见,在后续的操作中不再说明时都使用 root 用户进行操作。

在 Shell 环境进行命令行编辑时需要频繁输入命令,不仅麻烦而且工作量较大。Linux 提供了一些常用快捷操作:一是命令自动补全,只要键入命令或文件名的前几个字符,然后按 Tab 键就会自动补全命令或显示匹配键入字符的所有命令;二是显示命令历史,可通过按[向上箭头]或[向下箭头]来前后查看当前目录下键入的命令历史,当看到想使用的命令时按 Enter 键就可重新执行。

由于 Linux 中的命令非常多,包括文件管理与传输、文档编辑、磁盘管理与维护、网络通信、系统管理与设置和备份压缩等成百上千个命令,而且每个命令都带有很多参数,要全部介绍几乎不可能。因此,本书只介绍和本课程实验相关并且经常用到的一些命令,在介绍这些命令时尽量结合实例,做到学以致用。其他命令请读者参考有关 Linux 命令的书籍。

1.5.2 文件与目录相关命令

由于 Linux 中有关文件管理与传输的操作经常使用，所以它们非常重要。本小节按照命令名称、功能说明、命令格式、常用参数和使用实例这样一种方式来介绍每个命令。

1. ls 命令

【功能说明】执行 ls 指令可列出目录的内容，包括文件和子目录的名称。

【命令格式】ls[参数][<文件或目录>…]

其中，文件选项为查看指定文件的相关内容，若无指定文件，则默认查看当前目录下的所有文件。

【常用参数】ls 主要选项参数如下：

-a　不隐藏任何以“.”字符开始的条目。

-R　递归列出所有子目录。

-d　当遇到目录时，列出目录本身而非目录内的文件，并且不跟随符号链接。

-l　使用较长格式列出信息。

-x　逐行列出项目而不是逐栏列出。

【使用实例】在 Linux 终端操作如下命令序列，试解释其功能。

```
[root@JLUZH~]# ls                                    ①
anaconda-ks.cfg install.log.syslog install.log
[root@JLUZH~]# ls i*.log                             ②
install.log
[root@JLUZH~]# ls i*.*                               ③
install.log install.log.syslog
[root@JLUZH~]# ls i*.* >a.txt                        ④
[root@JLUZH~]# ls                                    ⑤
anaconda-ks.cfg install.log  a.txt      install.log.syslog
[root@JLUZH~]# cat a.txt                             ⑥
install.log
install.log.syslog
[root@JLUZH~]# ls a*.* >>a.txt                       ⑦
[root@JLUZH~]# cat a.txt
install.log
install.log.syslog
anaconda-ks.cfg
a.txt
[root@JLUZH~]#
```

例中第①个命令 ls 列出了当前工作目录下的信息；第②个命令“ls i*.log”结合通配符列出了以 i 开头，扩展名为 log 的所有文件。Shell 命令中支持命令补全、通配符和重定向功能。通配符主要为了便于用户描述目录或文件而使用。常用的通配符如下：“*”匹配任何字符和任何数目的字符，“?”匹配单一数目的任何字符。第④个命令演示了重定向功能。

大家知道,执行一个 Shell 命令行时通常会自动打开 3 个标准文件,即标准输入文件(stdin),通常对应终端的键盘;标准输出文件(stdout)和标准错误输出文件(stderr),这两个文件都对应终端的屏幕。进程从标准输入文件中得到输入数据,将正常输出数据输出到标准输出文件,而将错误信息送到标准错误文件中。

重定向是指把命令(或可执行程序)的标准输入/输出重定向到指定的文件中,也就是说,输入可以不来自键盘,而来自一个指定的文件。输出可以不是屏幕而是文件。输入重定向的一般形式为:"<""<<";输出重定向的一般形式为:">"">>文件名"。第③个命令演示了向标准的输出设备——屏幕输出信息,接下来第④个命令"ls i *. * >a. txt",表示将输出信息重定向到"a. txt"文件;第⑤个命令通过 ls 查看可以发现当前目录下生成了一个"a. txt"文件,接下来第⑥个命令"cat a. txt"将该文本文件的内容显示出来,接下来第⑦个命令"ls a *. * >> a. txt"演示了用追加的方式重定向到"a. txt"的过程。

在 ls 的常见参数中,"-l"(长文件名显示格式)的选项是最为常见的,可以详细显示出各种信息。该实例查看当前目录下的所有文件,并通过选项"-l"显示出详细信息。显示格式说明如下:

```
    文件类型与权限 链接数  文件属主   文件属组   文件大小   修改的时间     名字
    -rw-------      1    root      root      1496      11-03 23:37   anaconda-ks.
cfg
```

在 Linux 中隐含文件是以"."开头的,若想显示出所有"."开头的文件,则可使用"-a",这在嵌入式的开发中很常用。以上两个参数的操作命令如下:

```
[root@JLUZH~]# ls -l
总计 104
-rw-------. 1 root root 1496 11-03 23:37 anaconda-ks.cfg
-rw-r--r--. 1 root root 52037 11-03 23:37 install.log
-rw-r--r--. 1 root root 5523 11-03 23:35 install.log.syslog
drwxr-xr-x. 2 root root 4096 11-03 20:50 .log.syslog
[root@JLUZH~]# ls -a
.     .cshrc  .ICEauthority    .recently-used
..    .dbus   .icedteaplugin      .recently-used.x
anaconda-ks.cfg .esd_auth  install.log     .tcshrc a.txt
.gconf     install.log.syslog  .tencent     .bash_history     .gconfd
```

2. cd 命令

【功能说明】该命令将当前目录改变至指定的目录。若没有指定目录,则回到用户的主目录。为了改变到指定目录,用户必须拥有对指定目录的执行和读权限。

【命令格式】cd[路径]

其中的路径为要改变的工作目录,可为相对路径或绝对路径。

【使用实例】在 Linux 终端操作如下命令序列,试解释其功能。

```
[root@JLUZH /]# cd
[root@JLUZH ~]# cd ..
[root@JLUZH /]# cd !$
cd ..
[root@JLUZH /]# cd root
[root@JLUZH ~]# cd ~
[root@JLUZH ~]# cd /root
[root@JLUZH ~]# cd /
[root@JLUZH /]# cd -
/root
[root@JLUZH ~]#
```

在 Linux 中"/"表示根目录，第一条命令表示回到 root 用户的主目录"/root"下，第二条命令表示回到上一层目录，用户所在目录由/root 跳转到根目录下。"cd !$"表示重复上一次 cd 命令，即再次执行"cd .."命令，由于用户已经处在根目录下，所以没有发生目录跳转；"cd root"跳转到相对路径"root"下；"cd ~"的功能与 cd 命令的功能相同，都是返回用户主目录；"cd /root"跳转到绝对路径"/root"下；"cd -"表示返回刚才所在目录，其功能类似于电视遥控器的频道切换，在实践中是一个很好用的技巧。

3. pwd 命令

【功能说明】此命令显示出当前工作目录的绝对路径。

【命令格式】pwd

【使用实例】显示当前工作目录。

```
[root@JLUZH bin]# pwd
/usr/bin
```

以上操作表示用户当前的工作目录为"/usr/bin"。

4. mkdir 命令

【功能说明】创建一个目录。

【命令格式】mkdir[参数][路径/目录名称]

【常用参数】mkdir 主要参数如下：

-m Mode　设置新创建的目录的许可位，其值由变量 Mode 指定。

-p　创建丢失中间路径名称目录。

【使用实例】mkdir 常用方法如下：

```
[root@JLUZH test]# ls
[root@JLUZH test]# mkdir test1
[root@JLUZH test]# ls
test1
[root@JLUZH test]# mkdir -m 111 test2
```

```
[root@JLUZH test]# ls -l
总计 8
drwxr-xr-x. 2 root root 4096 11-04 16:27 test1
d--x--x--x. 2 root root 4096 11-04 16:28 test2
[root@JLUZH test]# mkdir /test/test3
[root@JLUZH test]# mkdir /test/newTest/test
mkdir：无法创建目录 "/test/newTest/test"：没有那个文件或目录
[root@JLUZH test]# mkdir -p /test/newTest/test
[root@JLUZH test]# ls
newTest  test1  test2  test3
[root@JLUZH test]# cd newTest/
[root@JLUZH newTest]# ls
test
[root@JLUZH newTest]#
```

通常情况下，mkdir 后面是路径加目录名称，也可以直接是目录名称。例如，“mkdir test1”是在当前目录新建目录 test1，而“mkdir /test/test3”是在“/test”路径下建立目录 test3。mkdir 常用的参数有“-m Mode”和“-p”，其中“-m Mode”是设置新创建的目录的许可位，其值由变量 Mode 指定，而参数“-p”表示创建丢失中间路径名称目录。如果没有指定“-p”标志，则每个新创建的目录的父目录必须已经存在。在实例中，首先使用“mkdir -m 111 test2”命令创建一个权限为“d--x--x--x”的目录 test2；然后在“/test/newTest”路径不存在的情况下，使用“mkdir /test/newTest/test”命令，系统提示“无法创建该目录”，因此必须在 mkdir 命令后加上“-p”标志，输入“mkdir -p /test/newTest/test”，这样就成功地在“/test/newTest”目录下建立目录 test。

5. rmdir 命令

【功能说明】删除空的目录。

【命令格式】rmdir[参数][路径/目录名称]

【常用参数】rmdir 命令的常用参数如下：

-p　当子目录被删除后使它也成为空目录时，该目录一并删除。

【使用实例】rmdir 常用方法如下：

```
[root@JLUZH test]# ls
test1  test2  test3  test4
[root@JLUZH test]# ls test1
[root@JLUZH test]# ls test2
[root@JLUZH test]# ls test3
test
[root@JLUZH test]# ls test4
[root@JLUZH test]# ls test4
test
[root@JLUZH test]# rmdir /test/test1
[root@JLUZH test]# rmdir test2
```

```
[root@JLUZH test]# ls
test3  test4
[root@JLUZH test]# rmdir test3/test
[root@JLUZH test]# rmdir -p test4/test
[root@JLUZH test]# ls
test3
[root@JLUZH test]#
```

在“/test”路径下，有 test1、test2、test3 和 test4 共 4 个目录，其中 test1 和 test2 为空目录，而 test3 和 test4 目录中都还有一个 test 目录。首先输入“rmdir /test/test1”，该命令通过绝对路径删除了目录 test1，而输入“rmdir test2”则直接删除了当前目录下的子目录 test2。接下来分别使用“rmdir test3/test”和“rmdir - p test4/test”命令，前者通过相对路径删除了目录 test3 下的子目录 test，后者由于使用了“- p”标志，当子目录 test 被删除后使 test4 成为空目录，所以一并删除。

6. rm 命令

【功能说明】删除文件或目录。

【命令格式】rm[参数][文件或目录]

【常用参数】rm 命令的常用参数如下：

-f　强制删除文件或目录。

-i　删除既有文件或目录之前先询问用户。

-r　删除目录，如果目录不为空，则递归处理将该目录下的所有文件及子目录一并处理。

-v　显示指令执行过程。

【使用实例】rm 常用方法如下：

```
[root@JLUZH test]# ls
test1  test2  test3
[root@JLUZH test]# ls test1
a.c  b.c
[root@JLUZH test]# rm - i test1/ * .c
rm:是否删除 普通文件 "test1/a.c"? n
rm:是否删除 普通文件 "test1/b.c"? n
[root@JLUZH test]# rm - vf test1/ * .c
已删除"test1/a.c"
已删除"test1/b.c"
[root@JLUZH test]#
```

rm 命令是支持通配符，“rm - i test1/ * . c”表示删除 test1 目录下所有. c 的文件，并且删除之前要询问用户。但是如果使用了“- f”标志，则系统将强制删除文件或目录而不需要通过用户，另外“- v”标志的使用可以使读者很清楚地看到指令执行的过程。值得注意的是：没有使用“- r”标志时是不能删除目录的，只有在使用“- r”标志时，才能将文件和目录一并删除。

7. cp 命令

【功能说明】复制文件或目录。

【命令格式】cp[参数]源文件或目录目标文件或目录

【常用参数】cp 的常用参数如下：

-a 保留链接、文件属性，并递归地复制目录，其作用等于 dpr 选项的组合。

-d 复制时保留链接。

-f 删除已经存在的目标文件而不提示。

-i 在覆盖目标文件之前将给出提示，要求用户确认。

-p 除复制源文件的内容外，还将其修改时间和访问权限也一并复制到新文件中。

-r 若给出的源文件是一个目录文件，则 cp 将递归复制该目录下的所有子目录和文件。此时目标文件必须为一个目录名。

【使用实例】cp 常用方法如下：

```
[root@JLUZH test]# ls
distination  source
[root@JLUZH test]# ls distination/
[root@JLUZH test]# ls source/
test
[root@JLUZH test]# ls source/test/
a.c  dir  link
[root@JLUZH test]# cp -a source/test/ distination/
[root@JLUZH test]# ls distination/
test
[root@JLUZH test]# ls distination/test/
a.c  dir  link
[root@JLUZH test]#
```

source 目录下有一个名为 test 的子目录，其中分别有文件、链接和目录各一个，那么用“cp -a”命令将 test 目录及其所有子目录和文件一起复制到 distination 目录下，这就相当于“-dpr”参数的组合。

8. mv 命令

【功能说明】移动或更名现有的文件或目录。

【命令格式】mv[参数]源文件或目录目标文件或目录

【常用参数】mv 的常用参数如下：

-b 为每个已存在的目的文件创建备份文件。

-f 覆盖文件或目录前不会进行确认，直接覆盖现有的文件或目录。

-i 覆盖前先行询问用户。

-u 在移动或更改文件名时，若目标文件已存在，则不覆盖目标文件。

-v 执行时显示详细的信息。

【使用实例】mv 常用方法如下：

```
[root@JLUZH test]# ls
distination  source
[root@JLUZH test]# ls distination/
a.c
[root@JLUZH test]# ls source/
a.c  b.c
[root@JLUZH test]# mv -b source/* distination/
[root@JLUZH test]# ls distination/
a.c  a.c~  b.c
```

实例的 source 和 distination 目录中分别有 a. c、b. c 和 a. c 这些文件，移动 source 目录下的文件到 distination 目录下，因为使用了“-b”标志，所以在 a. c 发生重复的情况下，系统将会自动创建备份文件。

9. find 命令

【功能说明】查找文件。

【命令格式】find[路径][参数]信息[选项]

【常用选项】

-print　将匹配的文件输出到标准输出。

-exec　对匹配的文件执行该参数所给出的 Shell 命令。

-ok 和-exec 的作用相同。

【常用参数】find 的常用参数如下：

-name　按照文件名查找文件。

-perm　按照文件权限来查找文件。

-prune　使用这一选项可以使 find 命令不在当前指定的目录中查找，如果同时使用“-depth”选项，那么“-prune”将被 find 命令忽略。

-user　按照文件属主来查找文件。

-group　按照文件所属的组来查找文件。

【使用实例】Linux find 命令中的语法与其他 Linux 命令的标准语法不同。但是，它很强大，因为它允许按文件名、文件类型、用户甚至是时间戳查找文件。使用 find 命令不但可以找到具这些属性任意组合的文件，还可以对它找到的文件执行操作。这里展示日常使用的一些查找功能。

```
[root@JLUZH test]# find . -name "a*" -exec ls -l {} \;        ①
-rw-r--r--. 1 root root 17 11-09 11:05 ./a.c
[root@JLUZH test]# find . -name "a*" -ok ls -l {} \;          ②
< ls ... ./a.c > ? y
-rw-r--r--. 1 root root 17 11-09 11:05 ./a.c
[root@JLUZH test]# find . -name "a*" -print                    ③
./a.c
```

上面的 find 命令是指在当前目录下查询名称以 a 开头的文件或目录，前两条指令同时调用了 Shell 命令 ls 来显示查询结果,要注意格式"{} \;"中括号与斜杠之间有空格,且必须以分号结束。"-ok"和"-exec"的功能是相同的,只不过"-ok"以一种更为安全的模式来执行该参数所给出的 Shell 命令,在执行每一个命令之前都会给出提示,让用户来确定是否执行。第③个命令则将查询输出到文件 a.c 中。

10. ln 命令

【功能说明】链接目录或文件。

【命令格式】ln[参数]源文件目标链接

【常用参数】ln 常用参数如下:

-b 删除,覆盖目标文件之前的备份。

-d 建立硬链接。

-s 建立符号链接(软链接)。

-f 强行建立文件或目录的链接,不论文件或目录是否存在。

-i 覆盖既有文件之前先询问用户。

-n 把符号链接的目的目录视为一般文件。

【使用实例】

```
[root@JLUZH test]# ln -d a.c a
[root@JLUZH test]# ln -s b.c b
[root@JLUZH test]# ls -l
总计 28
-rw-r--r--. 2 root root     17 11-09 11:05 a
-rw-r--r--. 2 root root     17 11-09 11:05 a.c
lrwxrwxrwx. 1 root root      3 11-09 12:04 b -> b.c
-rw-r--r--. 1 root root     31 11-09 12:03 b.c
```

ln 命令用来建立链接,链接分为两种:软链接和硬链接。软链接又称为符号链接,这个文件包含了另一个文件的路径名。可以是任意文件或目录,可以链接不同文件系统的文件。链接文件甚至可以链接不存在的文件,这就产生一般称为"断链"的现象,链接文件甚至可以循环链接自己。在对链接文件进行读或写操作时,系统会自动把该操作转换为对源文件的操作,但删除链接文件时,系统仅仅删除链接文件,而不删除源文件本身。

硬链接文件指通过索引节点来进行的链接。硬链接文件有两个限制:首先,它不允许给目录创建硬链接;其次,只有在同一文件系统中的文件之间才能创建链接。对硬链接文件进行读/写和删除操作时,结果与软链接相同。但如果删除硬链接文件的源文件,硬链接文件仍然存在,而且保留了原有的内容。

11. cat 命令

【功能说明】连接并显示指定的一个和多个文件的有关信息。

【命令格式】cat[选项]文件 1 文件 2…

其中文件 1、文件 2 为要显示的多个文件。

【常用参数】cat 命令的常见参数如下：

-n　由第一行开始对所有输出的行数编号。

【使用实例】将 hello.c 源文件的内容按行编号显示出来，可以使用如下命令：

```
[root@JLUZH root]# cat -n hello.c
1 #include<stdio.h>
2 int main()
3 {
4 printf("Hello! This is our enbeded world! \n");
5 return 0;
6 }
```

12. chmod 命令

【功能说明】改变文件的访问权限。

【命令格式】chmod[选项][权限]文件

【常用参数】命令的常见参数如下：

-c　若该文件权限确定已经更改，则显示其更改动作。

-f　若该文件权限无法被更改，则不显示错误信息。

-v　显示权限变更的详细资料。

【使用实例】chmod 可使用符号标记进行更改和八进制数指定更改两种方式，因此它的格式也有两种不同的形式。这里仅仅介绍八进制方式。对于八进制数指定的方式，将文件权限字符代表的有效位设为 1，即“rw-”“rw-”和“r--”的八进制表示为 110、110 和 100，把这个二进制串转换成对应的八进制数就是 6、6、4，也就是说该文件的权限为 664(3 位八进制数)。下面对 hello 文件进行上述属性的修改，其操作如下：

```
[root@JLUZH root]# ll hello
-rwxr--r--   1 root   root  11550   9月 24   14:40   hello
[root@JLUZH root]# chmod 664 hello
[root@JLUZH root]# ll hello
-rw-rw-r--   1 root   root  11550   9月 24   14:40   hello
[root@JLUZH root]#
```

1.5.3 磁盘管理与维护命令

1. fdisk 命令

【功能说明】磁盘分区表操作工具。

【命令格式】fdisk[参数]

【常用参数】fdisk 常用参数如下：

-l　列出指定的外围设备的分区表状况。

-u　搭配-l 参数列表，使用分区数目取代柱面数目来表示每个分区的起始地址。

【使用实例】使用 fdisk 命令可以查看磁盘分区的情况,其操作如下:

```
[root@JLUZH test]# fdisk -l
Disk /dev/sda:7516MB, 7516192718 bytes
255 heads, 63 sectors/track, 913 cylinders
Units = cylinders of 16065 * 512 = 8225280 bytes
[root@JLUZH test]# fdisk -l
Disk /dev/sda:7516MB, 7516192718 bytes
255 heads, 63 sectors/track, 913 cylinders
Units = cylinders of 16065 * 512 = 8225280 bytes
```

使用 fdisk 命令必须有 ROOT 权限,由于是在虚拟机中进行的操作,所以看到的磁盘为类似 sda 的表示方式。显示结果中首先显示了该磁盘的容量、磁头数、每磁道的扇区数、柱面数以及磁盘的标识,接下来显示了分区的情况,这里有 3 个分区,也就是前面介绍 Linux 安装时介绍的 boot 分区、swap 分区和“/”分区。

2. mount 命令

【功能说明】挂载文件系统,它的使用权是超级用户或“/etc/fstab”中允许的使用者。挂载是指把分区和目录对应的过程,而挂载点是指挂载在文件树中的位置。mount 命令可以把文件系统挂载到相应的目录下,并且由于 Linux 中把设备都当作文件一样使用,因此,mount 命令也可以挂载不同的设备。通常,在 Linux 下“/mnt”目录是专门用于挂载不同的文件系统的,它可以在该目录下新建不同的子目录来挂载不同的设备文件系统。

【命令格式】mount[-参数][设备名称][挂载点]

【常用参数】mount 命令常用参数如下:

-a　安装在/etc/fstab 文件中列出的所有文件系统。

-l　列出当前已挂载的设备、文件系统名称和挂载点。

-o　指定挂载选项,例如“-o nolock”表示禁用锁定(默认设置为 enabled)。

-t <文件系统类型>　指定设备的文件系统类型,常见的有如下类型:

ext2　Linux 目前常用的文件系统。

Msdos　MS-DOS 的 FAT,就是 FAT16。

Vfat　Windows98 常用的 FAT32。

Nfs　网络文件系统。

iso9660　CD-ROM 光盘标准文件系统。

ntfs　Windows NT/2000/XP 的文件系统。

Auto　自动检测文件系统。

【使用实例】下面是常用的文件系统挂载命令。

① 挂载光盘。

```
mount -t iso9660 /dev/cdrom /mnt/cdrom(光盘的文件系统类型为 iso9660)
```

② 挂载 U 盘。

```
mount -t vfat /dev/sdb1 /mnt/usb（注意使用 fdisk 命令查看 u 盘的标识符，这里为 sdb1）
```

③ 挂载 FAT32 的分区。

```
mount -t vfat /dev/hda7 /mnt/cdrom
```

④ 挂载 ntfs 的分区。

```
mount -t ntfs /dev/hda7 /mnt/cdrom
```

⑤ 挂载 iso 文件。

```
mount /abc.iso /mnt/cdrom
```

在嵌入式开发中，由于目标板不具备编译功能，通常会使用交叉编译方法，即在 Host 机器上编译软件，然后在目标机 Target 机器上调试软件。这样就需要将 Host 下的一个目录挂载到目标机系统中的某一个目录下，然后在目标机像访问本地目录一样访问该挂载的目录进行调试。下面是一个挂载网络文件系统的实例：

```
[root@JLUZH exp]# ls /nfs
nfs_test
[root@JLUZH exp]# ls
exp_test
[root@JLUZH exp]# mount -t nfs 192.168.0.123:/nfs /exp
[root@JLUZH exp]# cd /exp
[root@JLUZH exp]# ls
nfs_test
```

在上面的实例中，将主机 192.168.0.123 下的"/nfs"挂载到"/exp"目录下，这里的"/exp"就是挂载点，需要注意的是，挂载点必须是一个已经存在的目录。在挂载之前，使用 ls 命令可以看到"/exp"目录下的文件 exp_test，但是挂载之后以前的内容将不可用，看到的将是"/nfs"目录下的文件，要恢复正常可以使用 umount。

1.5.4 系统管理与设置命令

1. shutdown 命令

【功能说明】系统关机指令。

【命令格式】shutdown[参数][-t 秒数]时间[警告信息]

【常用参数】shutdown 常用参数如下：

-c　取消前一个 shutdown 命令。

-f　重新启动时不执行 fsck(注：fsck 是 Linux 下的一个检查和修复文件系统的程序)。

-h　将系统关机后关闭电源，功能在某种程度上与 halt 命令相当。

-r　shutdown 之后重新启动系统。

-t <秒数>　送出警告信息和关机信号之间要延迟多少秒，警告信息将提醒用户保存当前进行的工作。

【使用实例】shutdown 使用实例如下：

```
[root@JLUZH ~]# shutdown -h +4
Broadcast message from jluzh@JLUZH
(/dev/pts/1) at 12:45 ...
The system is going down for halt in 4 minutes!
[root@JLUZH ~]# shutdown -h +4 &
Broadcast message from jluzh@JLUZH
(/dev/pts/2) at 12:49 ...
The system is going down for halt in 4 minutes!
[1] 22501
[root@JLUZH ~]# shutdown -c
shutdown: Shutdown cancelled
[1]+ Done                 shutdown -h +4
```

在实例中，shutdown 命令后面有-h 和+4 标志，其中-h 是参数，而+4 是时间标志。常用的参数已经在上文中列出，下面介绍一下时间的格式：时间参数有"hh:mm"或"+m"两种模式，"hh:mm"格式表示在几点几分执行 shutdown 命令，例如"shutdown 10:45"表示将在 10:45 执行；"shutdown+m"表示 m 分钟后执行 shutdown。比较特别的用法是以 now 表示立即执行 shutdown，值得注意的是这部分参数不能省略。在第一次使用 shutdown 命令时，可以按 Ctrl+C 清除该命令，第二次使用时在命令最后加上"&"表示转入后台执行，然后就可以使用"shutdown -c"来取消前一个 shutdown 命令。

2. ps 命令

【功能说明】查看进程。

【命令格式】ps[参数]

【常用参数】ps 常用参数如下：

-e　显示所有进程。

-f　显示所有进程的信息。

-a　显示终端上的所有进程，包括其他用户的进程。

-r　只显示正在运行的进程。

-l　以长格式显示进程信息。

【使用实例】ps 常用方法如下：

```
[root@JLUZH ~]# ps -f
UID        PID  PPID  C STIME TTY          TIME CMD
root     22397 22353  0 13:42 pts/2    00:00:00 su root
[root@JLUZH ~]# ps -r
PID TTY          STAT   TIME COMMAND
22403 pts/2      R      0:00 bash
23693 pts/2      R+     0:00 ps -r
[root@JLUZH test]#
```

上面操作各项的含义如下：

UID　进程属主的用户 ID。

PID 进程 ID 号。

PPID 父进程的 ID 号。

C 进程最近使用 CPU 的估算。

STIME 进程开始时间，以“小时:分:秒”的形式给出。

TTY 该进程建立时所对应的终端，“?”表示该进程不占用终端。

TIME 报告进程累计使用的 CPU 时间。

注意：尽管觉得有些命令(如 sh)已经运转了很长时间，但是它们真正使用 CPU 的时间往往很短。所以，该字段的值往往都是 0:0。

CMD command(命令)的缩写，往往表示进程所对应的命令名。

ps 是一个很常用的命令，作用类似于 Windows 操作系统下的任务管理器的进程选项，但是使用却很简单，读者可以根据参数实际操作。

3. kill 命令

【功能说明】输出特定的信号给指定 PID(进程号)的进程，并根据该信号完成指定的行为。其中可能的信号有进程挂起、进程等待和进程终止等。

【命令格式】kill -l [信号]

kill [-信号] 进程号

【使用实例】kill 命令使用实例如下：

```
[root@www  root] #  ps  -ef
UID    PID    PPID  C   STIME TTY    TIME CMD
root    1     0     0    2005 ?     00:00:05 init
root    2     1     0    2005 ?     00:00:00 [keventd]
root    3     0     0    2005 ?     00:00:00 [ksoftirqd_CPU0]
root    4     0     0    2005 ?     00:00:00 [ksoftirqd_CPU1]
root  7421   1  0  2005 ?     00:00:00 /usr /local /bin /ntpd - c /etc /ntp.
root  21787  21739  0    17:16 pts/1      00:00:00 grep ntp
[root@JLUZH root] # kill 7421
[root@JLUZH root] # ps - ef
UID    PID    PPID  C   STIME TTY    TIME CMD
root    1     0     0    2005 ?     00:00:05 init
root    2     1     0    2005 ?     00:00:00 [keventd]
root    3     0     0    2005 ?     00:00:00 [ksoftirqd_CPU0]
root    4     0     0    2005 ?     00:00:00 [ksoftirqd_CPU1]
root  21787    21739  0    17:16 pts/1      00:00:00 grep ntp
```

该实例中首先查看所有进程，并终止进程号为 7421 的 ntp 进程，之后再次查看时已经没有该进程号的进程。

1.5.5 网络相关命令

1. ifconfig 命令

【功能说明】查看或者设置网络设备。

【命令格式】ifconfig[网络设备]

ifconfig 网络设备[IP 地址][netmask <子网掩码>]

【使用实例】ifconfig 命令使用如下：

```
[root@JLUZH ~]$ ifconfig
eth0     Link encap:Ethernet HWaddr 00:0C:29:30:DE:2F
         inet addr:192.168.0.123 Bcast:192.168.0.255 Mask:255.255.255.0
         inet6 addr: fe80::20c:29ff:fe30:de2f/64 Scope:Link
         UP BROADCAST RUNNING MULTICAST MTU:1500 Metric:1
         RX packets:1288 errors:0 dropped:0 overruns:0 frame:0
         TX packets:19 errors:0 dropped:0 overruns:0 carrier:0
         collisions:0 txqueuelen:1000
         RX bytes:107107 (104.5 KiB) TX bytes:4277 (4.1 KiB)
         Interrupt:18 Base address:0x2000
lo       Link encap:Local Loopback
         inet addr:127.0.0.1 Mask:255.0.0.0
         inet6 addr: ::1/128 Scope:Host
         UP LOOPBACK RUNNING MTU:16436 Metric:1
         RX packets:16 errors:0 dropped:0 overruns:0 frame:0
         TX packets:16 errors:0 dropped:0 overruns:0 carrier:0
         collisions:0 txqueuelen:0
         RX bytes:1040 (1.0 KiB) TX bytes:1040 (1.0 KiB)
```

该命令可以查看网络设备的信息，在不加任何后缀的情况下可以查看所有网络设备的状态。如后面的实例中可以看到 eth0 以及 lo 两个网络设备，前者是一张网卡，后者是本地回环，当然可以直接输入 ifconfig eth0，单独查看它的信息。

ifconfig 的设置功能是比较全的，在实际应用中往往只需要修改 IP 和子网掩码地址，其命令如下所示：

```
[root@JLUZH ~]# ifconfig eth0 10.3.0.1 netmask 255.0.0.0
[root@JLUZH ~]# ifconfig eth0
eth0     Link encap:Ethernet HWaddr 00:0C:29:30:DE:2F
         inet addr: : 10.3.0.1 Bcast: 10.255.255.255 Mask: 255.0.0.0
         inet6 addr: fe80::20c:29ff:fe30:de2f/64 Scope:Link
         UP BROADCAST RUNNING MULTICAST MTU:1500 Metric:1
         RX packets:5323 errors:0 dropped:0 overruns:0 frame:0
         TX packets:107 errors:0 dropped:0 overruns:0 carrier:0
[root@JLUZH ~]# service network restart
Shutting down interface eth0:                                          [ OK ]
Shutting down loopback interface:                                      [ OK ]
Disabling IPv4 packet forwarding: net.ipv4.ip_forward = 0              [ OK ]
Bringing up loopback interface:                                        [ OK ]
Bringing up interface eth0:                                            [ OK ]
[root@JLUZH ~]#
```

IP 地址和子网掩码地址重新配置完毕后，还需要使用"service network restart"命令使得网络配置生效。

2. ping 命令

【功能说明】用于查看网络上的主机是否工作。

【命令格式】ping[参数][主机名称或 IP 地址]

【常用参数】ping 命令常用参数如下：

-R　记录路由过程。

-v　详细显示指令的执行过程。

-n　只输出数值。

-c <完成次数>　设置完成要求回应的次数。

-t <存活数值>　设置存活数值 TTL 的大小。

【使用实例】ping 命令使用实例如下：

```
[root@JLUZH ~]# ping -c 2 127.0.0.1
PING 127.0.0.1 (127.0.0.1) 56(84) bytes of data.
64 bytes from 127.0.0.1: icmp_seq=1 ttl=64 time=2.62 ms
64 bytes from 127.0.0.1: icmp_seq=2 ttl=64 time=0.148 ms
--- 127.0.0.1 ping statistics ---
2 packets transmitted, 2 received, 0% packet loss, time 1002ms
rtt min/avg/max/mdev = 0.148/1.388/2.628/1.240 ms
```

ping 命令实际上是通过发送数据包到对方的 IP 地址，如果网络连接正常，就会返回其时间。这里使用的是本机地址，所以网络肯定能够连通。如果连接不通，就会出现类似“Destination Host Unreachable”的提示。通常使用这个命令判断两个设备之间物理连接是否连通。

3. netstat 命令

【功能说明】显示网络连接、路由表和网络接口信息。

【命令格式】netstat[参数]

【常用参数】netstat 常用参数如下：

-a　显示所有 socket，包括正在监听的。

-n　以网络 IP 地址代替名称，显示出网络连接情况。

-t　显示 TCP 协议的连接情况。

-u　显示 UDP 协议的连接情况。

-v　显示正在进行的工作。

【使用实例】netstat 命令使用实例如下：

```
[root@JLUZH root]# netstat -r
Kernel IP routing table
Destination     Gateway   Genmask          Flags  MSS  Window  irrtt  Iface
192.168.0.0     *         255.255.255.0    U      0    0       0      eth0
192.254.0.0     *         255.255.255.0    U      0    0       0      eth0
127.0.0.0       *         255.0.0.0        U      0    0       0      lo
Default    192.168.0.254  0.0.0.0          UG     0    0       0      eth0
[root@JLUZH root]#
```

1.5.6 压缩备份命令

1. tar 命令

【功能说明】对文件和目录进行打包或解压。

【命令格式】tar[参数][打包后文件名]文件目录列表

【常用参数】tar 常用参数如下：

-c 建立一个打包文件的参数指令。

-x 解开一个打包文件的参数指令。

-r 向打包文件中追加文件。

-f 指定打包后的文件名。

注意:f 之后不能有其他参数。

-z 调用 gzip 来压缩或解压打包文件。

-Z 调用 compress 来压缩或解压打包文件。

-v 执行时显示详细的信息。

-j 调用 bzip2 来压缩或解压缩打包文件。

【使用实例】tar 常用方法如下：

```
[root@JLUZH test]# ls
test1  test2  test3  test4
[root@JLUZH test]# tar -cvf this.tar test1 test2 test3
test1
test2
test3
[root@JLUZH test]# ls
test1  test2  test3  test4  this.tar
[root@JLUZH test]# tar -rvf this.tar test4
test4
[root@JLUZH test]# ls
test1  test2  test3  test4  this.tar
[root@JLUZH test]# rm -f test*
[root@JLUZH test]# ls
this.tar
[root@JLUZH test]# tar -xvf this.tar
test1
test2
test3
test4
[root@JLUZH test]# ls
test1  test2  test3  test4  this.tar
```

在 tar 命令中,-c、-x 和-r 标志分别表示建立打包文件、解开打包文件和追加文件到打包文件,所以这 3 个标志只能出现一个。首先输入“tar - cvf this. tar test1 test2 test3”,将 3 个文件打包为 this. tar,然后使用-r 标志将 test4 追加到 this. tar,

最后使用-x标志解开打包文件。在这个命令中,-v的作用仍是显示执行过程,但是-f标志的作用不再是强制执行。

在文件打包时,通常需要和压缩命令一起使用,这里就要分清打包和压缩之间的区别:打包是把几个文件装在一个文件包中,而压缩则是把文件按照一定的算法将文件压缩为一个存储容量更小的文件。因此,通常的做法是先把需要压缩的文件打包为一个文件,然后压缩。下面将用-z标志调用gzip命令来压缩打包文件。

```
[root@JLUZH test]# tar -zcvf this.tar.gz this.tar
[root@JLUZH test]# ls -l
总计 32
-rw-r--r--. 1 root root     21 11-09 21:25 test1
-rw-r--r--. 1 root root     10 11-09 21:26 test2
-rw-r--r--. 1 root root      7 11-09 21:26 test3
-rw-r--r--. 1 root root     11 11-09 21:26 test4
-rw-r--r--. 1 root root  10240 11-09 21:31 this.tar
-rw-r--r--. 1 root root    215 11-09 21:32 this.tar.gz
```

可以看出,压缩后的打包文件大大减少了文件的存储容量,节约了硬盘的存储空间;而-j和-Z则是分别调用bzip2和compress来压缩和解压打包文件,使用方法和-z相同。

2. gzip命令

【功能说明】压缩或解压缩文件。

【命令格式】gzip[参数]压缩(解压缩)的文件名

【常用参数】gzip常用参数如下:

-c　将输出写到标准输出上,并保留原有文件。

-d　将压缩文件解压。

-r　递归式地查找指定目录并压缩或解压缩其中的所有文件。

-l　给出压缩文件大小及压缩率信息。

-v　对每一个压缩和解压的文件,显示文件名和压缩比。

-num　用指定的数字num调整压缩的速度。

【使用实例】gzip常用方法如下:

gzip是GNU自由软件的一个文件压缩程序,是GNU zip的缩写。它的功能是压缩和解压缩文件,默认情况下是压缩,当有-d标志时,表示解压缩。-l标志则相当于详细查看功能,可以把压缩文件的大小、未压缩文件的大小、压缩比和未压缩文件的名字等详细信息显示给用户。值得注意的是,-v标志不仅显示指令执行的过程,同时还显示文件名和压缩比。

```
[root@JLUZH test]# ls
test1
[root@JLUZH test]# gzip test1
[root@JLUZH test]# ls
```

```
test1.gz
[root@JLUZH test]# gzip -l test1.gz
  compressed       uncompressed ratio uncompressed_name
      35              11       0.0%    test1
[root@JLUZH test]# gzip -d test1.gz
[root@JLUZH test]# ls
test1
```

gzip 也有-r 标志,但是这并不表示 gzip 指令可以压缩目录,-r 标志递归式地查找指定目录并压缩其中的所有文件或者是解压缩。如果先把多个文件压缩为一个压缩文件,那么通常的做法是先使用 tar 指令打包,然后再压缩。在压缩方面除了 gzip 外,常见的还有前面介绍的 bzip2 和 compress,经过它们压缩后分别会产生.bz2 和.Z的压缩文件。

1.6 Linux 下 Shell 编程

1.6.1 Shell 程序概述

用 vi 编辑器编辑一个 hello.sh 如下:

```
#! /bin/bash
# This is a very simple example
echo   "Hello World"
```

第一行的"#!"及后面的"/bin/bash"就表明该文件是一个 bash shell 程序,需要由/bin 目录下的 bash 程序来解释执行。

第二行的"# This is a..."是注释语句,从"#"开始到行尾均被看作程序的注释。

第三行的 echo 语句功能是把 echo 后面的字符串"Hello World"输出到控制台终端。echo 语句相当于 C 语言中的 printf 语句,可以显示文本行或者变量,或者把字符串输入到文件,其格式如下:

```
echo [option] string
```

option 常用选项有:

-e 解析转义字符

-n 回车不换行

如何执行该程序呢?有两种方法:

一种是显式指定 bash 去执行:

[root@JLUZH test] bash hello.sh

或者可以先将 hello.sh 文件改为可以执行的文件,然后直接运行它:

[root@JLUZH test] chmod u+x hello.sh

[root@JLUZH test]./hello.sh

1.6.2 Shell 变量

对 Shell 来讲,所有变量的取值都是一个字符串,建议所有的变量名都用大写字母来表示。Shell 有以下几种基本类型的变量:

(1) 用户定义变量

用户定义变量由字母或下划线打头,由字母、数字或下划线序列组成,并且大小写字母意义不同。变量名长度没有限制。用户可以按照下面的语法规则定义自己的变量:

变量名=变量值

要注意的一点是,在定义变量时,变量名前不应加符号"$";在给变量赋值时,等号两边一定不能留空格,若变量中本身就包含了空格,则整个字符串都要用双引号括起来。引用变量的值时则应在变量名前加"$",可以用花括号{}将变量名括起来,以便使变量名与后续字符分隔开;如果紧跟在变量名称后面的字符是字母、数字或下划线时,必须要使用花括号:

$变量名　或　${变量名}

给变量赋值可以用 read 语句从键盘输入,其格式如下:

read　变量1　变量2 …

如果只指定了一个变量,那么 read 会把所有的输入赋给该变量,直到遇到第一个文件结束符或者回车;如果给出了多个变量,则按顺序分别被赋予不同的变量。Shell 将用空格作为变量之间的分隔符。

任何时候建立的变量都只是当前 Shell 的局部变量,所以不能被 Shell 运行的其他命令或 Shell 程序所利用。export 命令可以将一个局部变量提供给 Shell 执行的其他命令使用,其格式为:

export 变量名 或 export 变量名=变量值

(2) 位置参数

Shell 解释执行用户的命令时,将命令行的第一个字作为命令名,而其他字作为参数。由出现在命令行上的位置确定的参数称为位置参数。位置参数之间用空格分隔,Shell 取第一个位置参数替换程序文件中的$1,第二个替换$2,依次类推。$0是一个特殊的变量,它的内容是当前这个 Shell 程序的文件名,例如下面的命令:

```
ls -a /home
```

其中,$0是指程序的文件名 ls,即$0="ls";$n 是指程序的第 n 个参数值(n=1..9),$1="-a",$2="/home"。

(3) 环境变量

Shell 开始执行时就已经定义了一些和系统的工作环境有关的变量,这些变量用户还可以重新定义,常用的 Shell 环境变量有:

- HOME:用于保存注册目录的完全路径名。

➢ PATH:用于保存用冒号分隔的目录路径名,Shell 将按 PATH 变量中给出的顺序搜索这些目录,找到的第一个与命令名称一致的可执行文件将被执行。
➢ TERM:终端的类型。
➢ UID:当前用户的标识符,取值是由数字构成的字符串。
➢ PWD:当前工作目录的绝对路径名,该变量的取值随 cd 命令的使用而变化。
➢ PS1:主提示符,在特权用户下,默认是"#";在普通用户下,默认是"$"。
➢ PS2:辅助提示符,默认是">"。在 Shell 接收用户输入命令的过程中,如果用户在输入行的末尾输入"\"然后回车,或者用户按回车键时 Shell 判断出用户输入的命令没有结束时,显示这个辅助提示符,提示用户继续输入命令的其余部分。
➢ IFS:是 Shell 的内部域分隔符,默认值为空格、Tab 键和 Enter 键。

(4) 预定义变量

预定义变量和环境变量相类似,也是在 Shell 一开始时就定义了的变量,所不同的是,用户只能根据 Shell 的定义来使用这些变量,而不能重定义它。所有预定义变量都是由 $ 和另一个符号组成的。常用的 Shell 预定义变量有:

➢ $#:位置参数的数量;
➢ $@:位置参数组成的列表;
➢ $*:位置参数的字符串;
➢ $?:命令执行后返回的状态,正常退出返回 0,反之为非 0 值;
➢ $$:当前进程的进程 ID 号,可以用作临时文件的名字;
➢ $!:后台运行的最后一个进程 ID 号;
➢ $0:Shell 脚本程序的名称。

(5) 参数置换的变量

Shell 提供了参数置换能力,以便用户可以根据不同的条件来给变量赋不同的值。参数置换的变量有 4 种,这些变量通常与某一个位置参数相联系。根据指定的位置参数是否已经设置类决定变量的取值,它们的语法和功能分别如下:

➢ 变量=${参数:-word}:如果设置了参数,则用参数的值置换变量的值,否则用 word 置换。即这种变量的值等于某一个参数的值,如果该参数没有设置,则变量就等于 word 的值。
➢ 变量=${参数:=word}:如果设置了参数,则用参数的值置换变量的值,否则把变量设置成 word,然后再用 word 替换参数的值。注意,位置参数不能用于这种方式,因为在 Shell 程序中不能为位置参数赋值。
➢ 变量=${参数:? word}:如果设置了参数,则用参数的值置换变量的值,否则就显示 word 并从 Shell 中退出;如果省略了 word,则显示标准信息。这种变量要求一定等于某一个参数的值,如果该参数没有设置,就显示一个信息,然后退出,因此这种方式常用于出错指示。

- 变量＝${参数:＋word}:如果设置了参数,则用 word 置换变量,否则不进行置换。

1.6.3 Shell 特殊字符

Shell 中除使用普通字符外,还使用了一些特殊字符,它们有特定的含义,如通配符星号“*”和问号“?”、管道线(|)及单引号、双引号等。使用时应注意它们表示的意义和作用范围。

1. 一般通配符

通配符用于模式匹配,如文件名匹配、路径名搜索、字符串查找等。常用通配符有 4 种:

1) 星号(*)

匹配任意字符 0 次或多次出现。例如,f* 可以匹配以 f 打头的任意字符串。但应注意,文件名前面的圆点(.)和路径名中的斜线(/)必须显式匹配。

2) 问号(?)

匹配任意一个字符,例如,f? 匹配 f1、fa 等,但不能匹配 f、fabc、f12 等。

3) 方括号[ ]

其中有一个字符组,它匹配该字符组限定的任何一个字符。该字符组可以由直接给出的字符组成,也可以由表示限定范围的起始字符、终止字符及中间一个连字符(—)组成。例如,f[a-d]与 f[abcd]作用相同。

4) 感叹号(!)

表示不在一对方括号中所列出的字符。例如,f[! 1—9].c 表示以 f 打头,后面一个字符不是数字 1～9 的.c 文件名,它匹配 fa.c、fb.c、fm.c 等。

5) 幂次方号(^)

只允放在一行的开始,用以匹配字符串。

6) 美元号($)

只在行尾匹配字符串,它放在匹配单词的后面。

2. 模式表达式

模式表达式是那些包含一个或多个通配符的字。Bash 除支持一般通配符外,还提供了特有的扩展模式匹配表达式,其形式和含义如下:

1) *(模式表)

匹配给定模式表中“模式”的 0 次或多次出现,各模式之间以“|”分开。例如,file*(.c|.o)将匹配文件 file、file.c、file.o、file.c.c、file.c.o、file.o.c 等,但不匹配 file.h 或 file.s 等。

2) +(模式表)

匹配给定模式表中“模式”的 1 次或多次出现,各模式之间以“|”分开。例如,file

+(.c|.o)匹配文件 file.c、file.o、file.c.o、file.c.c 等，但不匹配 file。

3) ?(模式表)

匹配模式表中任何一种“模式”的 0 次或 1 次出现，各模式之间以“|”分开。例如，file?(.c|.o)只匹配 file、file.c 和 file.0，不匹配 file.c.c、file.c.o 等。

4) @(模式表)

仅匹配模式表中给定“模式”的一次出现，各模式之间以“|”分开。例如，file@(.c|.0)匹配 file.c 和 file.0，但不匹配 file、file.c.c、file.c.o 等。

5) !(模式表)

除给定模式表中的一个“模式”之外，它可以匹配其他任何东西。

可以看出，模式表达式的定义是递归的，每个表达式中都可以包含一个或多个模式。例如，file*(.[cho]|.sh)是合法的模式表达式。但在使用时应注意，由于带“*”和“+”的表达式可以匹配给定模式的组合，若利用此种表达式去删除文件就存在危险，有可能误将系统配置文件删除。因此，必须小心使用。

3. 引　号

在 Shell 中引号分为 3 种：单引号、双引号和倒引号。

1) 双引号

由双引号括起来的字符，除 $、倒引号(`)和反斜线(\)仍保留其特殊功能外，其余字符均作为普通字符对待。“$”表示变量替换，即用其后指定的变量的值来代替 $ 和变量；倒引号表示命令替换；仅当“\”后面的字符是下述字符之一时，“\”才是转义字符，这些字符是：“$”“`”“"”“\”或换行符。转义字符告诉 Shell 不要对其后面的那个字符进行特殊处理，只当作普通字符。例如：

```
$ echo "My current dir is `pwd` and logname is $LOGNAME"
My current dir is /home/jluzh and logname is jluzh
```

2) 单引号

由单引号括起来的字符都作为普通字符出现。例如，

```
$ echo 'The time is `date`, the file is $HOME/abc'
The time is `date`, the file is $HOME/abc
```

3) 倒引号

倒引号括起来的字符串被 Shell 解释为命令行，在执行时，Shell 会先执行该命令行，并以它的标准输出结果取代整个倒引号部分。例如，

```
$ echo current directory is `pwd`
current directory is /home/jluzh
```

4. 其他特殊字符

1) 输入重定向符(<)

输入重定向符“<”的作用是把命令(或可执行程序)的标准输入重新定向到指定

文件。

2）输出重定向符(＞)

输出重定向符"＞"的作用是把命令(或可执行程序)的标准输出重新定向到指定文件。这样,该命令的输出就不在屏幕上显示,而是写入指定文件中。

3）管道线(|)

在 Linux 系统中,管道线是由竖杠(|)隔开的若干个命令组成的序列。在管道线中,每个命令执行时都有一个独立的进程,前一个命令的输出正是下一命令的输入。

1.6.4 Shell 流程控制

和其他高级程序设计语言一样,Shell 提供了用来控制程序执行流程的命令,包括条件分支和循环结构,用户可以用这些命令建立非常复杂的程序。与传统的语言不同的是,Shell 用于指定条件值的不是布尔表达式而是命令和字符串。

1. test 测试命令

test 命令用于检查某个条件是否成立,它可以进行数值、字符串和文件状态 3 个方面的测试,一般有两种格式:

test condition 或 [condition]

使用方括号时,要注意在条件两边加上空格:

➢ 数值测试:

-eq:等于则为真;-ne:不等于则为真;-gt:大于则为真;-ge:大于等于则为真;-lt:小于则为真;-le:小于等于则为真;

➢ 字符串测试:

=:等于则为真;!=:不相等则为真;-z 字符串:字符串长度为 0 则为真;-n 字符串:字符串长度不为 0 则为真;

➢ 文件状态测试:

-e 文件名:如果文件存在则为真;-r 文件名:如果文件存在且可读则为真;-w 文件名:如果文件存在且可写则为真;-x 文件名:如果文件存在且可执行则为真;-s 文件名:如果文件存在且至少有一个字符则为真;-d 文件名:如果文件存在且为目录则为真;-f 文件名:如果文件存在且为普通文件则为真;-c 文件名:如果文件存在且为字符型特殊文件则为真;-b 文件名:如果文件存在且为块特殊文件则为真;

➢ 表达式逻辑运算

!:逻辑非,可放置在任何其他 test 表达式之前,求得表达式运算结果的非值;

-a:逻辑与,执行两个表达式的逻辑与运算,并且仅当两者都为真时,才返回真值;

-o:逻辑或,执行两个表达式的逻辑或运算,并仅当两者之一为真时,就返回真值。

例 1: 检查指定的文件是否可执行。

```
test  -x /sbin/initlog
```

例 2：检查指定的文件是否为目录。

```
test  -d /proc/bus/usb
```

例 3：检查指定的文件是否存在。

```
test -f /etc/sysconfig/network
```

例 4：检查 IN_INITLOG? 变量的值是否不为空，且/sbin/initlog 可执行。

```
test  -z "$IN_INITLOG"  -a -x /sbin/initlog
```

例 5：检查 HOSTNAME 变量是否为空或者为 "(none)"。

```
test  -z "$HOSTNAME" -o "$HOSTNAME" = "(none)"
```

2. 条件语句

if 条件语句的格式为：

```
if  condition1
then
    action1
elif  condition2
    action2
    ……
else
    action
fi
```

例 6：判断一个文件是不是字符设备文件，如果是将其复制到/dev 目录下。

```
#!/bin/bash
echo -e "please input filename \n"
read FILENAME
If [ -c $FILENAME ]; then
    cp  $FILENAME  /dev
else
    echo "It's not Charactor device file"
fi
```

case 条件选择语句为用户提供了根据字符串或变量的值从多个选项中选择一项的方法，其格式如下：

```
case string in
    exp1)
        若干个命令行 1
        ;;
    exp2)
        若干个命令行 2
        ;;
        ……
    *)
        其他命令行
        ;;
esac
```

Shell 通过计算字符串 string 的值，将其结果依次和表达式 exp1、exp2 等进行比较，直到找到一个匹配的表达式为止；如果找到了匹配项，则执行它下面的命令直到遇到一对分号(;;)为止。

case 表达式中也可以使用 Shell 的通配符。通常用“ * ”作为 case 命令的最后表达式，以便前面找不到任何相应匹配项时执行“其他命令行”的命令。

例 7： 有时候，用户所写的程序可能会跨越好几种平台，如 Linux、FreeBSD、Solaris 等，而各平台之间都有不同之处，有时候需要判断目前正在哪一种平台上执行。此时，我们可以利用 uname 来找出系统信息。

```
#! /bin/sh
SYSTEM = `uname - s`
case $ SYSTEM in
    Linux)
        echo "My system is Linux"
        echo "Do Linux stuff here..."
        ;;
    FreeBSD)
        echo "My system is FreeBSD"
        echo "Do FreeBSD stuff here..."
        ;;
     * )
        echo "Unknown system : $ SYSTEM"
        echo "I don't what to do..."
        ;;
esac
```

3. for 循环语句

for 循环对一个变量的可能的值都执行一个命令序列。赋给变量的几个数值既可以在程序内以数值列表的形式提供，也可以以位置参数的形式提供。for 循环的一般格式为：

```
for 变量名 [in 数值列表]
do
    若干个命令行
done
或
for (( expr1 ; expr2 ; expr3 ))
do
    若干个命令行
done
```

变量名可以是用户选择的任何字符串，如果变量名是 var，则 in 之后给出的数值将顺序替换循环命令列表中的 $ var。如果省略了 in，则变量 var 的取值将是位置参数。对变量的每一个可能的赋值都将执行 do 和 done 之间的命令列表。

例 8： 下面程序可以将 *.txt 文件批量改名成 *.doc 文件。

```
#! /bin/sh
FILES=`ls /txt/*.txt`
for txt in $FILES
do
    doc=`echo $txt | sed "s/.txt/.doc/"`
    mv $txt $doc
done
```

例 9：添加一个新组为 student，然后添加属于这个组的 30 个用户，用户名形式为 stuxx，其中 xx 从 01 到 30。

```
#! /bin/sh
groupadd student
for (( i=1; i<=30; i++ ))
do
    if [ $i -le 9 ]; then
        USERNAME=stu0$i
    else
        USERNAME=stu$i
    fi
    useradd $USERNAME
    mkdir /home/$USERNAME
    chown -R $USERNAME  /home/$USERNAME
    chgrp -R student  /home/$USERNAME
done
```

4. while 循环语句

while 和 until 命令都是用命令的返回状态值来控制循环的。while 循环一般格式为：

```
while
    若干个命令行 1
do
    若干个命令行 2
done
```

只要 while 的“若干个命令行 1”中最后一个命令的返回状态为真，while 循环就继续执行 do...done 之间的“若干个命令行 2”。

例 10：命令选择菜单。

```
#! /bin/sh
while true
do
    echo "********************************"
    echo "Please select your operation:"
    echo " 1  Copy"
    echo " 2  Delete"
    echo " 3  Backup"
    echo " 4  Quit"
    echo "********************************"
    read op
```

```
    case $ op in
        C)
            echo "your selection is Copy"
            ;;
        D)
            echo "your selection is Delete"
            ;;
        B)
            echo "your selection is Backup"
            ;;
        Q)
            echo "Exit ..."
            break
            ;;
        *)
            echo "invalide selection,please try again"
            continue
            ;;
    esac
done
```

5. until 循环语句

until 命令是另一种循环结构，它和 while 命令相似，其格式如下：

```
until
    若干个命令行 1
do
    若干个命令行 2
done
```

until 循环和 while 循环的区别在于：while 循环在条件为真时继续执行循环，而 until 则是在条件为假时继续执行循环。

例 11：计算阶乘 n!。

```
#! /bin/sh
looptime = 1
result = 1
echo  - n "Input number:"
read number
until [ $ looptime  - gt  $ number]
do
    set result = ' $ result * looptime'
    set looptime = 'expr  $ looptime + 1'
done
echo "The result is  $ result"
```

6. break 和 contiune 语句

break 用于立即终止当前循环的执行，而 contiune 用于不执行循环中后面的语句而立即开始下一个循环的执行。这两个语句只有放在 do 和 done 之间才有效。

例 12：写一个脚本，利用循环和 continue 关键字，计算 100 以内能被 3 整除的数之和。

```
#! /bin/sh
sum=0
for a in `seq 1 100`
do
    if [ `expr $a % 3` -ne 0 ]
    then
        continue
    fi
    echo $a
    sum=`expr $sum + $a`
done
echo "sum = $sum"
```

1.6.5 Shell 函数定义

在 Shell 中还可以定义函数。函数实际上也是由若干条 Shell 命令组成的,因此,与 Shell 程序形式上是相似的,不同的是它不是一个单独的进程,而是 Shell 程序的一部分。函数定义的基本格式为:

```
functionname
{
    若干命令行
}
```

调用函数的格式为:

```
functionname param1 param2 ……
```

Shell 函数可以完成某些例行的工作,而且还可以有自己的退出状态,因此函数也可以作为 if、while 等控制结构的条件。在函数定义时不用带参数说明,但在调用函数时可以带有参数,此时 Shell 将把这些参数分别赋予相应的位置参数 $1、$2 等及 $*。

1.6.6 Shell 程序示例

例 13:设计一个 Shell 程序,备份并压缩/etc 目录的所有内容,存放在/root/bak 目录里,且文件名为如下形式 yymmdd_etc,yy 为年,mm 为月,dd 为日。

```
#! /bin/sh
DIRNAME=`ls /root | grep bak`
if [ -z "$DIRNAME" ]
then
    mkdir /root/bak
    cd /root/bak
fi
YY=`date +%y`
MM=`date +%m`
DD=`date +%d`
```

```
BACKETC = $YY$MM$DD_etc.tar.gz
tar -zcvf $BACKETC /etc
echo "fileback finished!"
```

例 14：系统中的每个用户在其主目录中都有一个.bash_profile 文件，Bash 每次启动时都将读取该文件，其中包含的所有命令都将被执行。下面便是默认.bash_profile 文件的代码：

```
#! /bin/bash
#.bash_profile
#Get the aliases and functions
if [ -f ~/.bashrc ]; then
    . ~/.bashrc
fi
#User specific environment and startup programs
PATH = $PATH:$HOME/bin
ENV = $HOME/.bashrc
USERNAME = ""
export USERNAME ENV PATH
```

例 15：程序是判断"位置参数"决定执行的操作：启动、停止或重新启动 httpd 进程。

```
#! /bin/sh
# /etc/rc.d/rc.httpd
# Start/stop/restart the Apache web server.
# To make Apache start automatically at boot, make this
# file executable: chmod 755 /etc/rc.d/rc.httpd
case "$1" in
'start')
    /usr/sbin/apachectl start
    ;;
'stop')
    /usr/sbin/apachectl stop
    ;;
'restart')
    /usr/sbin/apachectl restart
    ;;
*)
    echo "usage $0 start|stop|restart"
    ;;
esac
```

例 16：程序是 Linux 启动脚本/etc/rc.d/rc.sysinit 的一部分代码，程序完成的功能如下：

一是执行相关程序：如果 IN_INITLOG 变量的值不为空，且/sbin/initlog 可执行，则通过/sbin/initlog 命令重新运行/etc/rc.d/rc.sysinit；如果存在/etc/sysconfig/network，则执行该文件；如果执行 network 文件后 HOSTNAME 为空或者为(none)，则将主机名设置为 localhost。

二是清理/var 目录文件：根据 $afile 的值进行选择，如果该目录的路径名是以/

news 或者/mon' 结尾，则跳过它们不处理；如果是以/sudo、/vmware、/samba 结尾，则用 rm -rf 把该目录下面的所有子目录下的全部东西删除；如果不是上面 4 种类型，则把该目录下的所有内容都删除，不仅包括子目录，也包括文件。

```
#! /bin/bash
# linux 启动脚本:/etc/rc.d/rc.sysinit
if [ -z "$IN_INITLOG" -a -x /sbin/initlog ]; then?
    # 调用 exec /sbin/initlog, -r 是表示运行某个程序
    exec /sbin/initlog -r /etc/rc.d/rc.sysinit?
fi
HOSTNAME=`/bin/hostname`                # 取得主机名
HOSTTYPE=`uname -m`                     # 取得主机类型
unamer=`uname -r`                       # 取得内核的 release 版本(例如 2.4.9.30-8)
eval version=`echo $unamer | awk -F '.' '{ print "(" $1 "" $2 ")" }'`  # 取得版本号
if [ -f /etc/sysconfig/network ]; then?
    ./etc/sysconfig/network
fi
if [ -z "$HOSTNAME" -o "$HOSTNAME" = "(none)" ]; then
    HOSTNAME=localhost
fi
for afile in /var/lock/* /var/run/* ; do
  if [ -d "$afile" ]; then
    case "$afile" in
      */news|*/mon)
          ;;
      */sudo)
         rm -f $afile/*/*
         ;;
      */vmware)
         rm -rf $afile/*/*
         ;;
      */samba)
         rm -rf $afile/*/*
         ;;
      *)
         rm -f $afile/*
         ;;
    esac
  else
    rm -f $afile
  fi
done
```

1.7 Linux 启动过程分析

Linux 启动过程可以分为 4 个阶段：

① BIOS 引导阶段。当系统上电时，CPU 将自动进入实模式，并从地址

0xFFFF0 开始自动执行程序代码，这个地址通常是 BIOS 中的地址。BIOS 必须确定要使用哪个设备来引导系统。

② BootLloader 引导阶段。当 BIOS 找到一个引导设备之后，加载 BootLoader 到内存并执行，主要作用是检测系统硬件、枚举系统链接的硬件设备、挂载根设备，然后加载必要的内核模块，将控制权交给内核映像。

③ Kernel 加载阶段。Linux 首先进行内核的引导，主要完成磁盘引导、读取机器系统数据、实模式和保护模式的切换、加载数据段寄存器以及重置中断描述符表等。

④ Init 初始化阶段。完成这些操作之后启动第一个用户空间程序 init，并执行高级系统初始化工作，如执行/etc/rc. d/rc. sysinit 文件，启动核心外挂模块/etc/modprobe. conf，执行运行的各个批处理文件，执行/etc/rc. d/rc. local 文件，执行/bin/login 程序，等待用户登录。登录之后开始以 Shell 控制主机。

1. BIOS 引导阶段

系统上电开机后，计算机会首先加载 BIOS 信息，计算机必须在最开始就找到它。BIOS 信息之所以如此重要，是因为 BIOS 中包含了 CPU 的相关信息、设备启动顺序信息、硬盘信息、内存信息、时钟信息、PnP 特性等。

BIOS 的第一个步骤是加电自检 POST。POST 的工作是对硬件进行检测。BIOS 的第二个步骤是进行本地设备的枚举和初始化。给定 BIOS 功能的不同用法之后，BIOS 由两部分组成：POST 代码和运行时服务。当 POST 完成之后，它被从内存中清理了出来，但是 BIOS 运行时服务依然保留在内存中，目标操作系统可以使用这些服务。

要引导一个操作系统，BIOS 会按照 CMOS 设置定义的顺序来搜索处于活动状态并且可以引导的设备。引导设备可以是 CD - ROM、硬盘、网络设备，甚至是 USB 闪存。通常，Linux 都是从硬盘上引导的。BIOS 负责读取并执行 MBR 中的代码，当 MBR 被加载到实模式地址 0x7c00 上时，BIOS 就会将控制权交给 MBR。

2. BootLoader 引导阶段

BootLoader 就是在操作系统内核运行之前运行的一段小程序。通过这段小程序可以初始化硬件设备、建立内存空间的映射图，从而将系统的软硬件环境带到一个合适的状态，以便为最终调用操作系统内核做好一切准备。通常，BootLoader 是严重地依赖于硬件而实现的，不同体系结构的系统存在着不同的 BootLoader，系统读取 BootLoader 配置信息，并依照此配置信息来启动不同的操作系统。Linux 系统默认的 BootLoader 是 Grub，下面就以 Grub 为例说明 BootLoader 引导过程。

众所周知，硬盘上第 0 磁道第一个扇区被称为 MBR，也就是 Master Boot Record，即主引导记录，它的大小是 512 字节，里面存放了预启动信息、分区表信息，如图 1 - 34 所示。可分为 3 部分：第一部分为引导区，占了 446 字节；第二部分为分区表,共有 64 字节,记录硬盘 4 个分区的记录,每个记录的大小是 16 字节;第三部分是两个特殊数字的字节 0xAA55,通常用来进行 MBR 的有效性检查。

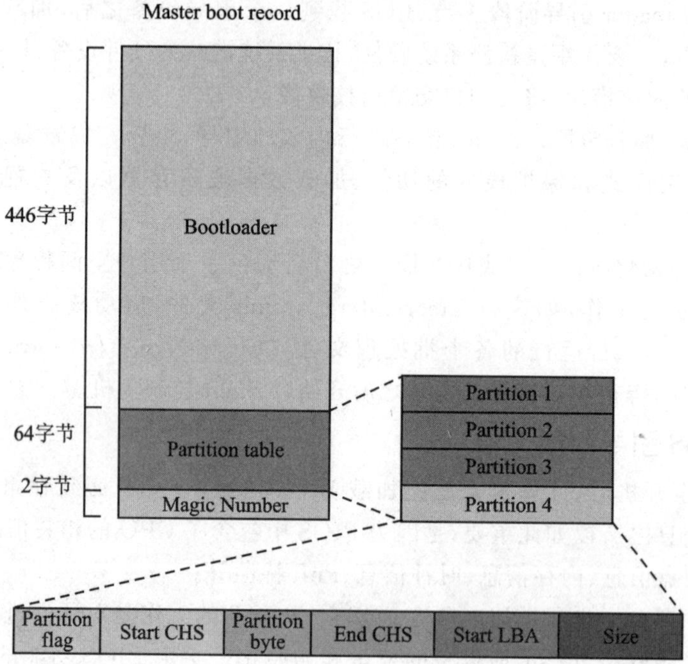

图 1-34　MBR 结构图

由于 MBR 的引导区只有 446 字节,而 Grub 往往会大于 446 字节,所以 Grub 的启动分为 3 个阶段 stage1、stage1.5 和 stage2。

stage1:通常放在 MBR 的前 446 字节,它的作用很简单,就是在系统启动时用于装载 stage2 并将控制权交给它。注意,千万不能将 stage1 文件覆盖了 MBR 的分区表,否则会造成分区出错,以致无法开机。

stage2:通常存放在各分区的 Bootsector 中,是 Grub 的核心程序,能让用户以选项方式将操作系统加载、新增参数、修改选项,这些全都是 stage2 的功能。对 Grub 来说,stage2 除了不能自己激活外,剩下的事情全部由 stage2 完成。

stage1.5:介于 stage 1 和 stage2 之间,是它们的桥梁。因为 stage 2 较大,通常都是放在一个文件系统当中的,但是 stage1 并不能识别文件系统格式,所以才需要 stage1.5 来引导位于某个文件系统当中的 stage2。根据文件系统格式的不同,stage 1.5 也需要相应的文件,如 e2fs_stage1_5、fat_stage1_5,分别用于识别 ext 和 fat 的文件系统格式。这是一种非常具有弹性的做法。这一连串过程的顺序让 Grub 在安装完成后,stage2 可以在被搬移后的情况下,即使不在原本的目录或文件系统中,依然可以被安全地找到。因为 stage1.5 被加载时就已经赋予 Grub 访问文件系统目录的能力,所以,自然可以在开始找不到 stage2 的情况下,从文件系统目录中找出

stage2 的所在位置并激活 Linux。当 stage1 还没加载 stage1.5 时，原则上是不认识 ext2 的，当然也无法找到 stage1.5 这个文件；stage1.5 是存在硬盘最前面的 32 KB 中(需要跳过 MBR)，当 stage1 调用 stage1.5 时，则直接去该区域将 stage1.5 找出来使用。

3. Kernel 加载阶段

Linux 内核映像并不是一个可执行的内核，而是一个压缩过的内核映像，通常它是一个 zImage(小于 512 KB)或一个 bzImage(大于 512 KB)，按照 bootsect.S、setup.S、vmlinux 这样的顺序在磁盘上连续存放。

在 arch/i386/boot 目录下，bootsect.S 是生成 BootLoader 的汇编源码，它首先将自己复制到 0x90000 上，然后将紧接其后的 setup.S 复制到 0x90200，将真正的内核代码 vmlinux 复制到 0x100000。

bootsect.S 完成加载动作后直接跳转到 0x90200，这里正是 setup.S 的程序入口。setup.S 的主要功能就是将系统参数(包括内存、磁盘等，由 BIOS 返回)复制到 0x90000 - 0x901FF 内存中，这个地方正是 bootsect.S 存放的地方，这时它将被系统参数覆盖。以后这些参数将由保护模式下的代码来读取。除此之外，setup.S 还将 video.S 中的代码包含进来，检测和设置显示器和显示模式。

当 setup.S 执行完后，系统转换到保护模式，并跳转到 0x10000 开始执行 vmlinux 内核引导代码。我们从 arch/i386/boot/head.S 的 start 汇编例程开始执行，建立堆栈并解压内核映象文件 bzImage；然后再执行 arch/i386/kernel/head.S，初始化数据区 BBS、中断描述表 IDT、段描述表 GDT、页表和寄存器等。

最后进入 init/main.c 中的 start_kernel()模块。此时系统运行在内核模式下，start_kernel()调用了一系列初始化函数进行内核的初始化工作。要注意的是，在初始化之前系统中断仍然是被屏蔽的，另外内核也处于被锁定状态，以保证只有一个 CPU 用于 Linux 系统的启动。最后调用 kernel_thread()启动 init 进程。

4. init 初始化阶段

init 进程是非内核进程中第一个被启动运行的、系统所有进程的起点。Linux 完成内核引导以后就开始运行 init 程序，因此它的进程编号 PID 的值总是 1。

(1) 依据 inittab 文件来设定运行等级

内核被加载后，第一个运行的程序便是/sbin/init，该文件会读取/etc/inittab 文件，并依据此文件来进行初始化工作。其实，/etc/inittab 文件最主要的作用就是设定 Linux 的运行等级。inittab 文件除了注释行之外，每一行都有以下格式：

```
id:runlevel:action:process
```

id 是指入口标识符，是个字符串，可以任意起名，4 个字符以内。要注意的是标识名不能重复，它是唯一的，对于 getty 或 mingetty 等其他 login 程序项，需求 id 和 tty 的编号相同，否则 getty 程序将不能正常工作。

runlevel 是 init 所处于的运行级别的标识,一般使用 0～6 及 S 或 s。0、1、6 运行级别被系统保留:其中,0 作为 shutdown 动作,1 作为重启至单用户模式,6 为重启。在大多数的 linux 发行版本中,通常有 7 个 runlevel:

```
0  Halt the system                停止系统
1 Single user mode                单用户模式
2 Basic multi user mode           基本的多用户模式
3 Multi user mode                 多用户模式
5 Multi user mode with GUI        使用 GUI 的多用户模式
6 Reboot the system               重新启动系统
```

runlevel 可以是并列的多个值,对大多数 action 来说,仅当 runlevel 与当前运行级别匹配成功才会执行。action 字段用于描述系统执行的特定操作,其常见设置有 initdefault、sysinit、boot、bootwait、respawn 等。initdefault 用于标识系统默认的启动级别。当 init 由内核激活以后,它将读取 inittab 中的 initdefault 项,取得其中的 runlevel,并作为当前的运行级别。sysinit、boot、bootwait 等 action 将在系统启动时无条件运行,忽略其中的 runlevel。respawn 字段表示该类进程在结束后会重新启动运行。

(2) 执行 rc. sysinit

设定了运行等级后,Linux 系统执行的第一个用户层文件就是/etc/rc. d/rc. sysinit 脚本程序,它做的工作非常多,包括设定 PATH、设定网络配置/etc/sysconfig/network、启动 swap 分区、设定/proc 等。

rc. sysinit 是个 Shell 脚本,主要是完成一些系统初始化的工作,是每一个运行级别都要首先运行的重要脚本,主要完成的工作有激活交换分区、检查磁盘、加载硬件模块及其他一些需要优先执行任务。当 rc. sysinit 程序执行完毕后,则返回 init 继续下一步。

(3) 启动内核模块

具体是依据/etc/modules. conf 文件或/etc/modules. d 目录下的文件来装载内核模块。

(4) 执行不同运行级别的脚本程序

根据运行级别的不同,系统会运行 rc0. d～rc6. d 中的相应脚本程序来完成相应的初始化工作和启动相应的服务。

(5) 执行/etc/rc. d/rc. local

打开此文件,里面有一句话,读过之后就会对此命令的作用一目了然:

```
# This script will be executed * after * all the other init scripts.
# You can put your own initialization stuff in here if you don't
# want to do the full Sys V style init stuff.
```

rc. local 就是在一切初始化工作后 Linux 留给用户进行个性化的地方,读者可以把想设置和启动的东西放到这里。

5. 进入登录状态

最后通过/sbin/mingetty 打开几个虚拟终端(tty1～tty6),用于用户登录。如果运行级别为 5(图形界面启动),则运行 xdm 程序,给用户提供 xdm 图形界面的登录方式。如果在本地打开一个虚拟终端,当这个终端超时没有用户登录或者太久没有用户击键时,该终端会退出执行,脚本中的 respawn 即告诉 init 进程重新打开该终端,否则在经过一段时间之后,我们会发现这个终端消失了,无法利用 ALT＋Fn 切换。

习 题 一

1. 结合日常生活中的电子产品列举 5 个嵌入式系统的应用领域。
2. 嵌入式系统的发展有何趋势?
3. 嵌入式操作系统体系结构有哪几种,各有何优缺点?
4. 如何选择嵌入式操作系统?
5. 列举 3 个常用的嵌入式操作系统,并说明其特点。
6. Linux 内核版本有何规定?
7. Linux 下的分区和目录有何关系? Linux 中的“/boot”分区、swap 分区和“/”分区有何作用?
8. Linux 中常见的文件系统有哪些,VFS 有何作用?
9. Linux 中“/boot”目录、“/etc”目录有何作用?
10. 如何把“/root/wen”改名为“/root/jluzh”?
11. 若有一文件的属性为“- rwxr - xrw -”,说明各项的含义。
12. 执行 Linux 命令“fdisk - l”有何作用,结合实际操作解释其操作结果。
13. 打包和压缩文件有何区别,常用的打包和压缩命令有哪些?
14. 简述在 Shell 编程中引号有什么作用?
15. 简述 Linux 启动过程分为哪几个阶段?
16. Linux 通常有几个运行级别? 其对应的含义是什么?

第 2 章

Linux 编程基础

本章首先介绍 Linux 环境下的 C 语言编程工具 Vim、GCC、GDB、Make 工程管理器等内容；然后，结合实例介绍 C 语言开发和调试过程；接下来，介绍 Linux 下集成开发环境 Eclipse 的开发调试过程；最后，对于 Linux 基础编程，如文件 I/O 编程、进程控制编程、进程间通信编程和多线程编程，进行系统介绍。

2.1 Linux 下的 C 语言编程

2.1.1 Linux 下的 C 语言编程概述

1. C 语言概述

Linux 操作系统在服务器领域的应用和普及已经有较长的历史，这源于它的开源特点及其超越 Windows 的安全性和稳定性。而近年来，Linux 操作系统在嵌入式系统领域的延伸也可谓是如日中天，许多版本的嵌入式 Linux 系统被开发出来，如 μCLinux、RTLinux 和 ARM - Linux 等。在嵌入式操作系统方面，Linux 的地位是不容怀疑的，它具有开源、包含 TCP/IP 协议栈并且易集成 GUI 的优点。鉴于 Linux 操作系统在服务器和嵌入式系统领域越来越广泛的应用，社会上越来越需要基于 Linux 操作系统进行编程的开发人员。

C 语言是 1972 年由美国的 Dennis Ritchie 设计发明的，并首次在 UNIX 操作系统的 DEC PDP - 11 计算机上使用。它由早期的编程语言 BCPL（Basic Combind Programming Language）发展演变而来。在 1970 年，AT&T 贝尔实验室的 Ken hompson 根据 BCPL 语言设计出较先进的并取名为 B 的语言，最后导致了 C 语言的问世。随着微型计算机的日益普及，出现了许多 C 语言版本。由于没有统一的标准，使得这些 C 语言之间出现了一些不一致的地方。为了改变这种情况，美国国家标准研究所（ANSI）为 C 语言制定了一套 ANSI 标准，成为现行的 C 语言标准。

C 语言是一种结构化语言。它层次清晰，便于按模块化方式组织程序，易于调试和维护。C 语言的表现能力和处理能力极强。它不仅具有丰富的运算符和数据类型，便于实现各类复杂的数据结构。它还可以直接访问内存的物理地址，进行位（bit）一级的操作。由于 C 语言实现了对硬件的编程操作，因此 C 语言集高级语言和低级语言的功能于一体，既可用于系统软件的开发，也适合于应用软件的开发。此外，C 语言还具有效率高、可移植性强等特点。因此广泛地移植到了各种类型的计算机上，从而形成了多种版本的 C 语言。归纳起来 C 语言具有下列特点：

(1) C 语言是中级语言

它把高级语言的基本结构和语句与低级语言的实用性结合起来。C 语言可以像汇编语言一样对位、字节和地址进行操作，而这三者是计算机最基本的工作单元。

(2) C 语言是结构化语言

结构化语言的显著特点是代码及数据的分隔化，即程序的各个部分除了必要的信息交流外彼此独立。这种结构化方式可使程序层次清晰，便于使用、维护以及调试。C 语言是以函数形式提供给用户的，这些函数可方便地调用，并具有多种循环、条件语句控制程序流向，从而使程序完全结构化。

(3) C 语言功能齐全

C 语言具有各种各样的数据类型，并引入了指针概念，可使程序效率更高。另外，C 语言也具有强大的图形功能，支持多种显示器和驱动器；而且计算功能、逻辑判断功能也比较强大，可以实现决策目的。

(4) C 语言可移植性好

C 语言还有一个突出的优点就是适合于多种操作系统，如 DOS 和 UNIX，也适用于多种机型，并适合多种体系结构。Linux 本身是使用 C 语言开发的，在 Linux 上用 C 语言作开发，效率很高。因此，C 语言尤其适合在嵌入式领域的开发。

2. Linux 下 C 语言编程环境概述

Linux 下的 C 语言程序设计与在其他环境中的 C 语言程序设计一样，主要涉及编辑器、编译链接器、调试器及项目管理工具。Linux 下 C 语言编程常用的编辑器是 Vim 或 Emacs，编译器一般用 GCC，编译链接程序用 Make，跟踪调试一般使用 GDB，项目管理用 Makefile。本节只对这 4 种工具进行简单介绍，后面的章节再详细介绍。

(1) 编辑器

Linux 下的编辑器就如 Windows 下的 Word、记事本等一样，完成对所录入文件的编辑功能。Linux 中最常用的编辑器有 Vi(Vim)和 Emacs，它们功能强大，使用方便，深受编程爱好者的喜爱。本书中着重介绍 Vim。

(2) 编译链接器

编译过程是非常复杂的，它包括词法、语法和语义的分析、中间代码的生成和优化、符号表的管理和出错处理等。在 Linux 中，最常用的编译器是 GCC 编译器。它是 GNU 推出的功能强大、性能优越的多平台编译器，其执行效率与一般的编译器相比，平均效率要高 20 %～30 %，堪称为 GNU 的代表作品之一。

(3) 调试器

调试器并不是代码执行的必备工具，而是专为程序员方便调试程序而用的。有编程经验的读者都知道，在编程的过程中，往往调试所消耗的时间远远大于编写代码的时间。因此，一个功能强大、使用方便的调试器是必不可少的。GDB 是绝大多数 Linux 开发人员所使用的调试器，它可以方便地设置断点和单步跟踪等，足以满足开发人员的需要。

(4) 项目管理

Linux 中的项目管理 Make 有些类似于 Windows 中 Visual C++里的“工程”，它是一种控制编译或者重复编译软件的工具；另外，它还能自动管理软件编译的内容、方式和时机，使程序员能够把精力集中在代码的编写上而不是在源代码的组织上。

2.1.2 Linux 下的 C 语言开发流程

Linux 下的 C 语言开发流程与在其他环境中进行 C 语言程序设计类似，也要经过编写、编译和调试等过程，大一点的项目还需要进行项目管理和版本管理。Linux 提供了相当丰富的开发工具供工程师们使用，“工欲善其事，必先利其器”，在实际编程之前，花点时间熟悉手头的开发工具，将能起到事半功倍的效果。Linux 下的 C 语言编程通常有命令行方式和集成方式，集成开发环境主要有 NetBean、Jbuilder、Eclipse 等，本书只介绍 Eclipse 集成开发环境。集成开发环境在 2.6 节中介绍，本节主要介绍命令行方式。

使用编辑工具编写文本形式的 C 语言源文件，然后编译生成以机器代码为主的二进制可执行程序的过程。由源文件生成可执行程序的开发过程如图 2－1 所示。

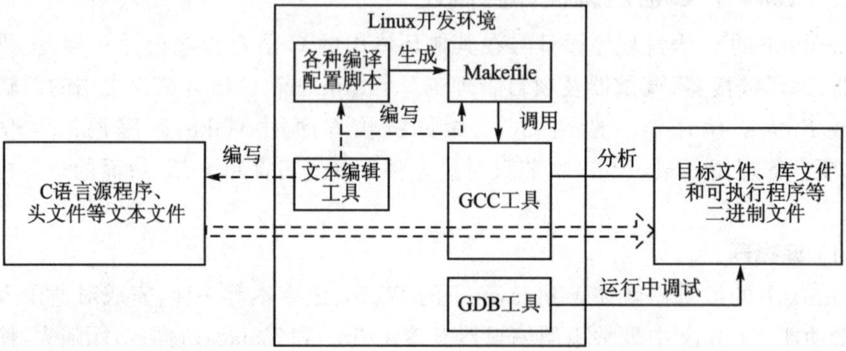

图 2－1　命令行方式开发流程

命令行方式下常用到的工具主要有编辑器 Vi、Vim，编译器 GCC，调试器 GDB，项目管理 Make，版本管理 CVS。其基本步骤包括：编写源代码、编译源程序、运行程序、调试程序、交叉编译和编写 Makefile 等。下面结合实例来说明。

1. 编写源代码

启动 Linux 后新建一个终端，在终端窗口中使用 Vi 编辑器来编辑源程序，在命令行中输入命令“vi hello. c”，即可启动 Vi 编辑器，进入命令行模式。在该模式中可以通过上下移动光标进行“删除字符”或“整行删除”等操作，也可以进行“复制”“粘贴”等操作，但无法编辑文字。

```
[root@JLUZH root]# vi hello.c
```

启动后在按 I 键进入插入模式，最下方出现“-- INSERT --”提示，只有在该模式下，用户才能进行文字编辑；然后输入 hello.c 源代码，如图 2-2 所示。

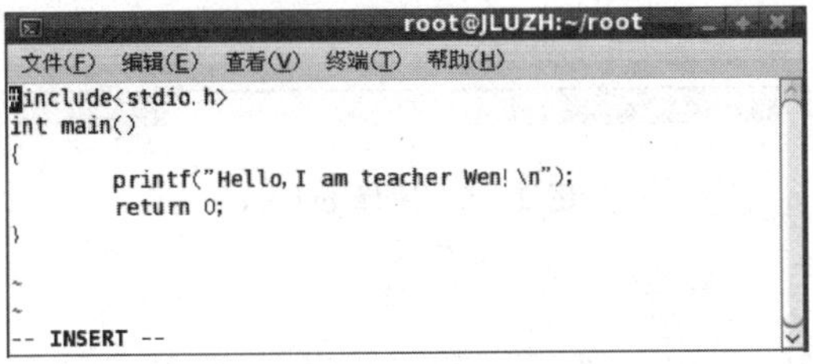

图 2-2　启动 Vi

最后，在插入模式中按 Esc，则当前模式转入命令行模式，然后按 Shift+“:”进入底行模式，并在底行行中输入“:wq”(存盘退出)，如图 2-3 所示。

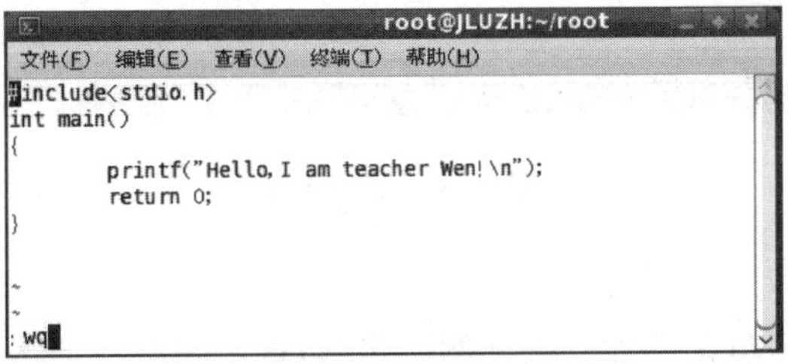

图 2-3　存盘退出

通过以上操作就得到了一个名为“hello.c”的源代码文件，可以通过“ls -l”命令查看到该文件的信息，如图 2-4 所示。

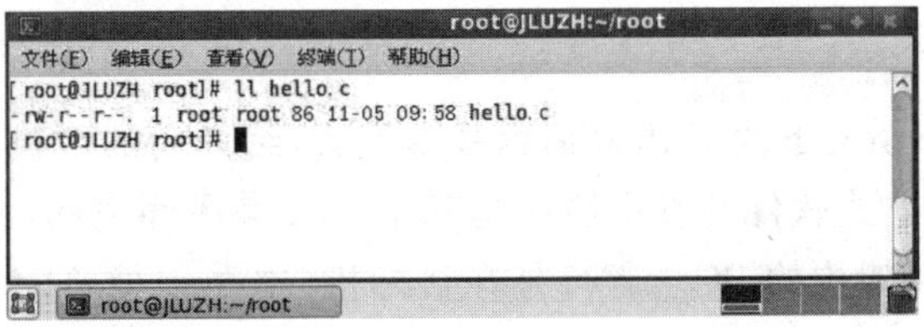

图 2-4　查看 hello.c 文件

2. 编译源程序

编译源程序的工具是 GCC，关于 GCC 将在后面的章节中详细介绍，这里只是介绍具体的功能。在命令行输入“GCC -o hello hello.c”，即可对 hello.c 源代码进行编译。如果源程序出错，则编译通不过，这时需要重新用 Vi 修改源程序；如果没有出错提示,表示编译通过,使用 ls 命令则可以查看到一个可执行文件 hello,如图 2-5 所示。

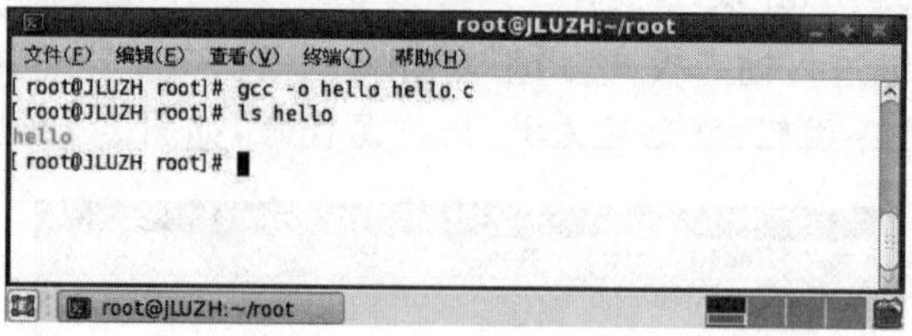

图 2-5 编译 hello.c

3. 运行程序

在命令行中输入“./hello”,即可运行该程序,运行结果如图 2-6 所示。命令中的“.”表示当前目录,起指示路径的作用,表示运行当前目录下的 hello 程序。

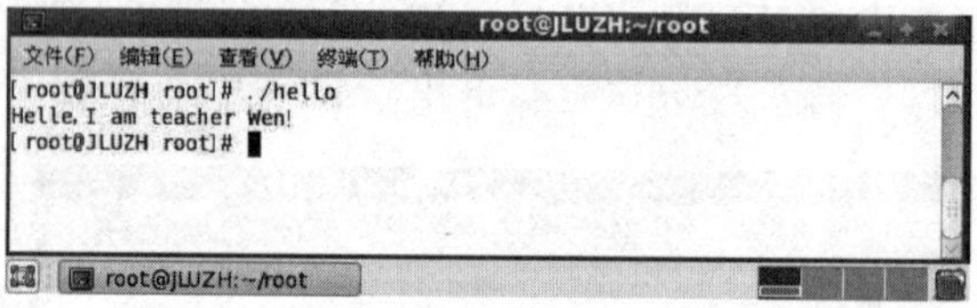

图 2-6 运行 hello

4. 调试程序

调试是所有程序员都会面临的问题。当然,这不是必备的步骤,如本节中的例子比较简单,往往一气呵成,就不存在调试的问题。如果程序进一步复杂,就需要对程序进行调试,调试所用到的工具是 GDB。GDB 调试器是一款 GNU 开发组织并发布的 UNIX/Linux 下的程序调试工具。关于 GDB 调试器将在后面的章节中介绍,这里就不赘述。

5. 交叉编译

到目前为止,Linux 下的 C 语言编程基本完成,编译后的可执行程序是基于 x86 架构的。但是在嵌入式软件开发中往往是基于交叉编译环境的,开发是在宿主机中完成(本书中指 x86 架构的 PC),运行是在目标机(本书中指 ARM 架构的嵌入式产品)中。因此还需要交叉编译,通过基于 ARM 架构的 GCC 编译器将源程序编译成嵌入式产品中的可执行程序。

如图 2-7 所示,第一行中的“arm-linux-gcc”即为 ARM 架构下的编译器(注:不同开发商制作工具链不同则该名称有所不同,但基本原理一致),编译后即可在当前目录下查看 hello 可执行程序,执行一下该程序发现,该程序执行不了。原因是此时编译的程序是基于 ARM 架构的,而开发平台中的虚拟机是基于 x86 架构的,这显然是运行不了的。这里也可以通过命令“file ./hello”查看到 hello 程序更为详细的信息。怎样才能运行该程序呢？这就需要把程序下载到目标机中去，这就是嵌入式软件开发和通用软件开发的一个最大区别。关于如何下载，将在后面的章节中详细介绍。

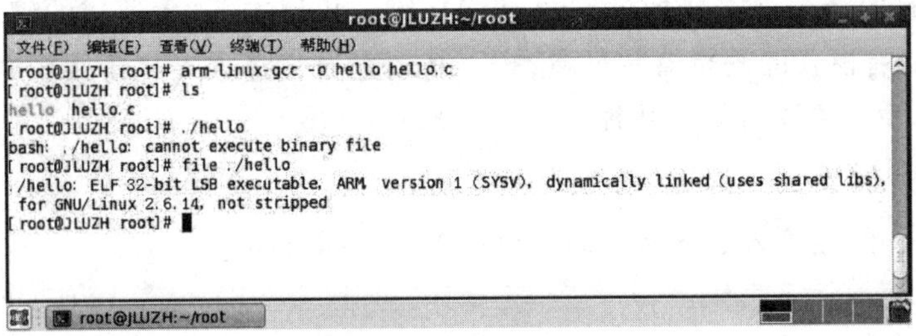

图 2-7 交叉编译

6. 编写 Makefile

在一个软件项目中，往往不止一个源程序。试想一下，一个由上百个文件的代码构成的项目，如果其中只有一个或少数几个文件进行了修改，按照之前所学的 GCC 编译工具，就不得不把这所有的文件重新编译一遍，因为编译器并不知道哪些文件是最近更新的，而只知道需要包含这些文件才能把源代码编译成可执行文件，于是，程序员就不得不重新输入数目如此庞大的文件名以完成最后的编译工作。这样，Make 工程管理器也就应运而生了。

实际上，Make 工程管理器也就是个“自动编译管理器”，这里的“自动”是指它能够根据文件时间戳自动发现更新过的文件而减少编译的工作量，同时，它通过读入 Makefile 文件的内容来执行大量的编译工作。用户只须编写一次简单的编译语句就可以了。关于 Make 管理器将在后面的章节中详细介绍。

2.2 Vim 编辑器

2.2.1 Vim 的模式

Linux 下有许多著名的编辑器，如行编辑器 ed 和全屏编辑器 Vi 等。Vim 可以说是 Linux 中功能最为强大的编辑器，它是由 UNIX 系统下的传统文本编辑器 Vi 发展而来的。下面首先介绍一下 Vi。

Vi 是个可视化的编辑器(Vi 就意味着可视化(visual))。那么，什么是可视化的编辑器呢？可视化的编辑器就是可以在编辑文本的时候看到它们。非可视化的编辑器的例子可以举出不少，如 ed、sed 和 edlin(DOS 自带的最后一个编辑器) 等。Vi 成为 BSD UNIX 的一部分，后来 AT&T 也开始用 Vi，于是标准 UNIX 也开始 用 Vi。Linux 下的 Vim 是 Vi 的一个增强版本，有彩色和高亮等特性，对编程有很大的帮助。

Vim 主要由 Bram Moolenaar(bram@vim.org)开发和维护,Vim 是 Vi improved 的缩写。Vim 和 Vi 一样,都是有模式的编辑器:编辑模式和命令模式。由于区分了模式,所以 Vim 的命令非常简洁,而无模式的编辑器,如 Emacs、DOS 下的 Edit 等,所有的命令都需要加上 Ctrl 或 Alt 键。相比之下,无模式的编辑器可能更容易上手,而有模式的编辑器一旦熟悉了,其效率通常都大大优于无模式的编辑器。Vim 的工作模式主要有如下几种。

1. 命令模式

在 Linux 终端输入如下命令即可启动 Vim 编辑器:

```
[root@JLUZH root]# vim
```

通常进入 Vim 后默认处于命令模式,如图 2-8 所示。在此模式下各种键盘的输入都是作为命令来执行的,命令模式下主要的操作包括:移动光标、复制文本、删除文本和找出行数等。

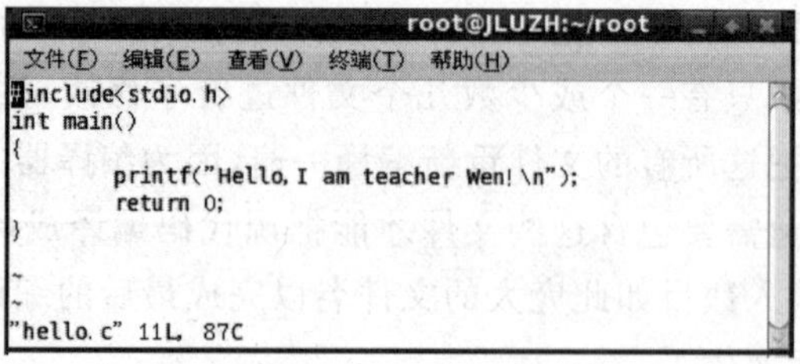

图 2-8 命令行模式

2. 编辑模式

进入 Vim 时,默认的模式是命令行模式,而要进入编辑模式输入数据时,可以用下列按键:

- 按"a"键　从目前光标所在位置的下一个字符开始输入。
- 按"i"键　从光标所在位置开始插入新输入的字符。
- 按"o"键　新增加一行,并将光标移到下一行的开头。

如图 2-9 所示,在编辑窗口底部出现"-- INSERT --"则表示当前进入了编辑模式,编辑模式下主要是输入文本。

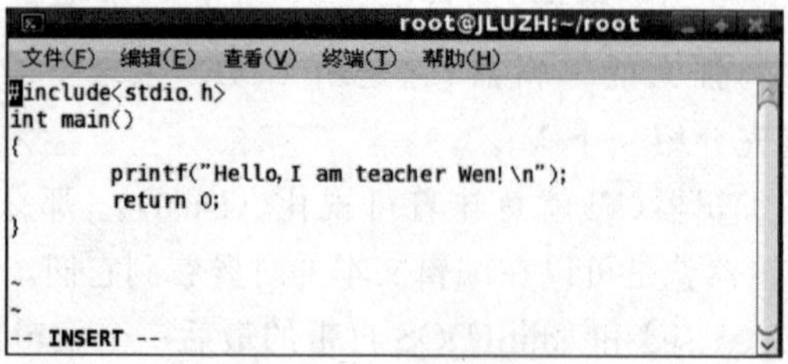

图 2-9 编辑模式

3. 底行模式

Vim 的底行模式是指可以在界面最底部的一行显示输入命令，一般用来执行查找特定的字符串、保存及退出等任务。按 Shift+“:”键，则进入底行模式。在命令行模式下输入冒号“:”就可以进入底行模式了，然后就可以输入底行模式下的命令了，如“q”表示退出 Vim，如图 2-10 所示。

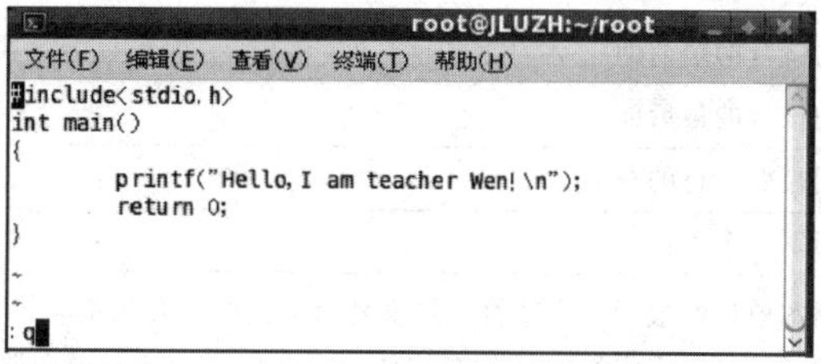

图 2-10 底行模式

4. 3 种模式之间的切换

进入 Vim 时，默认的模式是命令行模式，按 I 键进入编辑模式，编辑模式下按 Esc 键则退到命令行模式，按 Shift+“:”键则进入底行模式。

2.2.2 Vim 常用操作

1. 启动与退出 Vim

由于 Vim 的功能很多，首先来看如何启动和退出 Vim。

① 在 Linux 提示符下键入 Vim(或使用“Vim 文件名”来编辑已经存在的文件)即可启动它。

② 要退出 Vim，先按 Esc 键回到命令行模式，然后键入“:”，此时光标会停留在最下面一行，再键入“q”，最后按 Enter 键即可，如图 2-9 所示。

2. 命令行模式的操作

命令行模式提供了相当多的按键及组合键来执行命令，帮助用户编辑文件。由于这些命令相当多，在此仅作简单介绍。

(1) 移动光标

在命令行模式和插入模式下，都可以使用上、下、左、右 4 个方向键来移动光标的位置。但是有些情况下，如使用 telnet 远程登录时，方向键就不能用，必须用命令行模式下的光标移动命令。这些命令及作用见表 2-1。

(2) 复制文本

复制文本可以节省重复输入的时间，Vim 也提供了如表 2-2 所列的操作命令。

表2-1 常用的移动光标的命令

命 令	操作说明
h	将光标向左移动一格
l	将光标向右移动一格
j	将光标向下移动一格
k	将光标向上移动一格
0	将光标移动到该行的最前面
$	将光标移动到该行的最后面
G	将光标移动到最后一行的开头
W或w	将光标移动到下一个字符
E	将光标移动到本单词的最后一个字符。如果光标所在的位置为本单词的最后一个字符，则跳动到下一个单词的最后一个字符。标点符号如“.”“,”或“/”等字符都会被当成一个字
B	将光标移动到单词的第一个字符，如果光标所在位置为本单词的第一个字符，则跳到上一个单词的第一个字符
{	将光标移动到前面的“{”处。在C语言编程时，如果按两次就会找到函数开头“{”处，如果再次连续按两次，还可以找到上一个函数的开头处
}	同“{”的使用，将光标移动到后面的“}”
Ctrl+b	如果想要翻看文章的前后，可以使用Page Down和Page Up；但当这两个键不能使用时，可以按Ctrl+b键光标向前卷一页，相当于Page Up
Ctrl+f	将光标向后卷一页，相当于Page Down
Ctrl+u	将光标向前移半页
Ctrl+d	将光标向后移半页
Ctrl+e	将光标向下卷一行
Ctrl+y	将光标向后卷一行
N+\	将光标移至第n行(n为数字)

表2-2 常用的复制文本的命令

命 令	操作说明
y+y	将光标目前所在的位置整行复制
y+w	复制光标所在的位置到整个单词所在的位置
n+y+w	若输入3yw，则会将光标所在位置到单词结束以及后面两个单词(共3个单词)一起复制
n+y+y	若按3yy，则将连同光标所在位置的一行与下面两行一起复制
p	将复制的内容粘贴到光标所在的位置。若复制的是整行文本，则会将整行内容粘贴到光标所在的位置

(3) 删除文本

删除文本命令可删除一个字符，也可以一次删除好几个字符或是整行文本，如表 2-3 所列。

表 2-3 常用的删除文本的命令

命 令	操作说明
d+左方向键	连续按 d 和左方向键，将光标所在位置前一个字符删除
d+右方向键	将光标所在位置字符删除
d+上方向键	将光标所在位置行和上一行同时删除
d+下方向键	将光标所在位置行和下一行同时删除
d+d	连按两次 d，可将光标所在的行删除；若是连续删除，则可以按住 d 不放
d+w	删除光标所在位置的单词，若是光标在两个字之间，则删除光标后面的一个字符
n+d+d	删除包括光标所在行及向下的 *n* 行(*n* 为数字)
n+d+上方向键	删除包括光标所在行及向上的 *n* 行
n+d+下方向键	同 *n*+d+d 命令
D	将光标所在行后所有的单词删除
x	将光标所在位置的字符删除
X	将光标所在位置前一个字符删除
n+x	删除光标所在位置及其后的 *n* 个字符
n+X	删除光标所在位置及其前的 *n* 个字符

(4) 找出行数及其他按键

编写程序时，常常需要跳到某一行去修改，因此每一行的行号就相当重要。Vim 为此提供的命令如表 2-4 所列。

表 2-4 常用的找出行数的命令

命 令	操作说明
Ctrl+g	在最后一行中显示光标所在位置的行数及文章的总行数
*n*G	将光标移至 *n* 行(*n* 为数字)
r	修改光标所在字符
R	修改光标所在位置的字符，可以一直替换字符，直到按 Esc 键
u	表示复原功能
U	取消对行所做的所有改变
.	重复执行上一命令
Z+Z	连续两次输入 Z，表示保存文件并退出 Vi
%	符号匹配功能，在编辑时，如果输入“%(”，那么系统将会自动匹配相应的“)”

3. 底行模式的操作

在命令行模式下输入冒号“:”就可以进入底行模式了,还可以使用“?”和“/”键进入底行模式。比起命令行模式的诸多操作命令,底行模式的操作命令就少多了,如表 2-5 所列。

表 2-5　底行模式主要的操作命令

命　令	操作说明
e	在 Vi 中编辑时,可以使用 e 创建新的文件
n	加载新文件
w	写文件,也就是将编辑的内容保存到文件系统中。Vim 在编辑文件时,先将编辑内容保存在临时文件中,如果没有执行写操作直接退出,那么修改内容并没有保存到文件中
w!	如果想写只读文件,可以使用 w! 强制写入文件
q!	表示退出 Vim,但是文件内容有修改的话,系统会提示先保存;如果不保存退出,则需要使用命令 q! 强制退出
set nu	set 可以设置 Vim 的某些特性,这里是设置每行开头提示行数。想取消设置,使用命令 set none
/	查找匹配字符串功能。在编辑时,想查找包含某一个字符串,可以用“/字符串”自动查找,系统会突出显示所有找到的字符串,并转到找到的第一个字符串。如果想继续向下查找,可以按 n 键;向前继续查找则按 N 键
?	可以使用“? 字符串”查找特定字符串,它的使用与“/”相似,但它是向前查找字符串

4. 常见问题及解决办法

由于 Linux 系统的 Vim 编辑器是从 UNIX 下的 Vi 发展而来的,而 UNIX 下的 Vi 编辑器是从行编辑器 Ed 发展而来的。因此,Vim 不如目前流行的微软推出的同类编辑器易用、直观,但是它的强大功能却是微软同类产品无法比拟的。因此,一些人学习时可能会感到有一些不便和困惑。针对这类问题,这里列出了使用 Vim 中应注意的一些事项。当然要熟练使用 Vim,还需要平时操作中不断地提高和积累。

(1) 插入编辑方式和命令方式切换时出现混乱

这种情况产生的原因通常是还未输入插入命令便开始进行文本输入,从而无法在正确位置输入文本;另外,当插入信息后,还未按 Esc 键结束插入方式,就输入其他的命令信息,从而使命令无法执行。当出现这种情况时,首先要确定自己所处的操作方式,然后再确定下一步做什么工作。若不易搞清楚当前所处的状态,还可以使用 Esc 键退回到命令方式重新进行输入。

(2) 在进行文档编辑时,Vim 编辑器会产生混乱

这种状态的产生往往是由于屏幕刷新有误,此时可以按 Ctrl+l 键对屏幕进行刷新;如果是在终端,则可以按 Ctrl+r 进行屏幕刷新。

(3) 对屏幕中显示的信息进行操作时,系统没有反应

出现这种情况可能是由于屏幕的多个进程被挂起(如不慎按了 Ctrl+s 键等),此时可用 Ctrl+q 进行解脱,然后重新进行输入。

(4) 当编辑完成后,不能正确退出 Vim

出现这种情况的原因可能是系统出现了意外情况,例如,文件属性为只读,用户对编辑的文件没有写的权限。如果强行执行退出命令":w!"仍无法退出,则可以用":w newfile"命令将文件重新存盘后再退出,以减少工作中的损失,这个新文件 newfile 应是用户有写权限的文件。

如果暂时没有可以使用的文件,则可以借用"/tmp"目录建一个新的文件。因为 Linux 系统中的"/tmp"是一个临时目录,系统启动时总要刷新该目录,因此操作系统一般情况下不对此目录进行保护。但当处理完成后,切记应将新文件进行转存,否则依然会造成信息损失。

(5) 使用 Vim 时发生了系统掉电或者突然关机的情况

工作时发生了掉电和关机,对正进行的工作无疑是一种损失,但是 Vim 程序可使损失降到最小。因为,对 Vim 的操作实际上是对编辑缓冲区的数据操作,而系统经常会将缓冲区的内容自动保存。因此,关机后用户可以在下次登录系统后使用-r 选项进入 Vi,将系统中最后保存的内容恢复出来。例如,在编辑 cd 文件时突然断电或者系统崩溃后的恢复命令为:

```
[root@JLUZH root]# vi cd -r
```

Vim 的学习应侧重于实际应用,在了解 Vim 的使用规则后应该多上机操作,不断积累经验,逐步使自己成为 Vim 编辑能手。

2.3 GCC 编译器

2.3.1 GCC 编译器简介

在为 Linux 开发应用程序时,绝大多数情况下使用的都是 C 语言,因此几乎每一位 Linux 程序员面临的首要问题都是如何灵活运用 C 编译器。目前 Linux 下最常用的 C 语言编译器是 GCC(GNU Compiler Collection),它是 GNU 项目中符合 ANSI C 标准的编译系统,能够编译 C、C++和 Object C 等语言。GCC 不仅功能十分强大,结构也异常灵活。最值得称道的一点就是,它可以通过不同的前端模块来支持各种语言,如 Java、Fortran、Pascal、Modula-3 和 Ada 等。GCC 是一个交叉平台编译器,可以在多种硬件平台上编译出可执行程序的超级编译器,其执行效率与一般的编译器相比,平均效率要高 20%~30%。GCC 支持编译的一些源文件的后缀及其解释如表 2-6 所列。

表 2-6　GCC 所支持后缀名解释

后缀名	所对应的语言	后缀名	所对应的语言
.c	C 原始程序	.s/.S	汇编语言原始程序
.C/.cc/.cxx	C++原始程序	.h	预处理文件(头文件)
.m	Objective-C 原始程序	.o	目标文件
.i	已经过预处理的 C 原始程序	.a/.so	编译后的库文件
.ii	已经过预处理的 C++原始程序		

开放、自由和灵活是 Linux 的魅力所在，而这一点在 GCC 上的体现就是程序员通过它能够更好地控制整个编译过程。在使用 GCC 编译程序时，编译过程可以细分为 4 个阶段：

- 预处理(Pre-Processing)；
- 编译(Compiling)；
- 汇编(Assembling)；
- 链接(Linking)。

Linux 程序员可以根据自己的需要让 GCC 在编译的任何阶段结束、检查或使用编译器在该阶段的输出信息，或者对最后生成的二进制文件进行控制，以便通过加入不同数量和种类的调试代码来为今后的调试做好准备。与其他常用的编译器一样，GCC 也提供了灵活而强大的代码优化功能，利用它可以生成执行效率更高的代码。GCC 的版本可以通过如下命令查看：

```
[root@JLUZH test]# gcc -v
使用内建 specs。
目标:i586-redhat-linux
配置为:../configure --prefix=/usr --mandir=/usr/share/man -infodir=/usr/share/info-with-bugurl=http://bugzilla.redhat.com/bugzilla --enable-bootstrap --enable-shared-enable-threads=posix --enable-checking=release --with-system-zlib --enable-__cxa_atexit --disable-libunwind-exceptions --enable-languages=c,c++,objc,obj-c++,java,fortran,ada-enable-java-awt=gtk --disable-dssi --enable-plugin --with-java-home=/usr/lib/jvm/java-1.5.0-gcj-1.5.0.0/jre-enable-libgcj-multifile --enable-java-maintainer-mode --with-ecj-jar=/usr/share/java/eclipse-ecj.jar --disable-libjava-multilib --with-ppl --with-cloog --with-tune=generic --with-arch=i586 --build=i586-redhat-linux
线程模型:posix
gcc 版本 4.4.0 20090506 (Red Hat 4.4.0-4) (GCC)
```

以上显示的就是 fedora11 里自带的 GCC 的版本 4.4.0-4。

2.3.2　GCC 编译流程

GCC 提供了 30 多条警告信息和 3 个警告级别，使用它们有助于增强程序的稳定性和可移植性。此外，GCC 还对标准的 C 和 C++语言进行了大量扩展，提高了程序的执行效率，有助于编译器进行代码优化，能够减轻编程的工作量。在 Linux 的

C 语言程序生成过程中,源代码经过编译→汇编→链接生成可执行程序。GCC 是 Linux 下主要的程序生成工具,它除了编译器、汇编器和链接器外,还包括一些辅助工具。Linux 下程序的编译过程及相关工具的使用如图 2-11 所示。

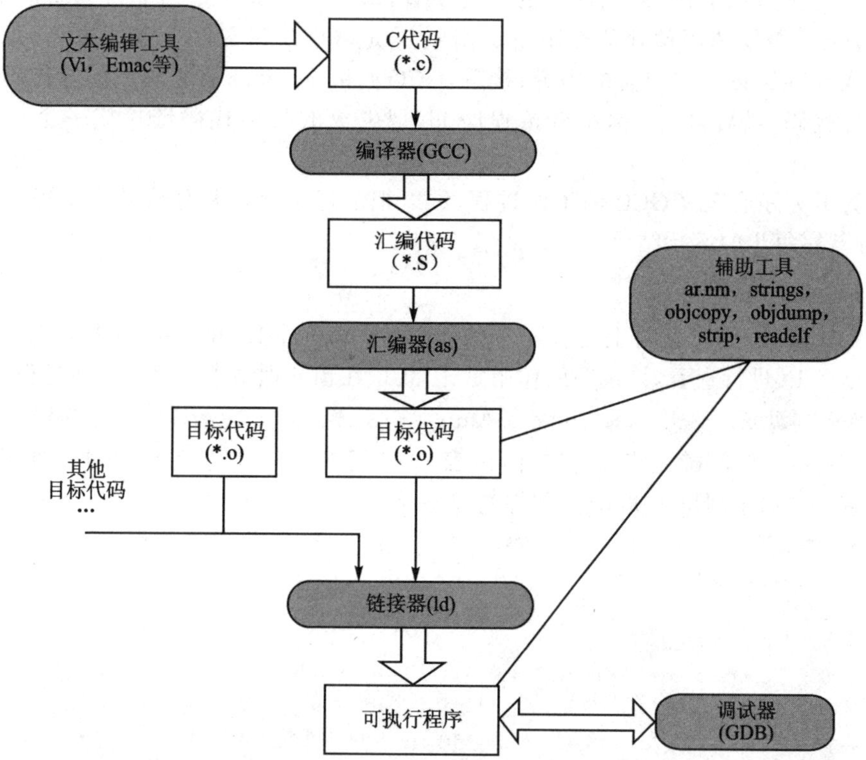

图 2-11 底行模式

下面结合实例来介绍 GCC 是如何完成这 4 个步骤的。首先,有以下 hello.c 源代码:

```
# include < stdio.h>
int main ( )
{   printf ("Hello Linux\n");
    return 0;
}
```

要编译这个程序,只要在命令行下执行如下命令:

```
[root@JLUZH root]# gcc hello.c -o hello
[root@JLUZH root]# ./hello
Hello Linux
```

这样,GCC 编译器会生成一个名为 hello 的可执行文件,然后执行“./hello”就可以看到程序的输出结果了。GCC 指令的一般格式为:

GCC [选项] 要编译的文件 [选项] [目标文件]

其中,目标文件可缺省,GCC 默认生成可执行的文件,命名为:编译文件. out。命令行中 GCC 表示用 GCC 来编译源程序,-o 选项表示要求编译器输出的可执行文件名为 hello ,而 hello. c 是源程序文件。从程序员的角度看,只须简单地执行一条 GCC 命令就可以了;但从编译器的角度来看,却需要完成一系列非常繁杂的工作。首先,GCC 需要调用预处理程序 cpp,由它负责展开在源文件中定义的宏,并向其中插入 #include 语句包含的内容;接着,GCC 调用 ccl 和 as 将处理后的源代码编译成目标代码;最后,GCC 调用链接程序 ld,把生成的目标代码链接成一个可执行程序。

为了更好地理解 GCC 的工作过程,可以把上述编译过程分成几个步骤单独进行,并观察每步的运行结果。

1. 预处理阶段

在该阶段,编译器将上述代码中的 stdio. h 编译进来,并且用户可以使用 GCC 的选项"-E"进行查看,该选项的作用是让 GCC 在预处理结束后停止编译过程。

```
[root@JLUZH root]#   gcc  -E  hello.c -o hello.i
```

在此处,选项"o"是指目标文件,由表 2-6 可知,".i"文件为已经过预处理的 C 原始程序。以下列出了 hello. i 文件的部分内容:

```
# 1 "hello.c"
# 1 "<command line>"
# 1 "hello.c"
# 790 "/usr/include/stdio.h" 3 4
# 829 "/usr/include/stdio.h" 2 3 4
extern int ftrylockfile (FILE * __stream) __attribute__ ((__nothrow__)) ;
extern void funlockfile (FILE * __stream) __attribute__ ((__nothrow__));
# 918 "/usr/include/stdio.h" 3 4
# 2 "hello.c" 2
int main()
{   printf("Hello Linux\n");
    return 0;
}
```

由此可见,GCC 确实进行了预处理,它把 stdio. h 的内容插入到 hello. i 文件中。

2. 编译阶段

在这个阶段中,GCC 首先要检查代码的规范性、是否有语法错误等,以确定代码实际要做的工作;检查无误后,GCC 把代码翻译成汇编语言。用户可以使用"-S"选项来进行查看,该选项只进行编译而不进行汇编,生成汇编代码。

```
[root@JLUZH root]# gcc  -S  hello.i  -o  hello.s
```

以下列出了 hello. s 的内容,可见 GCC 已经将其转化为汇编代码了,感兴趣的读者可以分析一下这一行简单的 C 语言小程序是如何用汇编代码实现的。

```
.fil"hello.c"
.section.rodata
.LC0:
.string    "Hello Linux"
.text
.globl main
.typemain, @function
main:
pushl %ebp
movl %esp, %ebp
andl $-16, %esp
subl $16, %esp
movl $.LC0, (%esp)
call puts
movl $0, %eax
leave
ret
.sizemain, .-main
.ident "GCC: (GNU) 4.4.0 20090506 (Red Hat 4.4.0-4)"
.section.note.GNU-stack,"",@progbits
```

3. 汇编阶段

汇编阶段是把编译阶段生成的“.s”文件转成目标文件，读者在此使用选项“-c”就可看到汇编代码已转化为“.o”的二进制目标代码了。如下所示：

```
[root@JLUZH root] #  gcc  -c  hello.s  -o  hello.o
```

4. 链接阶段

在成功编译之后，就进入了链接阶段。完成了链接之后，GCC 就可以生成可执行文件，如下所示。在采用模块化的设计思想进行软件开发时，通常整个程序是由多个源文件组成的，相应地就形成了多个编译单元，使用 GCC 能够很好地管理这些编译单元。

```
[root@JLUZH root] # Gcc hello.o -o hello
```

运行该可执行文件，出现正确的结果如下：

```
[root@JLUZH root] # ./hello
Hello Linux
```

2.3.3 GCC 常用编译选项

GCC 有超过 100 个可用选项，主要包括总体选项、告警和出错选项、优化选项和体系结构相关选项。以下对常用的选项进行介绍。

1. 总体选项

GCC 的总体选项如表 2-7 所列，很多在前面的示例中已经有所涉及。

表 2-7 GCC 总体选项列表

后缀名	所对应的语言
-c	只是编译不链接,生成目标文件“.o”
-S	只是编译不汇编,生成汇编代码
-E	只进行预编译,不做其他处理
-g	在可执行程序中包含标准调试信息
-o file	把输出文件输出到 file 里
-v	打印出编译器内部编译各过程的命令行信息和编译器的版本
-I dir	在头文件的搜索路径列表中添加 dir 目录
-L dir	在库文件的搜索路径列表中添加 dir 目录
-static	链接静态库
-llibrary	连接名为 library 的库文件

2. 告警和出错选项

GCC 的告警和出错选项如表 2-8 所列。

表 2-8 告警和出错选项

选 项	含 义
-ansi	支持符合 ANSI 标准的 C 程序
-pedantic	允许发出 ANSI C 标准所列的全部警告信息
-pedantic-error	允许发出 ANSI C 标准所列的全部错误信息
-w	关闭所有告警
-Wall	允许发出 GCC 提供的所有有用的报警信息
-werror	把所有的告警信息转化为错误信息,并在告警发生时终止编译过程

下面结合实例对这几个告警和出错选项进行简单的介绍。程序如下所示:

```
/ **** Warning.c ***** /
# include< stdio.h>
void main ( )
{   long long tmp = 1;
    printf ("This is a bad code!\n");
    return 0;
}
```

GCC 包含完整的出错检查和警告提示功能,它们可以帮助 Linux 程序员尽快找到错误代码,从而写出更加专业和优美的代码。先来读以上程序,这段代码写得很糟糕,仔细检查一下不难发现以下问题:

- main 函数的返回值被声明为 void,但实际上应该是 int;
- 使用了 GNU 语法扩展,即使用 long long 来声明 64 位整数,但不符合 ANSI/ISO C 语言标准;

➢ main 函数在无返回值的函数中调用 return 语句返回值。

下面看看 GCC 是如何帮助程序员来发现这些错误的。当 GCC 在编译不符合 ANSI/ISO C 语言标准的源代码时，如果加上了“- pedantic”选项，那么使用了扩展语法的地方将产生相应的警告信息。允许发出 ANSI C 标准所列的全部警告信息，同样也保证所有没有警告的程序都是符合 ANSI C 标准的。其运行结果如下所示：

```
[root@JLUZH Gcc] # gcc - pedantic warning.c - o warning
warning.c:在函数"main"中；
warning.c:5 警告:ISO C90 不支持"long long"
warning.c:7 警告:在无返回值的函数中,"return"带返回值
warning.c:4 警告:"main"的返回类型不是"int"
```

可以看出，使用该选项查出了“long long”这个无效数据类型的错误。需要注意的是，“- pedantic”编译选项并不能保证被编译程序与 ANSI/ISO C 标准的完全兼容，它仅仅用来帮助 Linux 程序员离这个目标越来越近。换句话说，“- pedantic”选项能够帮助程序员发现一些不符合 ANSI/ISO C 标准的代码，但不是全部。事实上只有 ANSI/ISO C 语言标准中要求进行编译器诊断的那些问题才有可能被 GCC 发现并提出警告。

除了“- pedantic”之外，GCC 还有一些其他编译选项也能够产生有用的警告信息。这些选项大多以“- W”开头，其中最有价值的当数“- Wall”了，使用它能够使 GCC 产生尽可能多的警告信息。该选项的运行结果如下所示：

```
[root@JLUZH Gcc] # Gcc - Wall warning.c - o warning
warning.c:4 警告:“main”的返回类型不是“int”
warning.c:在函数“main”中；
warning.c:7 警告:在无返回值的函数中,“return”带返回值
warning.c:5 警告:未使用的变量“tmp”
```

GCC 给出的警告信息虽然从严格意义上说不能算作是错误，但很可能成为错误的栖身之所。一个优秀的 Linux 程序员应该尽量避免产生警告信息，使自己的代码始终保持简洁、优美和健壮的特性。

在处理警告方面，另一个常用的编译选项是“- Werror”，它要求 GCC 将所有的警告当成错误进行处理，这在使用自动编译工具(如 Make 等)时非常有用。如果编译时带上“- Werror”选项，那么 GCC 会在所有产生警告的地方停止编译，迫使程序员对自己的代码进行修改。只有相应的警告信息消除，才可能将编译过程继续朝前推进。

3. 体系结构相关选项

GCC 的体系结构相关选项如表 2 - 9 所列。

这些体系结构相关选项在嵌入式的设计中会有较多的应用，读者须根据不同的体系结构将对应的选项进行组合处理。在本书后面涉及具体实例时会有针对性地讲解。

表 2-9 GCC 体系结构相关选项

选 项	含 义
-mcpu=type	针对不同的 CPU 使用相应的 CPU 指令。可选择的 type 有 i386、i486、pentium 及 i686 等
-mieee-fp	使用 IEEE 标准进行浮点数的比较
-mno-ieee-fp	不使用 IEEE 标准进行浮点数的比较
-msoft-float	输出包含浮点库调用的目标代码
-mshort	把 int 类型作为 16 位处理,相当于 short int
-mrtd	强行将函数参数个数固定的函数用 ret NUM 返回,节省调用函数的一条指令

2.3.4 库依赖

在 Linux 下使用 C 语言开发应用程序时,完全不使用第三方函数库的情况是比较少见的,通常来讲都需要借助一个或多个函数库的支持才能够完成相应的功能。从程序员的角度看,函数库实际上就是一些头文件(.h)和库文件(.so 或者.a)的集合。虽然 Linux 下大多数函数都默认将头文件放到"/usr/include/"目录下,而库文件则放到"/usr/lib/"目录下,但并不是所有的情况都是这样。正因如此,GCC 在编译时必须让编译器知道如何查找所需要的头文件和库文件。

GCC 采用搜索目录的办法来查找所需要的文件,-I 选项可以在 GCC 的头文件搜索路径中添加新的目录。例如,如果在"/home/david/include/"目录下有编译时所需要的头文件,为了让 GCC 能够顺利地找到它们,就可以使用-I 选项:

```
[root@JLUZH root]# gcc david.c -I /home/david/include -o david
```

同样,如果使用了不在标准位置的库文件,那么可以通过-L 选项向 GCC 的库文件搜索路径中添加新的目录。例如,如果在"/home/david/lib/"目录下有链接时所需要的库文件 libdavid.so,为了让 GCC 能够顺利地找到它,可以使用下面的命令:

```
[root@JLUZH root]# gcc david.c -L /home/david/lib -ldavid -o david
```

值得详细解释一下的是-l 选项,它指示 GCC 去链接库文件 david.so。Linux 下的库文件在命名时有一个约定,那就是应该以 lib 这 3 个字母开头。由于所有的库文件都遵循了同样的规范,因此在用-l 选项指定链接的库文件名时可以省去 lib 这 3 个字母。也就是说 GCC 在对-l david 进行处理时,会自动去链接名为 libdavid.so 的文件。

2.4 GDB 调试器

2.4.1 GDB 概述

无论多么优秀的程序员，都必须经常面对调试的问题。当程序编译完成后，可能无法正常运行，或许程序会彻底崩溃，或许只是不能正常地运行某些功能，或许它的输出会被挂起，或许不会提示要求正常的输入。无论在何种情况下，跟踪这些问题，特别是在大的工程中，将是开发中最困难的部分。本节将介绍使用 GDB(GNU debugger)调试程序的方法，该程序是一个调试器，用来帮助程序员寻找程序中的错误的软件。

GDB 是 GNU 开发组织发布的一个强大的 UNIX/Linux 下的程序调试工具。或许，有人比较习惯图形界面方式的，像 VC 和 VS 等 IDE 环境，但是在 UNIX/Linux 平台下做软件，GDB 这个调试工具有比 VC 和 VS 的图形化调试器更强大的功能。所谓“尺有所短，寸有所长”就是这个道理。一般来说，GDB 主要帮助用户完成以下 4 个方面的功能：

- 启动程序，可以按照用户自定义的要求随心所欲地运行程序。
- 可让被调试的程序在用户所指定的调试的断点处停住（断点可以是条件表达式）。
- 当程序停住时，可以检查此时程序中所发生的事。
- 动态地改变程序的执行环境。

从上面来看，GDB 和一般的调试工具区别不大，基本上也是完成这些功能，不过在细节上，GDB 这个调试工具非常强大。大家可能习惯了图形化调试工具，但有时候，命令行调试工具却有着图形化工具所不能完成的功能。

2.4.2 GDB 使用流程

GDB 主要调试的是 C/C++的程序。要调试 C/C++的程序，首先在编译时，必须要把调试信息加到可执行文件中，使用编译器（cc/gcc/g++）的 -g 参数即可，如：

```
[root@JLUZH test]# gcc -g hello.c -o hello
```

如果没有-g，则将看不见程序的函数名和变量名，代替它们的全是运行时的内存地址。当用-g 把调试信息加入，并成功编译目标代码以后，看看如何用 GDB 来调试。启动 GDB 的方法有以下几种：

① gdb <program>：program 也就是执行文件，一般在当前目录下。

② gdb <program> core：用 GDB 同时调试一个运行程序和 core 文件，core 是程序非法执行后 core dump 产生的文件。

③ gdb <program> <PID>：如果程序是一个服务程序，那么可以指定这个服务程序运行时的进程 ID。GDB 会自动 attach 上去，并调试它。program 应该在 PATH 环境变量中搜索得到。

这里给出了一个短小的程序，由此带领读者熟悉一下 GDB 的使用流程。建议读者能够实际动手操作。首先，打开 Linux 下的编辑器 Vim，编辑如下代码：

```
/**** test.c ****/
#include <stdio.h>
int func(int n)
{
  int sum = 0,i;
  for(i = 0; i<n; i++)
  {
    sum += i;
  }
  return sum;
}
 main()
{
  int i;
  long result = 0;
  for(i = 1; i<= 100; i++)
  {
    result += i;
  }
  printf("result[1-100] = %d \n", result );
  printf("result[1-250] = %d \n", func(250) );
}
```

在保存退出后首先使用 GCC 对 test.c 进行编译，注意一定要加上选项"-g"，这样编译出的可执行代码中才包含调试信息，否则之后 GDB 无法载入该可执行文件。命令如下所示：

```
[root@JLUZH test]# gcc -o test -g test.c
```

虽然这段程序没有错误，但调试完全正确的程序可以更加了解 GDB 的使用流程。接下来就启动 GDB 进行调试。注意，GDB 进行调试的是可执行文件，而不是如".c"的源代码，因此，需要先通过 GCC 编译生成可执行文件才能用 GDB 进行调试。

```
[root@JLUZH test]# gdb test                    <----------- 启动 GDB
GNU gdb (GDB) Fedora (6.8.50.20090302-21.fc11)
Copyright (C) 2009 Free Software Foundation, Inc.
Licens GPLv3+ :GNU GPL version 3 or later http://gnu.org/licenses/gpl.html
This is free software: you are free to change and redistribute it.
There is NO WARRANTY, to the extent permitted by law. Type "show copying"
and "show warranty" for details.
This GDB was configured as "i586-redhat-linux-gnu".
For bug reporting instructions, please see:
<http://www.gnu.org/software/gdb/bugs/>...
(gdb)
```

可以看出，在GDB的启动画面中指出了GDB的版本号和使用的库文件信息，接下来就进入了由"(gdb)"开头的命令行界面了。

(1) 查看文件

在GDB的命令中都可使用缩略形式的命令，例如，"l"代表"list"，"b"代表"breakpoint"，"p"代表"print"等，读者也可使用"help"命令查看帮助信息。键入l命令相当于list命令，从第一行开始列出源码，如下所示：

```
(gdb) l 1,22
1   #include <stdio.h>
2   int func(int n)
3   {
4     int sum = 0,i;
5     for(i = 0; i<n; i++)
6     {
7    sum += i;
8   }
9   return sum;
10  }
11   main()
12 {
13         int i;
14   long result = 0;
15   for(i = 1; i<= 100; i++)
16   {
17         result += i;
18   }
19   printf("result[1-100] = %d\n", result );
20   printf("result[1-250] = %d\n", func(250) );
21 }
22
(gdb)
```

可以看出，GDB列出的源代码中明确地给出了对应的行号，这样就可以大大方便代码的定位。

(2) 设置断点

设置断点是调试程序中一个非常重要的手段，它可以使程序到一定位置暂停它的运行。因此，程序员在该位置处可以方便地查看变量的值和堆栈情况等，从而找出代码的症结所在。

在GDB中设置断点非常简单，只须在"b"后加入对应的行号即可(这是最常用的方式，另外还有其他方式设置断点)，如下所示：

```
(gdb) break 16                  <----- 设置断点，在源程序第16行处
Breakpoint 1 at 0x804840c: file test.c, line 16.
(gdb) break func                <-----  设置断点，在函数func()入口处
Breakpoint 2 at 0x80483ca: file test.c, line 4.
(gdb)
```

要注意的是，在GDB中利用行号设置断点是指代码运行到对应行之前将其停

止,如上例中,代码运行到第 16 行之前暂停(并没有运行第 16 行)。

(3) 查看断点情况

在设置完断点之后,用户可以键入 info break 来查看设置断点情况,在 GDB 中可以设置多个断点:

```
(gdb) info break
Num       Type            Disp Enb Address What
1         breakpoint      keep y   0x0804840c in main at test.c:16
2         breakpoint      keep y   0x080483ca in func at test.c:4
(gdb)
```

(4) 运行代码

接下来就可运行代码了,GDB 默认从首行开始运行代码,键入"r"(run)即可(若想从程序中指定行开始运行,可在 r 后面加上行号)。

```
(gdb) r                                  <---------  运行程序,run 命令简写
Starting program: /root/source/test/test
Breakpoint 1, main () at test.c:17  <---------  在断点处停住
17          result += i;
Missing separate debuginfos, use: debuginfo - install glibc - 2.10.1 - 2.i686
(gdb)
```

(5) 单步运行

单步运行可以使用命令"n"(next)或"s"(step),它们之间的区别在于:若有函数调用,则"s"会进入该函数而"n"不会进入该函数。因此,"s"就类似于 VC 等工具中的"step in","n"类似于 VC 等工具中的"step over"。它们的使用如下所示:

```
(gdb) n                              <----------  单条语句执行,next 命令简写
15      for(i = 1; i <= 100; i++)
(gdb) n
Breakpoint 1, main () at test.c:17
17          result += i;
(gdb) n
15      for(i = 1; i <= 100; i++)
(gdb) n
Breakpoint 1, main () at test.c:17
17          result += i;
(gdb) n
15      for(i = 1; i <= 100; i++)
(gdb)
```

(6) 恢复程序运行

可以使用命令"c"(continue)恢复程序的正常运行。这时,它跳到下一个断点处,如果没有断点,则它会把剩余还未执行的程序执行完,并显示剩余程序中的执行结果。

```
(gdb) clear 16        <-------------- 清除 16 行的断点
Deleted breakpoint 1
(gdb) c               <-------------- 继续运行程序,continue 命令简写
Continuing.
```

```
result[1-100] = 5050 <---------- 程序输出
Breakpoint 2, func (n=250) at test.c:4
4     int sum=0,i;
(gdb) n
5     for(i=0; i<n; i++)
(gdb)
```

可以看到,程序运行到断点处就停止了。

(7) 查看变量值

在程序停止运行之后,程序员所要做的工作是查看断点处的相关变量值。在GDB中只须键入"p+变量值"即可,如下所示:

```
(gdb) p i <-------------------- 打印变量 i 的值,print 命令简写
$1 = 13467636
(gdb) n
7     sum+=i;
(gdb) n
5      for(i=0; i<n; i++)
(gdb) p sum
$2 = 0
(gdb)
```

此处,为什么变量"i"的值为如此奇怪的一个数字呢?原因就在于程序是在断点设置的对应行之前停止的,那么在此时,并没有把"i"的数值赋为0,而只是一个随机的数字。但变量"n"是在第4行赋值的,故在此时已经为0。GDB在显示变量值时都会在对应值之前加上"$N"标记,它是当前变量值的引用标记,所以以后若想再次引用此变量就可以直接写作"$N",而无须写冗长的变量名。

(8) 查看函数堆栈

```
(gdb) bt <-------------------- 查看函数堆栈
#0   func (n=250) at test.c:5
#1   0x08048441 in main () at test.c:20
(gdb)
```

(9) 运行如下命令退出调试,退出GDB

```
(gdb) finish <------------------- 退出函数
Run till exit from #0 func (n=250) at test.c:5
0x08048441 in main () at test.c:20
20 printf("result[1-250] = %d \n", func(250) );
Value returned is $3 = 31125
(gdb)
(gdb) c <-------------------- 继续运行
Continuing.
result[1-250] = 31125
Program exited with code 027. <-------- 程序退出,调试结束
(gdb) q <-------------------- 退出 gdb
[root@JLUZH test]#
```

本小节只是介绍了GDB调试的基本流程和用到的一些基本的命令,下一小

节将详细介绍关于 GDB 的各种命令。以上便是 GDB 调试的基本方法,后面还将介绍在 Eclipse 下调试程序的方法,虽然 Eclipse 所用的也是 GDB 调试器,但由于采用了图形界面和集成开发环境,用户界面更加友好,使用也更为方便,推荐读者采取后面的方法,在大多数的情况下都可以替代在这种文本界面下的调试。只有在某些特殊的情况下,才不得不在这种文本的界面下进行调试。

2.4.3 GDB 基本命令

启动 GDB 后,进入 GDB 的调试环境中,就可以使用 GDB 的命令开始调试程序了。GDB 中的命令主要分为以下几类:工作环境相关命令、设置断点与恢复命令、源代码查看命令、查看运行数据相关命令及修改运行参数命令。GDB 的命令可以通过查看 help 进行查找,由于 GDB 的命令很多,因此 GDB 的 help 将其分成了很多种类(class),用户可以通过进一步查看相关 class 找到相应命令,如下所示:

```
(gdb) help
List of classes of commands:
aliases -- Aliases of other commands
breakpoints -- Making program stop at certain points
data -- Examining data
files -- Specifying and examining files
internals -- Maintenance commands
obscure -- Obscure features
running -- Running the program
stack -- Examining the stack
status -- Status inquiries
support -- Support facilities
tracepoints -- Tracing of program execution without stopping the program
user-defined -- User-defined commands
Type "help" followed by a class name for a list of commands in that class.
Type "help all" for the list of all commands.
Type "help" followed by command name for full documentation.
Type "apropos word" to search for commands related to "word".
Command name abbreviations are allowed if unambiguous.
(gdb)
```

以上列出了 GDB 各个分类的命令,接下来可以具体查找各分类的命令。例如,要查看关于断点的命令,则可以输入如下命令:

```
(gdb) help breakpoints
Making program stop at certain points.
List of commands:
awatch -- Set a watchpoint for an expression
break -- Set breakpoint at specified line or function
catch -- Set catchpoints to catch events
catch assert -- Catch failed Ada assertions
catch catch -- Catch an exception
```

```
atch exception -- Catch Ada exceptions
catch exec -- Catch calls to exec
catch fork -- Catch calls to fork
catch syscall -- Catch system calls
catch throw -- Catch an exception
catch vfork -- Catch calls to vfork
clear -- Clear breakpoint at specified line or function
commands -- Set commands to be executed when a breakpoint is hit
condition -- Specify breakpoint number N to break only if COND is true
delete -- Delete some breakpoints or auto-display expressions
delete breakpoints -- Delete some breakpoints or auto-display expressions
delete checkpoint -- Delete a fork/checkpoint (experimental)
delete display -- Cancel some expressions to be displayed when program stops
delete mem -- Delete memory region
delete tracepoints -- Delete specified tracepoints
disable -- Disable some breakpoints
disable breakpoints -- Disable some breakpoints
disable display -- Disable some expressions to be displayed when program stops
disable mem -- Disable memory region
----Type <return> to continue, or q <return> to quit---
```

当然,若用户已知命令名,直接键入"help[command]"也是可以的。GDB 中,输入命令时,可以不用输入全部命令,只用输入命令的前几个字符就可以了。当然,命令的前几个字符应该标志着一个唯一的命令,在 Linux 下,可以按两次 Tab 键来补齐命令的全称;如果有重复的,那么 GDB 会把它全部列出来。

示例 1:在进入函数 func 时,设置一个断点。可以输入 break func,或是直接输入 b func。

```
(gdb) b func
Breakpoint 1 at 0x80483ca: file test.c, line 4.
(gdb)
```

示例 2:输入 b 按两次 Tab 键,可以看到所有 b 开头的命令。

```
(gdb) b
backtrace  break     bt
(gdb)
```

要退出 GDB 时,只用输入 quit 或其简称 q 即可。下面详细介绍各种命令。

1. 工作环境的相关命令

GDB 中不仅可以调试所运行的程序,而且还可以对程序相关的工作环境进行相应的设定,甚至还可以使用 Shell 中的命令进行相关的操作,其功能极其强大。GDB 常见工作环境相关命令如表 2-10 所列。

表 2-10　GDB 工作环境相关命令

命令格式	含　义
set args 运行时的参数	指定运行时参数,如 set args2
show args	查看设置好的运行参数
path dir	设定程序的运行路径
show paths	查看程序的运行路径
Set enVironment var[=value]	设置环境变量
show enVironment [var]	查看环境变量
cd dir	进入 dir 目录,相当于 Shell 中的 cd 命令
pwd	显示当前工作目录
shell command	运行 Shell 的 command 命令

2. 设置断点与恢复命令

GDB 中设置断点与恢复的常见命令如表 2-11 所列。

表 2-11　GDB 设置断点与恢复相关命令

命令格式	含　义
bnfo b	查看所设断点
break 行号或函数名<条件表达式>	设置断点
tbreak 行号或函数名<条件表达式>	设置临时断点,达到后被自动删除
delete[断点号]	删除指定断点,其断点号为"info b"中的第一栏。若默认断点号,则删除所有断点
disable[断点号]	停止指定断点,使用"info b"仍能查看此断点。同 delete 一样,默认断点号则停止所有断点
enable[断点号]	激活指定断点,即激活被 disable 停止的断点
condition[断点号]<条件表达式>	修改对应断点的条件
Ignore[断点号]< num >	在程序执行中,忽略对应断点 num 次
step	单步恢复程序运行,且进入函数调用
next	单步恢复程序运行,但不进入函数调用
finish	运行程序,直到当前函数完成返回
c	继续执行函数,直到函数结束或遇到新的断点

由于设置断点在 GDB 的调试中非常重要,所以在此再着重讲解一下 GDB 中设置断点的方法。GDB 中设置断点有多种方式:其一是按行设置断点,设置方法在前面章节已经指出,在此就不重复了;另外还可以设置函数断点和条件断点,在此结合 2.4.2 小节的代码,具体介绍后两种设置断点的方法。

(1) 函数断点

GDB 中按函数设置断点，只须把函数名列在命令 b 之后，如下所示：

```
(gdb) b 16
Breakpoint 2 at 0x804840c: file test.c, line 16.
(gdb) info b
Num     Type           Disp Enb Address     What
2       breakpoint     keep y   0x0804840c in main at test.c:16
(gdb)
```

要注意的是，此时的断点实际是在函数的定义处，也就是在 16 行（注意第 16 行还未执行）。

(2) 条件断点

GDB 中设置条件断点的格式为：b 行数或函数名 if 表达式。具体实例如下所示：

```
(gdb) b 7 if i==10
Breakpoint 1 at 0x80483da: file test.c, line 7.
(gdb) info b
Num     Type           Disp Enb Address     What
1       breakpoint     keep y   0x080483da in func at test.c:7
(gdb) r
Starting program: /root/source/test/test
result[1-100] = 5050
Breakpoint 1, func (n=250) at test.c:7
7 sum+=i;
Missing separate debuginfos, use: debuginfo-install glibc-2.10.1-2.i686
(gdb) p i
 $1 = 10
(gdb)
stop only if i==10
```

可以看到，在源码中设置了一个"i==10"的条件断点，在程序运行之后可以看出，程序确实在 i 为 10 时暂停运行。

3. GDB 中源码查看的相关命令

在 GDB 中可以查看源码以方便其他操作，它的常见相关命令如表 2-12 所列。

表 2-12　GDB 源码查看相关命令

命令格式	含　义
list <行号>|<函数名>	查看指定位置代码
file [文件名]	加载指定文件
forward-search 正则表达式	源代码前向搜索
reverse-search 正则表达式	源代码后向搜索
dir directory	停止路径名
show directories	显示定义了的源文件搜索路径
info line	显示加载到 GDB 内存中的代码

4. GDB 中查看运行数据的相关命令

GDB 中查看运行数据是指当程序处于“运行”或“暂停”状态时，可以查看的变量及表达式的信息，其常见命令如表 2-13 所列。

表 2-13　GDB 查看运行数据相关命令

命令格式	含　义
print 表达式|变量	查看程序运行时对应表达式和变量的值
x <n/f/u>	查看内存变量内容。其中，n 为整数表示显示内存的长度，f 表示显示的格式，u 表示从当前地址往后请求显示的字符数
display 表达式	设定在单步运行或其他情况中，自动显示对应表达式的内容

5. GDB 中修改运行参数的相关命令

GDB 还可以修改运行时的参数，并使该变量按照用户当前输入的值继续运行。它的设置方法为：在单步运行的过程中，键入命令“set 变量＝设定值”。这样，在此之后，程序就会按照该设定的值运行了。下面，结合 2.4.2 小节的代码将 n 的初始值设为 4。其代码如下所示：

```
(gdb) b 7
Breakpoint 1 at 0x80483da: file test.c, line 7.
(gdb) r
Starting program: /root/source/test/test
result[1-100] = 5050
Breakpoint 1, func (n=250) at test.c:7
7     sum+=i;
Missing separate debuginfos, use: debuginfo-install glibc-2.10.1-2.i686
(gdb) p sum
$1 = 0                    <--------- 查看修改前 sum 的值
(gdb) set sum=4
(gdb) p sum
$2 = 4                    <--------- 查看修改后 sum 的值
(gdb) clear 7
Deleted breakpoint 1
(gdb) c
Continuing.
result[1-250] = 31129  <--------- 原来的结果是 31125
Program exited with code 027.
(gdb)
```

可以看到，最后的运行结果确实比之前的值大了 4。

2.4.4　gdbServer 远程调试

在嵌入式软件开发中，由于目标机和宿主机中程序运行的环境不一样，当调试嵌入式程序时，前面介绍的方法就不适用了，而需要用远程调试办法来调试这类程序。

远程调试环境由宿主机 GDB 和目标机调试 stub 共同构成，两者通过串口或 TCP 连接。使用 GDB 标准串行协议协同工作，实现对目标机上的系统内核和上层应用的监控和调试功能。GDB stub 是调试器的核心，它处理来自主机上 GDB 的请求，控制目标机上的被调试进程。

目前，在嵌入式 Linux 系统中，主要有 3 种远程调试方法，分别适用于不同场合的调试工作：用 ROM Monitor 调试目标机程序；用 KGDB 调试系统内核；用 gdbServer 调试用户空间程序。这 3 种调试方法的区别主要在于，目标机远程调试 stub 的存在形式不同，而其设计思路和实现方法则是大致相同的。

最常用的就是采用 GDB＋gdbServer 的方式调试开发板上的嵌入式 Linux 程序。其中 gdbServer 在目标系统上运行，GDB 在宿主机即主机上运行。gdbServer 是 GDB 的一个组件，但通常不随发行版中的 GDB 一同发布，需要用户自行编译 GDB 的源代码包得到相应的 GDB 和 gdbServer。可以从 http://sourceware.org/gdb/gdb/获得 GDB 的最新版，下载后就可以着手编译了。关于 gdbServer 调试将在后面的章节结合嵌入式实验箱进一步介绍。

2.5 Make 工程管理器

2.5.1 Make 工程管理器概述

所谓工程管理器，是指管理较多的文件。在大型项目开发中，通常有几十到上百个源文件，如果每次均手工键入 GCC 命令进行编译，则非常不方便。因此，人们通常利用 Make 工具来自动完成编译工作。这些工作包括：如果仅修改了某几个源文件，则只重新编译这几个源文件；如果某个头文件被修改了，则重新编译所有包含该头文件的源文件。利用这种自动编译可大大简化开发工作，避免不必要的重新编译。实际上，Make 工具通过一个称为 Makefile 的文件来完成并自动维护编译工作。Makefile 需要按照某种语法进行编写，其主要内容是定义了源文件之间的依赖关系，说明了如何编译各个源文件并链接生成可执行文件。

当修改了其中某个源文件时，如果其他源文件依赖于该文件，则也要重新编译所有依赖该文件的源文件。Makefile 文件是许多编译器，包括 Windows NT 下的编译器维护编译信息的常用方法，只是在集成开发环境中，用户通过友好的界面修改 Makefile 文件而已。默认情况下，GNU Make 工具当前工作目录中按如下顺序搜索 Makefile：

- GNUmakefile；
- makefile；
- Makefile。

使用 Make 管理器非常简单，只需要在 Make 命令的后面键入目标名即可建立指定的目标；如果直接运行 Make，则建立 Makefile 中的第一个目标。在 UNIX 系统中，习惯使用 Makefile 作为 Makfile 文件。

此外 Make 还有丰富的命令行选项,可以完成各种不同的功能。常用的 Make 命令行选项见表 2-14。

表 2-14 Make 的命令行选项

命令格式	含 义
-C dir	读入指定目录下的 Makefile
-f file	读入当前目录下的 file 文件作为 Makefile
-i	忽略所有的命令执行错误
-I dir	指定被包含的 Makefile 所在目录
-n	只打印要执行的命令,但不执行这些命令
-p	显示 Make 变量数据库和隐含规则
-s	在执行命令时不显示命令
-w	如果 Make 在执行过程中改变目录,则打印当前目录名

什么是 Makefile 文件? Make 命令执行时,需要一个 Makefile 文件,以告诉 Make 命令需要怎样去编译和链接程序。或许很多 Windows 程序员都不知道这个工具,因为那些 Windows 的 IDE 都没有提供该功能。作为一个专业的程序员尤其是作为 Linux 下的程序员,要进行 Linux 下的软件编程,理解 Makefile 文件是必需的,因为会不会写 Makefile 文件,直接关系到是否具备完成大型工程的能力,Makefile 文件关系到了整个工程的编译规则。这就好像尽管现在有很多 HTML 编辑器,但如果想成为一个专业网页设计师,还需要了解 HTML 标识的含义一样。

一个工程中的源文件数量很多,其按类型、功能和模块分别放在若干个目录中,Makefile 文件定义了一系列的规则来指定哪些文件需要先编译,哪些文件需要后编译,哪些文件需要重新编译,甚至进行更复杂的操作。Makefile 文件就像一个 Shell 脚本,其中也可以执行操作系统的命令。Makefile 文件带来的好处是"自动化编译"——一旦写好,只需要一个 Make 命令即可自动编译整个工程,它极大地提高了软件开发的效率。

2.5.2 Makefile 基本结构

本小节将用一个示例来说明如何建立一个 Makefile 文件,以便给读者一个感性认识。编写一个 Makefile 文件来告诉 Make 命令如何编译和链接这几个文件。Makefile 文件的操作规则是:

- 如果这个工程没有编译过,则所有 C 文件都要编译并被链接。
- 如果这个工程的某几个 C 文件被修改,则只须编译被修改的 C 文件,并链接目标程序。
- 如果这个工程的头文件被改变了,则需要编译引用了这几个头文件的 C 文件,并链接目标程序。

只要 Makefile 文件写得足够好，所有的这一切，只用一个 Make 命令就可以完成，Make 命令会自动智能地根据当前文件的修改情况来确定哪些文件需要重新编译，从而自动编译所需要的文件并连接目标程序。在一个 Makefile 中通常包含如下内容：

➢ 需要有 Make 工具创建的目标体（target），通常是目标文件或可执行文件。

➢ 要创建的目标体所依赖的文件（dependency_file）。

➢ 创建每个目标体时需要运行的命令（command）。

它的格式为：

```
target:dependency_files
<Tab>command
```

注意：Makefile 的每一个 command 前必须有 Tab 符，否则在运行 Make 命令时会出错。

例如，有 C 程序源文件为 hello.c，其源代码如下：

```
/ ******* hello.c ******** /
#include <stdio.h>
void main()
{
   printf("I am makefile\n");
}
```

创建的目标体为 hello.o，执行的命令为 GCC 编译指令：gcc -c hello.c -o hello.o，然后由目标文件生成可执行文件，执行的命令为 GCC 编译指令：gcc hello.o -o hello。那么，对应的 Makefile 就可以写为：

```
hello:hello.o
    gcc hello.o -o hello
hello.o:hello.c
    gcc -c hello.c -o hello.o
```

接着就可以使用 Make 了。使用 Make 的格式为：make target，这样 Make 就会自动读入 Makefile（也可以是首字母小写 makefile）并执行对应 target 的 command 语句，并会找到相应的依赖文件。其操作过程如下所示：

```
[root@JLUZH makefile]# ls
hello.c makefile
[root@JLUZH makefile]# make
gcc -c hello.c -o hello.o
gcc hello.o -o hello
[root@JLUZH makefile]# ls
hello hello.c hello.o makefile
[root@JLUZH makefile]# ./hello
I am makefile
[root@JLUZH makefile]#
```

可以看到，Makefile 执行了 hello.o 对应的命令语句，并生成了 hello.o 目标体，然后由目标文件 hello.o 生成可执行文件 hello。

下面通过一个实例来讲述 Make 与 Makefile 文件的关系。一个工程中有一个头文件和 5 个 C 文件,其中实现加法功能的程序 add.c 源代码如下:

```
/**** add.c ****/
#include <stdio.h>
void add(int a,int b)
{
    printf("the add result is %d\n",a+b);
}
```

实现减法功能的程序 dec.c 源代码如下:

```
/**** dec.c ****/
#include <stdio.h>
void dec(int a,int b)
{
    printf("the dec result is %d\n",a-b);
}
```

实现乘法功能的程序 mul.c 源代码如下:

```
/***** mul.c ****/
#include <stdio.h>
void mul(int a,int b)
{
    printf("the mul result is %d\n",a*b);
}
```

实现除法功能的程序 div.c 源代码如下:

```
/**** div.c ****/
#include <stdio.h>
void div(int a,int b)
{
if(b!=0)
   {
    printf("the div result is %d\n",a/b);
   }
   else
   {
    printf("the div result is error\n");
   }
}
```

主程序 main.c 源代码如下:

```
/**** main.c ****/
#include "main.h"
void main()
{
    add(4,2);
    dec(4,2);
```

```
    mul(4,2);
    div(4,2);
    div(4,0);
}
```

头文件 main.h 源代码如下：

```
/ ***** main.h ****** /
void add(int,int);
void dec(int,int);
void mul(int,int);
void div(int,int);
```

其中应用了前面讲述的 3 个规则，其 Makefile 文件内容如下：

```
#makefile
program:main.o add.o dec.o mul.o div.o
    gcc main.o add.o dec.o mul.o div.o -o program
main.o:main.c main.h
    gcc -c main.c -o main.o
add.o:add.c
    gcc -c add.c -o add.o
dec.o:dec.c
    gcc -c dec.c -o dec.o
mul.o:mul.c
    gcc -c mul.c -o mul.o
div.o:div.c
    gcc -c div.c -o div.o
clean:
    rm *.o program
```

从上面的例子注意到，第一个字符为# 的行为注释行。如果一行写不完，则可使用反斜杠“\”换行续写。这样使 Makefile 文件更易读，可以把这个内容保存在“makefile 文件”或“makefile 文件夹”的文件中，然后在该目录下直接输入命令 Make，就可以生成执行文件 program。如果要删除执行文件和所有的中间目标文件，只要简单地执行一下 make clean 即可。

在这个 Makefile 文件中，目标文件(target)包含如下内容：执行文件 program 和中间目标文件(*.o)；依赖文件(dependency_files)，即冒号后面的那些 .c 文件和 .h 文件。每一个 .o 文件都有一组依赖文件，而这些 .o 文件又是执行文件 program 的依赖文件。依赖关系的实质是说明目标文件由哪些文件生成，换言之，目标文件是哪些文件更新的结果。在定义好依赖关系后，后续的代码定义了如何生成目标文件的操作系统命令，这些命令一定要以一个 Tab 键作为开头。

Make 并不管命令是怎么工作的，它只管执行所定义的命令。Make 会比较 targets 文件和 dependency_files 文件的修改日期，如果 dependency_files 文件的日期比 targets 文件的日期要新，或者 target 不存在，Make 就会执行后续定义的命令。另外，clean 不是一个文件，它只不过是一个动作名字，有点像 C 语言中的 lable 一样，冒号后什么也没有，这样 Make 就不会自动去找文件的依赖性，也就不会自动执行其后所定义的命令。要执行其后的命令,就要在 Make 命令后明确地指出这个 lable 的名字。这样的方法非常有用,可以在一个 Makefile 文件中定义不用的编译或是和编译无关的命令,如程序的打包或备份等。在默认方式下,只输入 Make 命令,它会做如下工作:

Make 会在当前目录下找名字为“makefile 文件”或“makefile 文件夹”的文件。如果找到,那么它会找文件中的第一个目标文件(target)。在上面的例子中,它会找到 program 这个文件,并把这个文件作为最终的目标文件。

如果 program 文件不存在,或是 program 所依赖的后面的“. o:”文件的修改时间要比 program 这个文件新,它就会执行后面所定义的命令来生成 program 文件。

如果 program 所依赖的“. o”文件也不存在,Make 会在当前文件中找目标为“. o”文件的依赖性;如果找到,则会根据规则生成“. o”文件(这有点像一个堆栈的过程)。

当然,C 文件和 H 文件如果存在,则 Make 会生成“. o”文件,然后再用“. o”文件生成 Make 的最终结果,也就是执行文件 program。

这就是整个 Make 的依赖性,Make 会一层又一层地去找文件的依赖关系,直到最终编译出第一个目标文件。在找寻的过程中,如果出现错误,如最后被依赖的文件找不到,Make 就会直接退出并报错。而对于所定义的命令的错误,或是编译不成功,Make 就不会处理。如果在 Make 找到了依赖关系之后,冒号后面的文件不存在,则 Make 仍不工作。

通过上述分析可以看出,像 clean 这样没有被第一个目标文件直接或间接关联时,它后面所定义的命令将不会被自动执行,不过,可以显式使 Make 执行,即使用命令 make clean 来清除所有的目标文件,并重新编译。

在编程中,如果这个工程已被编译过了,当修改了其中一个源文件时,如 add. c,根据依赖性,目标 add. o 会被重新编译(也就是在这个依赖性关系后面所定义的命令),则 add. o 文件也是最新的,即 add. o 文件的修改时间要比 program 新,所以 program 也会被重新链接。下面是使用 Makefile 编译程序的操作过程:

```
[root@JLUZH makefileProject]# ls
add.c  dec.c  div.c  main.c  main.h  makefile  mul.c
[root@JLUZH makefileProject]# make
gcc -c main.c -o main.o
gcc -c add.c -o add.o
gcc -c dec.c -o dec.o
gcc -c mul.c -o mul.o
gcc -c div.c -o div.o
gcc main.o add.o dec.o mul.o div.o -o program
[root@JLUZH makefileProject]# ls
add.c  add.o  dec.c  dec.o  div.c  div.o  main.c  main.h  main.o
makefile mul.c mul.o program
```

```
[root@JLUZH makefileProject]# ./program
the add result is 6
the dec result is 2
the mul result is 8
the div result is 2
the div result is error
[root@JLUZH makefileProject]# make clean
rm *.o program
[root@JLUZH makefileProject]# ls
add.c dec.c div.c main.c main.h makefile mul.c
[root@JLUZH makefileProject]#
```

2.5.3 Makefile 变量

GNU 的 Make 工具除提供有建立目标的基本功能之外，还有许多便于表达依赖性关系以及建立目标命令的特色，其中之一就是变量或宏的定义能力。如果要以相同的编译选项同时编译十几个 C 源文件，而为每个目标的编译指定冗长的编译选项将是非常乏味的，但利用简单的变量定义可避免这种乏味的工作。在 2.5.2 小节的例子中，先通过一个 Makefile 来看看基本规则。

```
program:main.o add.o dec.o mul.o div.o
    gcc main.o add.o dec.o mul.o div.o -o program
```

可以看到，“.o”文件的字符串被重复了两次。如果这个工程需要加入一个新的“.o”文件，需要在两个位置插入(实际是 3 个位置，还有一个位置在 clean 中)。当然，这个 Makefile 文件并不复杂，所以在两个位置加就可以了。但如果 Makefile 文件变得复杂，就要在第 3 个位置插入，该位置容易被忘掉，从而会导致编译失败。所以，为了提高 Makefile 文件的易维护性，在 Makefile 文件中可以使用变量。Makefile 文件的变量也就是一个字符串，可以理解成 C 语言中的宏。例如，声明一个变量 objects，在 Makefile 文件一开始可以这样定义：

```
objects = main.o add.o dec.o mul.o div.o
```

于是，就可以很方便地在 Makefile 文件中以 $(objects)的方式来使用这个变量了。改良版的 Makefile 文件就变成如下内容：

```
objects = main.o add.o dec.o mul.o div.o
program: $(objects)
    gcc $(objects) -o program
main.o:main.c main.h
    gcc -c main.c -o main.o
add.o:add.c
    gcc -c add.c -o add.o
dec.o:dec.c
    gcc -c dec.c -o dec.o
mul.o:mul.c
    gcc -c mul.c -o mul.o
```

```
div.o:div.c
    gcc -c div.c -o div.o
clean:
    rm *.o program
```

如果有新的".o"文件加入,只须简单地修改一下 objects 变量就可以了。

变量是在 Makefile 中定义的名字,用来代替一个文本字符串,该文本字符串称为该变量的值。变量名是不包括":""#""="和结尾空格的任何字符串。同时,变量名中包含字母、数字以及下划线以外的情况应尽量避免,因为它们可能在将来被赋予特别的含义。变量名是大小写敏感的,如变量名"foo""FOO"和"Foo"代表不同的变量。推荐在 Makefile 内部使用小写字母作为变量名,预留大写字母作为控制隐含规则参数或用户重载命令选项参数的变量名。

在具体要求下,这些值可以代替目标体、依赖文件、命令以及 Makefile 文件中其他部分。Makefile 中的变量定义有两种方式:一种是递归展开方式,另一种是简单方式。

递归展开方式定义的变量是在引用该变量时进行替换的,即如果该变量包含了对其他变量的应用,则在引用该变量时一次性将内嵌的变量全部展开。虽然这种类型的变量能够很好地完成用户的指令,但是它也有严重的缺点,如不能在变量后追加内容(因为语句 CFLAGS= $(CFLAGS)- O 在变量扩展过程中可能导致无穷循环)。

为了避免上述问题,简单扩张型变量的值在定义处展开,并且只展开一次,因此它不包含任何对其他变量的引用,从而消除变量的嵌套引用。

递归展开方式的定义格式为:VAR=var。

简单扩展方式的定义格式为:VAR:=var。

Make 中的变量格式为:$(VAR)。

Makefile 中的变量分为用户自定义变量、预定义变量、自动变量及环境变量。如上例中的 objects 就是用户自定义变量,自定义变量的值由用户自行设定,而预定义变量和自动变量为通常在 Makefile 都会出现的变量,其中部分有默认值,也就是常见的设定值,当然用户可以对其进行修改。

预定义变量包含了常见编译器、汇编器的名称及其编译选项,Makefile 中常见的预定义变量及其部分默认值如表 2-15 所列。

表 2-15　Makefile 中常见的预定义变量

命令格式	含　义
AR	库文件维护程序的名称,默认值为 ar
AS	汇编程序的名称,默认值为 as
CC	C 编译器的名称,默认值为 cc
CPP	C 预编译器的名称,默认值为 $(CC)-E
CXX	C++编译器的名称,默认值为 g++

续表 2-15

命令格式	含　义
FC	FORTRAN 编译器的名称,默认值为 f77
RM	文件删除程序的名称,默认值为 rm -f
ARFLAGS	库文件维护程序的选项,无默认值
ASFLAGS	汇编程序的选项,无默认值
CFLAGS	C 编译器的选项,无默认值
CPPFLAGS	C 预编译的选项,无默认值
CXXFLAGS	C++编译器的选项,无默认值
FFLAGS	FORTRAN 编译器的选项,无默认值

可以看出,表中的 CC 和 CFLAGS 是预定义变量,其中由于 CC 没有采用默认值,因此,需要把“CC=gcc”明确列出来。嵌入式开发中往往先在宿主机上进行开发调试,这个时候使用的是与宿主机 CPU 架构相同的编译器;然后需要移植到 CPU 为其他架构的目标机器上去,这个时候就需要使用适合目标机器 CPU 的编译器重新编译,有了 CC 这个预定义变量,只需要简单地使用 CC 来更换编译器便可实现交叉编译过程。

另外 CFLAGS 也是经常用到的预定义变量,通过这个变量很容易设置编译时需要的一些选项。

由于常见的 GCC 编译语句中通常包含了目标文件和依赖文件,而这些文件在 Makefile 文件中目标体的一行已经有所体现,因此,为了进一步简化 Makefile 的编写,就引入了自动变量。自动变量通常可以代表编译语句出现目标文件和依赖文件等,并且具有本地含义(即下一语句中出现的相同变量代表的是下一语句的目标文件和依赖文件)。Makefile 中常见自动变量如表 2-16 所列。

表 2-16　Makefile 中常见自动变量

命令格式	含　义
$*	不包含扩展名的目标文件名称
$+	所有的依赖文件,以空格分开,并以出现的先后为序,可能包含重复的依赖文件
$<	第一个依赖文件的名称
$?	所有时间戳比目标文件晚的依赖文件,并以空格分开
$@	目标文件的完整名称
$^	所有不重复的依赖文件,以空格分开
$%	如果目标是归档成员,则该变量表示目标的归档成员名称

另外,在 Makefile 中还可以使用环境变量。使用环境变量的方法相对比较简单,Make 在启动时自动读取系统当前已经定义了的环境变量,并且创建与之具有相同名称和数值的变量。但是,如果用户在 Makefile 中定义了相同名称的变量,那么用户自定义变量将覆盖同名的环境变量。对上述 Makefile 再次修改如下。

```
#makefile
objects = main.o add.o dec.o mul.o div.o
CC = gcc
CFLAGS = -Wall -O -g
program: $(objects)
    $(CC) $^ -o $@
main.o:main.c main.h
    $(CC) $(CFLAG)-c main.c -o main.o
add.o:add.c
    $(CC) $(CFLAG) -c add.c -o add.o
dec.o:dec.c
    $(CC) $(CFLAG) -c dec.c -o dec.o
mul.o:mul.c
    $(CC) $(CFLAG) -c mul.c -o mul.o
div.o:div.c
    $(CC) $(CFLAG) -c div.c -o div.o
clean:
    rm *.o program
```

这个 Makefile 文件中引入了预定义变量"CC"和"CFLAGS",自动变量"$@"和"$^"。对于初学者可能增加了阅读的难度,但是熟练了之后,就会发现增加了 Makefile 编写的灵活性。

2.5.4 Makefile 规则

Makefile 的规则是 Make 进行处理的依据,它包括了目标体、依赖文件及其之间的命令语句。一般的,Makefile 中的一条语句就是一个规则。上面的例子都明确地指出了 Makefile 中的规则关系,如"$(CC) $(CFLAGS)-c $<-o $@",但为了简化 Makefile 的编写,Make 还定义了隐式规则和模式规则,下面就分别对其进行讲解。

1. 隐式规则

GNU Make 包含有一些内置的或隐含的规则,这些规则定义了如何从不同的依赖文件建立特定类型的目标。隐式规则能够告诉 Make 怎样使用传统的技术完成任务,这样,当用户使用它们时就不必详细指定编译的具体细节,而只需要把目标文件列出即可。Make 会自动搜索隐式规则目录来确定如何生成目标文件。表 2-17 给出了常见的隐式规则目录。

表 2-17　Makefile 中常见隐式规则目录

对应语言后缀名	规　则
C 编译:“.c”变为“.o”	$(CC)-c $(CPPFLAGS) $(CFLAGS)
C++编译:“.cc”或“.C”变为“.o”	$(CXX)-c $(CPPFLAGS) $(CXXFLAGS)
Pascal 编译:“.p”变为“.o”	$(PC)-c $(PFLAGS)
Fortran 编译:“.r”变为“-o”	$(FC)-c $(FFLAGS)

根据上面的隐式规则将 2.5.3 小节的 Makefile 文件进一步简化如下:

```
#makefile
objects = main.o add.o dec.o mul.o div.o
CC = gcc
CFLAGS = -Wall -O -g
program: $(objects)
$(CC) $^ -o $@
clean:
rm *.o program
```

为什么可以省略后面 main.c、add.c、dec.c、mul.c 和 div.c 这 5 个程序的编译命令呢？因为 Make 的隐式规则指出:所有“.o”文件都可以自动由“.c”文件使用命令“$(CC) $(CPPFLAGS) $(CFLAGS) -c file.c -o file.o”生成。这样 main.o、add.o、dec.o、mul.o 和 div.o 就会分别调用这个规则生成。

2. 模式规则

模式规则是用来定义相同处理规则的多个文件的。它不同于隐式规则,隐式规则仅仅能够用 Make 默认的变量来进行操作,而模式规则还能引入用户自定义变量,为多个文件建立相同的规则,从而简化 Makefile 的编写。例如,下面的模式规则定义了如何将任意一个 X.c 文件转换为 X.o 文件:

```
%.c:%.o
$(CC) $(CCFLAGS) $(CPPFLAGS) -c -o $@ $<
```

模式规则的格式类似于普通规则,这个规则中的相关文件前必须用“%”标明。这种规则更加通用,因为可以利用模式规则定义更加复杂的依赖性规则。

2.5.5　Makefile 常用函数

1. 文本处理函数

以下是 GNU make 内嵌的文本(字符串)处理函数。

(1) $(subst FROM,TO,TEXT)

函数名称:字符串替换函数——subst。

函数功能:把字串“TEXT”中的“FROM”字符替换为“TO”。

返回值:替换后的新字符串。

示例：

```
$(subst ee,EE,feet on the street)
```

替换“feet on the street”中的“ee”为“EE”，结果得到字符串“fEEt on the strEEt”。

(2) $(patsubst PATTERN,REPLACEMENT,TEXT)

函数名称：模式替换函数——patsubst。

函数功能：搜索“TEXT”中以空格分开的单词，将符合模式“TATTERN”替换为“REPLACEMENT”。参数“PATTERN”中可以使用模式通配符“%”来代表一个单词中的若干字符。如果参数“REPLACEMENT”中也包含一个“%”，那么“REPLACEMENT”中的“%”将是“TATTERN”中的那个“%”所代表的字符串。在“TATTERN”和“REPLACEMENT”中，只有第一个“%”被作为模式字符来处理，之后出现的不再作为模式字符(作为一个字符)。在参数中如果需要将第一个出现的“%”作为字符本身而不作为模式字符时，可使用反斜杠“\”进行转义处理。

返回值：替换后的新字符串。

函数说明：参数“TEXT”单词之间的多个空格在处理时被合并为一个空格，并忽略前导和结尾空格。

示例：

```
$(patsubst %.c,%.o,x.c.c bar.c)
```

把字串“x.c.c bar.c”中以.c结尾的单词替换成以.o结尾的字符。函数的返回结果是“x.c.o bar.o”。

(3) $(strip STRINT)

函数名称：去空格函数——strip。

函数功能：去掉字串(若干单词，使用若干空字符分割)“STRINT”开头和结尾的空字符，并将其中多个连续空字符合并为一个空字符。

返回值：无前导和结尾空字符、使用单一空格分割的多单词字符串。

函数说明：空字符包括空格、[Tab]等不可显示字符。

示例：

```
STR =   a   b c
LOSTR = $(strip $(STR))
```

结果是“a b c”。

“strip”函数经常用在条件判断语句的表达式中，确保表达式的可靠和健壮。

(4) $(findstring FIND,IN)

函数名称：查找字符串函数——findstring。

函数功能：搜索字串“IN”，查找“FIND”字串。

返回值：如果在“IN”之中存在“FIND”，则返回“FIND”，否则返回空。

函数说明：字串“IN”之中可以包含空格、[Tab]。搜索需要是严格的文本匹配。

示例：

```
$(findstring a,a b c)
$(findstring a,b c)
```

第一个函数结果是字“a”，第二个值为空字符。

(5) $(filter PATTERN...,TEXT)

函数名称：过滤函数——filter。

函数功能：过滤掉字串“TEXT”中所有不符合模式“PATTERN”的单词，保留所有符合此模式的单词。可以使用多个模式。模式中一般需要包含模式字符“%”。存在多个模式时，模式表达式之间使用空格分割。

返回值：空格分割的“TEXT”字串中所有符合模式“PATTERN”的字串。

函数说明：“filter”函数可以用来去除一个变量中的某些字符串，下边的例子中就是用到了此函数。

示例：

```
sources := foo.c bar.c baz.s ugh.h
foo: $(sources)
cc $(filter %.c %.s,$(sources)) -o foo
```

使用“$(filter %.c %.s,$(sources))”的返回值给 cc 来编译生成目标“foo”，函数返回值为“foo.c bar.c baz.s”。

(6) $(filter-out PATTERN...,TEXT)

函数名称：反过滤函数——filter-out。

函数功能：和“filter”函数实现的功能相反。过滤掉字串“TEXT”中所有符合模式“PATTERN”的单词，保留所有不符合此模式的单词。可以有多个模式。存在多个模式时，模式表达式之间使用空格分割。

返回值：空格分割的“TEXT”字串中所有不符合模式“PATTERN”的字串。

函数说明：“filter-out”函数也可以用来去除一个变量中的某些字符串，实现和“filter”函数相反。

示例：

```
objects=main1.o foo.o main2.o bar.o
mains=main1.o main2.o
$(filter-out $(mains),$(objects))
```

实现了去除变量“objects”中“mains”定义的字串(文件名)功能。它的返回值为“foo.o bar.o”。

(7) $(sort LIST)

函数名称：排序函数——sort。

函数功能：给字串“LIST”中的单词以首字母为准进行排序(升序)，并取掉重复的单词。

返回值：空格分割的没有重复单词的字串。

函数说明:排序和去字串中的重复单词。可以单独使用其中一个功能。

示例:

```
$(sort foo bar lose foo)
```

返回值为:“bar foo lose”。

(8) $(word N,TEXT)

函数名称:取单词函数——word。

函数功能:取字串“TEXT”中第“N”个单词(“N”的值从 1 开始)。

返回值:返回字串“TEXT”中第“N”个单词。

函数说明:如果“N”值大于字串“TEXT”中单词的数目,则返回空字符串。如果“N”为 0,则出错。

示例:

```
$(word 2, foo bar baz)
```

返回值为“bar”。

(9) $(wordlist S,E,TEXT)

函数名称:取字串函数——wordlist。

函数功能:从字串“TEXT”中取出从“S”到“E”的单词串。“S”和“E”表示单词在字串中位置的数字。

返回值:字串“TEXT”中从第“S”到“E”(包括“E”)的单词字串。

函数说明:“S”和“E”都是从 1 开始的数字。

当“S”比“TEXT”中的字数大时,返回空。如果“E”大于“TEXT”字数,返回从“S”开始,到“TEXT”结束的单词串。如果“S”大于“E”,则返回空。

示例:

```
$(wordlist 2, 3, foo bar baz)
```

返回值为:“bar baz”。

(10) $(words TEXT)

函数名称:统计单词数目函数——words。

函数功能:字算字串“TEXT”中单词的数目。

返回值:“TEXT”字串中的单词数。

示例:

```
(words, foo bar)
```

返回值是“2”。所以字串“TEXT”的最后一个单词就是:$(word $(words TEXT),TEXT)。

(11). $(firstword NAMES...)

函数名称:取首单词函数——firstword。

函数功能:取字串“NAMES...”中的第一个单词。

返回值:字串“NAMES...”的第一个单词。

函数说明:“NAMES”被认为是使用空格分割的多个单词(名字)的序列。函数忽略“NAMES...”中除第一个单词以外的所有的单词。

示例:

```
$(firstword foo bar)
```

返回值为“foo”。函数“firstword”实现的功能等效于“$(word 1, NAMES...)”。

2. 文件名处理函数

(1) $(dir NAMES...)

函数名称:取目录函数——dir。

函数功能:从文件名序列“NAMES...”中取出各个文件名的目录部分。文件名的目录部分就是包含在文件名中最后一个斜线(“/”)(包括斜线)之前的部分。

返回值:空格分割的文件名序列“NAMES...”中每一个文件的目录部分。

函数说明:如果文件名中没有斜线,则认为此文件为当前目录(“./”)下的文件。

示例:

```
$(dir src/foo.c hacks)
```

返回值为“src/ ./”。

(2) $(notdir NAMES...)

函数名称:取文件名函数——notdir。

函数功能:从文件名序列“NAMES...”中取出非目录部分。目录部分是指最后一个斜线(“/”)(包括斜线)之前的部分。删除所有文件名中的目录部分,只保留非目录部分。

返回值:文件名序列“NAMES...”中每一个文件的非目录部分。

函数说明:如果“NAMES...”中存在不包含斜线的文件名,则不改变这个文件名。以反斜线结尾的文件名用空串代替,因此当“NAMES...”中存在多个这样的文件名时,返回结果中分割各个文件名的空格数目将不确定。这是此函数的一个缺陷。

示例:

```
$(notdir src/foo.c hacks)
```

返回值为“foo.c hacks”。

(3) $(suffix NAMES...)

函数名称:取后缀函数——suffix。

函数功能:从文件名序列“NAMES...”中取出各个文件名的后缀。后缀是文件名中最后一个以点“.”开始的(包含点号)部分,如果文件名中不包含一个点号,则为空。

返回值:以空格分割的文件名序列“NAMES...”中每一个文件的后缀序列。

函数说明:“NAMES...”是多个文件名时,返回值是多个以空格分割的单词序列。如果文件名没有后缀部分,则返回空。

示例:

```
$(suffix src/foo.c src-1.0/bar.c hacks)
```

返回值为“.c .c”。

(4) $(basename NAMES...)

函数名称:取前缀函数——basename。

函数功能:从文件名序列“NAMES...”中取出各个文件名的前缀部分(点号之后的部分)。前缀部分指的是文件名中最后一个点号之前的部分。

返回值:空格分割的文件名序列“NAMES...”中各个文件的前缀序列。如果文件没有前缀,则返回空字串。

函数说明:如果“NAMES...”中包含没有后缀的文件名,则此文件名不改变。如果一个文件名中存在多个点号,则返回值为此文件名的最后一个点号之前的文件名部分。

示例:

```
$(basename src/foo.c src-1.0/bar.c /home/jack/.font.cache-1 hacks)
```

返回值为“src/foo src-1.0/bar /home/jack/.font hacks”。

(5) $(addsuffix SUFFIX,NAMES...)

函数名称:加后缀函数——addsuffix。

函数功能:为“NAMES...”中的每一个文件名添加后缀“SUFFIX”。参数“NAMES...”为空格分割的文件名序列,将“SUFFIX”追加到此序列的每一个文件名的末尾。

返回值:以单空格分割的、添加了后缀“SUFFIX”的文件名序列。

函数说明:

示例:

```
$(addsuffix .c,foo bar)
```

返回值为“foo.c bar.c”。

(6) $(addprefix PREFIX,NAMES…)

函数名称:加前缀函数——addprefix。

函数功能:为“NAMES...”中的每一个文件名添加前缀“PREFIX”。参数“NAMES...”是空格分割的文件名序列,将“SUFFIX”添加到此序列的每一个文件名之前。

返回值:以单空格分割的、添加了前缀“PREFIX”的文件名序列。

函数说明:

示例:

```
$(addprefix src/,foo bar)
```

返回值为“src/foo src/bar”。

(7) $(join LIST1,LIST2)

函数名称：单词连接函数——join。

函数功能：将字串“LIST1”和字串“LIST2”各单词进行对应连接。就是将“LIST2”中的第一个单词追加“LIST1”第一个单词字后合并为一个单词，将“LIST2”中的第二个单词追加到“LIST1”的第一个单词之后并合并为一个单词，依此类推。

返回值：单空格分割的合并后的字(文件名)序列。

函数说明：如果“LIST1”和“LIST2”中的字数目不一致时，两者中多余部分将被作为返回序列的一部分。

示例 1：

```
$(join a b , .c .o)
```

返回值为：“a.c b.o”。

示例 2：

```
$(join a b c , .c .o)
```

返回值为：“a.c b.o c”。

(8) $(wildcard PATTERN)

函数名称：获取匹配模式文件名函数——wildcard。

函数功能：列出当前目录下所有符合模式“PATTERN”格式的文件名。

返回值：空格分割的、存在当前目录下的所有符合模式“PATTERN”的文件名。

函数说明：“PATTERN”使用 shell 可识别的通配符，包括“?”(单字符)“*”(多字符)等。

示例：

```
$(wildcard *.c)
```

返回值为当前目录下所有.c 源文件列表。

2.5.6 使用自动生成工具生成 Makefile

对于一个较大的项目而言，完全手动建立 Makefile 是一件费力而又容易出错的工作，这就需要一个工具来自动生成 Makefile 文件。autotools 系列工具只需要用户输入简单的目标文件、依赖文件和文件目录等就可以比较轻松地生成 Makefile 了。现在 Linux 上的软件开发一般都是用 autotools 来制作 Makefile 的。下面介绍如何使用 autotools 系列工具轻松编写 Makefile。

1. 自动扫描

下面以本节第一个例子 hello.c 为例来介绍 autotools 工具的使用步骤：

```
[root@JLUZH makefile]# ls
hello.c
[root@JLUZH makefile]# autoscan                    <——扫描目录及其子目录中的文件
[root@JLUZH makefile]# ls
autoscan.log configure.scan hello.c                <——生成 autoscan.log 和 configure.scan
[root@JLUZH makefile]# gedit configure.scan  <—修改 configure.scan
```

2. 创建 configure.in 脚本配置文件

configure.in 可以通过修改 configure.scan 得到,configure.scan 文件内容如下:

```
# -*- Autoconf -*-
# Process this file with autoconf to produce a configure script.
AC_PREREQ([2.63])
AC_INIT([FULL-PACKAGE-NAME],[VERSION],[BUG-REPORT-ADDRESS])
AC_CONFIG_SRCDIR([hello.c])
AC_CONFIG_HEADERS([config.h])
# Checks for programs.
AC_PROG_CC
# Checks for libraries.
# Checks for header files.
# Checks for typedefs, structures, and compiler characteristics.
# Checks for library functions.
AC_OUTPUT
```

AC_PREREQ 表示文件要求的 autoconf 的版本,AC_INIT 定义了程序的名字、版本和错误报告地址,一般情况下 BUG-REPORT-ADDRESS 可以省略,用户可以根据自己的要求来定义。AC_CONFIG_SRCDIR 用来检查指定源文件是否存在;AC_CONFIG_HEADERS 用来生成 config.h 文件,这两项一般不需要修改;AC_OUTPUT 用来指定生成的 Makefile;另外,还要添加 AM_INIT_AUTOMAKE(hello,1.0)。修改后的具体内容如下,请注意斜体部分:

```
# -*- Autoconf -*-
# Process this file with autoconf to produce a configure script.
AC_PREREQ([2.63])
AC_INIT(hello, 1.0)
AM_INIT_AUTOMAKE(hello, 1.0)
AC_CONFIG_SRCDIR([hello.c])
AC_CONFIG_HEADERS([config.h])
# Checks for programs.
AC_PROG_CC
# Checks for libraries.
# Checks for header files.
# Checks for typedefs, structures, and compiler characteristics.
# Checks for library functions.
AC_OUTPUT(Makefile)
```

修改 configure.scan 文件名为 configure.in,其操作如下:

```
[root@JLUZH makefile]# mv configure.scan configure.in
[root@JLUZH makefile]# gedit Makefile.am
```

3. 创建 Makefile. am 文件

其内容如下：

```
AUTOMAKE_OPTIONS = foreign
bin_PROGRAMS = hello
hello_SOURCES = hello.c
```

AUTOMAKE_OPTIONS 用来设置 automake 的软件等级，可选项有 foreign、gnu 和 gnits。foreign 表示只检测必要的文件。

bin_PROGRAMS 用来指定要生成的可执行文件的名称，当要产生多个可执行文件时须用空格分开。

hello_SOURCES 用来指定生成可执行文件的依赖文件，多个依赖文件须用空格隔开。

4. 生成 configure 文件

通过执行命令 autoreconf 命令即可生成 configure 文件，其操作如下：

```
[root@JLUZH makefile]# ls
autoscan.log configure.in hello.c Makefile.am
[root@JLUZH makefile]# autoreconf -fvi
autoreconf: Entering directory '.'
autoreconf: configure.in: not using Gettext
autoreconf: running: aclocal --force
autoreconf: configure.in: tracing
autoreconf: configure.in: not using Libtool
autoreconf: running: /usr/bin/autoconf --force
autoreconf: running: /usr/bin/autoheader --force
autoreconf: running: automake --add-missing --copy --force-missing
configure.in:6: installing './install-sh'
configure.in:6: installing './missing'
Makefile.am: installing './depcomp'
autoreconf: Leaving directory '.'
[root@JLUZH makefile]# ls <------生成 configure 文件
aclocal.m4   autoscan.log configure    depcomp   install-sh   Makefile.in
autom4te.cache    config.h.in     configure.in    hello.c   Makefile.am
missing
```

5. 生成 Makefile 文件

通过执行命令 configure 命令即可生成 Makefile 文件，其操作如下：

```
[root@JLUZH makefile]# ./configure
checking for a BSD-compatible install... /usr/bin/install -c
checking whether build environment is sane... yes
checking for a thread-safe mkdir -p... /bin/mkdir -p
checking for gawk... gawk
checking whether make sets $(MAKE)... yes
checking for gcc... gcc
checking for C compiler default output file name... a.out
```

```
checking whether the C compiler works... yes
checking whether we are cross compiling... no
checking for suffix of executables...
checking for suffix of object files... o
checking whether we are using the GNU C compiler... yes
checking whether gcc accepts -g... yes
checking for gcc option to accept ISO C89... none needed
checking for style of include used by make... GNU
checking dependency style of gcc... gcc3
configure: creating ./config.status
config.status: creating Makefile
config.status: creating config.h
config.status: executing depfiles commands
[root@JLUZH makefile]# ls    <---- 生成 Makefile
aclocal.m4   config.h   config.status   depcomp     Makefile     missing
autom4te.cache   config.h.in   configure     hello.c   Makefile.am stamp-h1
autoscan.log   config.log   configure.in   install-sh   Makefile.in
```

可以看到,在当前工作目录下生成了 Makefile 文件,然后通过执行 Make 即可以生成可执行文件 hello,最后可以执行该文件,其操作如下:

```
[root@JLUZH makefile]# make        <---- 执行 make
make all-am
make[1]: Entering directory '/root/source/makefile'
gcc -DHAVE_CONFIG_H -I.     -g -O2 -MT hello.o -MD -MP -MF .deps/hello.Tpo -c -o hello.o hello.c
mv -f .deps/hello.Tpo .deps/hello.Po
gcc -g -O2 -o hello hello.o
make[1]: Leaving directory '/root/source/makefile'
[root@JLUZH makefile]# ls          <-----生成可执行文件
aclocal.m4   config.h   config.status   depcomp   hello.o   Makefile.am stamp-h1
autom4te.cache   config.h.in   configure   hello   install-sh   Makefile.in
autoscan.log   config.log   configure.in   hello.c   Makefile   missing
[root@JLUZH makefile]# ./hello     <------ 运行程序
I am makefile
```

2.6 Linux 集成开发环境

2.6.1 CodeBlocks 集成开发环境简介

CodeBlocks 是一个开放源码、全功能的跨平台 C/C++集成开发环境。该工具由纯粹的 C++语言开发完成,使用图形界面库 wxWidgets(3.x)版。CodeBlocks 软件下载地址为 https://www.codeblocks.org/downloads/。

1. CodeBlocks 的安装

用户可以先下载安装。由于 CodeBlocks 在所有 Ubuntu 版本的 universe 库中都有，所以也可以使用 apt install 命令安装，步骤如下：

1）启用 universe 仓库

```
sudo add-apt-repository universe
```

2）更新软件包缓存

```
sudo apt update
```

这样系统就能知道新添加仓库中的额外软件包的可用性。

3）安装 Code Blocks

```
sudo apt install codeblocks
```

4）安装插件

```
sudo apt install codeblocks-contrib
```

建议读者也安装额外的插件，以便从 CodeBlocks 中获得更多。在虚拟机中安装，首先启动命令终端，然后依次输入以上命令，如图 2-12 所示。

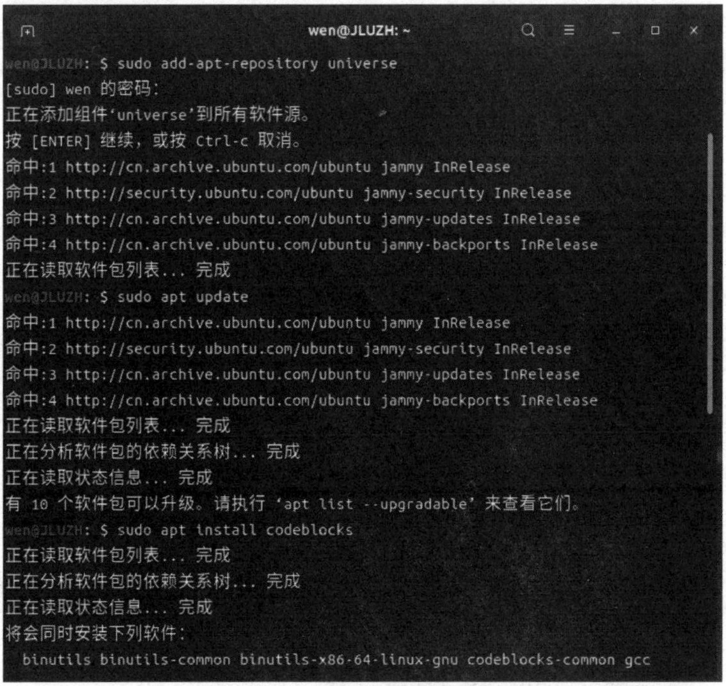

图 2-12 CodeBlocks 安装过程

安装完成后，在 Ubuntu 桌面下可以看到 CodeBlocks 开发环境的图标，如图 2-13 所示。

2. CodeBlocks 界面

安装完后在 Ubuntu 的应用程序中双击 CodeBlocks 图标即可启动，启动后可以

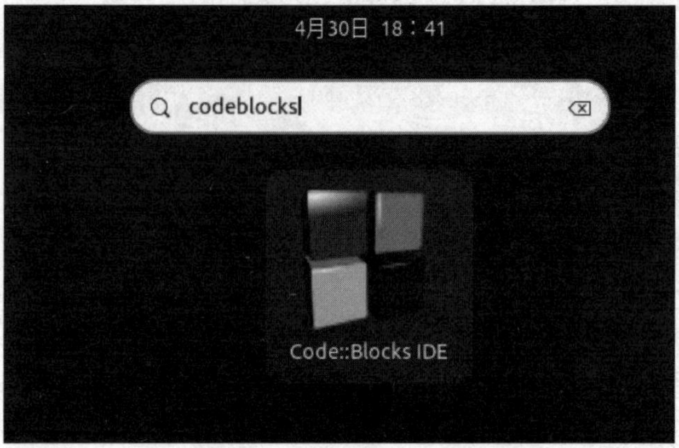

图 2-13　CodeBlocks 开发环境

看到如图 2-14 所示的界面。在此界面下,可以创建新的项目、打开已有的项目,还能够访问 CodeBlocks 论坛。

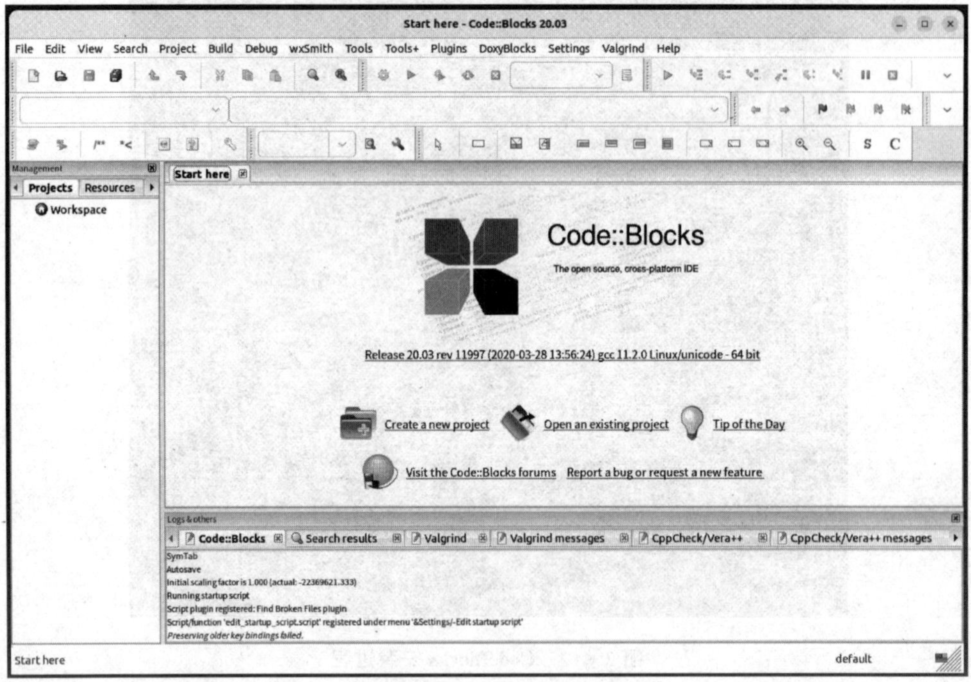

图 2-14　CodeBlocks 界面

2.6.2　CodeBlocks 开发流程

和其他开发平台一样,CodeBlocks 的程序开发也分为编辑、编译、运行和调试。

这里就以一个简单的 hello world 程序来介绍 CodeBlocks 环境下的开发流程。

1. 创建项目

选择 File→new Project 菜单项，再选择 Empty project，如图 2-15 所示。

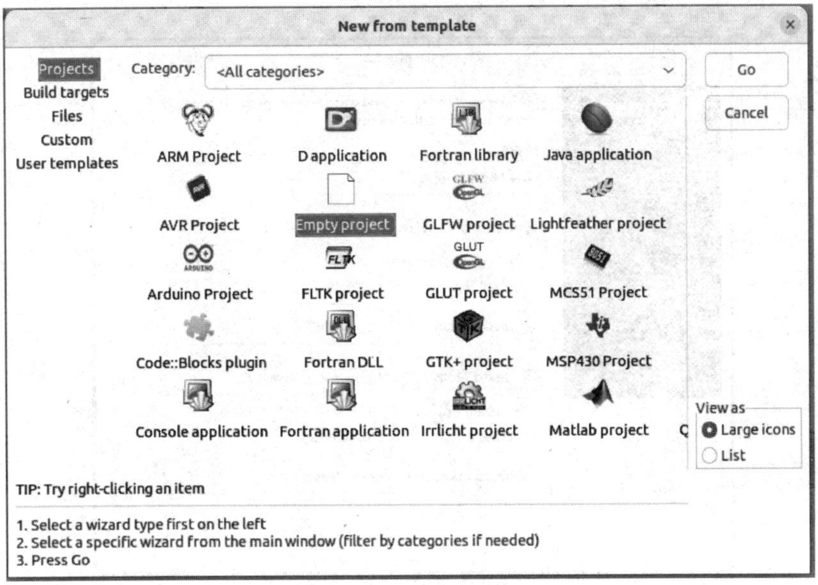

图 2-15　新建项目

单击 Go，按照提示操作下一步，输入项目的标题、项目存放的位置和项目的文件名等信息，如图 2-16 所示，然后单击 Next。

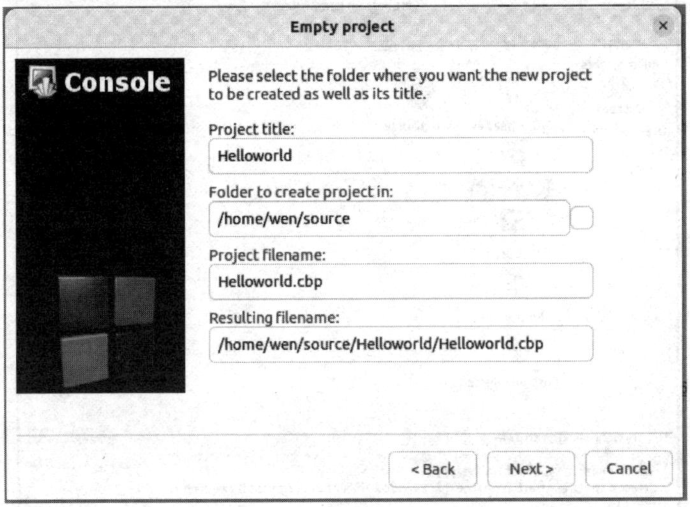

图 2-16　设置项目信息

接下来需要选择编译器。一般来说,做嵌入式开发时,不同架构的芯片有不同的编译器。开发中往往采取交叉编译的方式,即在 PC 机下开发程序,然后编译成目标平台的二进制代码。常见的 CPU 有 Intel、ARM 架构等。这里选择普通 PC 机下的编译器 GNU GCC Compiler,如图 2-17 所示。

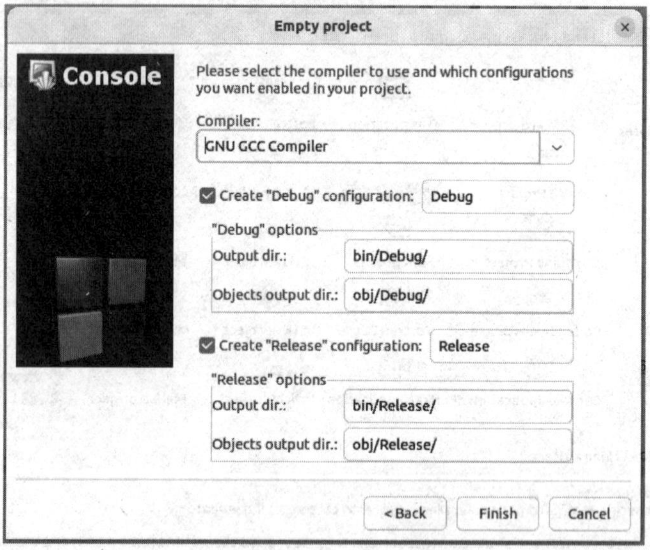

图 2-17 选择编译器

接下来还须配置调试和发布程序存放的位置,一般默认即可。下一步选择编写程序的模板,如图 2-18 所示。开发 C/C++程序时,主要编写头文件和代码源文

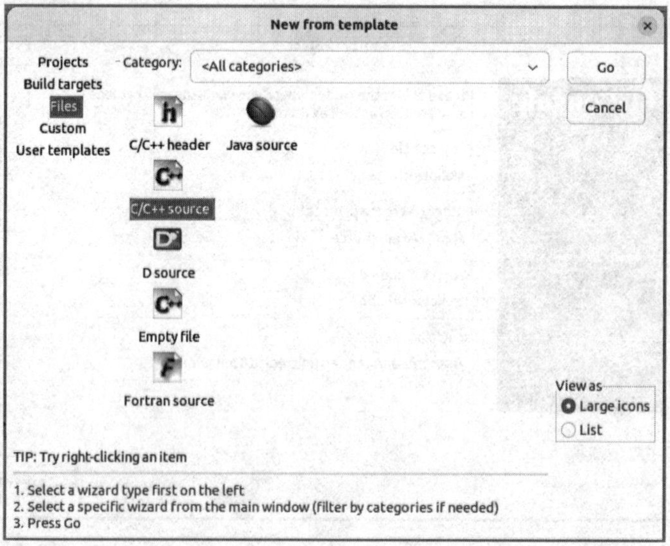

图 2-18 选择模板

件;选了模板就会将一些默认的库、函数结构包含进来,节省了手工输入的时间。当然,也可以选择空白文件,从零开始输入代码。

接下来选择编程语言,这里选择 C 语言,具体操作如图 2 – 19 所示。

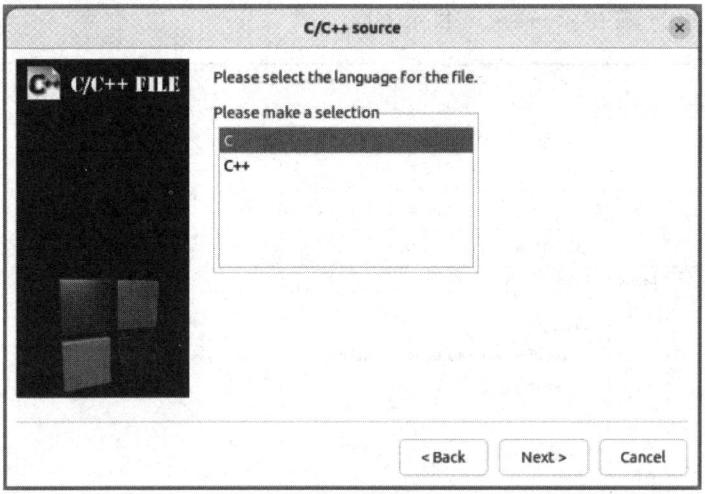

图 2 – 19　选择编程语言

接下来需要输入 C 语言程序的源文件名,这里输入 hello. c。注意,这里按提示文件名的前面需要加上完整的路径,如图 2 – 20 所示。

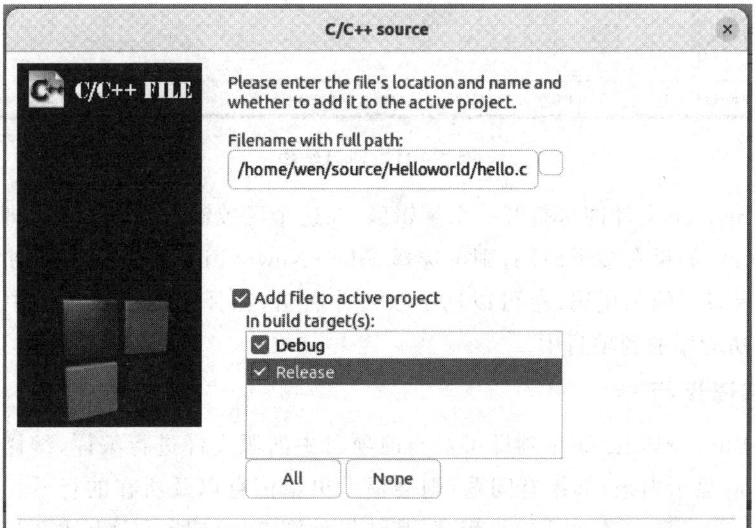

图 2 – 20　输入程序的源文件名

2. 编写源码

经过以上步骤的操作,生成的项目结构如图 2-21 所示。图的左部是项目的管理视图,是一个树形结构,依次可以点开或者折叠,从而查看下面的内容。我们编写的源代码 hello.c 放在 sources 子目录下面。

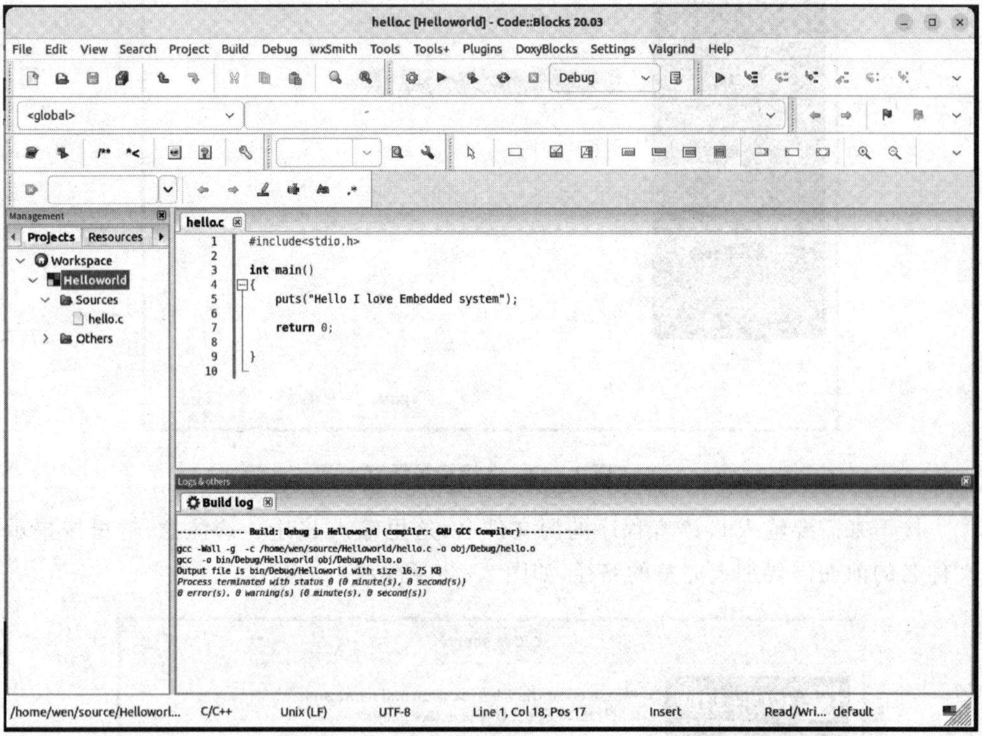
hello.c [Helloworld] - Code::Blocks 20.03
File Edit View Search Project Build Debug wxSmith Tools Tools+ Plugins DoxyBlocks Settings Valgrind Help
Debug
<global>
Management
Projects Resources
Workspace
Helloworld
Sources
hello.c
Others
hello.c
#include<stdio.h>
int main()
{
puts("Hello I love Embedded system");
return 0;
}
Logs & others
Build log
-------------- Build: Debug in Helloworld (compiler: GNU GCC Compiler)---------------
gcc -Wall -g -c /home/wen/source/Helloworld/hello.c -o obj/Debug/hello.o
gcc -o bin/Debug/Helloworld obj/Debug/hello.o
Output file is bin/Debug/Helloworld with size 16.75 KB
Process terminated with status 0 (0 minute(s), 0 second(s))
0 error(s), 0 warning(s) (0 minute(s), 0 second(s))
/home/wen/source/Helloworl... C/C++ Unix (LF) UTF-8 Line 1, Col 18, Pos 17 Insert Read/Wri... default

图 2-21 项目结构

双击 hello.c 文件即可打开一个编辑区,在这个区域输入代码并保存即可完成源程序的编写。如果有多个源码,则可选择 File→New→File 菜单项,按照步骤添加即可。如果有写好的源代码,也可以选中项目并右击,在弹出的级联菜单中通过选择 Add files 功能添加到项目中。

3. 编译运行

选择 Build→Build 菜单项即可对当前项目中的源文件进行编译,编译的结果通过 Build log 显示出来;如果有问题,则会提示出错信息以及所在的行号。编译完成后,选择 Build→Run 菜单项运行程序,其结果如图 2-22 所示。上述两步操作也可以选择 Build→Build and run 菜单项一次完成。

4. 断点调试

实际中,程序的开发不是一气呵成的,往往需要反复修改,调试才会达到理想的

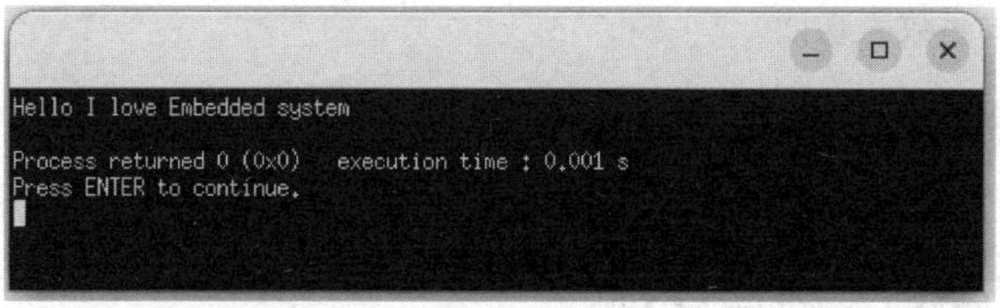

图 2-22　程序的编译运行

目标。因此，开发环境都提供了代码断点调试的功能。调试之前需要设置断点，断点的设置方式如图 2-23 所示，在行号右边的空白处单击鼠标，若出现红色的圆圈，则表示程序运行到此处会暂停。

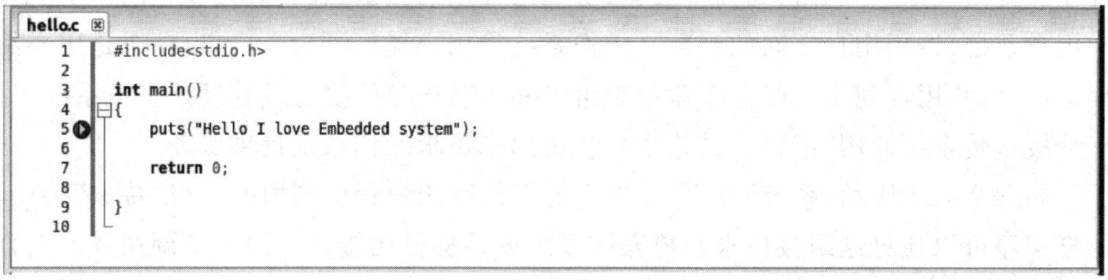

图 2-23　设置断点

设置断点之后，选择 Debug→Start/Continue 菜单项，则可启动调试模式，如图 2-24 所示。程序运行后会在第一个断点的地方暂停，用户结合自己的需要选择

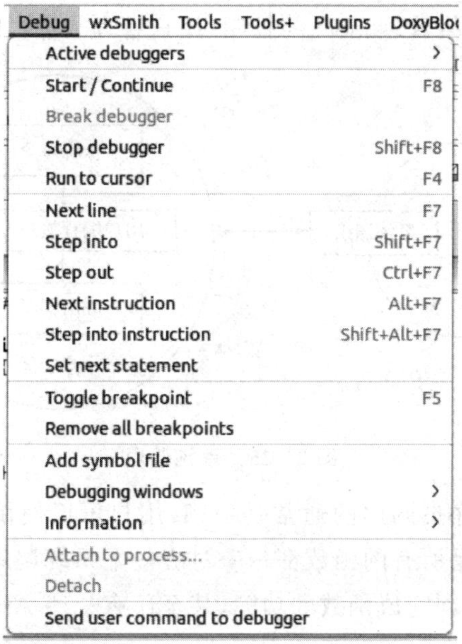

图 2-24　启动调试

单步执行、调试函数等功能。

2.7 文件 I/O 编程

2.7.1 文件 I/O 编程基础

1. 系统调用和 API

在 Linux 中,为了保护内核空间,将程序的运行空间分为内核空间和用户空间(内核态和用户态),它们运行在不同的级别上,在逻辑上是相互隔离的,因此用户进程在通常情况下不允许访问内核数据,也无法使用内核函数,它们只能在用户空间操作用户数据、调用用户空间的函数。操作系统为用户提供了两个接口:一个是用户编程接口 API,用户利用这些操作命令来组织和控制任务的执行或管理计算机系统;另一个接口是系统调用,编程人员使用系统调用来请求操作系统提供服务。

如图 2-25 所示,系统调用是操作系统提供给用户程序调用的一组"特殊"接口,用户程序可以通过这组接口来获得操作系统内核提供的服务。而系统调用并不是直接与程序员进行交互的,它仅仅是一个通过软中断机制向内核提交请求,以获得内核服务的接口。进行系统调用时,程序运行空间需要从用户空间进入内核空间,处理后再返回到用户空间,Linux 系统调用部分是非常精简的系统调用(只有 250 个左右),它继承了 UNIX 系统调用中最基本和最有用的部分,包括进程控制、文件系统控制、系统控制、内存管理、网络管理、socket 控制、用户管理和进程间通信 8 个模块。

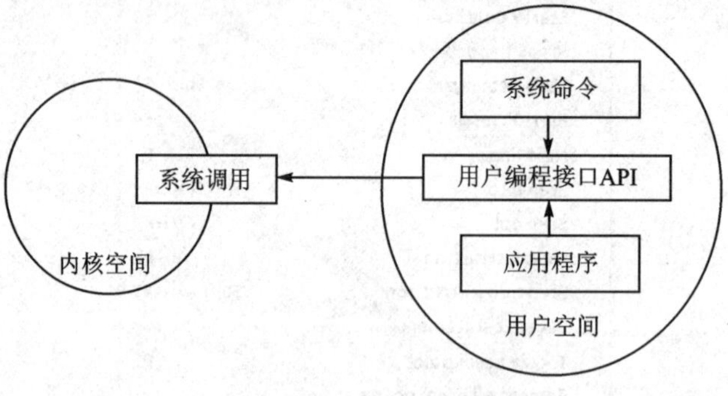

图 2-25 系统调用

在实际使用中,程序员调用的通常是 API,用户可以使用 API 函数来调用相对应的系统调用,但并不是所有的函数都一一对应一个系统调用,有时,一个 API 函数需要几个系统调用来共同完成函数的功能,甚至还有一些 API 函数不需要调用相应的系统调用。

在 Linux 中,用户编程接口(API)遵循了在 UNIX 中最流行的应用编程界面标准——POSIX 标准。POSIX 标准是由 IEEE 和 ISO/IEC 共同开发的标准系统。该标准基于当时现有的 UNIX 实践和经验，描述了操作系统的系统调用编程接口（实际上就是 API），用于保证应用程序可以在源代码一级的多种操作系统上移植运行。这些系统调用编程接口主要是通过 C 库（libc）实现的。

系统命令实际上是一个可执行程序，它的内部引用了用户编程接口来实现相应的功能，最终可能还会需要系统调用来完成相应的功能。所以，事实上命令控制界面（系统命令）也是在系统调用的基础上开发而成的。

2. Linux 中的文件及文件描述符

Linux 中的文件可以分为 4 种：普通文件、目录文件、链接文件和设备文件。Linux 系统如何区分和引用特定文件呢？这里就需要了解文件描述符：对于 Linux 而言，所有对设备和文件的操作都使用文件描述符来实现。文件描述符是一个非负的整数，它是一个索引值，并指向内核中每个进程打开文件的记录表。当打开一个现存文件或创建一个新文件时，内核就向进程返回一个文件描述符；当需要读/写文件时，也需要把文件描述符作为参数传递给相应的函数。

通常，一个进程启动时都会打开 3 个文件：标准输入、标准输出和标准出错处理。这 3 个文件分别对应文件描述符为 0、1 和 2（也就是宏替换 STDIN_FILENO、STDOUT_FILENO 和 STDERR_FILENO，鼓励读者使用这些宏替换，便于程序的阅读理解）。

2.7.2 基本 I/O 操作

Linux 的输入/输出（I/O）操作，通常为 5 个方面：打开、读取、写入、定位和关闭；对应的有 5 个系统调用，分别是 open、read、write、lseek 和 close 这 5 个函数，也称为不带缓冲区的 I/O 操作。程序员可以直接操作硬件，这样为开发驱动等底层的系统应用提供了方便。这些函数都不属于 ANSIC C 的组成部分，是属于 POSIX 的一部分。POSIX 表示可移植操作系统接口，由 IEEE 开发，ANSI 和 ISO 标准化。其原型如下：

```
#include <sys/types.h>
#include <sys/stat.h>        /* 声明 mode_t */
#include <fcntl.h>           /* 声明调用 open()时使用的 flag 常量 */
#include <unistd.h>          /* 声明 ssize_t */
int open( const char * pathname, int flags,mode_t mode);
ssize_t read(int fd, void * buf, size_t nbytes);
ssize_t write(int fd, const void * buf, size_t nbytes);
off_t lseek(int fd,off_t offset ,int whence);
int close(int fd)
```

除了这几个最基本的函数外，Glibc 还提供了在各种应用层次下使用的输入/输出函数，本小节将主要介绍基于文件描述符的低级 I/O 函数。基本 I/O 函数的一个共同特点就是,它们都是通过文件描述符(file descriptor)来完成文件 I/O 操作的。例如,read 函数中的第一个参数 fd 就是文件描述符。文件描述符是一个整数,有效的文件描述从 0 开始一直到系统定义的某个界限。这些整数实际上是进程打开文件表的索引,这个表由操作系统在内部维护,用户程序是不能直接访问的。下面将对每个函数进行详细介绍。

1. open 函数

open 函数原型如下:

```
int open( const char * pathname, int flags)
int open( const char * pathname, int flags,mode_t mode)
```

函数传入参数含义如下:

- pathname　为字符串,表示被打开的文件名称,可以包含路径。
- flags　为一个或多个标志,表示文件的打开方式,常用标志如表 2-18 所列。
- mode　被打开文件的存取权限模式,可以使用八进制数来表示新文件的权限,也可采用< sys/stat.h >中定义的符号常量,如表 2-19 所列。当打开已有文件时,将忽略这个参数。

函数返回值:成功则返回文件描述符,出错返回-1。

注意:在 open 函数中,flags 参数可通过"|"组合构成。O_RDONLY、O_WRONLY、O_RDWR 这 3 种方式是互斥的,不可同时使用,因此这 3 个参数只能出现一个。

表 2-18　常用 flags 标志

标识名	含义和作用
O_RDONLY	只读方式打开
O_WRONLY	只写方式打开
O_RDWR	读/写方式打开
O_CREAT	如果文件不存在,就创建新的文件
O_EXCL	如果使用 O_CREAT 时文件存在,则可返回错误消息
O_TRUNC	如文件已存在,且以只读或只写成功打开,则先全部删除文件中原有数据
O_APPEND	以添加方式打开文件,在打开文件的同时,文件指针指向文件的末尾

为了防止对文件的意外操作,往往需要以合适的方式来打开文件。若某个安装进程只需要从配置文件中读取参数,而不往其中写入内容,则最好以 O_RDONLY 只读方式来打开。若安装时需要往一个文件中写入安装日志,则可以以 O_WRONLY 只写模式打开。可见,在部署相关文件的时候也最好能够做到文件专用。每个文件只负责一个特定的用途,这有利于提高这些文件的重复利用。

表 2-19 文件模式符号常量

符号常量	值	含 义	符号常量	值	含 义
S_IRWXU	00700	所属用户读、写和执行权限	S_IWGRP	00020	组用户写权限
S_IRUSR	00400	所属用户读权限	S_IXGRP	00010	组用户执行权限
S_IWUSR	00200	所属用户写权限	S_IRWXO	00007	其他用户读、写和执行权限
S_IXUSR	00100	所属用户执行权限	S_IROTH	00004	其他用户读权限
S_IRWXG	00070	组用户读、写和执行权限	S_IWOTH	00002	其他用户写权限
S_IRGRP	00040	组用户读权限	S_IXOTH	00001	其他用户执行权限

2. read 和 write 函数

read 和 write 函数原型如下：

```
ssize_t read(int fd,void * buf,size_t count)
ssize_t write(int fd,const void * buf,size_t count)
```

函数传入参数含义如下：

- fd　文件描述符。
- buf　指定存储器读出数据的缓冲区。
- count　指定读出或写入的字节数。

函数返回值：如果发生错误，那么返回值为－1，同时设置 errno 变量为错误代码。如果操作成功，则返回值是实际读取或写入的字节数，这个字节数可能小于要求的字节数 count，对于读操作而言，当文件所剩的字节数少于 count 时，就会出现这种情况；而对于写操作来说，当磁盘已满或者某些别的问题时，也会发生这种情况。

由于每次读/写的字节数是可以设定的，即使每次读取或写入一字节也是可以的，但是在数据量较大时，这样做会比一次读取大块数据付出的代价高得多。因此在使用这两个函数时，应该尽量采取块读/写的方式，提高 I/O 的效率。

3. close 函数

当使用完文件时可以使用 close 关闭文件，close 会让缓冲区中的数据写回磁盘，并释放文件所占的资源。close 函数原型如下：

```
int close(int fd)
```

函数传入参数：fd 文件描述符。

函数返回值：若文件顺利关闭，则返回 0；发生错误则返回－1，并置 errno。通常，文件在关闭时出错是不常见的，但也不是不可能的情况，特别是在关闭通过网络访问的文件时就会出现这种情况。

4. 综合实例

以上 4 个函数是不带缓存的文件 I/O 操作的基本函数，它们可以实现基本的

I/O 操作。下面通过一个实例来说明这几个函数的用法。

```
/**** fileio.c ***/
#include <unistd.h>
#include <sys/types.h>
#include <sys/stat.h>
#include <fcntl.h>
#include <stdio.h>
int main(void)
{   int fd,size;
    char s[] = "This program is used to show how to use open(),write(),read() function.\nHave
fun! \n";
    char buffer[80];
    /*以可读/写的方式打开一个文件,如果不存在则创建该文件*/
    fd = open( "temp.log", O_WRONLY|O_CREAT );
    if ( -1 == fd )
     {
         printf("Open or create file named \"temp.log\" failed.\n");
         return -1;
     }
     write( fd, s, sizeof(s) );/*向该文件中写入一个字符串*/
     close( fd );
     fd = open( "temp.log", O_RDONLY );
     if ( -1 == fd )
     {
         printf("Open file named \"temp.log\" failed.\n");
         return -1;
     }
     /*读取文件内容保存到 buffer 指定的字符串数组中,返回读取的字符个数*/
     size = read( fd, buffer, sizeof(buffer) );
     close( fd );
     printf( "%s", buffer );
     return 0;
}
```

代码的编译运行过程以及结果如下所示:

```
[root@JLUZH root]# gcc fileio.c -o fileio
[root@JLUZH root]# ls
fileio.c fileio
[root@JLUZH root]# ./fileio
This program is used to show how to use open(),write(),read() function.
Have funThis program is used to show how to use open(),write(),read() function.
Have fun!
[root@JLUZH root]# ls
fileio.c fileio temp.log
[root@JLUZH root]# more temp.log
This program is used to show how to use open(),write(),read() function.
Have fun!
[root@JLUZH root]#
```

2.7.3 标准 I/O 操作

前面内容所述的文件及 I/O 的读/写都是基于文件描述符的，这些都是基本的 I/O 控制，是不带缓存的。在高层应用中，不带缓冲区的 I/O 操作效率往往较低，而由用户自行维护缓冲区不仅繁琐，且容易出错。因此，ANSI 制定了一系列基于流缓冲的标准 I/O 函数，是符合 ANSI C 的标准 I/O 处理。这里有很多函数读者已经非常熟悉了(如 fopen 和 scanf 函数等)，因此本小节中仅简要介绍最主要的函数。

这些函数基本都定义在 C 语言标准库的< stdio. h >头文件中，如果仔细查看这个文件会发现，有的函数存在一些名字相近的"兄弟函数"，如 printf()、fprintf()和 sprintf()。事实上它们代表了对 3 种不同类型流的相同操作，printf()针对标准流，fprintf()针对文件流，sprintf()针对字符流。大部分的标准 I/O 函数都有针对上述 3 种不同类型流的版本，其实现功能完全相同，但是函数名称和调用的顺序存在不同程度的差异，在使用过程中要针对实际应用选择合适的函数。

1. fopen()函数

打开文件有 3 个标准函数，分别为 fopen、fdopen 和 freopen。它们的函数原型如下所示：

```
#include < stdio. h>]
FILE * fopen(const char * pathname, const char * type);
FILE * freopen(const char * pathname, const char * type, FILE * fp);
FILE * fdopen(int filedes, const char * type);
```

它们以不同的模式打开文件，并返回一个指向文件流的 FILE 指针，此后对文件读/写都是通过这个 FILE 指针来进行。

每个文件流都和一个底层文件描述符相关联，可以把底层的输入/输出操作与高层的文件流操作混在一起使用，但一般来说这并不是一个明智的做法，因为数据缓冲的后果难以预料。fopen()函数可以指定打开文件的路径和模式，路径由参数 path 指定，模式相当于 open()函数中的标志位 flag。表 2－20 说明了 fopen 中 mode 的各种取值。

表 2－20 mode 的取值说明

mode 字符串	含 义
R 或 rb	打开只读文件，该文件必须存在
R+或 r+b	打开可读/写的文件，该文件必须存在
W 或 wb	打开只写文件，若文件存在，则文件长度清为 0；否则，建立该文件
w+或 w+b	打开可读/写文件，若文件存在，则文件长度清为 0；否则，建立该文件
a 或 ab	以追加的方式打开可读/写文件，若文件存在，则写入的数据将附加到文件的尾部，不会修改文件原有的数据；若文件不存在，则建立该文件
a+或 a+b	以追加的方式打开只写文件，若文件存在，则写入的数据将附加到文件的尾部，不会修改文件原有的数据；若文件不存在，则建立该文件

凡是在 mode 字符串中带有 b 字符的,如 rb、r+b 等,表示打开的文件为二进制文件。不同的打开方式对文件结尾的处理方式是不同的,不过通常 Linux 系统会自动识别不同类型的文件而忽略这个符号。fdopen()函数会将参数 fd 的文件描述符转换为对应的文件指针后返回。freopen()函数会将已打开的文件指针 stream 关闭后,打开参数 path 的文件。它们参数表中的 mode 与 fopen()函数的 mode 取值情况是一致的。

2. fclose 函数

关闭文件的函数为 fclose,它的函数原型如下:

```
int fclose(FILE *fp);
```

这时缓冲区的数据将写入文件中,并释放系统所提供的文件资源。如果只是希望将缓冲区中的数据写入文件,但因为后面可能还要用到文件指针,不希望这个时候关闭它,可以使用另外一个函数 fflush(),函数原型如下:

```
int fflush(FILE *fp);
```

3. fread 和 fwrite 函数

fread 和 fwrite 函数原型如下:

```
#include <stdio.h>
size_t fread(void *ptr, size_t size, size_t nmemb, FILE *stream);
size_t fwrite(const void *ptr, size_t size, size_t nmemb, FILE *stream);
```

返回值:读或写的记录数,成功时返回的记录数等于 nmemb,出错或读到文件末尾时返回的记录数小于 nmemb,也可能返回 0。

fread 和 fwrite 用于读/写记录,这里的记录是指一串固定长度的字节,如一个 int、一个结构体或者一个定长数组。参数 size 指出一条记录的长度,而 nmemb 指出要读或写多少条记录,这些记录在 ptr 所指的内存空间中连续存放,共占 size×nmemb 字节,fread 从文件 stream 中读出 size×nmemb 字节保存到 ptr 中,而 fwrite 把 ptr 中的 size×nmemb 字节写到文件 stream 中。

nmemb 是请求读或写的记录数,fread 和 fwrite 返回的记录数有可能小于 nmemb 指定的记录数。例如,当前读/写位置距文件末尾只有一条记录的长度,调用 fread 时指定 nmemb 为 2,则返回值为 1。如果当前读/写位置已经在文件末尾了,或者读文件时出错了,则 fread 返回 0。如果写文件时出错了,则 fwrite 的返回值小于 nmemb 指定的值。

4. 综合实例

下面的例子由两个程序组成,一个程序把结构体保存到文件中,另一个程序从文件中读出结构体。完成写功能的程序如下:

```
/ ***  writerec.c **** /
# include < stdio.h >
# include < stdlib.h >
struct record {char name[10]; int age;};
int main(void)
{
  struct record array[2] = {{"Ken", 24}, {"Knuth", 28}};
  FILE * fp = fopen("recfile", "w");
  if (fp == NULL) {
  perror("Open file recfile");
  exit(1);
}
fwrite(array, sizeof(struct record), 2, fp);
fclose(fp);
return 0;
}
```

完成读功能的程序如下：

```
/ *****  readrec.c ***** /
# include < stdio.h >
# include < stdlib.h >
struct record {
char name[10];
int age;
};
int main(void)
{
struct record array[2];
FILE * fp = fopen("recfile", "r");
if (fp == NULL) {
perror("Open file recfile");
exit(1);
}
fread(array, sizeof(struct record), 2, fp);
printf("Name1: % s\tAge1: % d\n", array[0].name, array[0].age);
printf("Name2: % s\tAge2: % d\n", array[1].name, array[1].age);
fclose(fp);
return 0;
}
```

程序的编译运行过程以及结果如下所示：

```
[root@JLUZH root]#  gcc - o writerec writerec.c
[root@JLUZH root]#  gcc - o readrec readrec.c
[root@JLUZH root]#  ls
readrec.c writerec.c readrec writerec
[root@JLUZH root]#  ./writerec
[root@JLUZH root]#  od - tx1 - tc - Ax recfile
```

```
000000  4b  65  6e  00  00  00  00  00  00  00  00  00  18  00  00  00
         K   e   n  \0  \0  \0  \0  \0  \0  \0  \0  \0 030  \0  \0  \0
000010  4b  6e  75  74  68  00  00  00  00  00  00  00  1c  00  00  00
         K   n   u   t   h  \0  \0  \0  \0  \0  \0  \0 034  \0  \0  \0
000020
[root@JLUZH root]# ./readrec
Name1: Ken       Age1: 24
Name2: Knuth     Age2: 28
[root@JLUZH root]#
```

这里把一个 struct record 结构体看作一条记录，由于结构体中有填充字节，每条记录占 16 字节，把两条记录写到文件中共占 32 字节。该程序生成的 recfile 文件是二进制文件而非文本文件，因为其中不仅保存着字符型数据，还保存着整型数据 24 和 28(在 od 命令的输出中以八进制显示为 030 和 034)。

注意：直接在文件中读/写结构体的程序是不可移植的，如果在一种平台上编译运行 writebin.c 程序，把生成的 recfile 文件复制到另一种平台并在该平台上编译运行 readbin.c 程序，则不能保证正确读出文件的内容。因为不同平台的大小端可能不同(因而对整型数据的存储方式不同)，结构体的填充方式也可能不同(因而同一个结构体所占的字节数可能不同，age 成员在 name 成员之后的什么位置也可能不同)。

2.7.4 嵌入式 Linux 串口通信编程

在嵌入式 Linux 中，串口是一个字符设备，访问具体的串行端口的编程与读/写文件的操作类似，只须打开相应的设备文件即可操作。串口编程特殊在于串口通信时相关参数与属性的设置。嵌入式 Linux 的串口编程时应注意，若在根文件中没有串口设备文件，应使用 mknod 命令创建，这里假设串口设备是/dev/ttyS0，介绍一下串口的编程过程。

```
mknod /dev/ttyS0 c 4 64
```

1. 设置串口属性

串口通信时的属性设置是串口编程的关键问题，许多串口通信时的错误都与串口的设置相关，所以编程时应特别注意这些设置。最常见的设置包括波特率、奇偶校验和停止位以及流控制等。

在 Linux 中，串口被作为终端 I/O，它的参数设置需要使用 struct termios 结构体，这个结构体在 termio.h 文件中定义，且应在程序中包含这个头文件。

```
typedef unsigned char   cc_t ;
typedef unsigned int    speed_t ;
typedef unsigned int    tcflag_t ;
```

```
struct termios
{
    tcflag_t    c_iflag ;                 /* 输入模式标志 */
    tcflag_t    c_oflag ;                 /* 输出模式标志 */
    tcflag_t    c_cflag ;                 /* 控制模式标志 */
    tcflag_t    c_lflag ;                 /* 本地模式标志 */
    tcflag_t    c_line ;                  /* 行规程类型,一般应用程序不使用 */
    cc_t    c_cc[NCC];                    /* 控制字符 */
    speed_t    c_ispeed ;                 /* 输入数据波特率 */
    speed_t    c_ospeed ;                 /* 输出数据波特率 */
};
```

串口的设置主要是设置这个结构体的各成员值,然后利用该结构体将参数传给硬件驱动程序。在 Linux 中,串口以串行终端的方式进行处理,因而,可以使用 tcgetattr()/tcsetattr()函数获取/设置串口的参数。

```
int tcgetattr( int fd, struct termios *termios_p );
int tcsetattr( int fd, int optional_actions , struct termios *termios_p );
```

这两个参数都有一个指向 termios 结构体的指针作为参数,用于返回当前终端的属性或设置该终端的属性。参数 fd 就是用 open()函数打开的终端文件句柄,而串口就是用 open()打开的串口设备文件句柄。tcsetattr()函数的 optional_action 参数用于指定新设定的参数起作用的时间,其设定值可以为:

TCSANOW　改变立即生效

TCSADRAIN　所有的输出都被传输后改变生效,适用于更改影响输出参数的情况

TCSAFLUSH　所有输出都被传输后改变生效,丢弃所有未读入的输入(即清空输入缓存)

(1) 设置波特率

使用 cfsetospeed()/cfsetispeed()函数设置波特率,分别用于在 termios 结构体中设置输出和输入的波特率。设置波特率可以使用波特率常数,其定义为字母“B+速率”,如 B19200 就是波特率为 19 200 bps,B115200 就是波特率为 115 200 bps。

```
int cfsetispeed( struct termios *termios_p, speed_t speed );    //speed 为波特率常数
int cfsetospeed( struct termios *termios_p, speed_t speed );
```

例:

```
cfsetispeed( ttys0_opt, B115200 );
cfsetospeed( ttys0_opt, B115200 );
```

(2) 设置控制模式标志

控制模式标志 c_cflag 主要用于设置串口对 DCD 信号状态检测、硬件流控制、字符位宽、停止位和奇偶校验等,常用标志位如下:

CLOCAL　忽略 DCD 信号,若不使用 MODEM 或没有串口/CD 脚,则设置此标志

CREAD　启用接收装置,可以接收字符

CRTSCTS　启用硬件流控制,对于许多三线制的串不应使用,需要设置~CRTCTS

CSIZE　字符位数掩码,常用 CS8

CSTOPB　使用两个停止位,若用一位应设置~CSTOPB

PARENB　启用奇偶校验

例如,下面的代码将串口设置为忽略 DCD 信号,启用接收装置,关闭硬件流控制,传输数据时使用 8 位数据位和一位停止位(8N1),不使用奇偶校验。

```
struct temios ttys0
ttyso_opt.c_cflag | = CLOCAL | CREAD                //将 CLOCAL 与 CREAD 位设置为 1
ttys0_opt.c_cflag &= ~CRTSCTS;                      //将硬件流控制位 CRTSCTS 清 0
ttys0_opt.c_cflag &= ~CSIZE;                        //清除数据位掩码
ttys0_opt.c_cflag | = CS8 ;                         //设置 8 位数据位标志 CS8
ttys0_opt.c_cflag &= ~(PARENB|CSTOPB);              //使用 1 位停止位,停用奇偶校验
```

(3) 设置本地模式标志

本地模式标志 c_lflag 主要用于设置终端与用户的交互方式,常见的设置标志位有 ICAN-ON、ECHO 和 ECHOE 等。其中,ICANON 标志位用于实现规范输入,即 read()读到行结束符后返回,常用于终端的处理;若串口用于发送/接收数据,则应清除此标志,使用非规范模式(raw mode)。非规范模式中,输入数据不组成行,不处理规范模式中的特殊字符。在规范模式中,当设置 ECHO 标志位时,用户向终端输入的字符将被回传给用户;当设置 ECHOE 标志位时,用户输入退格键,则回传"退格-空格-退格"序列给用户,使得退格键覆盖的字符从显示中消失,这样更符合用户的习惯(若未设置此标志,则输入退格键时光标回退一个字符,但原有的字符未从显示中消失)。

(4) 设置输入模式标志

输入模式标志 c_iflag 主要用于控制串口的输入特性,常用的设置有 IXOFF 和 IXON,分别用于软件流控制。其中,IXOFF 用于防止输入缓冲区溢出,IXON 则是在输入数据中识别软件流控制标志。由于许多嵌入式系统无法使用硬件流控制,因此,只能使用软件流控制数据传输的速度,但是,它可能降低串口数据传输效率。启用软件流控制的代码如下:

```
ttys0_opt.c_iflag | = IXOFF|IXON ;
```

(5) 设置输出模式标志

输出模式标志 c_oflag 主要用于处理串口在规范模式时输出的特殊字符,而对非规范模式无效。

(6) 设置控制字符

在非规范模式中,控制字符数组 c_cc[]中的变量 c_cc[VMIN]和 c_cc[VTIME]用于设置 read()返回前读到的最少字节数和读超时时间,其值分为 4 种情况:

ⓐ c_cc[VMIN]>0,c_cc[VTIME]>0

读到一个字节后，启动定时器，其超时时间为 c_cc[VTIME]，read()返回的条件为至少读到 c_cc[VMIN]个字符或定时器超期。

ⓑ c_cc[VMIN]>0，c_cc[VTIME] ==0

只要读到数据的字节数大于等于 c_cc[VMIN]，则 read()返回；否则，将无限期阻塞等待。

ⓒ c_cc[VMIN] == 0，c_cc[VTIME]>0

只要读到数据，则 read()返回；若定时器超期（定时时间 c_cc[VTIME]）却未读到数据，则 read()返回 0；

ⓓ c_cc[VMIN] == 0，c_cc[VTIME] == 0

若有数据，则 read()读取指定数量的数据后返回；若没有数据，则 read()返回 0；在 termios 结构体中填写完这些参数后，接下来就可以使用 tcsetattr()函数设置串口的属性。

```
tcsetattr( fd, &old_opt );     //将原有的设置保存到 old_opt，以便程序结束后恢复
tcsetattr( fd, TCSANOW, &ttsy0_opt );
```

(7) 清空发送/接收缓冲区

为保证读/写操作不被串口缓冲区中原有的数据干扰，可以在读/写数据前使用 tcflush()函数清空串口发送/接收缓冲区。tcflush()函数的参数可为：

TCIFLUSH　　　清空输入队列

TCOFLUSH　　　清空输出队列

TCIOFLUSH　　　同时清空输入和输出队列

下面给出一个了串口配置的函数，包括了串口配置的常用选项，程序如下：

```
int set_coml_config(int fd,int baud_rate, int data_bits, char parity, int stop_bits)
{
    struct termios new_cfg,old_cfg;
    int speed;
    /*保存测试现有串口参数设置*/
    if  (tcgetattr(fd, &old_cfg)  != 0)
    {
        perror("tcgetattr");
        return -1;
    }
    /*设置字符大小*/
    new_cfg = old_cfg;
    cfmakeraw(&new_cfg);
    new_cfg.c_cflag &= ~CSIZE;
      /*设置串口波特率*/
      switch (baud_rate)
      {
          case 2400:
              speed = B2400;
              break;
```

```
        case 4800:
            speed = B4800;
            break;
        case 9600:
            speed = B9600;
            break;
        case 19200:
            speed = B19200;
            break;
        case 38400:
            speed = B38400;
            break;
        default:
        case 115200:
            speed = B115200;
            break;
    }
    cfsetispeed(&new_cfg, speed);
    cfsetospeed(&new_cfg, speed);
    /* 设置停止位 */
    switch (data_bits)
    {
        case 7:
            new_cfg.c_cflag |= CS7;
            break;
        default:
        case 8:
            new_cfg.c_cflag |= CS8;
            break;
    }
    /* 设置奇偶校验位 */
    switch (parity)
    {
        default:
        case 'n':
        case 'N':
            new_cfg.c_cflag &= ~PARENB;
            new_cfg.c_iflag &= ~INPCK;
            break;
        case 'o':
        case 'O':
            new_cfg.c_cflag |= (PARODD | PARENB);
            new_cfg.c_iflag |= INPCK;
            break;
        case 'e':
        case 'E':
            new_cfg.c_cflag |= PARENB;
            new_cfg.c_cflag &= ~PARODD;
            new_cfg.c_iflag |= INPCK;
```

```
            break;
        case 's':
        case 'S':
            new_cfg.c_cflag &= ~PARENB;
            new_cfg.c_cflag &= ~CSTOPB;
            break;
    }
    /*设置停止位*/
    switch (stop_bits)
    {
        default:
        case 1:
            new_cfg.c_cflag &=  ~CSTOPB;
            break;
        case 2:
            new_cfg.c_cflag |= CSTOPB;
    }
    /*设置等待时间和最小接收字符*/
    new_cfg.c_cc[VTIME]  = 0;
    new_cfg.c_cc[VMIN] = 1;
    /*处理未接收字符*/
    tcflush(fd, TCIFLUSH);
    /*激活新配置*/
    if((tcsetattr(fd, TCSANOW, &new_cfg)) != 0)
    {
        perror("tcsetattr");
        return -1;
    }
    return 0;
}
```

2. 打开串口

打开串口设备文件的操作与普通文件的操作类似，都采用标准的 I/O 操作函数 open()。

```
fd = open("/dev/ttyS0",O_RDWR|O_NDELAY|O_NOCTTY);
```

open()函数有两个参数，第一个参数是要打开的文件名(此处为串口设备文件/dev/ttyS0)；第二个参数设置打开的方式，O_RDWR 表示打开的文件可读/写，O_NDELAY 表示以非阻塞方式打开，O_NOCTTY 表示若打开的文件为终端设备，则不会将终端作为进程控制终端。

下面给出一个打开串口的函数，考虑了各种不同的情况，程序如下：

```
int open_port(int com_port)
{
    int fd;
    #if (COM_TYPE == GNR_COM)
        char *dev[] = {"/dev/ttyS0", "/dev/ttyS1", "/dev/ttyS2"};
    #else
```

```
        char * dev[] = {"/dev/ttyUSB0", "/dev/ttyUSB1", "/dev/ttyUSB2"};
    #endif
    if ((com_port < 0) || (com_port > MAX_COM_NUM))
    {
        return -1;
    }
    fd = open(dev[com_port - 1], O_RDWR|O_NOCTTY|O_NDELAY);
    if (fd < 0)
    {
            perror("open serial port");
            return(-1);
    }
    /* 恢复串口为阻塞状态 */
    if (fcntl(fd, F_SETFL, 0) < 0)
    {
        perror("fcntl F_SETFL\n");
    }
    /* 测试是否为终端设备 */
    if (isatty(STDIN_FILENO) == 0)
    {
        perror("standard input is not a terminal device");
    }
    return fd;
}
```

3. 从串口读/写数据

串口的数据读/写与普通文件的读/写一样,都是使用 read()/write()函数实现。

```
n = write( fd, buf, len );//将 buf 中 len 个字节的数据从串口输出,返回输出的字节数
n = read( fd, buf, len );//从串口读入 len 个字节的数据并放入 buf, 返回读取的字节数
```

4. 关闭串口

关闭串口的操作很简单,将打开的串口设备文件句柄关闭即可。

```
close(fd);
```

5. 串口通信程序实例

下面给出了串口发送和接收的程序,其中串口发送程序在宿主机上运行,串口接收程序在目标机上运行。

串口发送程序如下所示:

```
#include <stdlib.h>
#include <unistd.h>
#include <sys/types.h>
#include <sys/stat.h>
#include <fcntl.h>
#include <termios.h>
#include <errno.h>
#define BAUDRATE B115200
```

```
#define MODEMDEVICE   "/dev/ttyS0"
#define STOP '@'
int main( )
{
    int fd,c = 0,res;
    struct termios oldtio,newtio;
    char ch;
    static char s1[20];
    printf("Start...\n ");
    fd = open(MODEMDEVICE,O_RDWR | O_NOCTTY);
    if(fd<0)
    {
        perror(MODEMDEVICE);
        exit(1);
    }
    printf(" Open...\n ");
    cgetattr(fd,&oldtio);
    bzero(&newtio,sizeof(newtio));   //清除 newtio 结构,重新设置通信协议
    newtio.c_cflag  = BAUDRATE |CS8|CLOCAL|CREAD;
    newtio.c_iflag = IGNPAR;
    newtio.c_oflag = 0;
    newtio.c_lflag = ICANON;
    tcflush(fd,TCOFLUSH);
    tcsetattr(fd,TCSANOW,&newtio);
    printf("Writing...\n ");
    while(1)
    {
        While((ch = getchar()) != STOP)
        {
            s1[0] = ch;
            res = write(fd,s1,1);
        }
        s1[0] = ch;
        s1[1] =  '\n';
        res = write(fd,s1,2);
        break;
    }
    printf("Close...\n");
    close(fd);
    tcsetattr(fd,TCSANOW,&oldtio);
    return 0;
}
```

串口接收程序如下所示：

```
#include <stdlib.h>
#include <unistd.h>
#include <sys/types.h>
#include <sys/stat.h>
#include <fcntl.h>
```

```
#include <termios.h>
#include <errno.h>
#define BAUDRATE B115200
#define MODEMDEVICE "/dev/ttyS0"
int main( )
{
    int fd,c = 0,res;
    struct termios oldtio,newtio;
    char buf[256];
    printf("Start...\n");
    fd = open(MODEMDEVICE,O_RDWR | O_NOCTTY);
    if(fd<0)
    {
        perror(MODEMDEVICE);
        exit(1);
    }
    printf("open...\n");
    tcgetattr(fd,&oldtio);
    bzero(&newtio,sizeof(newtio));   //清除 newtio 结构,重新设置通信协议
    newtio.c_cflag  = BAUDRATE |CS8|CLOCAL|CREAD;
    newtio.c_iflag = IGNPAR;
    newtio.c_oflag = 0;
    newtio.c_lflag = ICANON;
    tcflush(fd,TCIFLUSH);
    tcsetattr(fd,TCSANOW,&newtio);
    printf("Reading...\n");
    while(1)
    {
        res = read(fd,buf,255);
        buf[res] = 0;
        printf("res = %d  buf = %s\n",res,buf);
        if(buf[0] == '@')  break;
    }
    printf("Close...\n");
    close(fd);
    tcsetattr(fd,TCSANOW,&oldtio);
    return 0;
}
```

2.8 进程控制编程

2.8.1 Linux 下的进程概述

1. 进程和程序

“进程是可并发执行的程序在一个数据集合上的运行过程”。进程是一个程序的一次执行的过程。它和程序是有本质区别的,程序是静态的,它是一些保存在磁盘上

的指令的有序集合,没有任何执行的概念;而进程是一个动态的概念,它是程序执行的过程,包括了动态创建、调度和消亡的整个过程。它是程序执行和资源管理的最小单位。因此,对系统而言,当用户在系统中键入命令执行一个程序的时候,它将启动一个进程。

Linux 是一个多任务的操作系统,也就是说,在同一个时间内,可以有多个进程同时执行。如果读者对计算机硬件体系有一定了解的话,则会知道,常用的单 CPU 计算机实际上在一个时间片断内只能执行一条指令,那么 Linux 是如何实现多进程同时执行的呢?原来 Linux 使用了一种称为"进程调度(process scheduling)"的手段。首先,为每个进程指派一定的运行时间,这个时间通常很短,短到以毫秒为单位,然后依照某种规则,从众多进程中挑选一个投入运行,其他的进程暂时等待;当正在运行的那个进程时间耗尽,或执行完毕退出,或因某种原因暂停时,Linux 就会重新调度,挑选下一个进程投入运行。因为每个进程占用的时间片都很短,从使用者的角度来看,就好像多个进程同时运行一样。

在 Linux 中,每个进程在创建时都会被分配一个数据结构,称为进程控制块 PCB(Process Control Block)。进程控制块包含了进程的描述信息、控制信息以及资源信息,它是进程的一个静态描述。在 Linux 中,进程控制块中的每一项都是一个 task_struct 结构,它是在 include/linux /sched. h 中定义的。

PCB 中包含了很多重要的信息,供系统调度和进程本身执行使用,其中最重要的莫过于进程 ID(process ID)了。进程 ID 也称作进程标识符,是一个非负的整数,在 Linux 操作系统中唯一地标志一个进程,在最常用的 I386 架构(即 PC 使用的架构)上,一个非负的整数的变化范围是 0~32 767,这也是所有可能取到的进程 ID。其实从进程 ID 的名字就可以看出,它就是进程的身份证号码,每个人的身份证号码都不会相同,每个进程的进程 ID 也不会相同。

一个或多个进程可以合起来构成一个进程组(process group),一个或多个进程组可以合起来构成一个会话(session)。这样就有了对进程进行批量操作的能力,如通过向某个进程组发送信号来实现向该组中的每个进程发送信号。

```
    [root@JLUZH root]# ps aux
USER   PID   %CPU   %MEM    VSZ   RSS  TTY  STAT  START   TIME  COMMAND
root    1    0.0    0.2    2012   524   ?    Ss   02:49   0:01  /sbin/init
root    2    0.0    0.0       0     0   ?    S<   02:49   0:00  [kthreadd]
root    3    0.0    0.0       0     0   ?    S<   02:49   0:00  [migration/0]
root    4    0.0    0.0       0     0   ?    S<   02:49   0:00  [ksoftirqd/0]
root    5    0.0    0.0       0     0   ?    S<   02:49   0:00  [watchdog/0]
```

最后,通过 ps 命令亲眼看一看自己的系统中目前有多少进程在运行(注:以下是在作者计算机上的运行结果,不同计算机的运行结果可能不同)。其中,参数 a 表示显示其他用户启动的进程,x 表示查看系统中属于自己的进程,u 表示启动这个进程的用户和它启动的时间。

以上除标题外,每一行都代表一个进程。在各列中,USER 域指明了是哪个用户启动了这个命令;PID 一列代表了各进程的进程 ID;%CPU 表示某个进程占用了多少 CPU;%MEM 表示进程占用内存情况;VSZ(虚拟内存大小)表示如果一个程序完全驻留在内存,则需要占用多少内存空间;RSS(常驻集大小)指明了当前实际占用了多少内存;STAT 显示了进程当前的状态;COMMAND 一列代表了进程的名称或在 Shell 中调用的命令行,其他列的具体含义可参考第 1 章关于 Linux 的命令解释。

2. 进程的状态和转换

Linux 系统是一个多进程的系统,它的进程之间具有并行性、互不干扰等特点。但是现在很多机器都是单处理器,某一时间内只能执行一个进程,那么其他进程会处于什么状态呢?各种状态之间的进程又是如何转换的呢?

在 Linux 以及其他大部分操作系统中,进程根据它的生命周期可以划分成 3 种状态。

① 执行状态:该进程正在执行,即进程正在占用 CPU。

② 就绪状态:进程已经具备执行的一切条件,正在等待分配 CPU 的处理时间片。

③ 等待状态:进程不能使用 CPU,若等待事件发生则可将其唤醒。

这 3 种状态之间的转换如图 2-26 所示。

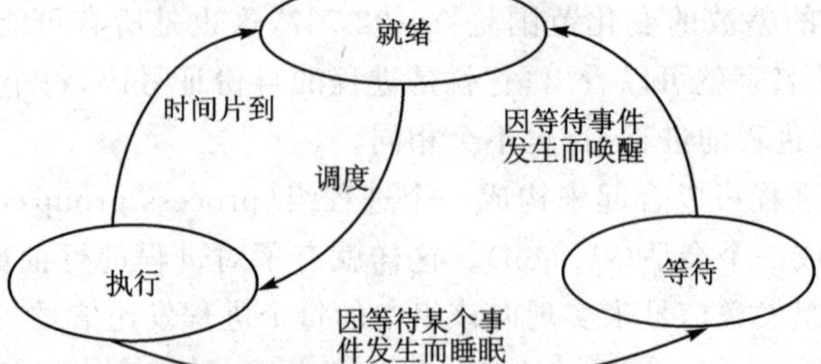

图 2-26　进程的状态转换

一般来说,进程被创建以后就进入到了就绪状态,会按照一定的算法进行排队,当时间片轮到时,它就会进入执行状态。这个时候,进程会有 3 种可能,一种情况是它顺利执行结束;第二种情况是它因为等待某个时间发生而睡眠(如等待 I/O 设备输入),从而进入到等待状态;还有一种情况就是操作系统的调度时间已到,但是进程的作业还没有完成,这时为了防止其他进程出现"饥渴"(即长时间得不到响应),系统将把该进程调度为就绪状态。关于进程的调度算法可以参考计算机操作系统的相关书籍。在等待状态下的进程会因为等待事件发生而唤醒,进入到就绪状态从而进入到又一个循环当中。

3. 进程的标识

在 Linux 中最主要的进程标识有进程号 PID(Process Identity)和它的父进程号 PPID(Parent Process ID)。其中,PID 唯一标识一个进程。PID 和 PPID 都是非零的正整数。在 Linux 中获得当前进程的 PID 和 PPID 的系统调用函数为 getpid 和 getppid,通常程序获得当前进程的 PID 和 PPID 可以将其写入日志文件以做备份。getpid 的作用很简单,就是返回当前进程的进程 ID,看以下的例子:

```
/**** getpid.c *****/
#include<stdio.h>
#include<unistd.h>
#include<stdlib.h>
main()
{
  printf("The current process ID is %d\n",getpid());
  printf("The current process PPID is %d\n",getppid());
}
```

编译并运行程序 getpid.c:

```
[root@JLUZH root]# gcc getpid.c -o getpid
[root@JLUZH root]# ls
getpid.cc getpid
[root@JLUZH root]# ./getpid
The current process ID is 31333
The current process PPID is 18424
```

读者的运行结果很可能与此不同,这是很正常的,再运行一遍:

```
[root@JLUZH root]# ./getpid
The current process ID is 31351
The current process PPID is 18424
[root@JLUZH root]#
```

2.8.2 Linux 进程编程

1. 进程的创建

fork 函数是 Linux 中一个非常重要的函数。fork 函数用于从已存在的进程中创建一个新进程。fork 函数在 Linux 函数库中的原型如下:

```
#include<sys/types.h>        /* 提供类型 pid_t 的定义 */
#include<unistd.h>           /* 提供函数的定义 */
pid_t fork(void);
```

新进程称为子进程,而原进程称为父进程。这两个进程分别带回各自的返回值,其中父进程的返回值是子进程的进程号,是一个大于 0 的整数,而子进程则返回 0。因此,可以通过返回值来判定该进程是父进程还是子进程。如果出错,则返回-1。

需要注意的是,使用 fork 函数得到的子进程是父进程的一个复制品,它从父进程处继承了整个进程的地址空间,包括进程上下文、进程堆栈、内存信息、打开的文件描述符、信号控制设定、进程优先级、进程组号、当前工作目录、根目录、资源限制和控制终端等,而子进程所独有的只有它的进程号、资源使用和计时器等。因此可以看出,使用 fork 函数的代价是很大的,它复制了父进程中的代码段、数据段和堆栈段里的大部分内容,使得 fork 函数的执行速度并不很快。在 Linux 中,创造新进程的方法只有一个,就是正在介绍的 fork。其他一些库函数,如 system(),看起来似乎也能创建新的进程,看一下源码就会明白,它们实际上也在内部调用了 fork。包括在命令行下运行应用程序,新的进程也是由 Shell 调用 fork 制造出来的。fork 有一些很有意思的特征,下面就通过一个小程序来加深对它的了解。

```
/**** fork_test.c *****/
#include<stdio.h>
#include<sys/types.h>
#include<unistd.h>
main()
 {
  pid_t pid;          /*此时仅有一个进程*/
  int n=4;
  pid=fork();         /*此时已经有两个进程在同时运行*/
  if(pid<0)
     printf("error in fork! \n");
  else if(pid==0) /*返回值为0表示子进程*/
       {
       n++;
       printf("I am the child process, my process ID is
         %d,n=%d\n",getpid(),n);
       }
      else            /*返回值大于0表示父进程*/
       {
       n--;
       printf("I am the parent process, my process ID
       is %d,n=%d\n",getpid(),n);
       }
}
```

看这个程序的时候必须首先了解一个概念:在语句 pid=fork()之前,只有一个进程在执行这段代码,但在这条语句之后,就变成两个进程在执行了;这两个进程的代码部分完全相同,其流程如图 2-27 所示。

编译并运行:

```
[root@JLUZH root]# gcc -o fock_test fork_test.c
[root@JLUZH root]# ls
fork_test.c fock_test
[root@JLUZH root]# ./fock_test
I am the child process, my process ID is 6221,n=5
```

```
I am the parent process, my process ID is 6220,n=3
[root@JLUZH root]#
```

语句"pid=fork();"产生了两个进程，原先就存在的那个被称为"父进程"，新出现的那个被称为"子进程"。父子进程的区别除了进程标志符(process ID)不同外，变量 pid 的值也不相同，pid 存放的是 fork 的返回值。fork 调用的一个奇妙之处就是它仅仅被调用一次，却能够返回两次，它可能有 3 种不同的返回值：

- 在父进程中，fork 返回新创建子进程的进程 ID；
- 在子进程中，fork 返回 0；
- 如果出现错误，fork 返回一个负值。

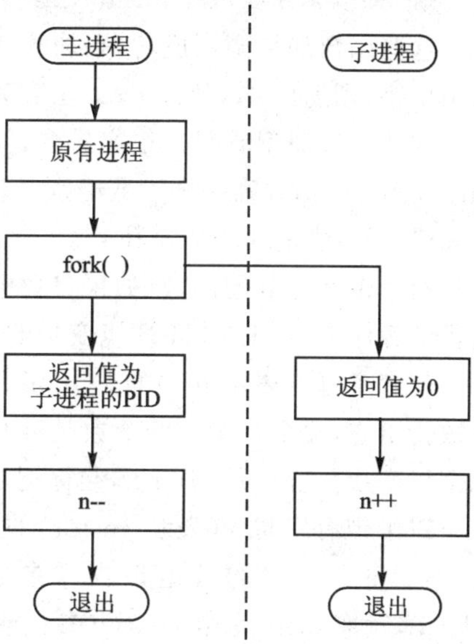

图 2-27　父子进程执行的流程

fork 出错可能有两种原因：①当前的进程数已经达到了系统规定的上限，这时 errno 的值被设置为 EAGAIN；②系统内存不足，这时 errno 的值被设置为 ENOMEM。fork 系统调用出错的可能性很小，而且如果出错，那么一般都为第一种错误。如果出现第二种错误，那么说明系统已经没有可分配的内存，正处于崩溃的边缘，这种情况对 Linux 来说是很罕见的。说到这里，聪明的读者可能已经完全看懂剩下的代码了，如果 pid 小于 0，那么说明出现了错误；如果 pid 等于 0，那么说明 fork 返回了 0，也就说明当前进程是子进程，就去执行子进程中的代码，否则(else)，当前进程就是父进程，执行的是父进程中的代码。

2. exec 函数族

fork 函数用于创建一个子进程，该子进程几乎复制了父进程的全部内容，但是，这个新创建的进程如何执行呢？exec 函数族就提供了一个在进程中启动另一个程序执行的方法。用 fork 创建子进程后执行的是和父进程相同的程序(但有可能执行不同的代码分支)，子进程往往要调用一种 exec 函数以执行另一个程序。当进程调用一种 exec 函数时，该进程的用户空间代码和数据完全被新程序替换，从新程序的启动例程开始执行。调用 exec 并不创建新进程，所以调用 exec 前后该进程的 id 并未改变。其实有 6 种以 exec 开头的函数，统称 exec 函数，exec 函数原型如下：

```
#include <unistd.h>
int execl(const char *path, const char *arg, ...)
int execv(const char *path, char *const argv[])
int execle(const char *path, const char *arg, ..., char *const envp[])
```

```
int execve(const char * path, char * const argv[], char * const envp[])
int execlp(const char * file, const char * arg, ...)
int execvp(const char * file, char * const argv[])
```

这些函数如果调用成功,则加载新的程序从启动代码开始执行,不再返回;如果调用出错,则返回-1,所以 exec 函数只有出错的返回值而没有成功的返回值。

这些函数原型看起来很容易混,但只要掌握了规律就很好记。不带字母 p(表示 path)的 exec 函数第一个参数必须是程序的相对路径或绝对路径,如“/bin/ls”或“./a.out”,而不能是“ls”或“a.out”。

对于带字母 p 的函数,如果参数中包含“/”,则将其视为路径名;否则,视为不带路径的程序名,在 PATH 环境变量的目录列表中搜索这个程序。

带有字母 l(表示 list)的 exec 函数要求将新程序的每个命令行参数都当作一个参数传给它,命令行参数的个数是可变的,因此函数原型中有“...”。“...”中的最后一个可变参数应该是 NULL,起标记的作用。

对于带有字母 v(表示 vector)的函数,则应该先构造一个指向各参数的指针数组,然后将该数组的首地址当作参数传给它;数组中的最后一个指针也应该是 NULL,就像 main 函数的 argv 参数或者环境变量表一样。

对于以 e(表示 environment)结尾的 exec 函数,可以把一份新的环境变量表传给它,其他 exec 函数仍使用当前的环境变量表执行新程序。

事实上,只有 execve 是真正的系统调用,其他 5 个函数最终都调用 execve,这些函数之间的关系如图 2-28 所示。

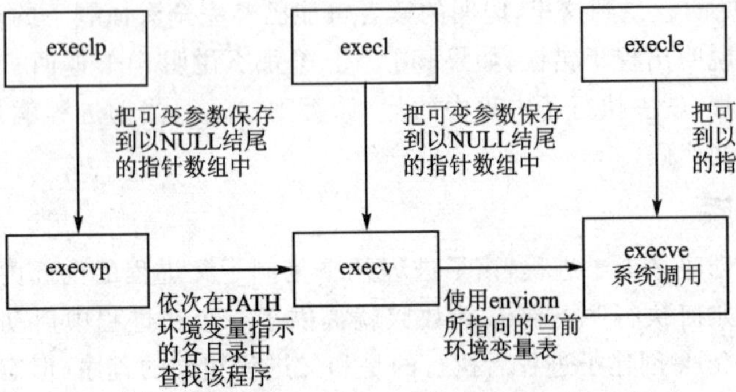

图 2-28　exec 函数族的关系

exec 调用举例如下:

```
/*** exec.c ***/
#include <unistd.h>
#include <stdlib.h>
int main(void)
{
  execlp("ps", "ps", "-ef", NULL);
```

```
    perror("exec ps");
    exit(1);
  }
```

程序的编译和执行过程以及结果如下：

```
[root@JLUZH root]# gcc exec.c -o exec
[root@JLUZH root]# ls
exec.c exec
[root@JLUZH root]# ./exec
UID     PID    PPID    C  STIME    TTY       TIME   CMD
root     1       0      0    2005 ?          00:00:05 init
root     2       1      0    2005 ?          00:00:00 [keventd]
root     3       0      0    2005 ?          00:00:00 [ksoftirqd_CPU0]
root     4       0      0    2005 ?          00:00:00 [ksoftirqd_CPU1]
root  21787  21739      0   17:16 pts/1      00:00:00 grep ntp
[root@JLUZH root]#
```

由于 exec 函数只有错误返回值，只要返回一定是出错了，所以不需要判断它的返回值，直接在后面调用 perror 即可。注意，在调用 execlp 时传了两个“ps”参数，第一个“ps”是程序名，execlp 函数要在 PATH 环境变量中找到这个程序并执行它；第二个“ps”是第一个命令行参数，execlp 函数并不关心它的值，只是简单地把它传给 ps 程序，ps 程序可以通过 main 函数的 argv[0]取到这个参数。这个程序运行的结果与在 Shell 中直接键入命令“ps -ef”是一样的，当然在不同的系统、不同的时刻其结果可能不同。

3. 进程的退出

一个 C 语言的程序总是从 main()函数开始执行的，main()函数的原型为：

```
int main(int argc,char *argv[])
```

其中，argc 是命令行参数的数目，argv 是指向参数的各个指针所构成的数组。当内核执行 C 程序时，即使用 exec()函数执行一个程序，内核首先开启一个特殊的启动例程，该例程从内核取得命令行参数和环境变量值，然后调用 main()函数。而一个进程终止则存在异常终止和正常终止两种情况。进程异常终止的两种方式是：当进程接收到某些信号时；或是调用 abort()函数，它产生 SIGABRT 信号，这是前一种的特例。一个进程正常终止有 3 种方式：

- 由 main()函数返回；
- 调用 exit()函数；
- 调用_exit()或_Exit()函数。

由 main()函数返回的程序，一般应在函数的结尾处通过 return 语句指明函数的返回值；如果不指定这个返回值，main()通常会返回 0。但这种特性与编译器有关，因此为了程序的通用性,应该养成主动使用 return 语句的习惯。

exit()的作用是来终止进程的。当程序执行到 exit 时,进程会无条件地停止剩下的所有操作,清除包括 PCB 在内的各种数据结构,并终止本进程的运行。exit()函数的原型为:

```
#include <stdlib.h>
#include <unistd.h>
exit:void exit(int status)
_exit:void _exit(int status)
```

参数 status 传递给系统用于父进程恢复。程序退出之前,exit()调用所有以 atexit()注册的函数,清空所有打开的 FILE 流的缓冲区并关闭流,然后删除所有由 tmpfile()创建的临时文件。进程退出时,内核关闭所有剩下的已打开文件,释放其地址空间,然后释放所有其他使用的资源。在 main()函数内执行 return 语句就相当于调用 exit()函数。与 exit()功能相同的函数是_exit(),但是在运行时,各自还是有所不同的。

_exit()函数的作用是直接使进程停止运行,清除其使用的内存空间,并清除其在内核中的各种数据结构;而 exit()函数则在执行退出之前加了若干道工序,它要检查文件的打开情况,把文件缓冲区中的内容写回文件,即"清理 I/O 缓冲"。其区别如图 2-29 所示。

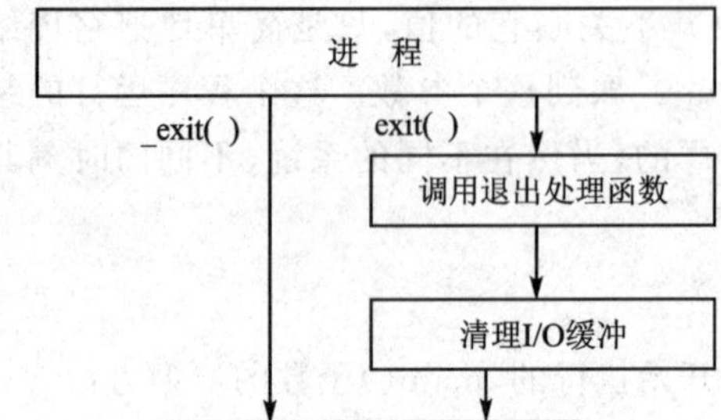

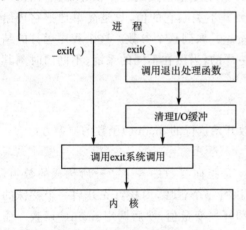

图 2-29 exit()和_exit()函数的区别

由于 Linux 的标准函数库中有一种被称为"缓冲 I/O(buffered I/O)"的操作,就是对应每一个打开的文件,在内存中都有一片缓冲区。每次读文件时会连续读出若干条记录,这样在下次读文件时就可以直接从内存的缓冲区中读取;同样,每次写文件的时候,也仅仅是写入内存中的缓冲区,等满足了一定的条件,再将缓冲区中的内容一次性写入文件。这种技术可以提高文件读/写的速度,但也为编程带来了一点麻烦。例如,有一些数据已经写入了文件缓冲区,但是因为没有满足特定的条件,它们还没有写回到文件,这时用_exit()函数直接将进程关闭,缓冲区中的数据就会丢失。因此,若想保证数据的完整性,则一定要使用 exit()函数;如果进程没有对文件的操作,那就使用_exit()函数直接退出。

使用 exit()的例子如下:

```
/***** exit1.c ******/
#include<stdio.h>
#include<stdlib.h>
```

```
main()
{  printf("output begin\n");
   printf("content in buffer");
   exit(0);
}
```

程序的编译过程以及运行结果如下：

```
[root@JLUZH root]# gcc exit1.c -o exit1
[root@JLUZH root]# ls
exit1.c exit1
[root@JLUZH root]# ./exit1
output begin
content in buffer
[root@JLUZH root]#
```

从输出的结果中可以看到，调用 exit 函数时，缓冲区中的记录也能正常输出。使用_exit()的例子如下：

```
/***** exit2.c ******/
#include<stdio.h>
#include<unistd.h>
main()
 {printf("output begin\n");
  printf("content in buffer");
  _exit(0);
 }
```

程序的编译过程以及运行结果如下：

```
[root@JLUZH root]# gcc exit2.c -o exit2
[root@JLUZH root]# ls
exit2.c exit2
[root@JLUZH root]# ./exit2
output begin
[root@JLUZH root]#
```

从最后的结果可以看到，调用_exit 函数无法输出缓冲区中的记录。在一个进程调用了 exit 之后，该进程并不会马上就完全消失，而是留下一个称为僵尸(Zombie)的数据结构。僵尸进程是一种非常特殊的进程，它几乎已经放弃了所有内存空间，没有任何可执行代码，也不能被调度，仅仅在进程列表中保留一个位置，记载该进程的退出状态等信息供其他进程收集；除此之外，僵尸进程不再占有任何内存空间。

4. wait 和 waitpid

如果一个父进程终止，而它的子进程还存在(这些子进程或者仍在运行，或者已经是僵尸进程了)，则这些子进程的父进程改为 init 进程。init 进程是系统中的一个特殊进程，通常程序文件是"/sbin/init"，进程 ID 是 1，在系统启动时负责启动各种系统服务，之后就负责清理子进程，只要有子进程终止，init 就会调用 wait 函数清理它。wait 和 waitpid 函数的原型如下：

```
#include <sys/types.h>
#include <sys/wait.h>
pid_t wait(int *status)
pid_t waitpid(pid_t pid, int *status, int options)
```

其中,status 是一个整型指针,是该子进程退出时的状态,若 status 为空,则代表任意状态结束的子进程;若 status 不为空,则代表指定状态结束的子进程。

pid 用来设置等待进程,其含义如下:

pid>0　只等待进程 ID 等于 pid 的子进程,不管已经是否有其他子进程运行结束退出了,只要指定的子进程还没有结束,waitpid 就会一直等下去;

pid=-1　等待任何一个子进程退出,此时和 wait 作用一样;

pid=0　等待其组 ID 等于调用进程的组 ID 的任一子进程函数传入值;

pid<-1　等待其组 ID 等于 pid 的绝对值的任一子进程。

Options 可选项,通常有如下可选项:

WNOHANG　若由 pid 指定的子进程不立即可用,则 waitpid 不阻塞,此时返回值为 0;

WUNTRACED:若实现某支持作业控制,由 pid 指定的任一子进程状态已暂停,且其状态自暂停以来还未报告过,则返回其状态函数传入值。

若调用成功,则返回清理掉的子进程 ID;若调用出错,则返回-1。父进程调用 wait 或 waitpid 时可能会:

- 阻塞(如果它的所有子进程都还在运行)。
- 带子进程的终止信息立即返回(如果一个子进程已终止,则正等待的父进程读取其终止信息)。
- 出错立即返回(如果它没有任何子进程)。

这两个函数的区别是:如果父进程的所有子进程都还在运行,则调用 wait 使父进程阻塞;而调用 waitpid 时,如果在 options 参数中指定 WNOHANG,则可以使父进程不阻塞而立即返回 0。wait 等待第一个终止的子进程,而 waitpid 可以通过 pid 参数指定等待哪一个子进程。可见,调用 wait 和 waitpid 不仅可以获得子进程的终止信息,还可以使父进程阻塞等待子进程终止,起到进程间同步的作用。如果参数 status 不是空指针,则子进程的终止信息通过这个参数传出;如果只是为了同步而不关心子进程的终止信息,则可将 status 参数指定为 NULL。

下面示例首先使用 fork 创建一个子进程,然后让子进程调用 sleep 函数暂停,接下来对原有的父进程使用 waitpid 函数,并用 WNOHANG 使该父进程不会阻塞。若有子进程退出,则 waitpid 返回子进程号;若没有子进程退出,则 waitpid 返回 0,并且进程每隔 1 ms 循环判断一次。

```
/*****waitpid.c********/
#include <sys/types.h>
#include <sys/wait.h>
```

```
#include<unistd.h>
#include<stdio.h>
#include<stdlib.h>
int main(void)
{
pid_t pid,pid_w;
pid=fork();
if(pid<0)
 {
  perror("fork failed");
  exit(1);
 }
if(pid==0)  /******** 子进程 ********/
{
    int i;
    for(i=3;i>0;i--)
    {
     printf("This is the child\n");
     sleep(2);
     }
    exit(0);
  }else
  {
  do{
    pid_w=waitpid(pid,NULL,WNOHANG); /******** 父进程 ********/
    if(pid_w==0)
    {
      printf("The child process has not exited\n");
      sleep(1);
    }
   }while(pid_w==0);
  if(pid_w==pid)
  {
   printf("Get child %d\n",pid_w);
  }
  else
    printf("some error occured.\n");
  }
}
```

程序的编译过程以及运行结果如下：

```
[root@JLUZH root]# gcc -o waitpid waitpid.c
[root@JLUZH root]# ls
waitpid.c waitpid
[root@JLUZH root]# ./waitpid
This is the child
The child process has not exited
The child process has not exited
This is the child
```

```
The child process has not exited
The child process has not exited
This is the child
The child process has not exited
The child process has not exited
Get child 2228
[root@JLUZH root]#
```

可见经过 6 次循环后捕获到了子进程的退出信号,具体的子进程号在不同的系统中会有所区别。读者还可以尝试把语句"pid_w = waitpid(pid, NULL, WNOHANG);"修改为"pid_w = waitpid(NULL);"和"pid_w = waitpid(pid, NULL, 0);",运行结果为:

```
[root@JLUZH root]# ./waitpid
This is the child
This is the child
This is the child
Get child 2242
[root@JLUZH root]#
```

可见在上述两种情况下,父进程在调用 waitpid 或 wait 之后就将自己阻塞,直到有子进程退出为止。

2.8.3 Zombie 进程

一个进程在终止时会关闭所有文件描述符,释放在用户空间分配的内存,但它的 PCB 还保留着,内核在其中保存了一些信息:如果是正常终止,则保存着退出状态;如果是异常终止,则保存着导致该进程终止的信号是哪个。这个进程的父进程可以调用 wait 或 waitpid 获取这些信息,然后彻底清除掉这个进程。大家知道,一个进程的退出状态可以在 Shell 中用特殊变量"$?"查看,因为 Shell 是它的父进程,当它终止时,Shell 调用 wait 或 waitpid 得到它的退出状态,同时彻底清除这个进程。

如果一个进程已经终止,但是它的父进程尚未调用 wait 或 waitpid 对它进行清理,则这时的进程状态称为僵尸(Zombie)进程。任何进程在刚终止时都是僵尸进程,正常情况下,僵尸进程都立刻被父进程清理了。为了观察到僵尸进程,可以自己写一个不正常的程序,父进程 fork 出子进程,子进程终止,而父进程既不终止也不调用 wait 清理子进程:

```
/ ***** zombie.c ***** /
#include <unistd.h>
#include <stdlib.h>
int main(void)
{
    pid_t pid = fork();
    if(pid < 0)
    {
     perror("fork");
```

```
        exit(1);
      }
    if(pid>0)
    { /* parent */
      while(1);
    }
      /* child */
    return 0;
}
```

在后台运行这个程序,然后用 ps 命令查看:

```
[root@JLUZH root]# gcc zombie.c -o zombie                                    ①
[root@JLUZH root]# ls                                                        ②
zombie.c zombie
[root@JLUZH root]# ./zombie &                                                ③
[2] 8105
[root@JLUZH root]# ps u                                                      ④
USER PID %CPU %MEM VSZ RSS TTY STAT START TIME COMMAND
Root 1494 0.0 0.1 1864 380 tty4 Ss+ 02:50 0:00 /sbin/mingetty tt
Root 1495 0.0 0.1 1864 380 tty5 Ss+ 02:50 0:00 /sbin/mingetty tt
root 497 0.0 0.1 1864 380 tty3 Ss+ 02:50 0:00 /sbin/mingetty tt
root 1498 0.0 0.1 1864 400 tty6 Ss+ 02:50 0:00 /sbin/mingetty tt
root 1561 0.6 8.6 38232 21920 tty1 Rs+ 02:50 7:14 /usr/bin/Xorg :0
root 8105 73.4 0.1 1720 284 pts/0 R 20:11 0:05 ./zombie
root 8106 0.0 0.0 0 0 pts/0 Z 20:11 0:00 [zombie] <defunct>
root 8107 0.0 0.3 4632 892 pts/0 R+ 20:11 0:00 ps u
root 18424 0.0 0.7 6588 1852 pts/0 Ss 10:16 0:01 bash
root 18945 0.0 0.4 6912 1240 pts/0 T 10:18 0:00 vi cp
[root@JLUZH root]#
```

在“./zombie”命令后面加个 & 表示后台运行,Shell 不等待这个进程终止就立刻打印提示符并等待用户输命令。现在 Shell 是位于前台的,用户在终端的输入会被 Shell 读取,后台进程是读不到终端输入的。第④条命令 ps u 是在前台运行的,在此期间 Shell 进程和“./zombie”进程都在后台运行,等到 ps u 命令结束时 Shell 进程又重新回到前台。父进程的 pid 是 8105,子进程是僵尸进程,pid 是 8106,ps 命令显示僵尸进程的状态为 Z,在命令行一栏还显示< defunct >。

2.8.4 Linux 守护进程

守护进程,也就是通常所说的 Daemon 进程,是 Linux 中运行在后台的一种特殊进程。它是一个生存期较长的进程,通常独立于控制终端并且周期性地执行某种任务或等待处理某些发生的事件。它不需要用户输入就能运行且提供某种服务,不是对整个系统就是对某个用户程序提供服务。Linux 系统的大多数服务就是通过守护进程实现的,常见的守护进程包括系统日志进程 syslogd、web 服务器 httpd 和数据库服务器 mysqld 等(这里的结尾字母 d 就是 Daemon 的意思)。

由于在 Linux 中每一个系统与用户进行交流的界面称为终端,每一个从此终端开始运行的进程都会依附于这个终端,这个终端就称为这些进程的控制终端。当控制终端被关闭时,相应的进程都会自动关闭。但是守护进程却能够突破这种限制,它从被执行开始运转,直到整个系统关闭时才会退出。如果想让某个进程不因为用户、终端或者其他的变化而受到影响,那么就必须把这个进程变成一个守护进程。可见,守护进程是非常重要的。

Linux 守护进程的工作模式是服务器/客户机,服务器在一个特定的端口上监听等待客户连接,连接成功后服务器和客户端通过端口进行数据通信。守护进程的工作就是打开一个端口,并且监听等待客户连接。如果客户端产生一个连接请求,守护进程就创建一个子服务器响应这个连接,而主服务器继续监听其他的服务请求。Linux 守护进程有两种工作模式:stand-alone 模式和 xinetd 模式。

➢ stand-alone 模式

独立运行的守护进程由 init 负责管理,所有独立运行守护进程的脚本在/etc/rc.d/init.d/目录下。独立运行的守护进程工作方式称作 stand-alone,是 UNIX 传统的 C/S 模式的访问模式。服务器监听在一个特点的端口上等待客户端的联机。如果客户端产生一个连接请求,守护进程就创建一个子服务器响应这个连接,而主服务器继续监听。工作在 stand-alone 模式下的网络服务有 route、gated、web 服务器等。在 Linux 系统中通过 stand-alone 工作模式启动的服务由/etc/rc.d/下面对应的运行级别当中的符号链接启动。

➢ xinetd 模式

从守护进程的概念可以看出,对于系统所要求的每一种服务,都必须运行一个监听某个端口连接所发生的守护进程,这意味着资源浪费。为了解决这个问题,Linux 引进了“网络守护进程服务程序”的概念,默认使用的网络守护进程是 xinted,能够同时监听多个指定的端口,在接收用户请求时,能够根据用户请求的端口不同,启动不同的网络服务进程来处理这些用户请求。可以把 xinetd 看作一个管理启动服务的管理服务器,它决定把一个客户请求交给那个程序处理,然后启动相应的守护进程。

和 stand-alone 工作模式相比,系统不必为每一个网络服务进程监听其服务端口,运行 xinetd 守护进程就可以同时监听所有服务端口,这样就降低了系统开销,保护系统资源。但是对于访问量大、经常出现并发访问时 xinetd 想要频繁启动对应的网络服务进程,反而会导致系统性能下降。一般来说,系统一些负载高的服务,比如 Apache、sendmail 等服务是单独启动的。而其他服务类型都可以使用 xinetd 超级服务器管理。

守护进程最重要的特性是后台运行,其次守护进程必须与其运行前的环境隔离开来,这些环境包括未关闭的文件描述符、控制终端、会话和进程组、工作目录以及文件创建模式等。这些环境通常是守护进程从执行它的父进程(特别是 Shell)中继承下来的,最后守护进程的启动方式有其特殊之处。它可以在 Linux 系统启动时从启动脚本/etc/rc.d 中启动,可以由作业规划进程 crond 启动,还可以由用户终端(通常是 Shell)执行。总之,除了这些特殊性以外,守护进程与普通进程基本上没有什么区别。因此,编写守护进程实际上是把一个普通进程按照上述守护进程的特性改造成为守护进程。编写守护进程的步骤如下：

1. 创建子进程,父进程退出

这是编写守护进程的第一步。由于守护进程是脱离控制终端的,因此,完成第一步后就会在 Shell 终端里造成一种程序已经运行完毕的假象。之后的所有工作都在子进程中完成,而用户在 Shell 终端里则可以执行其他的命令,从而在形式上做到了与控制终端的脱离。

到这里,有心的读者可能会问,父进程创建了子进程之后退出,此时该子进程不就没有父进程了吗？守护进程中确实会出现这么一个有趣的现象,由于父进程已经先于子进程退出,会造成子进程没有父进程,从而变成一个孤儿进程。在 Linux 中,每当系统发现一个孤儿进程,就会自动由 1 号进程(也就是 init 进程)收养它,这样,原先的子进程就会变成 init 进程的子进程了。其关键代码如下所示：

```
pid = fork();
if (pid > 0)
{
    exit(0); /* 父进程退出 */
}
```

2. 在子进程中创建新会话

这里使用的是系统函数 setsid()。在具体介绍 setsid()之前,读者首先要了解两个概念:进程组和会话期。

- 进程组。进程组是一个或多个进程的集合,由进程组 ID 来唯一标识。除了进程号(PID)之外,进程组 ID 也是一个进程的必备属性。每个进程组都有一个组长进程,其组长进程的进程号等于进程组 ID。且该进程 ID 不会因组长进程的退出而受到影响。
- 会话组。会话组是一个或多个进程组的集合。通常,一个会话开始于用户登录,终止于用户退出,在此期间该用户运行的所有进程都属于这个会话组。

setsid()函数用于创建一个新的会话,并担任该会话组的组长。调用 setsid()的作用是让进程摆脱原会话的控制、原进程组的控制和原控制终端的控制。

那么在创建守护进程时为什么要调用 setsid()函数呢？读者可以回忆一下创建守护进程的第一步,在那里调用了 fork()函数来创建子进程再令父进程退出。由于在调用 fork()函数时,子进程全盘复制了父进程的会话期、进程组和控制终端等,虽然父进程退出了,但原先的会话期、进程组和控制终端等并没有改变,因此,还不是真正意义上的独立,而 setsid()函数能够使进程完全独立出来,从而脱离所有其他进程的控制。setsid()函数原型如下：

```
#include <sys/types.h>
#include <unistd.h>
pid_t setsid(void)
```

3. 改变当前目录为根目录

这一步也是必要的步骤。使用 fork()创建的子进程继承了父进程的当前工作目录。由于在进程运行过程中当前目录所在的文件系统(比如"/mnt/usb"等)是不能卸载的,这会给以后的使用造成诸多的麻烦(比如系统由于某种原因要进入单用户模式)。因此,通常的做法是让"/"作为守护进程的当前工作目录,从而避免上述的问题;当然,如有特殊需要,也可以把当前工作目录换成其他的路径,如/tmp。改变工作目录的常见函数是 chdir()。

4. 重设文件权限掩码

文件权限掩码是指屏蔽掉文件权限中的对应位。比如,有一个文件权限掩码是 050,它就屏蔽了文件组拥有者的可读与可执行权限。由于使用 fork()函数新建的子进程继承了父进程的文件权限掩码,这就给该子进程使用文件带来了诸多的麻烦。因此,把文件权限掩码设置为 0 可以大大增强该守护进程的灵活性。设置文件权限掩码的函数是 umask()。在这里,通常的使用方法为 umask(0)。

5. 关闭文件描述符

同文件权限掩码一样,用 fork()函数新建的子进程会从父进程那里继承一些已经打开了的文件。这些被打开的文件可能永远不会被守护进程读或写,但它们一样消耗系统资源,而且可能导致所在的文件系统无法被卸载。

在上面的第二步之后,守护进程已经与所属的控制终端失去了联系。因此从终端输入的字符不可能达到守护进程,守护进程中用常规方法(如 printf())输出的字符也不可能在终端上显示出来。所以,文件描述符为 0、1 和 2 的 3 个文件(常说的输入、输出和报错这 3 个文件)已经失去了存在的价值,也应被关闭。通常按如下方式关闭文件描述符:

```
for(i = 0; i < MAXFILE; i++)
{
      close(i);
}
```

下面是实现守护进程的一个完整实例,该实例首先按照以上的创建流程建立了一个守护进程,然后让该守护进程每隔 10 s 向日志文件/tmp/daemon.log 写入一句话。

```
#include<stdio.h>
#include<stdlib.h>
#include<string.h>
#include<fcntl.h>
#include<sys/types.h>
#include<unistd.h>
```

```
#include<sys/wait.h>
int main()
{
    pid_t pid;
    int   i, fd;
    char  *buf = Run Daemon\n";
    pid = fork();
    if (pid < 0)
    {
        printf("Error fork\n");
        exit(1);
    }
    else if (pid > 0)
    {
        exit(0);
    }
    setsid();
    chdir("/");
    umask(0);
    for(i = 0; i < getdtablesize(); i++)
    {
        close(i);
    }

    while(1)
    {
        if ((fd = open("/tmp/daemon.log",
                O_CREAT|O_WRONLY|O_APPEND, 0600)) < 0)
        {
            printf("Open file error\n");
            exit(1);
        }
        write(fd, buf, strlen(buf) + 1);
        close(fd);
        sleep(10);
    }
    exit(0);
}
```

将该程序下载到开发板上可以看到，该程序每隔 10 s 就会在对应的文件中输入相关内容。并且使用 ps 可以看到该进程在后台运行。如下所示：

```
$ tail -f /tmp/daemon.log
Run  Daemon
Run  Daemon
Run  Daemon
Run  Daemon
……
$ ps -ef|grep daemon
   76        root      1272     S    ./daemon
   85        root      1520     S   grep daemon
```

2.9 进程间的通信和同步

2.9.1 Linux 下进程间通信概述

进程间通信就是在不同进程之间传播或交换信息,那么不同进程之间存在着什么双方都可以访问的介质呢?每个进程各自有不同的用户地址空间,任何一个进程的全局变量在另一个进程中都看不到,所以进程之间要交换数据必须通过内核在内核中开辟一块缓冲区,进程 1 把数据从用户空间复制到内核缓冲区,进程 2 再从内核缓冲区把数据读走。内核提供的这种机制称为进程间通信 IPC(InterProcess Communication),如图 2-30 所示。

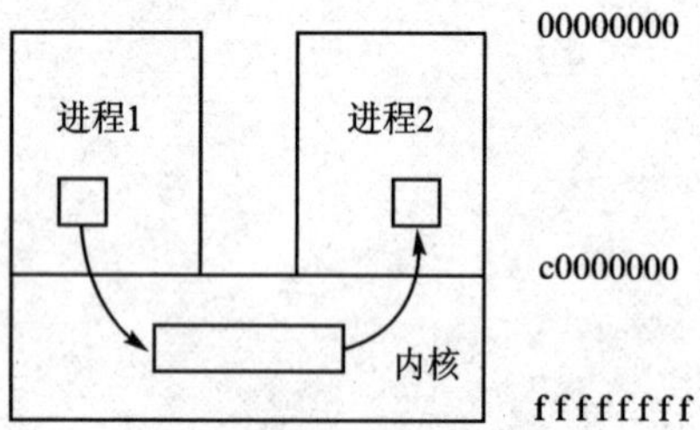

图 2-30　进程间通信

进程间通信主要包括有如下几种:

① 管道及有名管道。管道可用于具有亲缘关系进程间的通信;有名管道 name_pipe,除了管道的功能外,还可以在许多并不相关的进程之间进行通信。

② 信号(Signal)。信号是比较复杂的通信方式,用于通知接收进程有某种事件发生,除了用于进程间通信外,进程还可以发送信号给进程本身;Linux 除了支持 UNIX 早期信号语义函数 sigal 外,还支持语义符合 Posix 标准的信号函数 sigaction。

③ 报文(Message)队列(消息队列)。消息队列是消息的链接表,包括 Posix 消息队列 systemV 消息队列。有足够权限的进程可以向队列中添加消息,被赋予读权限的进程则可以读走队列中的消息。消息队列克服了信号承载信息量少,管道只能承载无格式字节流以及缓冲区大小受限等缺点。

④ 共享内存。使得多个进程可以访问同一块内存空间,是最快的可用 IPC 形式,是针对其他通信机制运行效率较低而设计的。往往与其他通信机制,如信号量结合使用,来达到进程间的同步及互斥。

⑤ 信号量。主要作为进程间以及同一进程不同线程之间的同步手段。

⑥ 套接口(Socket)。更为一般的进程间通信机制,可用于不同机器之间的进程间通信。起初是由 UNIX 系统的 BSD 分支开发出来的,但现在一般可以移植到 Linux 上。

在接下来的小节中将重点介绍管道通信、共享内存通信以及信号通信这几种进程间通信的方式。

2.9.2 管道通信

简单地说,管道就是一种连接一个进程的标准输出到另一个进程的标准输入的方法。管道是最古老的 IPC 工具,从 UNIX 系统一开始就存在。它提供了一种进程之间单向的通信方法。管道在系统中的应用很广泛,即使在 Shell 环境中也要经常使用管道技术。管道通信分为管道和有名管道,可用于具有亲缘关系进程间的通信;有名管道除了管道的功能外,还可以在许多并不相关的进程之间进行通信。

1. 管　道

当进程创建一个管道时,系统内核设置了两个管道可以使用的文件描述符,一个用于向管道中输入信息 (write),另一个用于从管道中获取信息 (read)。管道有如下特点:

- 管道是半双工的,数据只能向一个方向流动;双方通信时,需要建立起两个管道。
- 只能用于父子进程或者兄弟进程之间(具有亲缘关系的进程)。
- 单独构成一种独立的文件系统。管道对于管道两端的进程而言,就是一个文件,对于它的读/写也可以使用普通的 read、write 等函数;但它不是普通的文件,不属于某种文件系统,而是自立门户,单独构成一种文件系统,并且只存在于内存中。
- 数据的读出和写入:一个进程向管道中写的内容被管道另一端的进程读出。写入的内容每次都添加在管道缓冲区的末尾,并且每次都是从缓冲区的头部读出数据。

(1) 管道的创建

管道是基于文件描述符的通信方式,当一个管道建立时,它会创建 fd[0]和 fd[1]两个文件描述符,其中 fd[0]固定用于读管道,而 fd[1]固定用于写管道。无名管道的建立比较简单,可以使用 pipe()函数来实现,其函数原型如下:

```
#include <unistd.h>
int pipe(int fd[2])
```

说明:参数 fd[2]表示管道的两个文件描述符,之后就可以直接操作这两个文件描述符;函数调用成功则返回 0,失败返回-1。

(2) 管道的关闭

若使用 pipe()函数创建了一个管道,那么就相当于给文件描述符 fd[0]和 fd[1]赋值;之后对管道的控制就像对文件的操作一样,那么就可以使用 close()函数来关闭文件,关闭了fd[0]和 fd[1]就关闭了管道。

(3) 管道的读/写操作

下面结合实例介绍管道的读/写操作。父子进程通过管道通信如图 2-31 所示。前面已经说过管道两端可分别用描述字 fd[0]以及 fd[1]来描述。需要注意的是,管道的两端是固定了任务的,即一端只能用于读,由描述字 fd[0]表示,称为管道读端;另一端则只能用于写,由描述字 fd[1]来表示,称为管道写端。如果试图从管道写端读取数据,或者向管道读端写入数据都将导致错误发生。要想对管道进行读/写,可以使用文件的 I/O 函数,如 read、write 等。下述例子实现了子进程向父进程写数据的过程。

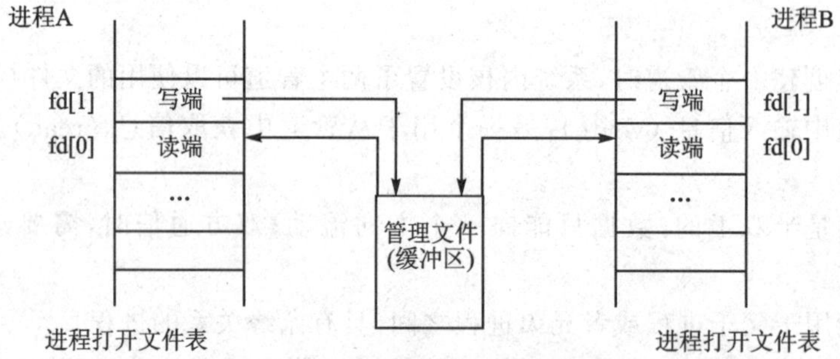

图 2-31　父子进程通过管道通信

```
/***** pipe.c *******/
#include <unistd.h>
#include <sys/types.h>
#include <errno.h>
#include <stdio.h>
#include <stdlib.h>
#include <string.h>
int main()
{
  int      fd[2], nbytes;
  pid_t    childpid;
  char     string[] = "Hello, world! \n";
  char     readbuffer[80];
  if (pipe(fd)< 0)                              /* 创建管道 */
    {
      printf("创建失败\n");
      return -1;
    }
  if ((childpid = fork())== -1)                 /* 创建一个子进程 */
    {
      perror("fork");
      exit(1);
    }
```

```
    if (childpid == 0)                          /* 子进程 */
    {
        close(fd[0]);                           /* 子进程关闭读取端 */
        sleep(3);                               /* 暂停确保父进程已关闭相应的写描述符 */
        write(fd[1], string, strlen(string));   /* 通过写端发送字符串 */
        close(fd[1]);                           /* 关闭子进程写描述符 */
        exit(0);
    }
    else
    {
        close(fd[1]);                           /* 父进程关闭写端 */
        nbytes = read(fd[0], readbuffer, sizeof(readbuffer));
                                                /* 从管道中读取字符串 */
        printf("Received string: %s", readbuffer);
        close(fd[0]);                           /* 关闭父进程读描述符 */
    }
    return(0);
}
```

上面的示例代码中，利用 pipe(fd)调用新建了一个管道，还建立了一个由两个元素组成的数组，用来描述管道。这里的管道被定义为两个单独的文件描述符，一个用来输入，一个用来输出。现在能从管道的一端输入，然后从另一端读出。如果调用成功，则 pipe 函数返回值为 0。返回后，数组 fd 中存放的是两个新的文件描述符，其中，元素 fd[0]包含的文件描述符用于管道的输入，元素 fd[1] 包含的文件描述符用于管道的输出。

语句“write(fd[1], string, strlen(string))”利用 write 函数把消息写入管道。站在应用程序的角度，它是在向 stdout 输出。现在，该管道存有消息，可以利用语句“read(fd[0], readbuffer, sizeof(readbuffer))”的 read 函数来读它。对于应用程序来说，这是利用 stdin 描述符从管道读取消息。read 函数把从管道读取的数据存放到 buffer 变量中，然后在 buffer 变量的末尾添加一个 NULL，这样就能利用 printf 函数正确地输出它了。将该程序编译，运行结果如下所示：

```
[root@JLUZH root]# gcc pipe.c -o pipe
[root@JLUZH root]# ls
pipe.c pipe
[root@JLUZH root]# ./pipe
Received string: Hello, world!
[root@JLUZH root]#
```

2. 标准流管道

如果认为上面创建和使用管道的方法过于繁琐，也可以使用下面的简单方法：

库函数：popen()；

原型：FILE * popen (char * command, char * type)；

返回值：如果成功，则返回一个新的文件流；如果无法创建进程或者管道，则返回

NULL。

此标准的库函数通过在系统内部调用 pipe()来创建一个半双工的管道,然后它创建一个子进程,启动 Shell,最后在 Shell 上执行 command 参数中的命令。管道中数据流的方向是由第二个参数 type 控制的。此参数可以是 r 或者 w,分别代表读或写,但不能同时为读和写。在 Linux 系统下,管道将会以参数 type 中第一个字符代表的方式打开;所以,如果在参数 type 中写入 rw,管道将会以读的方式打开。虽然此库函数的用法很简单,但也有一些不利的地方。例如,它失去了使用系统调用 pipe()时可以有的对系统的控制。尽管这样,因为可以直接地使用 Shell 命令,所以 Shell 中的一些通配符和其他的一些扩展符号都可以在 command 参数中使用。使用 popen()创建的管道必须使用 pclose()关闭。其实,popen/pclose 和标准文件输入/输出流中的 fopen()/fclose()十分相似。

库函数:pclose();

原型:int pclose(FILE * stream);

返回值:返回 popen 中执行命令的终止状态 。如果 stream 无效,或者系统调用失败,则返回-1。

注意:此库函数等待管道进程运行结束,然后关闭文件流。

库函数 pclose()在使用 popen()创建的进程上执行。当它返回时,将破坏管道和文件系统。在下面的例子中,用 sort 命令打开了一个管道,然后对一个字符数组排序:

```
/******* popen.c *******/
#include <stdio.h>
#include <unistd.h>
#include <stdlib.h>
#define MAXSTRS 5
int main(void)
{
  int cntr;
  FILE *pipe_fp;
  char *strings[MAXSTRS] = { "echo", "bravo", "alpha","charlie", "delta"};
  if (( pipe_fp = popen("sort", "w")) == NULL) /* 调用 popen 创建管道 */
   {
     perror("popen");
     exit(1);
   }
   for(cntr = 0; cntr < MAXSTRS; cntr++) /* 循环处理 */
    {
      fputs(strings[cntr], pipe_fp);
      fputc('\n', pipe_fp);
    }
    pclose(pipe_fp);  /* 关闭管道 */
    return(0);
}
```

程序的编译运行过程以及结果如下所示：

```
[root@JLUZH root]# gcc popen.c - o popen
[root@JLUZH root]# ls
popen.c popen
[root@JLUZH root]# ./popen
alpha
bravo
charlie
charlie
delta
echo
[root@JLUZH root]#
```

3. 有名管道

应该说，管道机制是项重要的发明。它为 UNIX 操作系统所带来的变化是革命性的，甚至可以说，没有管道就没有当初“UNIX 环境”的形成。但是，人们也认识到，管道机制也存在着一些缺点和不足。由于管道是一种“无名”“无形”的文件，它只能通过 fork()的过程创建于“近亲”的进程之间，而不可能成为可以在任意两个进程之间建立通信的机制，更不可能成为一种一般的、通用的进程间的通信模型。同时，管道机制的这种缺点本身就强烈地暗示着人们，只要用“有名”“有形”的文件来实现管道，就能克服这种缺点。这里“有名”是指文件应该有个文件名，使得任何进程都可以通过文件名或路径名与这个文件挂上钩；“有形”是指文件的 inode 应该存在于磁盘或其他文件系统的介质上，使得任何进程在任何时间（而不仅仅是在 fork()时）都可以建立（或断开）与这个文件之间的联系。所以，有了管道以后，“有名管道”的出现就是必然的了。与管道相比较，有名管道（即 FIFO 管道）和一般的管道基本相同，但也有一些显著的不同：

- FIFO 管道不是临时对象，而是在文件系统中作为一个特殊的设备文件而存在的实体，并且可以通过 mkfifo 命令来创建。进程只要拥有适当的权限就可以自由地使用 FIFO 管道。
- 不同祖先的进程之间可以通过有名管道共享数据。
- 当共享管道的进程执行完所有的 I/O 操作以后，有名管道将继续保存在文件系统中以便以后使用。

(1) FIFO 的创建

为了实现有名管道，在普通文件、块设备文件和字符设备文件之外，又设立了一种文件类型，称为 FIFO 文件（“先进先出”文件）。对这种文件的访问严格遵循“先进先出”的原则，不允许在文件内有移动读/写指针位置的 lseek()操作。这样一来，就可以像在磁盘上建立一个文件一样地建立一个有名管道，有几种方法创建一个有名管道。

```
mknod MYFIFO p
mkfifo-a = rw MYFIFO
```

上面的两个命令执行同样的操作,但其中有一点不同。命令 mkfifo 提供一个在创建之后直接改变 FIFO 文件存取权限的途径,而命令 mknod 需要调用命令 chmod。一个物理文件系统可以通过 p 指示器十分容易地分辨出 FIFO 文件。请注意文件名后的管道符号"|"。

```
$ ls -l MYFIFO
prw-r--r--  1 root    root            0 Dec 14 22:15 MYFIFO|
```

下面主要介绍一下 mkfifo 函数,该函数的作用是在文件系统中创建一个文件,该文件用于提供 FIFO 功能,即有名管道。前边讲的那些管道都没有名字,因此它们被称为匿名管道,或简称管道。对文件系统来说,匿名管道是不可见的,它的作用仅限于在父进程和子进程两个进程间进行通信;而有名管道是一个可见的文件,因此,它可以用于任何两个进程之间的通信,不管这两个进程是不是父子进程,也不管这两个进程之间有没有关系。mkfifo 函数的原型如下所示:

```
#include <sys/types.h>
#include <sys/stat.h>
int mkfifo( const char * pathname, mode_t mode );
```

mkfifo 函数需要两个参数:第一个参数(pathname)是将要在文件系统中创建的一个专用文件;第二个参数(mode)用来规定 FIFO 的读/写权限。mkfifo 函数如果调用成功,则返回值为 0;如果调用失败,则返回值为-1。

(2) 使用实例

有名管道可以用于任何两个进程间通信,因为有名字可引用。注意,管道都是单向的,因此双方通信需要两个管道。下面以一个实例来说明如何使用有名管道,该实例有两个程序,一个用于读管道,另一个用于写管道。写管道程序如下:

```
//***** fifowrite.c ***
#include<sys/types.h>
#include<sys/stat.h>
#include<stdio.h>
#include<errno.h>
#include<fcntl.h>
#include<string.h>
#include<unistd.h>
#include<stdlib.h>
int main()
{ char write_fifo_name[] = "lucy";
  char read_fifo_name[] = "peter";
  int write_fd, read_fd;
  char buf[256];
  int len;
  struct stat stat_buf;
  int ret = mkfifo(write_fifo_name, S_IRUSR | S_IWUSR);
  if( ret == -1)
   {
    printf("Fail to create FIFO %s: %s",write_fifo_name,strerror(errno));
```

```
    exit(-1);
  }
  write_fd = open(write_fifo_name, O_WRONLY);
  if(write_fd == -1)
  {
    printf("Fail to open FIFO %s: %s",write_fifo_name,strerror(errno));
    exit(-1);
  }
  while((read_fd = open(read_fifo_name,O_RDONLY)) == -1)
  {
    sleep(1);
  }
 while(1)
  {
    printf("Lucy: ");
    fgets(buf, 256, stdin);
    buf[strlen(buf)-1] = '\0';
   if(strncmp(buf,"quit", 4) == 0)
   {
    close(write_fd);
    unlink(write_fifo_name);
    close(read_fd);
    exit(-1);
   }
   while((read_fd = open(read_fifo_name,O_RDONLY)) == -1)
   {
    sleep(1);
   }
  while(1)
   {
    printf("Lucy: ");
    fgets(buf, 256, stdin);
    buf[strlen(buf)-1] = '\0';
    if(strncmp(buf,"quit", 4) == 0)
   {
    close(write_fd);
    unlink(write_fifo_name);
    close(read_fd);
    exit(0);
   }
  write(write_fd, buf, strlen(buf));
  len = read(read_fd, buf, 256);
  if( len > 0)
    {
      buf[len] = '\0';
      printf("Peter: %s\n", buf);
    }
   }
 }
}
```

读管道程序如下：

```
// ***** fiforead.c ***
#include<sys/types.h>
#include<sys/stat.h>
#include<string.h>
#include<stdio.h>
#include<errno.h>
#include<fcntl.h>
#include<stdlib.h>
int main(void)
{   char write_fifo_name[] = "peter";
    char read_fifo_name[] = "lucy";
    int write_fd, read_fd;
    char buf[256];
    int len;
    int ret = mkfifo(write_fifo_name, S_IRUSR | S_IWUSR);
    if( ret == -1)
     {
     printf("Fail to create FIFO %s: %s",write_fifo_name,strerror(errno));
     exit(-1);
    }
   while((read_fd = open(read_fifo_name, O_RDONLY)) == -1)
    {
   sleep(1);
  }
write_fd = open(write_fifo_name, O_WRONLY);
if(write_fd == -1)
     {
     printf("Fail to open FIFO %s: %s", write_fifo_name, strerror(errno));
     exit(-1);
     }
while(1)
 {
   len = read(read_fd, buf, 256);
   if(len > 0)
     {
     buf[len] = '\0';
     printf("Lucy: %s\n",buf);
     }
   printf("Peter: ");
   fgets(buf, 256, stdin);
   buf[strlen(buf)-1] = '\0';
   if(strncmp(buf,"quit", 4) == 0)
   {
     close(write_fd);
     unlink(write_fifo_name);
     close(read_fd);
     exit(0);
```

```
    }
    write(write_fd, buf, strlen(buf));
  }
}
```

两个程序的编译过程如下：

```
[root@JLUZH root]# gcc fiforead.c -o fiforead
[root@JLUZH root]# gcc fifowrite.c -o fifowrite
[root@JLUZH root]# ls
fiforead.c fifowrite.c fiforead fifowrite
```

为了能够较好地观察运行结果，需要把两个程序分别在两个终端里运行，首先是运行 fifowrite，然后是 fiforead，最后分别在两个终端里观察输出信息，如下所示：

终端一：

```
[root@JLUZH root]# ./fifowrite
Lucy: hi! I am lucy!
Peter: hi! I am peter!
Lucy:
```

终端二：

```
[root@JLUZH root]# ./fiforead
Lucy: hi! I am lucy!
Peter: hi! I am peter!
```

2.9.3 共享内存通信

共享内存可以说是最有用的进程间通信方式，也是最快的 IPC 形式。两个不同进程 A、B 共享内存的意思是，同一块物理内存被映射到进程 A、B 各自的进程地址空间。进程 A 可以即时看到进程 B 对共享内存中数据的更新，反之亦然。由于多个进程共享同一块内存区域，必然需要某种同步机制，互斥锁和信号量都可以。

进程间需要共享的数据被放在一个称为 IPC 共享内存区域的地方，所有需要访问该共享区域的进程都要把该共享区域映射到本进程的地址空间中。系统 V 共享内存通过 shmget 获得或创建一个 IPC 共享内存区域，并返回相应的标识符。对于系统 V 共享内存，主要有以下几个 API：shmget()、shmat()、shmdt()及 shmctl()。

shmget()用来获得共享内存区域的 ID，如果不存在指定的共享区域就创建相应的区域。shmat()把共享内存区域映射到调用进程的地址空间中去，这样，进程就可以方便地对共享区域进行访问操作。shmdt()用来解除进程对共享内存区域的映射。shmctl()实现对共享内存区域的控制操作。下面主要介绍前面 3 个函数，其原型如下：

```
#include <sys/types.h>
#include <sys/ipc.h>
#include <sys/shm.h>
int shmget(key_t key, int size, int shmflg)
char * shmat(int shmid, const void * shmaddr, int shmflg)
int shmdt(const void * shmaddr)
```

1. shmget 函数

shmget 函数的作用是在内存中获得一段共享内存区域。

函数传入参数 key 为 IPC 结构的键值,通常取常量 IPC_PRIVATE;参数 size 为该共享内存区的大小,如果创建一个新的区域,则必须指定其 size 参数,如果引用一个已有的区域,则 size 应该为 0;参数 shmflg 为权限位,可以用八进制表示。

函数返回值:该系统调用成功则返回共享内存段标识符 ID,即 shmid;若出错,则返回-1。

2. shmat 函数

映射共享内存时,使用函数 shmat,它的作用是将创建的共享内存映射到具体的进程空间去。

函数传入参数 shmid 为通过 shmget 得到的共享内存区标识符 ID;参数 shmaddr 表示将共享内存映射到指定位置,若为 0,则表示把该段共享内存映射到调用进程的地址空间,推荐采用这个参数;参数 shmflg 为选项位,用来设置权限,常用的选项是 SHM_RDONLY,表示以只读的方式共享内存,默认为 0 表示以读/写的方式共享内存。

函数返回值:调用成功则返回被映射的段地址,否则返回-1。

使用以上两个函数就可以使用这段共享内存了,也就是可以使用不带缓冲的 I/O 读/写命令对其进行操作。

3. shmdt 函数

shmdt 函数用来撤销映射。函数传入参数 shmaddr 表示被映射的共享内存段地址。函数成功则返回 0,否则返回-1。

4. 使用实例

下面通过实例来说明以上函数的用法。这里创建了两个程序:sharewrite. c 创建一个系统 V 共享内存区,并在其中写入格式化数据;另外一个程序 shareread. c 访问同一个系统 V 共享内存区,读出其中的格式化数据。

sharewrite. c 源代码如下:

```
/***** sharewrite.c *******/
#include <sys/ipc.h>
#include <sys/shm.h>
#include <sys/types.h>
#include <unistd.h>
#include <stdio.h>
#include <string.h>
typedef struct{
 char name[4];
 int age;
} people;
```

```
main(int argc, char ** argv)
{
 int shm_id,i;
 key_t key;
 char temp;
 people * p_map;
 key = ftok(".",'a');
 if(key==-1)
     perror("ftok error");
    shm_id = shmget(key,4096,IPC_CREAT);
 if(shm_id==-1)
  {
    perror("shmget error");
    return;
  }
    p_map = (people * )shmat(shm_id,NULL,0);
    temp = 'a';
    for(i = 0;i<10;i++)
    {
     temp += 1;
     memcpy(( * (p_map + i)).name,&temp,1);
    ( * (p_map + i)).age = 20 + i;
    }
   if(shmdt(p_map)==-1)
    perror("detach error");
}
```

shareread.c 源代码如下：

```
/ ********** shareread.c ************ /
# include < sys/ipc.h>
# include < sys/shm.h>
# include < sys/types.h>
# include < unistd.h>
# include < stdio.h>
typedef struct{
 char name[4];
 int age;
} people;
main(int argc, char * * argv)
{int shm_id,i;
 key_t key;
 people * p_map;
 key = ftok(".",'a');
 if(key == -1)
    perror("ftok error");
  shm_id = shmget(key,4096,IPC_CREAT);
  if(shm_id == -1)
 if(shm_id == -1)
```

```
    { perror(" shmget error ");
      return;
    }
    p_map = (people * )shmat(shm_id,NULL,0);
    for(i = 0;i<10;i++)
      { printf( "name: % s\n",( * (p_map + i)).name );
        printf( "age % d\n",( * (p_map + i)).age );
        if((i+1) % 5 == 0)
        printf( "\n" );
      }
      if(shmdt(p_map) == -1)
      perror(" detach error ");
}
```

分别把两个程序编译为 shareware 及 shareread,先后执行“./sharewrite”及“./shareread”,其操作过程及输出结果如下:

```
[root@JLUZH root]# gcc -o shareread shareread.c
[root@JLUZH root]# gcc -o sharewrite sharewrite.c
[root@JLUZH root]# ls
shareread.c   sharewrite.c   shareread   sharewrite
[root@JLUZH root]# ./sharewrite
[root@JLUZH root]# ./shareread
name:b age 20   name:c   age 21   name:d   age 22   name:e   age 23   name:f   age 24
name:g age 25   name:h   age 26   name:I   age 27   name:j   age 28   name:k   age 29
[root@JLUZH root]#
```

2.9.4 其他方式通信

其他的通信方式包括消息队列、信号量、信号以及套接字等进程间通信方式。消息队列就是一个消息的列表。用户可以从消息队列中添加消息、读取消息等。从这点上看,消息队列具有一定的 FIFO 特性,但是它可以实现消息的随机查询,比 FIFO 具有更大的优势。同时,这些消息又是存在于内核中的,由“队列 ID”来标识;信号量不仅可以完成进程间通信,而且可以实现进程同步;套接字是应用非常广泛的进程间通信方式,不仅能完成一般的进程间通信,更可用于不同机器之间的进程间通信。

2.10 多线程编程

2.10.1 线程的基本概念

线程(thread)技术早在 20 世纪 60 年代就被提出,但真正应用多线程到操作系统中去是在 20 世纪 80 年代中期,solaris 是这方面的佼佼者。传统的 UNIX 也支持线程的概念,但是在一个进程(process)中只允许有一个线程,这样多线程就意味着多进程。为什么有了进程的概念后,还要再引入线程呢?使用多线程到底有哪些好处？什么样的系统应该选用多线程？

使用多线程的理由之一是和进程相比，它是一种非常"节俭"的多任务操作方式。大家知道，在 Linux 系统下，启动一个新的进程必须分配给它独立的地址空间，建立众多的数据表来维护它的代码段、堆栈段和数据段，这是一种"昂贵"的多任务工作方式；而运行于一个进程中的多个线程，它们彼此之间使用相同的地址空间，共享大部分数据，启动一个线程所花费的空间远远小于启动一个进程所花费的空间，而且，线程间彼此切换所需的时间也远远少于进程间切换所需要的时间。

把一个任务按 2 个并发进程和 2 个并发线程分解后的情况如图 2－32 所示。可以看出，进程间的关系比较疏远。各个进程是在自己独有的地址空间内执行，不但寄存器和堆栈是独有的，动态数据堆、静态数据区和程序代码也相互独立。而线程间的关系则要紧密得多，虽然各线程为保持自己的控制流而独有寄存器和堆栈，但由于两线程从属于同一进程，它们共享同一地址空间，所以动态堆、静态数据区及程序代码为各线程共享。进程作为独立的实体，它为线程提供运行的资源并构成静态环境。线程是处理机调度的基本单位。如果说进程概念很好地描述了单机操作系统行为，那么线程概念则很好地描述了多机系统中的并行处理行为，将起到进程在单机操作系统中类似的历史作用。

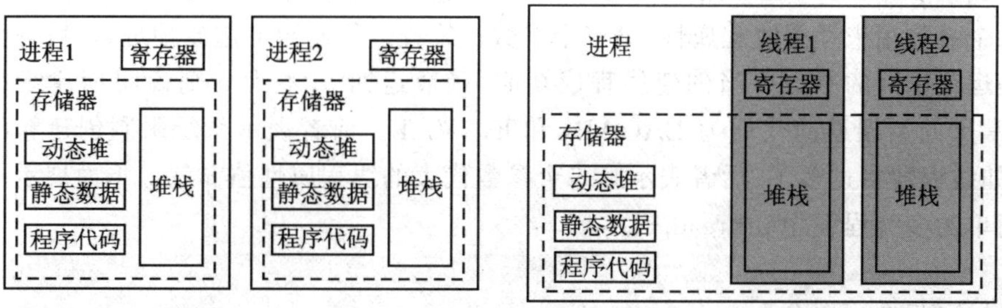

图 2－32　线程和进程的区别

使用多线程的理由之二是线程间方便的通信机制。对不同进程来说，它们具有独立的数据空间，要进行数据的传递只能通过通信的方式进行，这种方式不仅费时，而且很不方便。线程则不然，由于同一进程下的线程之间共享数据空间，所以一个线程的数据可以直接为其他线程所用，这不仅快捷，而且方便。当然，数据的共享也带来其他一些问题，有的变量不能同时被两个线程所修改，有的子程序中声明为 static 的数据更有可能给多线程程序带来灾难性的打击，这些正是编写多线程程序时最需要注意的地方。除了以上所说的优点外，与进程比较，多线程程序作为一种多任务、并发的工作方式，还有以下的优点：

- 提高应用程序响应。这对图形界面的程序尤其有意义，当一个操作耗时很长时，整个系统都会等待这个操作，此时程序不会响应键盘、鼠标和菜单的操作，而使用多线程技术将耗时长的操作(time consuming)置于一个新的线程可以避免这种尴尬的情况。

➢ 使多 CPU 系统更加有效。操作系统会保证当线程数不大于 CPU 数目时,不同的线程运行于不同的 CPU 上。

➢ 改善程序结构。一个既长又复杂的进程可以考虑分为多个线程,成为几个独立或半独立的运行部分,这样的程序会利于理解和修改。

2.10.2 线程的实现

Linux 系统下的多线程遵循 POSIX 线程接口,称为 PTHREAD。编写 Linux 下的多线程程序,需要使用头文件 pthread.h,连接时需要使用库文件 libpthread.a。PTHREAD 库中还有大量的 API 函数,用户可以参考其他相关书籍。本小节仅仅介绍线程的创建、挂起和退出几个主要的函数。

创建线程实际上就是确定调用该线程函数的入口点,这里通常使用的函数是 pthread_create。线程创建以后就开始运行相关的线程函数。pthread_create 函数的原型如下:

```
#include<pthread.h>
int pthread_create ((pthread_t *thread, pthread_attr_t *attr,
    void *(*start_routine)(void *), void arg));
```

函数 pthread_create 用来创建一个线程,第一个参数为指向线程标识符的指针,第二个参数用来设置线程属性,第三个参数是线程运行函数的起始地址,最后一个参数是运行函数的参数。当创建线程成功时,函数返回 0,不为 0 则说明创建线程失败,常见的错误返回代码为 EAGAIN 和 EINVAL。前者表示系统限制创建新的线程,如线程数目过多了;后者表示第二个参数代表的线程属性值非法。下面展示一个最简单的多线程程序 pthread.c:

```
/*pthread.c*/
#include<stdio.h>
#include<pthread.h>
#include<unistd.h>
#include<stdlib.h>
void thread(void)
{
  int i;
  for(i=0;i<3;i++)
  printf("This is a pthread.\n");
}
int main(void)
{
  pthread_t id;
  int i,ret;
  ret=pthread_create(&id,NULL,(void *) thread,NULL);
  if(ret!=0){
  printf ("Create pthread error! \n");
  exit (1);
```

```
    }
    for(i=0;i<3;i++)
    printf("This is the main process.\n");
    pthread_join(id,NULL);
    return (0);
    }
```

编译此程序，如下所示：

```
[root@JLUZH root]# gcc -lpthread pthread.c -o pthread
[root@JLUZH root]# ls
pthread.c pthread
[root@JLUZH root]# ./pthread
This is a pthread.
This is a pthread.
This is a pthread.
This is the main process.
This is the main process.
This is the main process.
[root@JLUZH root]#
```

函数 pthread_create 用来创建一个线程，这里，函数 thread 不需要参数，所以最后一个参数设为空指针。第二个参数也设为空指针，这样将生成默认属性的线程。创建线程成功后，新创建的线程则运行参数三和参数四确定的函数，原来的线程则继续运行下一行代码。有可能前后两次结果不一样，这是两个线程争夺 CPU 资源的结果。

由于一个进程中的多个线程是共享数据段的，因此通常在线程退出之后，退出线程所占用的资源并不会随着线程的终止而得到释放。正如进程之间可以用 wait()系统调用来同步终止并释放资源一样，线程之间也有类似机制，那就是 pthread_join()函数。pthread_join 可以用于将当前线程挂起，等待线程的结束。这个函数是一个线程阻塞的函数，调用它的函数将一直等待到被等待的线程结束为止；当函数返回时，被等待线程的资源就被收回。函数 pthread_join 用来等待一个线程的结束。函数原型为：

```
#include<pthread.h>
int pthread_join(pthread_t th, void ** thread_return);
```

第一个参数为被等待的线程标识符，第二个参数为一个用户定义的指针，它可以用来存储被等待线程的返回值。这个函数是一个线程阻塞的函数，调用它的函数将一直等待到被等待的线程结束为止；当函数返回时，被等待线程的资源被收回。

一个线程的结束有两种途径：一种是线程创建后就开始运行相关的线程函数，函数结束了，调用它的线程也就结束了；另一种方式是通过函数 pthread_exit 来实现。这是线程的主动行为。这里要注意的是，在使用线程函数时，不能随意使用 exit 退出函数进行出错处理，由于 exit 的作用是使调用进程终止，往往一个进程包含多个线程，因此，在使用 exit 之后，该进程中的所有线程都终止了。因此，在线程中就可

以使用 pthread_exit 来代替进程中的 exit。pthread_exit 函数原型为:

```
#include <pthread.h>
void pthread_exit(void * retval);
```

唯一的参数是函数的返回代码,只要 pthread_join 中的第二个参数 thread_return 不是 NULL,这个值将被传递给 thread_return。最后要说明的是,一个线程不能被多个线程等待,否则第一个接收到信号的线程成功返回,其余调用 pthread_join 的线程则返回错误代码 ESRCH。以上介绍了 pthread_create、pthread_join 和 pthread_exit 这 3 个函数。PTHREAD 库中还有大量的 API 函数,用户可以参考其他相关书籍。

2.10.3 修改线程属性

在上一小节的例子里,用 pthread_create 函数创建了一个线程。这个线程中使用了默认参数,即将该函数的第二个参数设为 NULL。对大多数程序来说,使用默认属性就够了,但还是有必要来了解一下线程的有关属性。

属性结构为 pthread_attr_t,它同样在头文件/usr/include/pthread.h 中定义。属性值不能直接设置,须使用相关函数进行操作,初始化的函数为 pthread_attr_init,这个函数必须在 pthread_create 函数之前调用。属性对象主要包括是否绑定、是否分离、堆栈地址、堆栈大小和优先级。默认的属性为非绑定、非分离、默认 1 MB 的堆栈和与父进程同样级别的优先级。

1. 绑定属性

关于线程的绑定,牵涉另外一个概念:轻进程 LWP(Light Weight Process)。轻进程可以理解为内核线程,它位于用户层和系统层之间。系统对线程资源的分配和对线程的控制是通过轻进程来实现的,一个轻进程可以控制一个或多个线程。默认状况下,启动多少轻进程、哪些轻进程来控制哪些线程是由系统来控制的,这种状况即称为非绑定的。绑定状况下,顾名思义,即某个线程固定地"绑"在一个轻进程之上。被绑定的线程具有较高的响应速度,这是因为 CPU 时间片的调度是面向轻进程的,绑定的线程可以保证在需要的时候总有一个轻进程可用。通过设置被绑定的轻进程的优先级和调度级可以使得绑定的线程满足诸如实时反应之类的要求。下面的代码即创建了一个绑定的线程。

```
#include <pthread.h>
pthread_attr_t attr;
pthread_t tid;
pthread_attr_init(&attr); /* 初始化属性值,均设为默认值 */
pthread_attr_setscope(&attr, PTHREAD_SCOPE_SYSTEM);
pthread_create(&tid, &attr, (void * ) my_function, NULL);
```

设置线程绑定状态的函数为 pthread_attr_setscope,它有两个参数,第一个是指向属性结构的指针,第二个是绑定类型,它有两个取值:PTHREAD_SCOPE_SYS-

TEM(绑定的)和 PTHREAD_SCOPE_PROCESS(非绑定的)。

2. 分离属性

线程的分离状态决定一个线程以什么样的方式来终止自己。上面的例子采用了线程的默认属性,即为非分离状态,这种情况下,原有的线程等待创建的线程结束。只有当 pthread_join()函数返回时,创建的线程才算终止,才能释放自己占用的系统资源。而分离线程不是这样的,它没有被其他的线程所等待,自己运行结束了,线程也就终止了,马上释放系统资源。程序员应该根据自己的需要,选择适当的分离状态。设置线程分离状态的函数为 pthread_attr_setdetachstate(pthread_attr_t * attr, int detachstate)。第二个参数可选为 PTHREAD_CREATE_DETACHED(分离线程)和 PTHREAD _CREATE_JOINABLE(非分离线程)。这里要注意的一点是,如果设置一个线程为分离线程,而这个线程运行又非常快,它很可能在 pthread_create 函数返回之前就终止了,终止以后就可能将线程号和系统资源移交给其他的线程使用,这样调用 pthread_create 的线程就得到了错误的线程号。要避免这种情况可以采取一定的同步措施,最简单的方法之一是在被创建的线程里调用 pthread_cond_timewait 函数,让这个线程等待一会儿,留出足够的时间让函数 pthread_create 返回。设置一段等待时间是多线程编程常用的方法。但是注意不要使用诸如 wait()之类的函数,它们是使整个进程睡眠,并不能解决线程同步的问题。

3. 优先级

另外一个可能常用的属性是线程的优先级,它存放在结构 sched_param 中。用函数 pthread_attr_getschedparam 和 pthread_attr_setschedparam 进行存放,一般说来,总是先取优先级,对取得的值修改后再存放回去。下面即是一段简单的例子:

```
#include <pthread.h>
#include <sched.h>
pthread_attr_t attr;
pthread_t tid;
sched_param param;
#include <pthread.h>
#include <sched.h>
pthread_attr_t attr;
pthread_t tid;
sched_param param;
int newprio = 20;
pthread_attr_init(&attr);
pthread_attr_getschedparam(&attr, &param);
param.sched_priority = newprio;
pthread_attr_setschedparam(&attr, &param);
pthread_create(&tid, &attr, (void *)myfunction, myarg);
```

2.10.4 多线程访问控制

由于多线程共享进程的资源和地址空间,因此对这些资源进行操作时,必须考虑到线程间资源访问的唯一性问题。线程同步可以使用互斥锁和信号量的方式来解决线程间数据的共享和通信问题。互斥锁一个明显的缺点是它只有两种状态:锁定和非锁定。而条件变量通过允许线程阻塞和等待另一个线程发送信号的方法弥补了互斥锁的不足,它常和互斥锁一起使用。使用时,条件变量被用来阻塞一个线程,当条件不满足时,线程往往解开相应的互斥锁并等待条件发生变化。一旦其他的某个线程改变了条件变量,它将通知相应的条件变量唤醒一个或多个正被此条件变量阻塞的线程。这些线程将重新锁定互斥锁并重新测试条件是否满足。一般说来,条件变量用来进行线程间的同步。下面介绍这几个函数。

1. pthread_cond_init()函数

该函数条件变量的结构为 pthread_cond_t,函数 pthread_cond_init()用来初始化一个条件变量。它的原型为:

```
int pthread_cond_init (pthread_cond_t * cond, __const pthread_condattr_t * cond_attr)
```

其中,cond 是一个指向结构 pthread_cond_t 的指针,cond_attr 是一个指向结构 pthread_condattr_t 的指针。结构 pthread_condattr_t 是条件变量的属性结构,与互斥锁一样可以用来设置条件变量是进程内可用还是进程间可用,默认值是 PTHREAD_PROCESS_PRIVATE,即此条件变量被同一进程内的各个线程使用。注意,初始化条件变量只有未被使用时才能重新初始化或被释放。释放一个条件变量的函数为 pthread_cond_ destroy(pthread_cond_t cond)。

2. pthread_cond_wait()函数

使线程阻塞在一个条件变量上。它的函数原型为:

```
extern int pthread_cond_wait (pthread_cond_t * __restrict__cond, pthread_mutex_t * __
restrict __mutex)
```

线程解开 mutex 指向的锁并被条件变量 cond 阻塞。线程可以被函数 pthread_cond_signal 和函数 pthread_cond_broadcast 唤醒,但是要注意的是,条件变量只是起阻塞和唤醒线程的作用,具体的判断条件还需用户给出。例如一个变量是否为 0 等,这一点从后面的例子中可以看到。线程被唤醒后,它将重新检查判断条件是否满足;如果还不满足,那么一般说来线程应该仍阻塞在这里,等待被下一次唤醒。这个过程一般用 while 语句实现。

3. pthread_cond_timedwait()函数

用来阻塞线程的另一个函数是 pthread_cond_timedwait(),它的原型为:

```
extern int pthread_cond_timedwait __P ((pthread_cond_t * __cond,pthread_mutex_t * __
mutex, __const struct timespec * __abstime))
```

它比函数 pthread_cond_wait()多了一个时间参数,经历 abstime 段时间后,即使条件变量不满足,阻塞也被解除。

4. pthread_cond_signal() 函数

它的函数原型为：

```
extern int pthread_cond_signal (pthread_cond_t * __cond)
```

它用来释放被阻塞在条件变量 cond 上的一个线程。多个线程阻塞在此条件变量上时，哪一个线程被唤醒是由线程的调度策略所决定的。要注意的是，必须用保护条件变量的互斥锁来保护这个函数，否则条件满足信号又可能在测试条件和调用 pthread_cond_wait 函数之间被发出，从而造成无限制的等待。

前面介绍了几个常用的函数，下面列出了在多线程编程中经常使用的其他线程函数。

➢ 获得父进程 ID：

```
pthread_t pthread_self (void)
```

➢ 测试两个线程号是否相同：

```
int pthread_equal (pthread_t __thread1, pthread_t __thread2)
```

➢ 互斥量初始化：

```
pthread_mutex_init (pthread_mutex_t *, __const pthread_mutexattr_t * )
```

➢ 销毁互斥量：

```
int pthread_mutex_destroy (pthread_mutex_t * __mutex)
```

➢ 再试一次获得对互斥量的锁定(非阻塞)：

```
int pthread_mutex_trylock (pthread_mutex_t * __mutex)
```

➢ 锁定互斥量(阻塞)：

```
int pthread_mutex_lock (pthread_mutex_t * __mutex)
```

➢ 解锁互斥量：

```
int pthread_mutex_unlock (pthread_mutex_t * __mutex)
```

➢ 条件变量初始化：

```
int pthread_cond_init (pthread_cond_t * __restrict __cond,
__const pthread_condattr_t * __restrict __cond_attr)
```

➢ 销毁条件变量 COND：

```
int pthread_cond_destroy (pthread_cond_t * __cond)
```

➢ 唤醒线程等待条件变量：

```
int pthread_cond_signal (pthread_cond_t * __cond)
```

➢ 等待条件变量(阻塞)：

```
int pthread_cond_wait (pthread_cond_t * __restrict __cond, pthread_mutex_t * __re-
strict __mutex)
```

➢ 在指定的时间到达前等待条件变量：

```
int pthread_cond_timedwait (pthread_cond_t * __restrict __cond,
pthread_mutex_t * __restrict __mutex, __const struct timespec * __restrict __ab-
stime)
```

习题二

1. C 语言有何特点,为什么说 C 语言适合嵌入式系统开发?

2. 简述 Linux 下 C 语言开发流程,分别要用到什么工具软件?

3. Vim 编辑器有几种模式?各种模式下主要实现什么功能?

4. 举例说明编译器编译过程可细分为几个阶段,每个阶段产生什么类型的文件?

5. GDB 调试器有何功能?什么是远程调试?

6. Make 工程管理器有何作用?

7. Makefile 文件中有哪些变量,分别有何作用?

8. 简述如何在 CodeBlocks 环境下开发 C 语言程序的流程。

9. CodeBlocks 环境下如何调试程序?

10. 基本 I/O 操作函数有哪些,分别实现什么功能?

11. 什么是程序、进程和线程,三者有何区别?

12. 进程间通信和同步有哪几种方式?

13. 简述 Linux 守护进程的创建过程。

第3章

基于 Linux 的嵌入式软件开发

嵌入式软件的开发各具特色，但是也有一定的共性。本章首先介绍通用的嵌入式软件体系结构以及基于 Linux 的嵌入式软件结构；然后介绍 Linux 操作系统下嵌入式软件开发的基本流程和嵌入式开发环境；接下来由底向上分别介绍嵌入式系统的引导代码，Linux 内核结构及移植，嵌入式文件系统及移植。通过这些介绍使读者对嵌入式软件的开发流程有个基本的认识，可以在开发类似项目时起到举一反三的作用。

3.1 嵌入式软件结构

3.1.1 嵌入式软件体系结构

图 3－1 是嵌入式软件的体系结构图。最底层是嵌入式硬件，包括嵌入式微处理器、存储器和键盘、输入笔、LCD 显示器等输入/输出设备。紧接在硬件层之上的，是设备驱动层，它负责与硬件直接打交道，并为上层软件提供所需的驱动支持。在一个嵌入式系统当中，操作系统是可能有也可能无的。但无论如何，设备驱动程序是必不可少的。所谓的设备驱动程序就是一组库函数，用来对硬件进行初始化和管理，并向上层软件提供良好的访问接口。

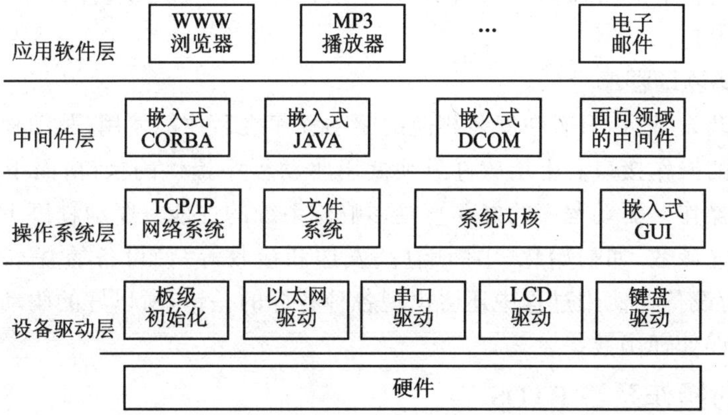

图 3－1 嵌入式软件体系结构

1. 设备驱动层

设备驱动层是嵌入式系统中必不可少的重要部分，使用任何外部设备都需要有相应驱动程序的支持，它为上层软件提供了设备的操作接口。上层软件不用理会设备的具体内部操作，只须调用驱动层程序提供的接口即可。驱动层一般包括硬件抽象层、板级支持包和设备驱动程序。

(1) 硬件抽象层

硬件抽象层 HAL(Hardware Abstraction Layer，简称 HAL)是位于操作系统内核与硬件电路之间的接口层，目的是将硬件抽象化。也就是说，可通过程序来控制所有硬件电路，如 CPU、I/O 和 Memory 等的操作。这样就使得系统的设备驱动程序与硬件设备无关，从而大大提高了系统的可移植性。从软硬件测试的角度来看，软硬件的测试工作都可分别基于硬件抽象层来完成，使得软硬件测试工作的并行进行成为可能。在定义抽象层时，需要规定统一的软硬件接口标准，其设计工作需要基于系统需求来做，代码工作可由对硬件比较熟悉的人员来完成。抽象层一般应包含相关硬件的初始化、数据的输入/输出操作和硬件设备的配置操作等功能。

(2) 板级支持包

板级支持包(Board Support Package，简称 BSP)是介于主板硬件和操作系统中驱动层程序之间的一层，一般认为它属于操作系统的一部分，主要实现对操作系统的支持，为上层的驱动程序提供访问硬件设备寄存器的函数包，使之能够更好地运行于硬件主板。BSP 是相对于操作系统而言的，不同的操作系统对应于不同形式定义的 BSP。板级支持包实现的功能大体有以下两个方面：

- 系统启动时，完成对硬件的初始化。例如，对系统内存、寄存器以及设备的中断进行设置。这是比较系统化的工作，要根据嵌入式开发所选用的 CPU 类型、硬件以及嵌入式操作系统的初始化等多方面决定 BSP 应实现什么功能。
- 为驱动程序提供访问硬件的手段。驱动程序经常要访问设备的寄存器，对设备的寄存器进行操作，BSP 就是为上层的驱动程序提供访问硬件设备寄存器的函数包。

(3) 设备驱动程序

系统安装设备后，只有在安装相应的驱动程序之后才能使用，驱动程序为上层软件提供设备的操作接口。上层软件只须调用驱动程序提供的接口，而不用理会设备的具体内部操作。驱动程序的好坏直接影响着系统的性能。驱动程序不仅要实现设备的基本功能函数，如初始化、中断响应、发送和接收等，使设备的基本功能能够实现，而且因为设备在使用过程中还会出现各种各样的差错，所以好的驱动程序还应该有完备的错误处理函数。

2. 实时操作系统 RTOS

对于使用操作系统的嵌入式系统而言，操作系统一般以内核映像的形式下载到目标系统中。以 Linux 为例，在系统开发完成之后，将整个操作系统部分做成内核映像文件，与文件系统一起传送到目标系统中；然后通过 BootLoader 指定地址运行 Linux 内核，启动已经下载好的嵌入式 Linux 系统；再通过操作系统解开文件系统，运行应用程序。整个嵌入式系统与通用操作系统类似，功能比不带有操作系统的嵌入式系统强大了很多。

嵌入式操作系统的种类繁多，但大体上可分为 2 种：商用型和免费型。目前商用型的操作系统主要有 VxWorks、Windows CE、Psos、Palm OS、OS－9、LynxOS、QNX 和 LYNX 等。它们的优点是功能稳定、可靠，有完善的技术支持和售后服务，而且提供了图形用户界面和网络支持等高端嵌入式系统要求的许多高级功能；缺点是价格昂贵且源代码封闭，大大影响了开发者的积极性。目前免费型的操作系统有 Linux 和 μC/OS－Ⅱ等，它们在价格方面具有很大的优势。如嵌入式 Linux 操作系统以价格低廉、功能强大、易于移植而且程序源码完全公开等优点正在被广泛采用。

3. 中间件层

中间件(middleware)是基础软件的一大类，属于可复用软件的范畴。顾名思义，中间件处于操作系统软件与用户的应用软件的中间。中间件在操作系统、网络和数据库之上，应用软件的下层，总的作用是为处于自己上层的应用软件提供运行与开发的环境，帮助用户灵活、高效地开发和集成复杂的应用软件。

中间件屏蔽了底层操作系统的复杂性，使程序开发人员面对一个简单而统一的开发环境，降低程序设计的复杂性，将注意力集中在自己的业务上，不必再为程序在不同系统软件上的移植而重复工作，从而大大减轻了技术上的负担。

中间件带给应用系统的不只是开发的简便、开发周期的缩短，也减少了系统的维护、运行和管理的工作量，还减少了计算机总体费用的投入。Standish 的调查报告显示，由于采用了中间件技术，应用系统的总建设费用可以减少 50%左右。在网络经济大发展、电子商务大发展的今天，从中间件获得利益的不只是 IT 厂商，IT 用户同样是赢家，并且是更有把握的赢家。

其次，中间件作为新层次的基础软件，其重要作用是将不同时期、在不同操作系统上开发的应用软件集成起来，彼此像一个"天衣无缝"的整体协调工作，这是操作系统、数据库管理系统本身做不了的。中间件的这一作用使得在技术不断发展之后，以往在应用软件上的劳动成果仍然物有所用，节约了大量的人力、财力投入。

在实现上中间件可以看作 API 实现的一个软件层。应用程序接口 API 是一系列复杂的函数、消息和结构的集合体。嵌入式操作系统下的 API 和一般操作系统下的 API 在功能、含义及知识体系上完全一致。可以这样理解 API：在计算机系统中有很多可通过硬件或外部设备去执行的功能，这些功能的执行可通过计算机操作系统或硬件预留的标准指令调用，而软件人员在编制应用程序时，就不需要为每种可通过硬件或外设执行的功能重新编制程序，只须按系统或某些硬件事先提供的 API 调用即可完成功能的执行。因此在操作系统中提供标准的 API 函数,可加快用户应用程序的开发,统一的应用程序开发标准,也为操作系统版本的升级带来了方便。API 函数中提供了大量的常用模块,可大大简化用户应用程序的编写。

4. 应用程序

实际的嵌入式系统应用软件建立在系统的主任务(Main Task)基础之上。用户应用程序主要通过调用系统的 API 函数对系统进行操作,完成用户应用功能开发。在用户的应用程序中,也可创建用户自己的任务。任务之间的协调主要依赖于系统的消息队列。

在设计一个简单的应用程序时,可以不使用操作系统,但在设计较复杂的程序时,可能就需要一个操作系统来管理和控制内存、多任务及周边资源等。依据系统提供的程序界面来编写应用程序,可大大减轻应用程序员的负担。有些书籍将应用程序接口 API 归属于 OS 层,由于硬件电路的可裁减性和嵌入式系统本身的特点,其软件部分也是可裁减的。

3.1.2 基于 Linux 的嵌入式软件

基于嵌入式 Linux 的软件结构如图 3-2 所示,在硬件之上的是引导程序 BootLoader,然后是 Linux 内核,最上层是应用程序。

1. BootLoader

引导装载程序通常是在任何硬件上执行的第一段代码。在像台式机这样的常规系统中,通常将引导装载程序装入主引导记录 MBR(Master Boot Record)中,或者装入 Linux 驻留的磁盘的第一个扇区中。通常,在台式机或其他系统上,BIOS 将控制移交给引导装载程序。而在嵌入式系统中,通常并没有像 BIOS 那样的固件程序,因此整个系统的加载启动任务就完全由 BootLoader 来完成。通过这段小程序,可以初始化硬件设备,建立内存空间的映射图,从而将系统的软硬件环境带到一个合适的状态,以便为最终调用操作系统内核准备好正确的环境。常见的 BootLoader 有 uboot 和 Vivi 等。引导程序的开发主要是做一些移植工作。

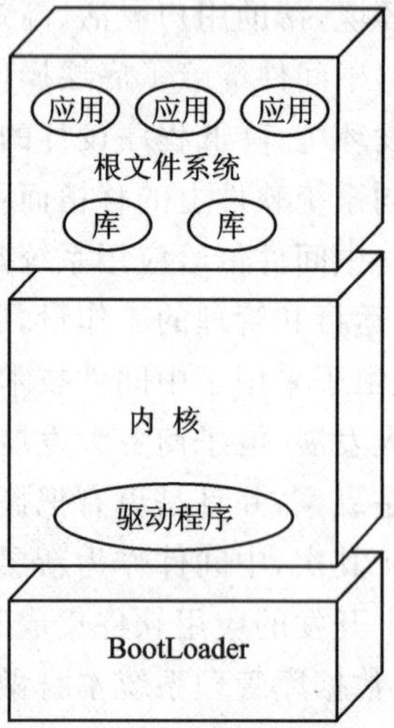

图 3-2 基于 Linux 的嵌入式软件结构

2. 内 核

Linux 内核的开发主要包括 Linux 内核的定制和裁减等工作。在嵌入式开发中经常要面对设备驱动程序的开发,嵌入式系统通常有许多设备用于与用户交互,像触摸屏、小键盘、滚动轮、传感器、RS-232 接口和 LCD 等。除了这些设备外,还有许多其他专用设备,包括闪存、USB 和 GSM 等。内核通过所有这些设备各自的设备驱动程序来控制它们,包括 GUI 用户应用程序也通过访问这些驱动程序来访问设备。

3. 应用程序

对于嵌入式 Linux 的应用,大多数的应用并不需要图形界面,如交换机、路由器、嵌入式网关以及服务器等。但是,随着消费类电子的普及,越来越多的嵌入式产品如多媒体播放和手机等手持设备需要图形用户界面(或称 GUI)的支持。因此基于 GUI 的应用程序的开发越来越重要。目前比较流行的 GUI 平台有 QT/Embedded、紧缩的 X Windows 系统、MicroWindows 以及 MiniGUI 系统。

X Window 系统是一个基于客户/服务器(Client/Server)结构的视窗系统,在基于 X 的终端(服务器)上显示出来。此系统配置在大多数的 UNIX 系统、DEC 的 VAX/VMS 操作系统以及 Linux 系统中,可以自由复制以及传播,但是系统庞大,占用内核资源较多。MicroWindows 是一个完全开放源码、分层设计的经典 GUI 系统,可以替代 X Window 系统,但是某些关键性代码使用了汇编语言。MiniGUI 系统适用于中小型企业的嵌入式 GUI 平台,采用分层结构,并在核心层采用 hash 表的方式。QT/Embedded 是著名的 QT 库开发商正在进行的面向嵌入式系统的 QT 版本。它是专门为嵌入式系统设计图形用户界面的工具包,包括一个完整的窗口系统。它的特点是可移植性比较好,设计者能轻易地加入各种显示设备和硬件输入设备,很多基于 QT 的 XWindow 都可以非常方便地移植到嵌入式版本。

QT/Embedded 为开发者提供了丰富的 API 调用功能,并公开源代码。QT/Embedded 提供了非常丰富的窗口小部件(Widgets),并且还支持窗口部件的定制,因此它可以为用户提供漂亮的图形界面;但同时丰富的窗口对象也增大了软件的体积,所以,QT/Embedded 一般用于对运行环境不太苛刻的嵌入式设备中。

3.2 嵌入式软件开发流程

3.2.1 嵌入式 Linux 设计概述

绝大多数的 Linux 软件开发都是以 native 方式进行的,即以本机(host)开发、调试,本机运行的方式。这种方式通常不适合于嵌入式系统的软件开发,因为对于嵌入式系统的开发,没有足够的资源在本机(即实验平台)上运行开发工具和调试工具。

通常的嵌入式系统的软件开发采用一种交叉编译调试的方式,如图 3-3 所示。交叉编译调试环境建立在宿主机(即一台 PC)上,对应的开发平台称为目标板。运行 Linux 的 PC(宿主机)开发时使用宿主机上的交叉编译、汇编及连接工具形成可执行的二进制代码(这种可执行代码并不能在宿主机上执行,而只能在目标板上执行),然后把可执行文件下载到目标机上运行。调试时的方法很多,可以使用串口和以太网口等,具体使用哪种调试方法可以根据目标机处理器所提供的支持作出选择。宿主机和目标板的处理器一般都不相同,宿主机为 Intel 处理器,而目标板如 UP_CUP

6410 开发平台为 S3C6410 微处理器,GNU 编译器提供这样的功能,在编译器编译时可以选择开发所需的宿主机和目标机从而建立开发环境。

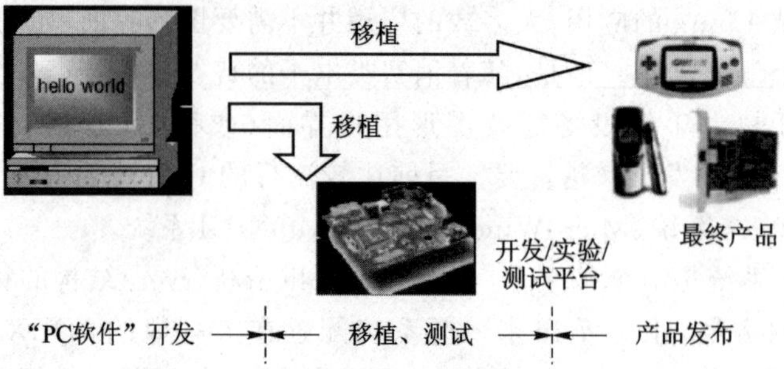

图 3-3　交叉编译开发

总之,宿主机(host)是编辑和编译程序的平台,一般是基于 x86 的 PC,通常也称为主机;而目标机(target)是用户开发的系统,通常都是非 x86 平台。host 编译得到的可执行代码在 target 上运行。

3.2.2　基于开发板的二次开发

二次开发是利用现成的开发板进行开发。不同于通用计算机和工作站上的软件开发工程,一个嵌入式软件的开发过程具有很多特点和不确定性。其中,最重要的一点是软件跟硬件的紧密耦合特性。嵌入式系统的灵活性和多样性,给软件设计人员带来了极大的困难。第一,在软件设计过程中过多地考虑硬件,给开发和调试都带来了很多不便;第二,如果所有的软件工作都需要在硬件平台就绪之后进行,自然就延长了整个系统的开发周期。这些都是应该从方法上加以改进和避免的问题。为了解决这个问题,通常的做法是基于某种开发板做二次开发,从这个角度看,硬件开发所占的比重不到 20%,而软件开发的比重占到了 80%。

嵌入式软件开发是一个交叉开发过程,我们可以在特定的 EDA 工具环境下面进行开发,使用开发板进行二次开发,从而缩短了开发周期,提高了产品的可靠性,降低了开发难度。目前,国内有很多这样的公司提供二次开发所需要的开发板。随着嵌入式相关技术的迅速发展,嵌入式系统的功能越来越强大,应用接口更加丰富,根据实际应用的需要设计出特定的嵌入式最小系统和应用系统是嵌入式系统设计的关键。

由于 ARM 嵌入式体系结构类似并且具有通用的外围电路,同时 ARM 内核的嵌入式最小系统的设计原则及方法基本相同。所以,在当前嵌入式领域中,ARM(Advanced RISC Machines)处理器被广泛应用于各种嵌入式设备中。

图 3-4 所示是博创科技推出的嵌入式系统教学科研平台 UP-CUP 6410,采用的是基于 Samsung 公司的 S3C6410X(ARM11)嵌入式微处理器。

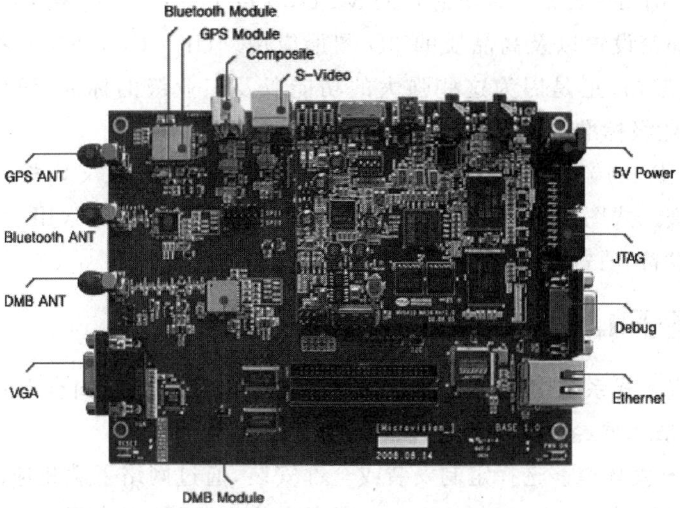

图 3-4 UP-CUP 6410 开发平台

S3C6410X 是一款 16/32 的 RISC 微处理器，具有低成本、低功耗、高性能等优良品质，适用于移动电话和广泛的应用开发。为给 2.5 Gbps 和 3 Gbps 的通信服务提供优越的性能，UP_CUP 6410 采用 64/32 位内部总线结构，其内部总线是由 AXI、AHB 和 APH 这 3 部分总线构成的。UP_CUP 6410 也包含了许多强大的硬件，用于提高任务运行的速度，如动态视频处理、音频处理、2D 图形、显示和缩放等；集成了多种格式编解码器(MFC 的)；支持 MPEG4/ H.263/H.264 的编/解码和 VC1 解码。H/W 型编/解码器支持 NTSC 和 PAL 模式的实时视频会议和电视输出。三维图形(以下简称 3D 引擎)是一种 3D 图形硬件加速器，可以更好地支持 openGLES 的 1.1 及 2.0。这个 3D 引擎包括两个可编程着色器：像素渲染和顶点渲染。

UP-CUP 6410 具有良好的外部存储器结构，这种优化的结构能够在高端的通信服务中维持很高的内存宽带。存储系统拥有两个外部存储器接口、DRAM 和 Flash/ROM 。DRAM 的端口可支持移动 DDR 。Flash/ ROM 端口支持 NOR Flash、NAND Flash、OneNAND、CF 和光盘类型的外部存储器。为降低整个系统的成本并提供整体功能，UP-CUP 6410 包括许多硬件外设，如相机接口、16 位真彩液晶 LCD 控制器、系统管理(电源管理等)、4 通道 UART 接口、32 通道 DMA 、5 通道 32 位定时器与 2PWM 输出、通用 I/ O 端口、I^2S 接口、总线接口、I^2C 总线接口、USB 主机、高速 USB 接口 OTG 设备(480 Mbps 的传输速度)、3 通道 SD/MMC 记忆主机控制器和 PLL 时钟发生器。ARM 子系统基于 ARM1176JZF-S 核心，包括独立的 16 KB 指令和 16 KB 数据高速缓存、16 KB 指令和 16 KB 数据 TCM(Terminal-to-ComputerMultiplexer 终端设备至计算机多路转接器)；还含有一个完整的 MMU 进行处理虚拟内存管理。

ARM1176JZF－S 是一种单芯片的 MCU，支持 Java；含矢量浮点协处理器，可有效执行各种加密设置以及高品质的 3D 图形应用。UP－CUP 6410 采用了标准的 AMBA 总线架构，正是因为这些强大的功能以及工业级的标准，使得 UP－CUP 6410 支持工业级标准的操作系统。

UP－CUP 6410 平台可运行 Linux 2.4.x 和 Linux 2.6.x 内核，支持 QT/E、miniGUI 等嵌入式图形界面，集成了 USB、SD、LCD、Camera 等常用设备接口，适用于各种手持设备、消费电子和工业控制设备等产品的开发。

3.2.3 基于 Linux 的嵌入式软件开发流程

在一个嵌入式系统中使用 Linux 开发，根据应用需求的不同有不同的配置开发方法，但是一般都要经过如下的过程：

① 建立开发环境。选择定制安装或全部安装，通过网络下载相应的 GCC 交叉编译器进行安装(如 arm－Linux－gcc)，或者安装产品厂家提供的交叉编译器。

② 配置开发主机。设置 MINICOM，一般参数为波特率 115 200，数据位 8 位，停止位 1，无奇偶校验，软件硬件流控设为无。在 Windows 下的超级终端配置也是这样。MINICOM 软件的作用是作为调试嵌入式开发平台的信息输出的监视器和键盘输入的工具。配置网络，主要是配置 NFS 网络文件系统，需要关闭防火墙，简化嵌入式网络调试环境设置过程。

③ 建立引导装载程序 BootLoader。从网络上下载一些公开源代码的 BootLoader，如 U-BOOT、BLOB、VIVI、LILO、ARM－BOOT 和 RED－BOOT 等，根据自己具体芯片进行移植修改。有些芯片没有内置引导装载程序，如 Samsung 公司的 ARM7 和 ARM9 系列芯片，这样就需要编写烧写开发平台上 Flash 的烧写程序，网络上有免费的 Windows 下通过 JTAG 并口简易仿真器烧写 ARM 外围 Flash 芯片的烧写程序。也有 Linux 下的公开源代码的 J－Flash 程序。如果不能烧写自己的开发平台，就需要根据自己的具体电路进行源代码修改。这是让系统可以正常运行的第一步。如果购买了厂家的仿真器当然比较容易烧写 Flash 了，这对于需要迅速开发自己应用的用户来说可以极大地提高开发速度，但是其中的核心技术是无法了解的。

④ 移植 Linux 操作系统，如 μCLinux、ARM-Linux 和 PPC-Linux 等。如果有专门针对用户所使用的 CPU 移植好的 Linux 操作系统那是再好不过，下载后再添加用户特定硬件的驱动程序，进行调试修改。对于带 MMU 的 CPU 可以使用模块方式调试驱动，对于 μCLinux 这样的系统，则只能编译进内核进行调试。

⑤ 建立根文件系统。从 www.busybox.net 下载使用 BUSYBOX 软件进行功能裁剪，产生一个最基本的根文件系统，再根据自己的应用需要添加其他的程序。默认的启动脚本一般都不会符合应用的需要，所以就要修改根文件系统中的启动脚本，

它存放于"/etc"目录下,包括"/etc/init. d/rc. S""/etc/profile"和"/etc/. profile" 等,自动挂装文件系统的配置文件"/etc/fstab",具体情况会随系统不同而不同。根文件系统在嵌入式系统中一般设为只读,需要使用 mkcramfs 和 genromfs 等工具产生烧写映像文件。

⑥ 建立应用程序的文件系统。一般使用 JFFS2 或 YAFFS 文件系统,这需要在内核中提供这些文件系统的驱动,有的系统使用一个线性 Flash(NOR 型)512 KB~32 MB,有的系统使用非线性 Flash(NAND 型)8~512 MB,有的两个同时使用,需要根据应用规划 Flash 的分区方案。

⑦ 开发应用程序。可以放入根文件系统中,也可以放入 YAFFS 和 JFFS2 文件系统中,有的应用不使用根文件系统,直接将应用程序和内核设计在一起,这有点类似于 μC/OS-Ⅱ的方式。

⑧ 烧写内核、根文件系统和应用程序。

⑨ 发布产品。

3.3 嵌入式 Linux 开发环境

3.3.1 ARM 处理器硬件开发平台

GEC210&2440 嵌入式学习平台采用双 CPU 结构,其结构如图 3-5 所示。核心板之一采用基于 Cortex A8 的三星 S5PV210 作为主处理器,运行主频达1 GHz。S5PV210 内部集成了 PowerVR SGX540 高性能图形引擎,支持 3D 图形流畅运行,并可流畅播放 1080P 大尺寸视频。另外一块核心板采用三星公司的 S3C2440 芯片,系统可稳定运行在 405 MHz,主频最高可达 530 MHz。提供 256 MB 的 NAND Flash 存储器,采用 K9F1208 芯片,可以兼容 16 MB、32 MB 或 128 MB;提供512 MB

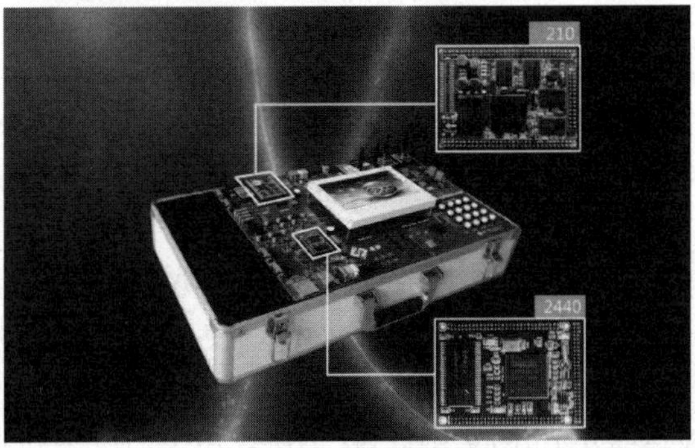

图 3-5 GEC210&2440 开发平台

DDRII,支持 32 bit 数据总线,运行频率为 200 MHz;可流畅运行 Android、Linux 和 Windows CE 等高级操作系统。它非常适合开发高端物联网终端、广告多媒体终端、智能家居、高端监控系统、游戏机控制板等设备。

其软件支持 gecboot-210、Android 2.3+Linux-2.6.35、Android 4.0、Linux-2.6.35+Qtopia-2.2.0/Qt-4.4.3/Qt-4.7、Windows CE6。

3.3.2 建立嵌入式交叉编译环境

嵌入式 Linux 开发环境有几个方案:

① 基于 PC Windows 操作系统下的 CYGWIN;

② 在 Windows 下安装虚拟机后,再在虚拟机中安装 Linux 操作系统;

③ 直接安装 Linux 操作系统。

基于 Windows 的环境要么有兼容性问题,要么速度受影响,在实际开发中推荐读者使用纯 Linux 操作系统开发环境。对于习惯使用 Windows 操作系统,但又想学习嵌入式 Linux 开发的读者,建议使用基于虚拟机的开发方式。本书就使用这种方式,这种方式和纯 Linux 的区别仅仅是速度方面稍微慢点,功能上没有多少区别。相反这种方式的好处是不用担心系统崩溃,即使在开发调试中出现系统崩溃的情况,也只须重新启动虚拟机即可,相当于在 Windows 系统中重新启动一个应用程序,而不需要启动操作系统。这里使用的虚拟机为 VM 6.0.2,安装的操作系统为 Fedora11,其安装过程可以参考 1.3 节。安装完后就可以建立交叉开发环境,即安装 arm-linux-gcc 交叉编译工具。这个工具的版本很多,而且需要重新编译生成。但是,在基于某种开发板的二次开发中,供应商往往提供了这个工具,这里使用的是北京博创科技公司提供的 arm2410 开发箱,用户只需要使用配套资料中的“./install.sh”即可完成交叉开发工具的安装,极大地降低了开发难度。当然,安装了交叉开发工具后,用户还需要对开发环境进行一些配置。

3.3.3 配置开发环境

1. Samba 服务器

Samba(SMB 是其缩写)是局域网上共享文件和打印机的一种协议,能够使 Linux 和视窗系统(一般是 Windows XP 系统)之间进行共享服务,使视窗系统能够采用“网上邻居”的方式访问 Linux 主机。

SMB 协议是建立在 NetBIOS 协议之上的应用协议,是基于 TCP138 和 139 两个端口的服务。NetBIOS 出现之后,Microsoft 就使用 NetBIOS 实现了一个网络文件/打印服务系统。这个系统基于 NetBIOS 设定了一套文件共享协议,Microsoft 称之为 SMB(Server Message Block) 协议,这个协议用于 Lan Manager 和 Windows 服务器系统中,实现不同计算机之间共享打印机和文件等。因此,为了让 Windows 和 UNIX/Linux 计算机相集成,最好的办法就是在 UNIX/Linux 计算机中安装支持

SMB 协议的软件。这样使用 Windows 的客户端不需要更改设置，就能像使用 Windows NT 或 Windows 2000 服务器一样，使用 UNIX/Linux 计算机上的共享资源了。

Windows 网络中的每台机器既可以是文件共享的服务器，也可以是客户机；Samba 也一样，如一台 Linux 的机器，如果加了 Samba Server 后，它能充当共享服务器，同时也能作为客户机来访问其他网络中的 Windows 共享文件系统，或其他 Linux 的 Sabmba 服务器；在 Windows 网络中，看到共享文件功能知道，直接就可以把共享文件夹当作本地硬盘来使用。在 Linux 中就是通过 Samba 向网络中的机器提供共享文件系统，也可以把网络中其他机器的共享挂载在本地机上使用，这在一定意义上说和 FTP 是不一样的。

如果用 Linux 发行版自带的 Samba 软件包，一般情况下 Samba 服务器的配置文件都位于/etc/samba 目录中，服务器的主配置文件是 smb. conf，也有用户配置文件 smbpasswd、smbusers 和 lmhosts 等(最好查看一下这些文件的内容)；还有一个文件是 secrets. tdb，这是 Samba 服务器启动后自动生成的。下面慢慢根据教程的进度来适当地增加这些文件的说明。

Samba 服务器的配置步骤如下。

(1) 关闭防火墙

选择“系统”→“管理”，则弹出防火墙配置界面，如图 3-6 所示。接下来单击“禁用”按钮，将防火墙禁用。

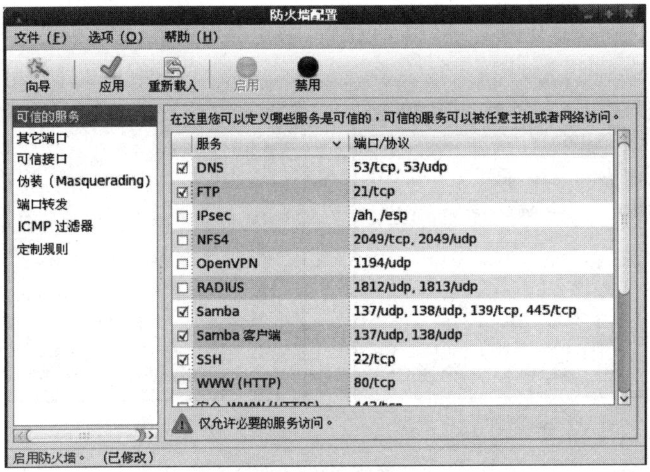

图 3-6　禁用防火墙

(2) 配置 Samba 服务器

选择“系统”→“管理”→Samba 进行 Samba 服务器配置，如图 3-7 所示。

首先单击“添加共享”按钮，选择“基本”选项卡，在“目录”的文本框中输入“/usr/

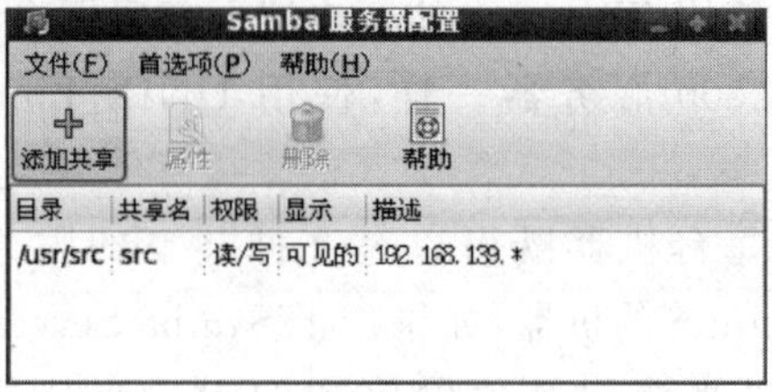

图 3-7 启动 Samba 服务器配置

src”,其他各项如图 3-8(a)图所示。在访问选项卡中,选择允许所有用户访问,如图 3-8(b)所示。

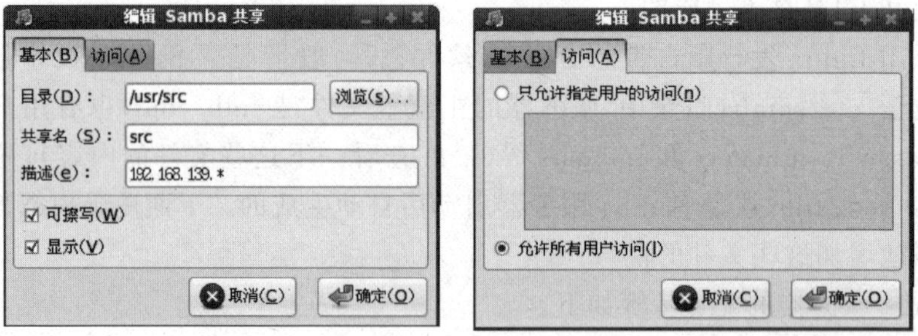

(a) 图示1 (b) 图示2

图 3-8 设置服务器

然后通过选择“首选项”进行服务器设置,如图 3-9 所示。在图 3-9(a)“基本”选项卡中设置工作组和描述,在图 3-9(b)“安全性”选项卡中设置“验证模式”为共享,“来宾账号”为无来宾账号。

(a) 图示1 (b) 图示2

图 3-9 设置工作组和验证模式

(3) 设置 Samba 服务器 IP 地址

目标主机的 IP 地址只要和 Samba 服务器的 IP 地址在同一个网段即可,在终端中输入如下命令设置:

```
[root@JLUZH root]# ifconfig eth0 192.168.139.2
```

(4) 启动 Samba 服务器

输入如下命令，启动 Samba 服务器。

```
[root@JLUZH root]# service smb restart
```

(5) 配置 Windows 的 IP 地址

设置 Windows 下的 IP 地址，只要与 Samba 服务器的 IP 地址在同一网段即可，如图 3-10 所示。

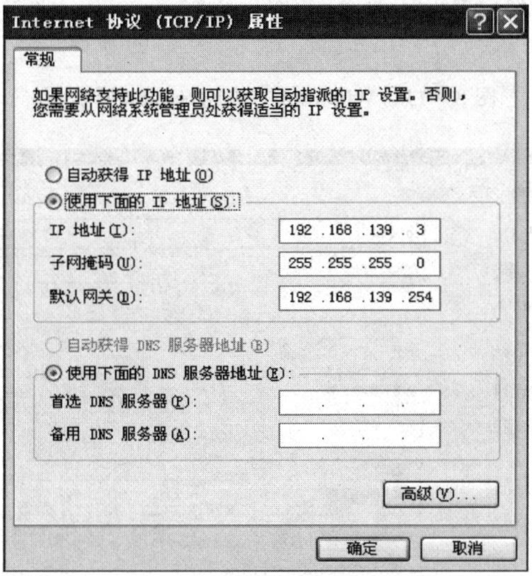

图 3-10 设置 Windows 下的 IP 地址

(6) 在 Windows 下访问共享

在“运行”对话框中输入 Samba 服务器的 IP 地址“192.168.139.2”，如图 3-11(a)所示；这个过程大概会持续一段过程，如果连接不上，可以在 Windows 下使用 ping 命令来测试网络的连通情况。

然后就可以看到 Linux 下的共享文件夹“/usr/src”，如图 3-11(b)所示。在这个目录下就可以实现 Linux 操作系统和 Windows 操作系统的文件共享，注意，如果出现不能写入的情况，则还要在 Linux 下使用“chmod”命令设置“/usr/src”目录的访问属性；建议都设置成“可读可写可执行”，也可在图形界面下直接设置，如图 3-12 所示，详细的设置可参考配套资料“Samba 的配置”。

2. NFS 服务

Samba 是一个网络服务器，用于 Linux 和 Windows 共享文件；Samba 既可以用于 Windows 和 Linux 之间的共享文件，也一样用于 Linux 和 Linux 之间的共享文件；不过对于 Linux 和 Linux 之间共享文件有更好的网络文件系统 NFS，NFS 也需要架设服务器。

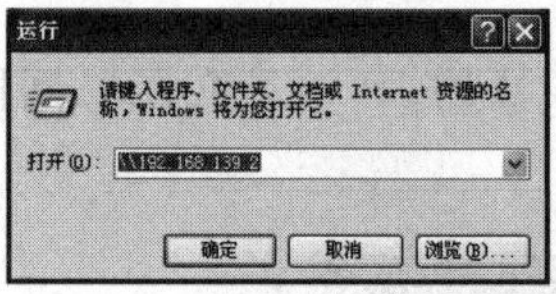

(a) 图示1

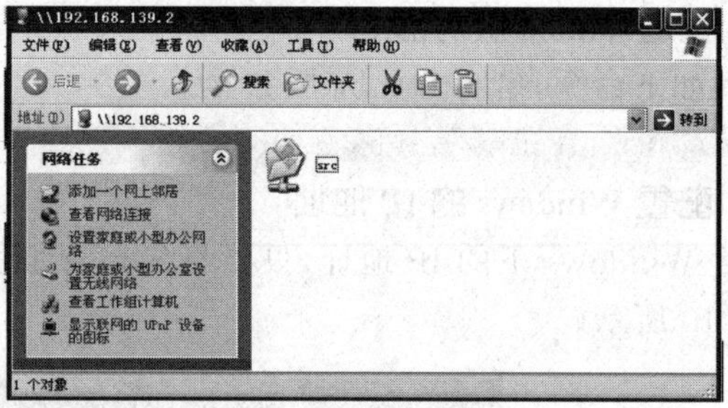

(b) 图示2

图 3-11　Windows 下访问 Samba 服务器

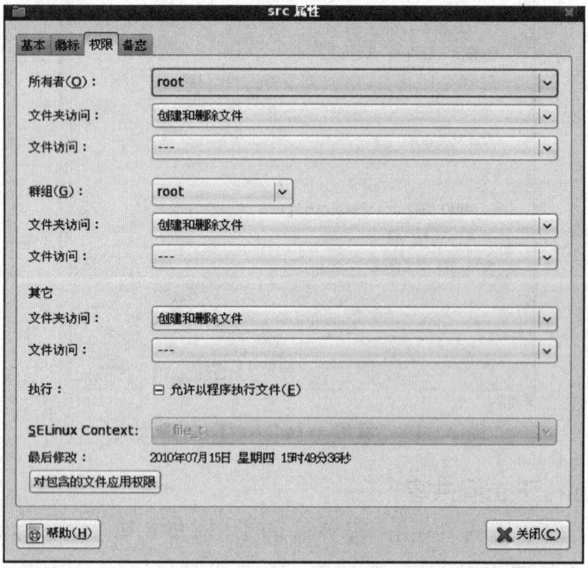

图 3-12　设置目录的访问权限

NFS 是 Network File System 的简称，也就是网络文件系统的意思，是可以使不同的计算机之间通过网络进行文件共享的一种网络协议，一般用于 Linux 网络系统中。实际上，一台 NFS 服务器就如同一台文件服务器，只要将文件系统共享出来，NFS 客户端就可以将它挂载到本地系统中，从而可以像使用本地文件系统中的文件一样使用那些远程文件系统中的文件。NFS 服务器的配置过程如下，详细的配置可参考配套资料“NFS 的配置”。

(1) 关闭防火墙

参考 Samba 服务器配置的第(1)步。

(2) 设置目标主机的 IP 地址

目标主机的 IP 地址只要和 Samba 服务器的 IP 地址在同一个网段即可，在终端中输入命令设置，也可以通过选择“系统设置”→“网络”设置，如图 3-13 所示，网卡设置本例中配置宿主机 IP 为 192.168.139.2。如果在有多台计算机使用的局域网环境使用此开发设备,IP 地址可以根据具体情况设置。

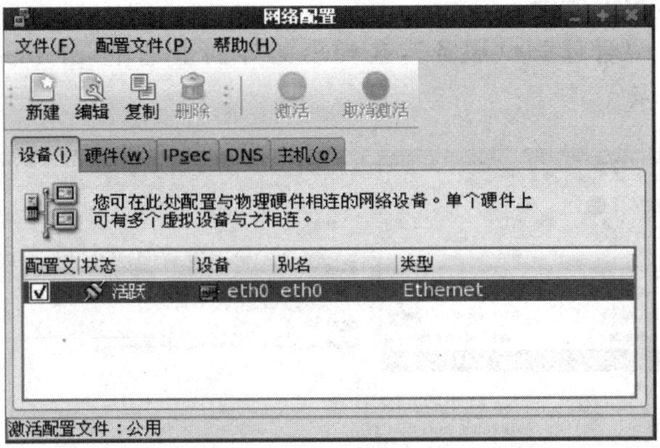

图 3-13 网络配置

双击设备 eth0 的蓝色区域,进入以太网设置界面,如图 3-14 所示,一般情况下使用的是设备 eth0。另外,必须保证主机和目标机的 IP 地址在同一网段。如果打开了防火墙,那么外来的 IP 访问它全部拒绝,这样其他网络设备根本无法访问它,即无法用 NFS mount 它,许多网络功能都将无法使用。因此网络安装完毕后,应检查

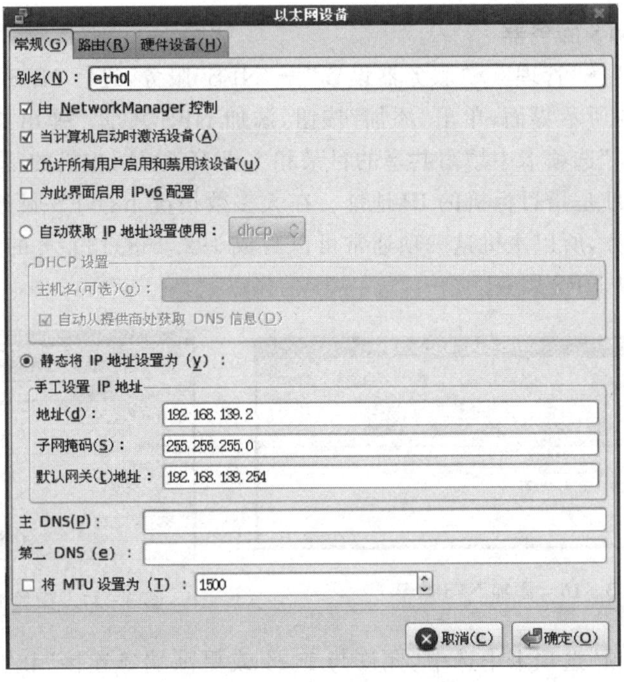

图 3-14 以太网常规设置

防火墙是否关闭(可使用 chkconfig iptables off 或 service iptables stop 命令关闭防火墙)。

(3) 禁用 iptables 服务

选择“系统”→“管理”→“服务”,在弹出的界面上选中 iptables 项,然后将其禁用,如图 3-15 所示。

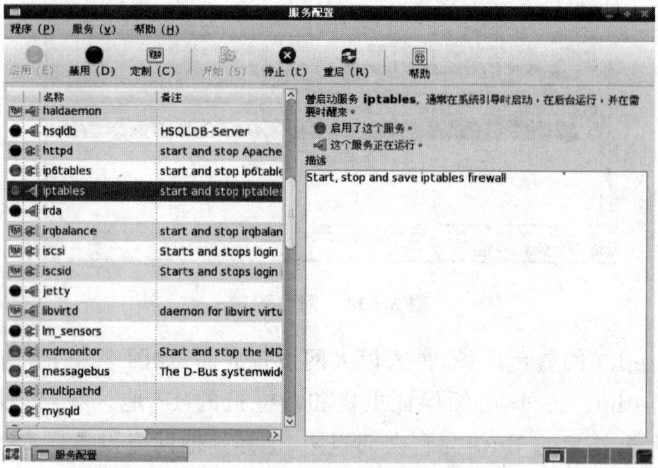

图 3-15 禁用 iptables 服务

(4) 配置 NFS 服务器

选择“系统”→“管理”→“服务器设置”→“NFS”服务,进行 NFS 服务器配置,则弹出如图 3-16 所示界面,单击“添加”按钮,添加 NFS 共享。弹出如图 3-17 所示对话框,在“基本”选项卡中填写共享的目录和主机 IP 地址,主机的基本权限选择读/写。主机 IP 地址是指目标机的 IP 地址。在大多数情况下,NFS 服务器能为多个主机提供 NFS 服务,所以主机这一项通常可以写成 192.168.139.* 的形式,即为同一网段的主机提供 NFS 服务。

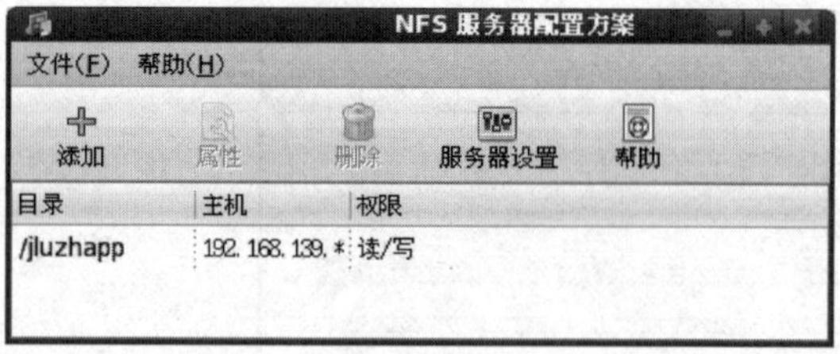

图 3-16 添加 NFS 共享

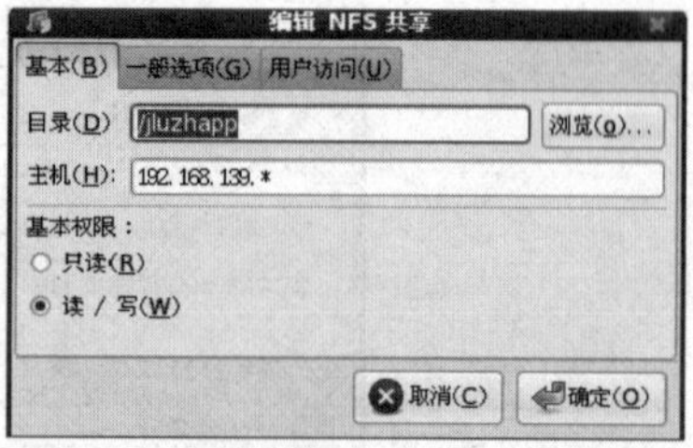

图 3-17 配置 NFS 基本选项

在“一般选项”选项卡中选中“允许与 1024 或更高端口连接”和“Sync 写操作请求”两个选项,如图 3-18(a)所示。在“用户访问”选项卡选中“将远程根目录用户视为本地根目录用户”,如图 3-18(b)所示。

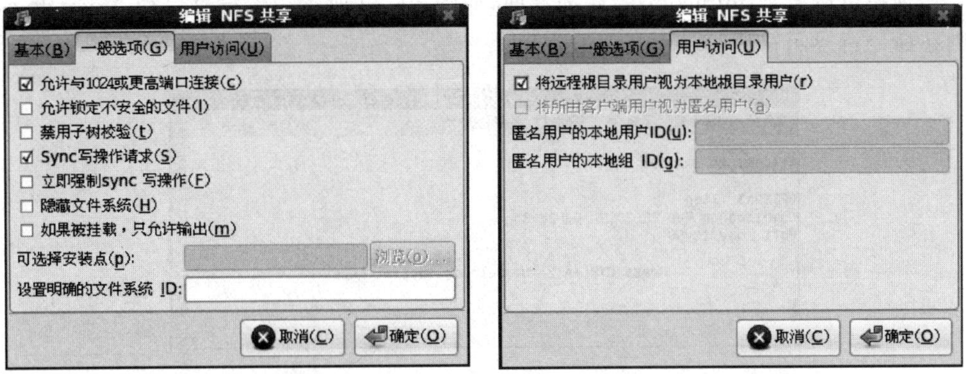

(a) 常规选项设置　　(b) 用户访问选项设置

图 3-18　配置 NFS 选项

除了利用上述图形化方式进行 NFS 配置外，还可以通过设置文件“/etc/exports”来允许目标板挂载目录。例如，设置文件“/etc/exports”的内容如下：

```
/jluzhapp 192.168.139.*(rw,insecure,sync,nohide,no_root_squ
```

该句意思是“192.168.139”网段中的所有 IP 地址都能挂载“/jluzhapp”目录，并且如果是以 ROOT 身份登录，那么对该目录的权限也是 ROOT。设置好文件后，就能启动 NFS 服务了。

(5) 启动 NFS 服务

可以在终端中启用 NFS 服务，输入如下命令则可启动 NFS 服务。

```
[root@JLUZH root]# /etc/init.d/nfs restart
```

(6) 挂载 NFS

通过 mount 命令进行挂载，其格式如下：

```
[root@JLUZH root]# mount -t nfs host:/jluzhapp /mnt
```

上述命令表示挂载“host/jluzhapp”目录到本地挂载点“/mnt”。host 处也可以为 IP 地址，在嵌入式开发中通常将宿主机中的目录挂载到开发板的某个目录下。例如上面配置的 NFS 服务“192.168.139.2:/jluzhapp”挂载到开发板中的 mnt 下，可以使用如下命令：

```
[root@JLUZH root]# mount -t nfs 192.168.122.2:/jluzhapp #/mnt
```

通常在宿主机上做开发，开发后的应用程序放到“/jluzhapp”目录下，然后通过上述命令将该目录挂载到目标板系统的“/mnt”目录下，这样可以在目标板下运行、调试。同样，目标板可以通过这种方式共享宿主机下的文件。

3. minicom 设置

① 在 Linux 平台的 X window 界面下建立一个终端，在终端的命令行提示符后键入如下命令并回车。

```
[root@JLUZH root]# minicom
```

现在可以看到 minicom 的启动界面,如图 3-19 所示。若没有启动 X window,则在命令行提示符后直接键入 minicom。

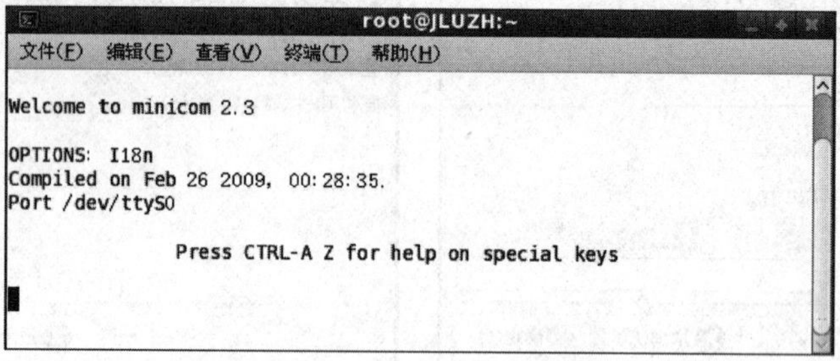

图 3-19 启动 minicom

② minicom 启动后,先按 Ctrl+A 键,再按 Z 键(注意不是连续按,Ctrl+A 松开后才按 Z),进入主配置界面,如图 3-20 所示。

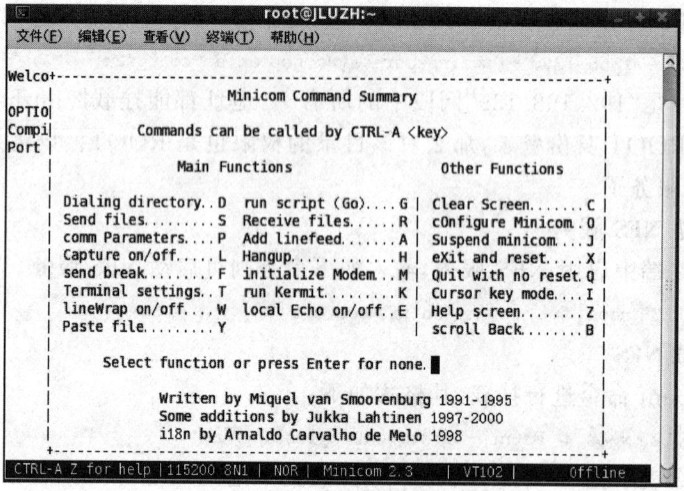

图 3-20 minicom 配置菜单

按"0"键进入配置界面,如图 3-21 所示。

按上下键选择 Serial port setup,进入端口设置界面,这里有几个重要选项改为如下值:

A——Serial Device:/dev/ttyS0(端口号使用串口 1)

E——Bps/Par/Bits:/115200 8N1(波特率)

F、G 硬件流、软件流都改为 NO,如图 3-22 所示。若要使用 PC 的串口 2 来接板子的串口 1 做监控,则改为/dev/ttyS1 即可。

③ 选好后按 Esc 键退出到画面,选择 Save setup as df1 保存退出。以后只要启动 minicom 就是该配置,无须再做改动。

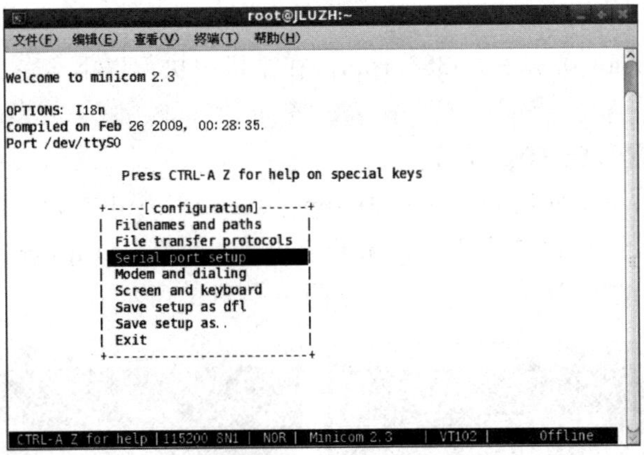

图 3-21 端口设置

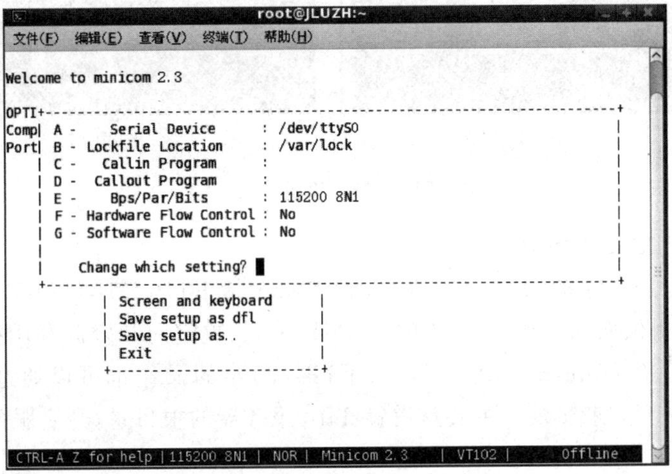

图 3-22 设置 minicom

4. 启用 Tftp 服务

Tftp 是用来下载远程文件的最简单网络协议，它基于 UDP 协议而实现。嵌入式 Linux 的 Tftp 开发环境包括两个方面：一是嵌入式 Linux 宿主机的 tftp-server 支持，二是嵌入式 Linux 目标机的 tftp-client 支持。因为 u-boot 本身内置支持 tftp-client，所以嵌入式目标机就不用配置了。首先从互联网上下载如下文件 tftp 服务器文件：tftp-server-0.49-1.fc10.i386.rpm，tftp 客户端文件：tftp-hpa-0.48-1.i386.rpm。

(1) 安装 Tftp 服务器

解压 tftp-server-0.49-1.fc10.i386.rpm。在主机中执行以下命令：

```
[root@JLUZH root]# rpm -ivh tftp-server-0.49-1.fc10.i386.rpm
```

(2) 安装 Tftp 客户端

解压 tftp - hpa - 0.48 - 1.i386.rpm。在主机中执行以下命令:

```
[root@JLUZH root]# rpm - ivh tftp - hpa - 0.48 - 1.i386.rpm
```

(3) 修改配置开启 Tftp 服务

在 Linux 下,不管使用的是哪一种 super-server、inetd 或者 xinetd,默认情况下 Tftp 服务是禁用的,所以要修改文件来开启服务。键入 setup,选择“系统服务”,如图 3 - 23(a)所示;然后选中 Tftp 服务,如图 3 - 23(b)所示。

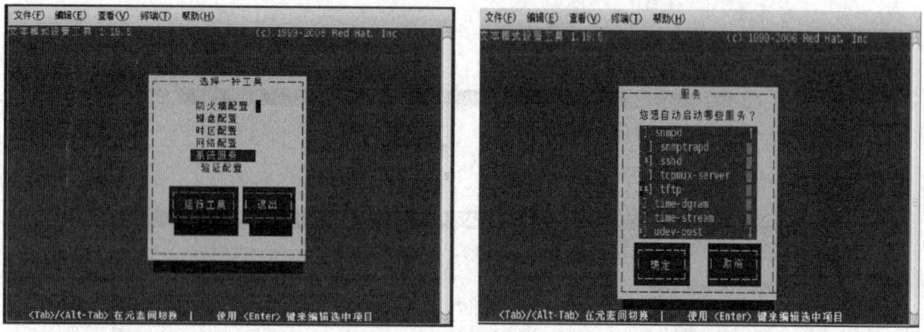

(a) 图示1 (b) 图示2

图 3 - 23 设置 Tftp

(4) 重启 Xinetd 服务

Xinetd 是一个守护(daemon)进程,它控制包括 FTP、IMAP 和 Telenet 在内的服务,同时还提供面向特定服务的访问、记录、关联、重定向和资源利用控制。Xinetd 服务配置文件在“/etc/xinetd.d/”目录下,第(3)步的操作也可以通过修改文件“/etc/xinetd.d/tftp”来实现。主要是设置 Tftp 服务器的根目录,开启服务。修改后的文件如下:

```
service tftp
{ socket_type = dgram
  protocol = udp
  wait = yes
  user = root
  server = /usr/sbin/xinetd
  server_args = - s /tftpboot
  disable = no
  per_source = 11
  cps = 100 2
  flags = IPv4
  }
```

修改存盘后,在根目录创建 tftpboot,并修改 tftpboot 访问权限;再执行 service xinetd restart 命令,Tftp 服务就启动了,然后就可以对其进行测试。其操作如下:

```
[root@JLUZH root]# mkdir /tftpboot
[root@JLUZH root]# chmod 777 /tftpboot
```

```
[root@JLUZH root]# service xinetd restart
[root@JLUZH root]# tftp 192.168.139.2
tftp> help
...
tftp> quit
```

3.4 嵌入式系统引导代码

3.4.1 BootLoader 简介

1. BootLoader 的作用

如图 3-24 所示，一个嵌入式 Linux 系统从软件的角度看通常可以分为 4 个层次：

① 引导加载程序，包括固化在固件(firmware)中的 boot 代码(可选)和 BootLoader 两大部分。

② Linux 内核，特定于嵌入式硬件的定制内核以及内核的启动参数。

③ 文件系统，包括根文件系统和建立于 Flash 内存设备之上的文件系统。通常用 ram disk 来作为根文件系统。

④ 用户应用程序，特定于用户的应用程序。有时在用户应用程序和内核层之间可能还会包括一个嵌入式图形用户界面 GUI。

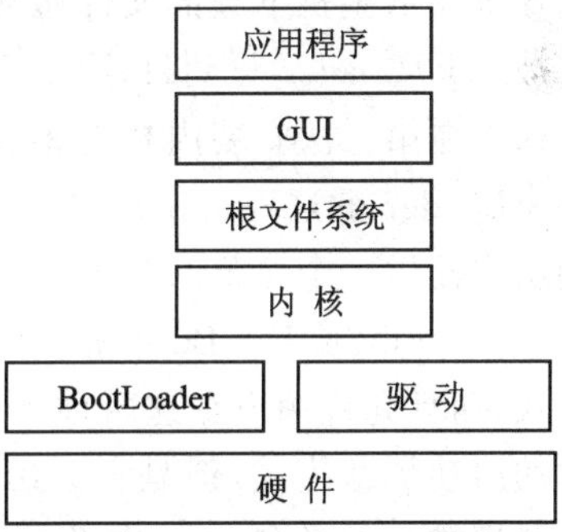

图 3-24 BootLoader 的作用

引导加载程序是系统加电后运行的第一段软件代码。回忆一下 PC 的体系结构可以知道，PC 中的引导加载程序由 BIOS(其本质就是一段固件程序)和位于硬盘 MBR 中的 OS BootLoader(如 LILO 和 GRUB 等)一起组成。BIOS 在完成硬件检测和资源分配后，将硬盘 MBR 中的 BootLoader 读到系统的 RAM 中，然后将控制权交给 OS BootLoader。BootLoader 的主要运行任务就是将内核映像从硬盘上读到 RAM 中，然后跳转到内核的入口点去运行，即开始启动操作系统。

而在嵌入式系统中，通常并没有像 BIOS 那样的固件程序(注：有的嵌入式 CPU 也会内嵌一段短小的启动程序)，因此整个系统的加载启动任务就完全由 BootLoader 来完成。例如，在一个基于 ARM7TDMI core 的嵌入式系统中，系统在上电或复位时通常都从地址 0x00000000 处开始执行，而在这个地址处安排的通常就是系统的 BootLoader 程序。

简单地说，BootLoader 就是在操作系统内核运行之前运行的一段小程序。通过这段小程序,可以初始化硬件设备、建立内存空间的映射图,从而将系统的软硬件环境带到一个合适的状态,以便为最终调用操作系统内核准备好正确的环境。

2. BootLoader 操作模式

大多数 BootLoader 都包含两种不同的操作模式:“启动加载”模式和“下载”模式,这种区别仅对于开发人员才有意义。但从最终用户的角度看,BootLoader 的作用就是用来加载操作系统,而并不存在所谓的启动加载模式与下载工作模式的区别。

启动加载(BootLoading)模式:这种模式也称为“自主”(Autonomous)模式,即 BootLoader 从目标机上的某个固态存储设备上将操作系统加载到 RAM 中运行,整个过程并没有用户的介入。这种模式是 BootLoader 的正常工作模式,因此在嵌入式产品发布的时候,BootLoader 显然必须工作在这种模式下。

下载(Downloading)模式:在这种模式下,目标机上的 BootLoader 将通过串口连接或网络连接等通信手段从主机(Host)下载文件,如下载内核映像和根文件系统映像等。从主机下载的文件通常首先被 BootLoader 保存到目标机的 RAM 中,然后再被 BootLoader 写到目标机上的 Flash 类固态存储设备中。BootLoader 的这种模式通常在第一次安装内核与根文件系统时被使用,此外,以后的系统更新也会使用 BootLoader 的这种工作模式。工作于这种模式下的 BootLoader 通常都会向它的终端用户提供一个简单的命令行接口。因此,产品开发时通常使用这种模式。

像 Blob 或 U-Boot 等这样功能强大的 BootLoader 通常同时支持这两种工作模式,而且允许用户在这两种工作模式之间进行切换。例如,Blob 在启动时处于正常的启动加载模式,但是它会延时 10 s 等待终端用户按下任意键而将 blob 切换到下载模式。如果在 10 s 内没有用户按键,则 blob 继续启动 Linux 内核。

最常见的情况就是,目标机上的 BootLoader 通过串口与主机之间进行文件传输,传输协议通常是 xmodem/ymodem/zmodem 协议中的一种。但是,串口传输的速度是有限的,因此通过以太网连接并借助 TFTP 协议来下载文件是个更好的选择。

3.4.2 常用的 BootLoader

在嵌入式中常见的 BootLoader 有如下几种:

1. ARMBoot

ARMBoot 是一个 BootLoader,是为基于 ARM 或者 StrongARM CPU 的嵌入式系统所设计的。它支持多种类型的 Flash,允许映像文件经由 bootp、tftp 从网络传输,支持从串口线下载 S-record 或者 binary 文件,允许内存的显示及修改,支持 jffs2 文件系统等。Armboot 源码公开,可以在 http://www.sourceforg.net/projects/armboot 下载。

2. PPCBoot

PPCBoot 是德国 DENX 小组开发的用于多种嵌入式 CPU 的 BootLoader 引导程序，主要由德国的工程师 Wolfgang Denk 和 Internet 上的一群自由开发人员对其进行维护和开发。支持 PowerPC、ARM、MIPS 和 m68K 等多种处理器平台，易于裁减和调试。PPCBoot 遵循 GPL（通用公共许可）公约，完全开放源代码。PPCBoot 源代码可以在 sourceforge 网站的社区服务器中获得，它的项目主页是 http://sourceforge. net/projects/ppcboot，也可以从 DENX 的网站 http://www. denx. de 下载。

3. U－Boot

U－Boot 是 sourceforge 网站上的一个开放源代码的项目。它可对 Powerpc、MPC5xx、MPC8xx、MPC82xx、MPC7xx、MPC74xx、ARM（ARM7、ARM9、StrongARM、Xscale）、MIPS 和 x86 等处理器提供支持，支持的嵌入式操作系统有 Linux、Vx-work、NetBSD、QNX、RTEMS、ARTOS 和 LynxOS 等，主要用来开发嵌入式系统初始化代码 BootLoader。软件的主站点是 http://sourceforge. net/projects/u-boot。

U－Boot 最初是由 PPCBoot 发展而来的，它对 PowerPC 系列处理器的支持最完善，对 Linux 操作系统的支持最好。源代码开放的 U－Boot 软件项目经常更新，是学习硬件底层代码开发的很好样例，目前已成为 ARMBoot 和 PPCBoot 的替代品。

4. RedBoot

RedBoot 是一个专门为嵌入式系统定制的开发工具，最初由 Redhat 开发，是嵌入式操作系统 eCos 的一个最小版本，现在交由自由软件组织 FSF 管理，遵循 GPL 的发布协议。集 BootLoader、调试和 Flash 烧写于一体；支持串口、网络下载，执行嵌入式应用程序；既可以用在产品的开发阶段（调试功能），也可以用在最终的产品上（Flash 更新、网络启动）。

5. Blob

Blob 是 Boot Loader Object 的缩写，是一款功能强大的 BootLoader。它遵循 GPL，源代码完全开放。Blob 既可以用来简单地调试，也可以启动 Linux kernel。Blob 最初是 Jan-Derk Bakker 和 Erik Mouw 为一块名为 LART（Linux Advanced Radio Terminal）的板子写的，该板使用的处理器是 StrongARM SA-1100。现在 Blob 已经被移植到了很多 CPU 上，包括 S3C44B0。

6. Vivi

Vivi 是韩国 mizi 公司开发的 BootLoader，适用于 ARM9 处理器。Vivi 有两种工作模式：启动加载模式和下载模式。启动加载模式可以在一段时间后（这个时间可更改）自行启动 Linux 内核，这是 Vivi 的默认模式。在下载模式下，Vivi 为用户提供一个命令行接口，通过接口可以使用 Vivi 提供的一些命令。

3.4.3 BootLoader 基本原理

通常,BootLoader 是严重地依赖于硬件而实现的,特别是在嵌入式世界。因此,在嵌入式世界里建立一个通用的 BootLoader 几乎是不可能的。尽管如此,仍然可以对 BootLoader 归纳出一些通用的概念来,以指导用户特定的 BootLoader 设计与实现。

每种不同的 CPU 体系结构都有不同的 BootLoader。有些 BootLoader 也支持多种体系结构的 CPU,如 U-Boot 就同时支持 ARM 体系结构和 MIPS 体系结构。除了依赖于 CPU 的体系结构外,BootLoader 实际上也依赖于具体的嵌入式板级设备的配置。这也就是说,对于两块不同的嵌入式板而言,即使它们是基于同一种 CPU 而构建的,要想让运行在一块板子上的 BootLoader 程序也能运行在另一块板子上,通常也都需要修改 BootLoader 的源程序。

系统加电或复位后,所有的 CPU 通常都从某个由 CPU 制造商预先安排的地址上取指令。例如,基于 ARM7TDMI core 的 CPU 在复位时通常都从地址 0x00000000 取它的第一条指令;而基于 CPU 构建的嵌入式系统通常都有某种类型的固态存储设备(如 ROM、EEPROM 或 Flash 等)被映射到这个预先安排的地址上。因此在系统加电后,CPU 将首先执行BootLoader 程序。

图 3-25 就是一个同时装有 BootLoader、内核的启动参数、内核映像和根文件系统映像的固态存储设备的典型空间分配结构图。

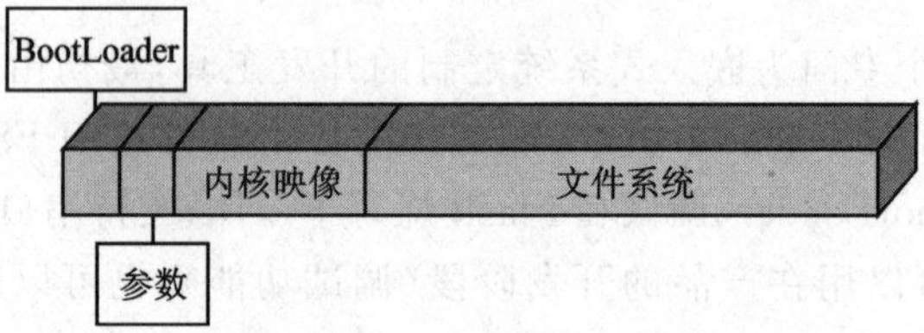

图 3-25 固态存储设备的典型空间分配结构

主机和目标机之间一般通过串口建立连接,BootLoader 软件在执行时通常会通过串口来进行 I/O。例如,输出打印信息到串口,从串口读取用户控制字符等。

在继续本小节的讨论之前,首先做一个假定,那就是假定内核映像与根文件系统映像都被加载到 RAM 中运行。之所以提出这样一个假设前提,是因为在嵌入式系统中内核映像与根文件系统映像也可以直接在 ROM 或 Flash 这样的固态存储设备中直接运行,但这种做法无疑是以运行速度的牺牲为代价的。从操作系统的角度看,BootLoader 的总目标就是正确地调用内核来执行。另外,由于 BootLoader 的实现依赖于 CPU 的体系结构,因此大多数 BootLoader 都分为 stage1 和 stage2 两大部分。依赖于 CPU 体系结构的代码,如设备初始化代码等,通常都放在 stage1 中,而且通常都用汇编语言来实现,以达到短小精悍的目的;而 stage2 则通常用 C 语言来实现,这样可以实现更复杂的功能，而且代码会具有更好的可读性和可移植性。

BootLoader 的 stage1 通常包括以下步骤(以执行的先后顺序)：

① 硬件设备初始化。

② 为加载 BootLoader 的 stage2 准备 RAM 空间。

③ 复制 BootLoader 的 stage2 到 RAM 空间中。

④ 设置好堆栈。

⑤ 跳转到 stage2 的 C 入口点。

BootLoader 的 stage2 通常包括以下步骤(以执行的先后顺序)：

① 初始化本阶段要使用到的硬件设备。

② 检测系统内存映射(memory map)。

③ 将 kernel 映像和根文件系统映像从 Flash 上读到 RAM 空间中。

④ 为内核设置启动参数。

⑤ 调用内核。

1. 第一阶段：BootLoader 的 stage1

(1) 基本的硬件初始化

这是 BootLoader 一开始就执行的操作，其目的是为 stage2 的执行以及随后 kernel 的执行准备好一些基本的硬件环境。它通常包括以下步骤(以执行的先后顺序)：

① 屏蔽所有的中断。为中断提供服务通常是 OS 设备驱动程序的责任，因此在 BootLoader 的执行全过程中可以不必响应任何中断。中断屏蔽可以通过写 CPU 的中断屏蔽寄存器或状态寄存器(如 ARM 的 CPSR 寄存器)来完成。

② 设置 CPU 的速度和时钟频率。

③ RAM 初始化。包括正确地设置系统的内存控制器的功能寄存器以及各内存控制寄存器等。

④ 初始化 LED。典型地，通过 GPIO 来驱动 LED，其目的是表明系统的状态是 OK 还是 Error。如果板子上没有 LED，那么也可以通过初始化 UART 向串口打印 BootLoader 的 Logo 字符信息来完成这一点。

⑤ 关闭 CPU 内部指令/数据 cache。

(2) 为加载 stage2 准备 RAM 空间

为了获得更快的执行速度，通常把 stage2 加载到 RAM 空间中来执行，因此必须为加载 BootLoader 的 stage2 准备好一段可用的 RAM 空间范围。

由于 stage2 通常是 C 语言执行代码，因此在考虑空间大小时，除了 stage2 可执行映像的大小外，还必须把堆栈空间也考虑进来。此外，空间大小最好是 memory page 大小(通常是 4 KB)的倍数。一般而言，1 MB 的 RAM 空间已经足够了。具体的地址范围可以任意安排，如 blob 就将它的 stage2 可执行映像安排到从系统 RAM 起始地址 0xc0200000 开始的 1 MB 空间内执行。但是，将 stage2 安排到整个 RAM

空间的最顶 1 MB(即(RamEnd－1 MB) ～ RamEnd)是一种值得推荐的方法。

为了后面叙述方便,这里把所安排的 RAM 空间范围的大小记为 stage2_size(字节),把起始地址和终止地址分别记为 stage2_start 和 stage2_end(这两个地址均以 4 字节边界对齐)。因此

stage2_end＝stage2_start＋stage2_size

另外,还必须确保所安排的地址范围的确是可读/写的 RAM 空间,因此,必须对所安排的地址范围进行测试。

(3) 复制 stage2 到 RAM 中

复制时要确定两点:

① stage2 的可执行映像在固态存储设备的存放起始地址和终止地址;

② RAM 空间的起始地址。

(4) 设置堆栈指针 sp

堆栈指针的设置是为了执行 C 语言代码做好准备。通常可以把 sp 的值设置为(stage2_end-4),即在上面所安排的那个 1 MB 的 RAM 空间的最顶端(堆栈向下生长)。

此外,在设置堆栈指针 sp 之前,也可以关闭 LED 灯,以提示用户现在准备跳转到 stage2。经过上述这些执行步骤后,系统的物理内存布局应该如图 3－26 所示。

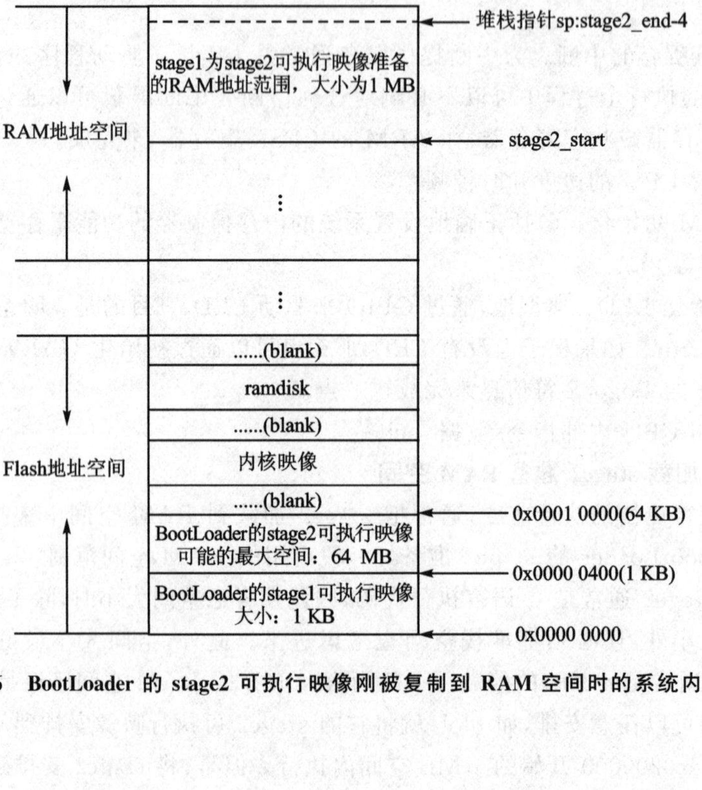

图 3－26　BootLoader 的 stage2 可执行映像刚被复制到 RAM 空间时的系统内存布局

(5) 跳转到 stage2 的 C 入口点

在上述一切都就绪后,就可以跳转到 BootLoader 的 stage2 去执行了。例如,在 ARM 系统中,可以通过修改 PC 寄存器为合适的地址来实现。

2. 第二阶段:BootLoader 的 stage2

正如前面所说,stage2 的代码通常用 C 语言来实现,以便于实现更复杂的功能和取得更好的代码可读性和可移植性。

(1) 初始化本阶段要使用到的硬件设备

通常包括:①初始化至少一个串口,以便和终端用户进行 I/O 输出信息;②初始化计时器等。在初始化这些设备之前,也可以重新把 LED 灯点亮,以表明现在已经进入 main() 函数执行。设备初始化完成后,可以输出一些打印信息,如程序名字字符串和版本号等。

(2) 检测系统的内存映射(memory map)

所谓内存映射就是指在整个 4 GB 物理地址空间中有哪些地址范围被分配用来寻址系统的 RAM 单元。例如,在 SA－1100 CPU 中,从 0xC0000000 开始的 512 MB 地址空间被用作系统的 RAM 地址空间,而在 Samsung S3C44B0X CPU 中,从 0x0c000000～0x10000000 之间的 64 MB 地址空间被用作系统的 RAM 地址空间。虽然 CPU 通常预留出一大段足够的地址空间给系统 RAM,但是在搭建具体的嵌入式系统时却不一定会实现 CPU 预留的全部 RAM 地址空间。也就是说,具体的嵌入式系统往往只把 CPU 预留的全部 RAM 地址空间中的一部分映射到 RAM 单元上,而让剩下的那部分预留 RAM 地址空间处于未使用状态。由于上述这个事实,BootLoader 的 stage2 必须在它想干点什么(如将存储在 Flash 上的内核映像读到 RAM 空间中)之前检测整个系统的内存映射情况,即它必须知道 CPU 预留的全部 RAM 地址空间中的哪些被真正映射到 RAM 地址单元,哪些是处于"unused"状态的。

(3) 加载内核映像和根文件系统映像

1) 规划内存占用的布局

这里包括两个方面:内核映像所占用的内存范围,根文件系统所占用的内存范围。在规划内存占用的布局时,主要考虑基地址和映像的大小两个方面。

对于内核映像,一般将其复制到从(MEM_START＋0x8000)这个基地址开始的大约 1 MB 大小的内存范围内(嵌入式 Linux 的内核一般都不超过 1 MB)。为什么要把从 MEM_START 到 MEM_START＋0x8000 这段 32 KB 大小的内存空出来呢?这是因为 Linux 内核要在这段内存中放置一些全局数据结构,如启动参数和内核页表等信息。

而对于根文件系统映像,则一般将其复制到 MEM_START＋0x00100000 开始的地方。如果用 Ramdisk 作为根文件系统映像,则其解压后的大小一般是 1 MB。

2) 从 Flash 上复制

由于像 ARM 这样的嵌入式 CPU 通常都是在统一的内存地址空间中寻址 Flash 等固态存储设备的,因此从 Flash 上读取数据与从 RAM 单元中读取数据并没有什么不同。用一个简单的循环就可以完成从 Flash 设备上复制映像的工作,如下所示:

```
while(count) {
*dest++ = *src++;        /* 都是以字方式对齐 */
count -= 4;              /* 字节数 */
};
```

(4) 设置内核的启动参数

应该说,在将内核映像和根文件系统映像复制到 RAM 空间中后,就可以准备启动 Linux 内核了。但是在调用内核之前,应该作一步准备工作,即设置 Linux 内核的启动参数。

Linux 2.4.x 以后的内核都期望以标记列表(tagged list)的形式来传递启动参数。启动参数标记列表以标记 ATAG_CORE 开始,以标记 ATAG_NONE 结束。每个标记由标识被传递参数的 tag_header 结构以及随后的参数值数据结构来组成。数据结构 tag 和 tag_header 定义在 Linux 内核源码的 include/asm/setup.h 头文件中。

在嵌入式 Linux 系统中,通常需要由 BootLoader 设置的常见启动参数有 ATAG_CORE、ATAG_MEM、ATAG_CMDLINE、ATAG_RAMDISK 和 ATAG_INITRD 等。

(5) 调用内核

BootLoader 调用 Linux 内核的方法是直接跳转到内核的第一条指令处,即直接跳转到 MEM_START+0x8000 地址处。

3.4.4 BootLoader 移植实例一:U-Boot

1. U-Boot 概述

U-Boot (Universal BootLoader),是遵循 GPL 条款的开放源码项目。U-Boot 的特点如下:

- 开放源码;
- 支持多种嵌入式操作系统内核,如 Linux、NetBSD、VxWorks、LynxOS、QNX、RTEMS 和 ARTOS;
- 支持多个处理器系列,如 PowerPC、MIPS、x86、ARM 和 XScale;
- 具有较高的可靠性和稳定性;
- 高度灵活的功能设置,适合 U-Boot 调试、操作系统不同引导要求、产品发布等;

➢ 丰富的设备驱动源码，如串口、以太网、SDRAM、Flash、LCD、NVRAM、EEPROM、RTC 和键盘等。
➢ 较为丰富的开发调试文档与强大的网络技术支持。

U－Boot 可支持的主要功能如下：

➢ 系统引导：支持 NFS 挂载、RAMDISK（压缩或非压缩）形式的根文件系统，并从 Flash 中引导压缩或非压缩系统内核。
➢ 基本辅助功能：强大的操作系统接口功能；可灵活设置、传递多个关键参数给操作系统，适合系统在不同开发阶段的调试要求与产品发布，尤其对 Linux 支持最为强劲；支持目标板环境参数多种存储方式，如 Flash、NVRAM 和 EEPROM；CRC32 校验，可校验 Flash 中内核和 RAMDISK 镜像文件是否完好。
➢ 设备驱动：串口、SDRAM、Flash、以太网、LCD、NVRAM、EEPROM、键盘、USB、PCMCIA、PCI 和 RTC 等驱动支持。
➢ 上电自检功能：SDRAM 和 Flash 大小自动检测，SDRAM 故障检测，CPU 型号。
➢ 特殊功能：XIP 内核引导。

2. 源码阅读

从网站上下载得到 U－Boot 源码包，例如，U-Boot-1.1.6.tar.bz2 解压就可以得到全部 U－Boot 源程序。顶层目录下有 18 个子目录，分别存放和管理不同的源程序。这些目录中所要存放的文件有其规则，可以分为以下 3 类：

➢ 第 1 类目录与处理器体系结构或者开发板硬件直接相关；
➢ 第 2 类目录是一些通用的函数或者驱动程序；
➢ 第 3 类目录是 U－Boot 的应用程序、工具或者文档。

对于源代码的阅读可以使用源码阅读工具，这里推荐 Source Insight3.0，它是一个 Windows 平台下的共享软件，可以从 http://www.sourceinsight.com/下载 30 天试用版本。由于 Source Insight 是一个 Windows 平台的应用软件，所以首先要通过相应手段把 Linux 系统上的程序源代码复制到 Windows 平台下，可以通过在 Linux 平台上将“/usr/src”目录下的文件复制到 Windows 平台的分区上，或者从配套资料中直接复制文件到 Windows 平台的分区来实现。

Source Insight 实质上是一个支持多种开发语言（java、C、C＋＋等）的编辑器，只不过由于其查找、定位和彩色显示等功能的强大，常被当成源代码阅读工具使用。

U－Boot 的源代码结构如图 3－27 所示，这里仅对主要目录进行介绍，其使用参考第 7 章相关实验。

board 目录：存放一些与已有开发板有关的文件，如 Makefile 和 U-Boot.lds 等，它们都与具体开发板的硬件和地址分配有关。

common 目录：存放与体系结构无关的文件，实现各种命令的 C 文件。

cpu 目录：存放 CPU 相关文件，其中的子目录都是以 U－BOOT 所支持的 CPU

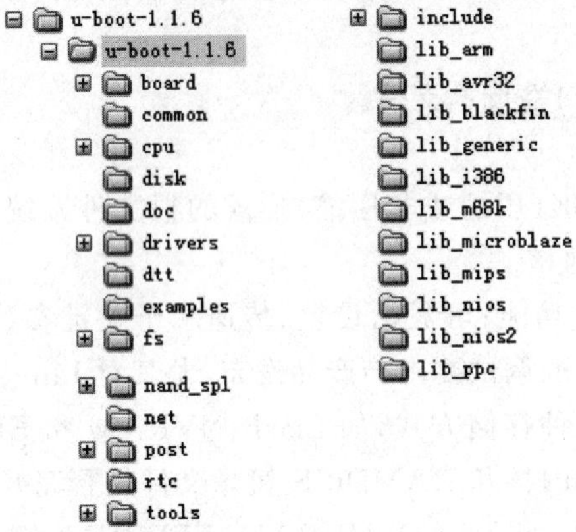

图 3-27 U-Boot 源码结构

为名，如子目录 arm926ejs、mips、mpc8260 和 nios 等。每个特定的子目录中都包括 cpu. c 和 interrupt. c，start. s。其中，cpu. c 初始化 CPU、设置指令 Cache 和数据 Cache 等；interrupt. c 设置系统的各种中断和异常，如快速中断、开关中断、时钟中断、软件中断、预取中止和未定义指令等；start. s 是 U-BOOT 启动时执行的第一个文件，它主要用来设置系统堆栈和工作方式，为进入 C 程序奠定基础。

disk 目录：存放 disk 驱动的分区处理代码。

doc 目录：存放开发使用的文档。

drivers 目录：存放通用设备驱动程序，如各种网卡、支持 CF1 的 Flash、串口和 USB 总线等。

fs 目录：存放支持文件系统的文件，U-BOOT 现在支持 cramfs、fat、fdos、jffs2 和 registerfs。

net 目录：存放与网络有关的代码，BOOTP 协议、TFTP 协议、RARP 协议和 NFS 文件系统的实现。

lib_arm 目录：存放与 ARM 体系结构相关的代码。

tools 目录：存放创建 S-Record 格式文件和 U-BOOT images 的工具。

include 目录：存放头文件，还有对各种硬件平台支持的汇编文件、系统的配置文件和对文件系统支持的文件。

3. U-Boot 的移植

U-Boot 能够支持多种体系结构的处理器，支持的开发板也越来越多。因为 BootLoader 是完全依赖硬件平台的，所以在新电路板上需要移植 U-Boot 程序。这里以 U-Boot 在 Samsung 公司的 S3C2410 芯片上的移植为例进行说明。

开始移植 U-Boot 之前，先要熟悉硬件电路板和处理器，确认 U-Boot 是否已经支持新开发板的处理器和 I/O 设备。假如 U-Boot 已经支持一块非常相似的电路板，那么移植的过程将非常简单。移植 U-Boot 工作就是添加开发板硬件相关的文件、配置选项，然后配置编译。

开始移植之前，需要先分析一下 U-Boot 已经支持的开发板，比较并找出硬件配置最接近的开发板。选择的原则是，首先处理器相同，其次处理器体系结构相同，然后是以太网接口等外围接口；还要验证一下这个参考开发板的 U-Boot，至少能够配置编译通过。

以 S3C2410 处理器的开发板为例，U-Boot-1.1.6 版本已经支持 SMDK2410 开发板。如果可以基于 SMDK2410 移植，那么先把 SMDK2410 编译通过。

下面以 S3C2410 开发板 UP_NETARM2410_S 为例说明。移植的过程参考 SMDK2410 开发板，SMDK2410 在 U-Boot-1.1.6 中已经支持。移植 U-Boot 的基本步骤如下。

(1) 在顶层 Makefile 中为开发板添加新的配置选项

使用已有的配置项目为例。

```
smdk2410_config    :       unconfig
        @./mkconfig $(@:_config=) arm arm920t smdk2410 NULL s3c24x0
```

参考上面 2 行，添加下面 2 行：

```
fs2410_config    :      unconfig
     @./mkconfig $(@:_config=) arm arm920t fs2410 NULL s3c24x0
```

(2) 创建一个新目录存放开发板相关的代码

添加文件：

```
board/up2410/config.mk
board/up2410/flash.c
board/up2410/fs2410.c
board/up2410/Makefile
board/up2410/memsetup.S
board/up2410/u-boot.lds
```

(3) 为开发板添加新的配置文件

可以先复制参考开发板的配置文件，再修改。例如：

```
$ cp include/configs/smdk2410.h include/configs/up2410.h
```

如果是为一颗新的 CPU 移植，还要创建一个新的目录存放 CPU 相关的代码。

(4) 配置开发板

```
$ make up2410_config
```

(5) 编译 U-Boot

执行 make 命令，编译成功可以得到 U-Boot 映像。有些错误是与配置选项有关系的，通常打开某些功能选项会带来一些错误，一开始可以尽量与参考板配置相同。

(6) 添加驱动或者功能选项

在能够编译通过的基础上，还要实现 U-Boot 的以太网接口、Flash 擦写等功能。对于 up2410 开发板的以太网驱动和 SMDK2410 完全相同，所以可以直接使用。CS8900 驱动程序文件如下：

```
drivers/cs8900.c
drivers/cs8900.h
```

对于 Flash 的选择就麻烦多了，与芯片价格或者采购方面的因素都有失。多数开发板大小、型号不都相同，所以还需要移植 Flash 的驱动。每种开发板目录下一般都有 flash. c 文件,需要根据具体的 Flash 类型修改。例如,board/up2410/flash. c。

(7) 调试 U - Boot 源代码

直到 U - Boot 在开发板上能够正常启动。

调试的过程可能是很艰难的,需要借助工具,并且有些问题可能困扰很长时间。编译完成后,可以得到 U - Boot 各种格式的映像文件和符号表,具体如下。

system. map:U - Boot 映像的符号表。

u - boot. bin:U - Boot 映像原始的二进制格式。

u - boot:U - Boot 映像的 ELF 格式。

u - boot. srec:U - Boot 映像的 S - Record 格式。

U - Boot 的 3 种映像格式都可以烧写到 Flash 中,但需要看加载器能否识别这些格式。一般 u - boot. bin 最为常用,直接按照二进制格式下载,并且按照绝对地址烧写到 Flash 中即可。U - Boot 和 u - boot. srec 格式映像都自带定位信息。

4. 烧写 U - Boot

新开发的电路板没有任何程序可以执行,也就不能启动,需要先将 U - Boot 烧写到 Flash 中。如果主板上的 EPROM 或者 Flash 能够取下来,就可以通过编程器烧写。例如,计算机 BIOS 就存储在一块 256 KB 的 Flash 上,通过插座与主板连接。

但是多数嵌入式单板使用贴片的 Flash,不能取下来烧写。这种情况可以通过处理器的调试接口,直接对板上的 Flash 编程。处理器调试接口是为处理器芯片设计的标准调试接口,包含 BDM、JTAG 和 EJTAG 共 3 种接口标准。最简单的方式就是通过 JTAG 电缆,转接到计算机并口连接。这需要在主机端开发烧写程序,还需要有并口设备驱动程序。开发板上电或者复位的时候,烧写程序探测到处理器并且开始通信,然后把 BootLoader 下载并烧写到 Flash 中。这种方式速度很慢,可是价格非常便宜。一般来说,平均每秒钟可以烧写 100～200 字节。烧写完成后,复位实验板,串口终端应该显示 U - Boot 的启动信息。

5. U - Boot 常用命令和环境变量

进入 U - Boot 控制界面后,可以运行各种命令,比如下载文件到内存,擦除、读写 Flash,运行内存、Nor Flash、Nand Flash 中的程序,查看、修改、比较内存中的数据等。使用各种命令时,可以使用其开头的若干个字母代替它。比如 tftpboot 命令,可以使用 t、tf、tft、tftp 等字母代替,只要其他命令不以这些字母开头即可。

当运行一个命令之后,如果它是可重复执行的,若想再次运行,则可以直接输入回车。U - Boot 接收的数据都是十六进制,输入时可以省略前缀 0x、0X。下面介绍常用的命令。

(1) 帮助命令 help

运行 help 命令可以看到 U - Boot 中所有命令的作用,如果要查看某个命令的使用方法,运行“help 命令名”,比如“help bootm”。可以使用“?”来代替“help”,比如直接输入“?”“? bootm”。

(2) 下载命令

U-Boot 支持串口下载、网络下载,相关命令有 loadb、loads、loadx、loady 和 tftpboot、nfs。前几个串口下载命令使用方法相似,以 loadx 命令为例,命令的用法为:

```
loadx [ off ][ baud ]
```

off 表示文件下载后存放的内存地址,baud 表示使用的波特率。

tftpboot 命令使用 TFTP 协议从服务器下载文件,服务器 IP 地址为环境变量 serverip。

```
tftpboot [loadAddress] [bootfilename]
```

loadAddress 表示文件下载后存放的内存地址;bootfilename 表示要下载的文件的名称,必须放在 TFTP 服务器相应的目录下。

示例:

```
Uboot> tftp 32000000 vmlinux
```

将 vmlinux 通过 TFTP 读入到物理内存 32000000 处。

nfs 命令使用 NFS 协议下载文件,用法为:

```
nfs [loadAddress] [host ip addr:bootfilename]
```

loadAddress、bootfilename 的意义与 tftpboot 命令一样。host ip addr 表示服务器 IP 地址,默认为环境变量 serverip。

(3) 内存操作命令

常用的命令有:查看内存命令 md、修改内存命令 md、填充内存命令 mw、复制命令 cp。这些命令都可以带上后缀“.b”“.w”或“.l”,表示以字节、字、双字单位进行操作。

md 命令用法为:

```
md[.b, .w, .l] address [count]
```

表示以字节、字或双字(默认为双字)为单位,显示从地址 address 开始的内存数据,显示的数据个数为 count。

mm 命令用法为:

```
mm[.b, .w, .l] address
```

表示以字节、字或双字(默认为双字)为单位,从地址 address 开始修改内存数据。执行 mm 命令后,输入新数据后回车,地址会自动增加,按“Ctrl+C”键退出。

mw 命令用法为:

```
mw[.b, .w, .l] address value [count]
```

表示以字节、字或双字(默认为双字)为单位,往开始地址为 address 的内存中填充 count 个数据,数据值为 value。

cp 命令用法为:

```
cp[.b, .w, .l] source target count
```

表示以字节、字或双字(默认为双字)为单位,从源地址的内存复制 count 个数据到目的地址的内存。

第 1 个参数 source 是要复制的数据块起始地址。

第 2 个参数 target 是数据块要复制到的地址。这个地址如果在 Flash 中,那么会直接调用写 Flash 的函数操作。所以 U-Boot 写 Flash 就使用这个命令,当然需要先把对应 Flash 区域擦干净。

第 3 个参数 count 是要复制的数目,根据 cp. b、cp. w、cp. l 分别以字节、字、长字为单位。

示例:

```
Uboot>cp.l 30000000 31000000 2
```

将从开始地址 0x30000000 处复制 2 个双字到开始地址为 0x31000000 的地方。

(4) Nor Flash 操作命令

常用的命令有查看 Flash 信息的 flinfo 命令、加/解写保护命令 protect、擦除命令 erase。由于 Nor Flash 的接口与一般内存相似,所以一些内存命令可以在 NOR Flash 上使用,比如读 Nor Flash 时可以使用 md、cp 命令,写 Nor Flash 时可以使用 cp 命令(cp 根据地址分辨出是 Nor Flash,从而调用 Nor Flash 驱动完成写操作)。

直接运行 flinfo 命令即可看到 Nor Flash 的信息,有 Nor Flash 的型号、容量、各扇区的开始地址、是否只读等信息。

对于只读的扇区,在擦除、烧写它之前,要先解除写保护。最简单的命令为"protect off all",解除所有 Nor Flash 的写保护。

erase 命令常用的格式:

```
erase start end        擦除的地址范围为 start~end
erase start +len       擦除的地址范围为 start~(star+tlen? 1)
erase all              擦除所有 NOR Flash
```

(5) Nand Flash 操作命令

Nand Flash 操作命令只有一个:nand,它根据不同的参数进行不同操作,比如擦除、读取、烧写等。其命令常用的格式:

```
nand info
```

用于查看 Nand Flash 信息。

```
nand erase [clean] [off size]
```

用于擦除 Nand Flash。

clean 表示在每个块的第一个扇区的 OOB 区加写入清除标记。

off、size 表示要擦除的开始偏移地址的长度,如果省略 off 和 size,表示要擦除整个 Nand Flash。

```
nand read[.jffs2] addr off size
```

用于从 Nand Flash 偏移地址 off 处读出 size 个字节的数据存放到开始地址为 addr 的内存中。是否加后缀“.jffs”的差别只是读操作时的 ECC 校验方法不同。

```
nand write[.jffs2] addr off size
```

用于把开始地址为 addr 的内存中的 size 个字节数据写到 Nand Flash 的偏移地址 off 处。是否加后缀“.jffs”的差别只是写操作时的 ECC 校验方法不同。

```
nand read.yaffs addr off size
```

用于从 Nand Flash 偏移地址 off 处读出 size 个字节数据，存到开始地址为 addr 的内存中。

```
nand write.yaffs addr off size
```

用于把开始地址为 addr 的内存中的 size 个字节数据写到 Nand Flash 的偏移地址 off 处。

```
nand dump off
```

用于将 Nand Flash 偏移地址 off 的一个扇区的数据打印出来。

(6) 启动命令

不带参数的 boot、bootm 命令都是执行环境变量 bootcmd 所指定的命令。

```
bootm [addr [arg…]]
```

用于 bootm 命令把能启动存放在地址 addr 处的 U-Boot 格式的映象文件。这些内存包括 RAM 和能永久保存的 Flash。

第 1 个参数 addr 是 U-Boot 格式的映象文件的地址。

第 2 个参数对于引导 Linux 内核有用，通常作为 U-Boot 格式的 RAMDISK 映像存储地址；也能是传递给 Linux 内核的参数(默认情况下传递 bootargs 环境变量给内核)。

```
go addr [arg…]
```

与 bootm 命令类似，启动存放在地址 addr 处的二进制文件。

```
nboot [[[loadAddr] dev] offset]
```

用于将 Nand Flash 设备 dev 上偏移地址 off 处的映象文件复制到内存 loadAddr 处，然后，如果环境变量 autostart 的值为 yes，则启动这个映象。

如果 loadAddr 参数省略，则存放地址为配置文件中定义的宏 CFG_LOAD_ADDR；如果 dev 参数省略，则它的取值为环境变量 bootdevice 的值；如果 offset 参数省略，则默认为 0。

(7) 环境变量命令

printenv	打印全部环境变量。
printenv name1 name2?	打印名字为 name1、name2? 的环境变量。
setenv name value	设置名字为 name 的环境变量的值为 value。
setenv name	删除名字为 name 的环境变量。

上面的设置、删除操作只是在内存中进行，saveenv 将更改后的所有环境变量写

入 Nor Flash 中。U-Boot 常用环境变量如表 3-1 所列。

表 3-1　U-Boot 常用环境变量

环境变量	解释说明
bootdelay	定义执行自动启动的等候秒数
baudrate	定义串口控制台的波特率
netmask	定义以太网接口的掩码
ethaddr	定义以太网接口的 MAC 地址
bootfile	定义默认的下载文件
bootargs	定义传递给 Linux 内核的命令行参数
bootcmd	定义自动启动时执行的几条命令
serverip	定义 tftp 服务器端的 IP 地址
ipaddr	定义本地的 IP 地址
stdin	定义标准输入设备,一般是串口
stdout	定义标准输出设备,一般是串口
stderr	定义标准出错信息输出设备,一般是串口

U-Boot 环境变量中最重要的两个变量是:bootargs 和 bootcmd。

1) bootargs

bootargs 参数是启动时传递给 Linux 操作系统的信息,其配置语句为:

```
setenv bootargs root = /dev/mtdblock3 console = ttyS0,115200 rootfstype = cramfs mem =
64mb
```

root:/dev/mtdblock2 表示从 Nand 的第三个分区启动文件系统,Linux 启动后会自动搜索 Nand 分区信息。

console:表示 Linux 操作系统使用的控制台,这里使用第一个串口,因此是 ttyS0,后面跟的 115200 表示串口使用的波特率。

rootfstype:表示文件系统的格式,我们烧录在 Nand 中的文件系统使用 cramfs,所以这里要填写 cramfs,否则 Linux 会尝试自动挂载,可能会出错。

mem:表示 Linux 操作系统的内存容量,目前开发板板载 64 MB 内存,因此填 64mb。

2) bootcmd

bootcmd 是 U-Boot 启动后执行的命令,命令之间用分号分隔,其配置语句为:

```
setenv bootcmd = tftp 32000000 vmlinux; bootm 32000000
```

用 tftp 命令将主机的 Linux 内核 vmlinux 加载到内存的 32000000 这个地址,然后用 bootm 命令从 32000000 启动 Linux 内核 vmlinux。

3.4.5 BootLoader 移植实例二：Vivi

1. Vivi 概述

Vivi 是由韩国 Mizi 公司开发的一种 BootLoader，适合于 ARM9 处理器，支持 S3C2410x 处理器，其源代码可以在 http://www.mizi.com 网站下载。与所有的 BootLoader 一样，Vivi 有两种工作模式，即启动加载模式和下载模式。当 Vivi 处于下载模式时，它为用户提供一个命令行接口，通过该接口能使用 Vivi 提供的一些命令集。大多数 BootLoader 都分为 stage1 和 stage2 两部分，stage2 的代码通常用 C 语言来实现，以便于实现更复杂的功能并取得更好的代码可读性和可移植性。

2. Vivi 源码导读

Vivi 的代码包括 arch、init、lib、drivers 和 include 等几个目录，共 200 多个文件。Vivi 主要包括下面几个目录，如图 3-28 所示。

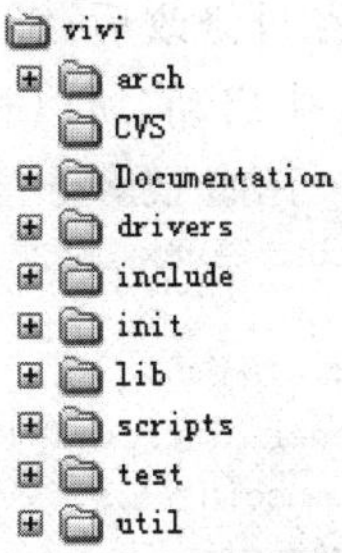

图 3-28 Vivi 源码结构

arch：此目录包括了所有 Vivi 支持的目标板的子目录，如 s3c2410 目录。

Documentation：存放一些使用 Vivi 的帮助文档。

drivers：其中包括了引导内核需要的设备的驱动程序(MTD 和串口)。MTD 目录下分 map、nand 和 nor 这 3 个目录。

init：这个目录只有 main.c 和 version.c 两个文件。与普通的 C 程序一样，Vivi 将从 main 函数开始执行。

include：头文件的公共目录，其中的 s3c2410.h 定义了这块处理器的一些寄存器。platform/smdk2410.h 定义了与开发板相关的资源配置参数，往往只需要修改这个文件就可以配置目标板的参数，如波特率、引导参数和物理内存映射等。

lib：一些平台公共的接口代码，如 time.c 里的 udelay()和 mdelay()。

scripts：存放 Vivi 脚本配置文件。

test：存放一些测试代码文件。

util：存放一些 Nand Flash 烧写 image 相关的工具实现代码。

3. Vivi 的移植

Vivi 作为 Linux 系统的启动代码，在编译配置时需要用到函数库，包括交叉编译器库和头文件、交叉编译开关选项设置，还包括 Linux 内核代码中的库和头文件；所以，通常需要修改 Vivi 工程管理文件 Makefile。下面给出了 Vivi 移植需要修改的主要内容，关于 Vivi 移植的详细操作可参考第 7 章中的相关实验。

(1) Vivi 中与硬件相关的初始化

与具体运行在哪一个处理器平台上相关的文件都存放在“vivi/arch/”目录下，本系统使用 S3C2410x 处理器,对应的目录为 s3c2410。其中,head. s 文件是 Vivi 启动配置代码,加电复位运行的代码就是从这里开始的。由于该文件中对处理器的配置均通过调用外部定义常数或宏来实现,所以针对不同的平台,只要是 S3C2410x 处理器,几乎不用修改,只要修改外部定义的初始值即可。这部分初始值都在“vivi/include/platform/smdk2410. h”文件中定义,包括处理器时钟、存储器初始化、通用 I/O 口初始化以及 Vivi 初始配置等。

(2) 对不同 Flash 启动的修改

Vivi 能从 Nor Flash 或 Nand Flash 启动,因此,启动程序、Linux 内核及根文件系统,甚至还包括图形用户界面等就需要存放在 Nor Flash 或 Nand Flash 中。这样,作为启动程序的 Vivi 还需要根据实际情况来修改存放这些代码的分区。本系统采用 64 MB Nand Flash、2 MB Nor Falsh,需要由 Vivi 进行分区才能运行 Linux。分区指定的偏移地址就是代码应该存放并执行的地址。

(3) 内核启动参数设置

经过修改后,S3C2410x 开发板能从 Nand Flash 中启动运行 Linux,也能从 Nor Flash 中启动,所以相应地也要修改启动命令,如下所示:

```
    #ifdef CONFIG_S3C2410_N AND_BOOT
    char Linux_cmd[] = "noinitrd root = /dev/bon/2 init = /Linuxrc console = tty0 console =
ttyS0 ";
    #else
    char Linux_cmd[] = "noinitrd root = /dev/mtdblock/3 init = /Linuxrc console = tty0
    console = ttyS0";
    #endif
```

修改并实现 Flash 驱动,移植 Vivi 的最后一步是实现 Flash 驱动,开发者需要根据自己系统中具体 Flash 芯片的型号及配置修改驱动程序,使 Flash 设备能够在嵌入式系统中正常工作。如果使用的是驱动尚未支持的 Flash 芯片,只须仿照其他型号,将 Flash 型号加入该驱动程序即可。修改 Flash 驱动的关键一步是对 flash. c 文件的修改。flash. c 是读、写和删除 Flash 设备的源代码文件。由于不同开发板中 Flash 存储器的种类各不相同,所以修改 flash. c 时须参考相应的 Flash 芯片手册。它包括如下几个函数:

unsigned long flash - init(void),Flash 初始化;

void flash - print - info(flash - info - t * info),打印 Flash 信息;

int flash - erase(flash - info - t * info,ints - first,ints - last),Flash 擦除;

volatile static int write - hword(flash - info - t * info,ulongdest,ulong data),Flash 写入;

int write - buff(flash - info - t * info,uchar * src,ulongaddr,ulong cnt),从内存复制数据。

做好上述的移植工作后,就能对 Vivi 进行编译了。在编译 Vivi 之前,需要根据开发板进行适当配置。保存并退出后,执行“make”命令开始编译。把编译好的 Vivi

烧写到 Nor Flash 中,加电重启开发板就能运行 Vivi 了。

3.5 Linux 内核结构及移植

3.5.1 Linux 内核结构

1. Linux 内核简介

现在从一个比较高的高度来审视一下 GNU/Linux 操作系统的体系结构,可以从两个层次上来考虑操作系统,如图 3-29 所示。

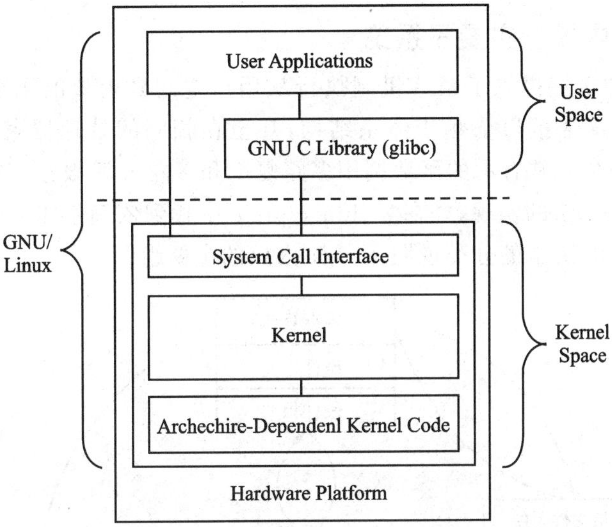

图 3-29 GNU/Linux 操作系统的基本体系结构

最上面是用户(或应用程序)空间,这是用户应用程序执行的地方。用户空间之下是内核空间,Linux 内核正是位于这里。

GNU C Library (glibc)也在这里,它提供了连接内核的系统调用接口,还提供了在用户空间应用程序和内核之间进行转换的机制。这点非常重要,因为内核和用户空间的应用程序使用的是不同的保护地址空间。每个用户空间的进程都使用自己的虚拟地址空间,而内核则占用单独的地址空间。

Linux 内核可以进一步划分成 3 层。最上面是系统调用接口,它实现了一些基本的功能,如 read 和 write。系统调用接口之下是内核代码,可以更精确地定义为独立于体系结构的内核代码。这些代码是 Linux 支持的所有处理器体系结构所通用的。在这些代码之下是依赖于体系结构的代码,构成了通常称为 BSP(Board Support Package)的部分。这些代码用作给定体系结构的处理器和特定于平台的代码。

Linux 内核实现了很多重要的体系结构属性。在或高或低的层次上,内核被划分为多个子系统。Linux 也可以看作是一个整体,因为它会将所有这些基本服务都集成到内核中。这与微内核的体系结构不同,后者会提供一些基本的服务,如通信、I/O、内存和进程管理,更具体的服务都是插入到微内核层中的。每种内核都有自己的优点,不过这里并不对此进行讨论。

随着时间的流逝,Linux 内核在内存和 CPU 使用方面具有较高的效率,并且非常稳定。但是对于 Linux 来说,最为有趣的是在这种大小和复杂性的前提下,依然具有良好的可移植性。Linux 编译后可在大量处理器和具有不同体系结构约束和需求的平台上运行。例如,Linux 可以在一个具有内存管理单元(MMU)的处理器上运行,也可以在那些不提供 MMU 的处理器上运行。Linux 内核的 μClinux 移植提供了对非 MMU 的支持。

2. Linux 内核的主要子系统

内核通过 SCI 层提供了某些机制执行从用户空间到内核的函数调用。正如前面讨论的一样,这个接口依赖于体系结构,甚至在相同的处理器家族内也是如此。SCI 实际上是一个非常有用的函数调用多路复用和多路分解服务。在“./linux/kernel”中可以找到 SCI 的实现,并在“./linux/arch”中找到依赖于体系结构的部分。现在使用如图 3-30 所示的分类说明 Linux 内核的主要组件。

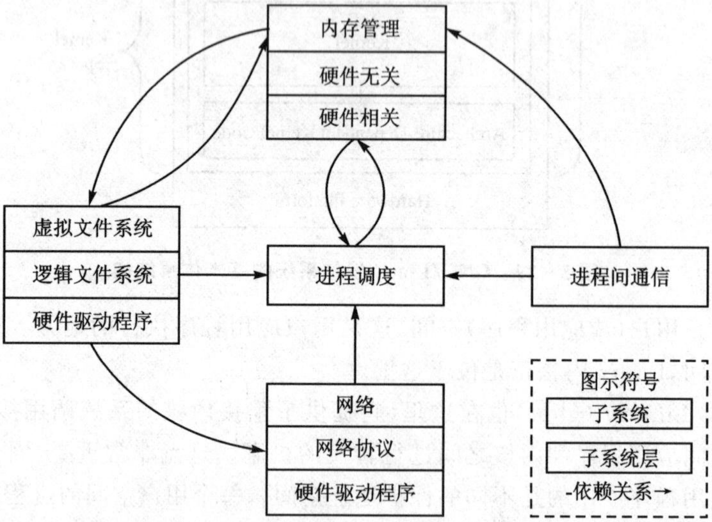

图 3-30 Linux 内核的一个体系结构透视图

(1) 进程调度

进程调度的重点是进程的执行。在内核中,这些进程称为线程,代表了单独的处理器虚拟化(线程代码、数据、堆栈和 CPU 寄存器)。在用户空间通常使用进程这个术语,不过 Linux 实际并没有区分这两个概念(进程和线程)。内核通过 SCI 提供了一个应用程序编程接口(API)来创建一个新进程(fork、exec 或 Portable Operating

System Interface [POSIX] 函数),停止进程(kill 和 exit),并在它们之间进行通信和同步(signal 或者 POSIX 机制)。

进程调度还包括处理活动进程之间共享 CPU 的需求。内核实现了一种新型的调度算法,不管有多少个线程在竞争 CPU,这种算法都可以在固定时间内进行操作。这种算法就称为 O(1) 调度程序,这个名字就表示它调度多个线程所使用的时间和调度一个线程所使用的时间是相同的。O(1) 调度程序也可以支持多处理器(称为对称多处理器或 SMP)。可以在". /linux/kernel"中找到进程管理的源代码,在". /linux/arch"中可以找到依赖于体系结构的源代码。

(2) 进程间通信

支持进程间各种通信机制,包括管道、FIFO、共享内存、信号、消息队列和套接字等。

(3) 内存管理

内核所管理的另外一个重要资源是内存。为了提高效率,如果由硬件管理虚拟内存,内存是按照所谓的内存页方式进行管理的(对于大部分体系结构来说都是 4 KB)。Linux 包括了管理可用内存的方式,以及物理和虚拟映射所使用的硬件机制。

不过内存管理要管理的可不止 4 KB 缓冲区。Linux 提供了对 4 KB 缓冲区的抽象,如 slab 分配器。这种内存管理模式使用 4 KB 缓冲区为基数,然后从中分配结构,并跟踪内存页使用情况,例如,哪些内存页是满的、哪些页面没有完全使用、哪些页面为空。这样就允许该模式根据系统需要来动态调整内存使用。

为了支持多个用户使用内存,有时会出现可用内存被消耗光的情况。由于这个原因,页面可以移出内存并放到磁盘中。这个过程称为交换,因为页面会从内存交换到硬盘上。内存管理的源代码可以在". /linux/mm"中找到。

(4) 虚拟文件系统

虚拟文件系统(VFS)是 Linux 内核中非常有用的一个方面,因为它为文件系统提供了一个通用的接口抽象。VFS 在 SCI 和内核所支持的文件系统之间提供了一个交换层,如图 3-31 所示。VFS 实现了一种抽象文件模型。虚拟文件系统屏蔽了各种不同文件系统的内在差别,使得用户可以使用同样的方式访问各种不同格式的文件系统,可以毫无区别地在不同介质、不同格式的文件系统之间使用 VFS 提供的统一接口交换数据。

在 VFS 上面,是对如 open、close、read 和 write 之类的函数的一个通用 API 抽象。VFS 下面是文件系统抽象,它定义了上层函数的实现方式,它们是给定文件系统(超过 50 个)的插件。文件系统的源代码可以在". /linux/fs"中找到。

文件系统层之下是缓冲区缓存,它为文件系统层提供了一个通用函数集(与具体文件系统无关)。这个缓存层通过将数据保留一段时间(或者随即预先读取数据以便在需要时就可用)优化了对物理设备的访问。缓冲区缓存之下是设备驱动程序,它实现了特定物理设备的接口。

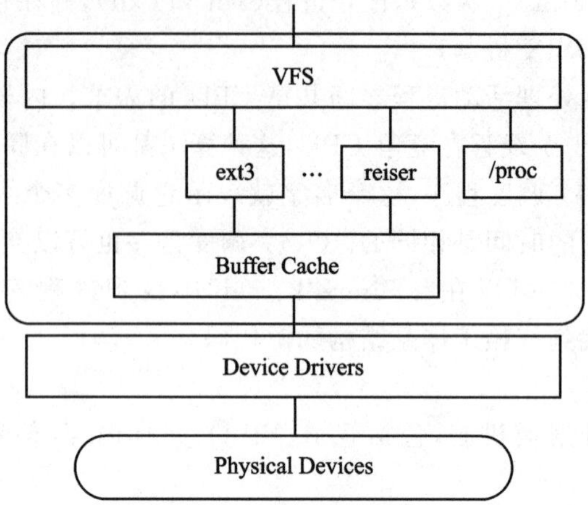

图 3-31　VFS 在用户和文件系统之间提供了一个交换层

(5) 网络堆栈

网络堆栈在设计上遵循模拟协议本身的分层体系结构。回想一下，Internet Protocol (IP) 是传输协议(通常称为传输控制协议或 TCP)下面的核心网络层协议。TCP 上面是 socket 层，它是通过 SCI 进行调用的。

socket 层是网络子系统的标准 API，它为各种网络协议提供了一个用户接口。从原始帧访问到 IP 协议数据单元(PDU)，再到 TCP 和 User Datagram Protocol (UDP)，socket 层提供了一种标准化的方法来管理连接，并在各个终点之间移动数据。内核中网络源代码可以在“./linux/net”中找到。

(6) 设备驱动程序

Linux 内核中有大量代码都在设备驱动程序中，它们能够运转特定的硬件设备。Linux 源码树提供了一个驱动程序子目录，这个目录又进一步划分为各种支持设备，如 Bluetooth、I^2C 和 serial 等。设备驱动程序的代码可以在“./linux/drivers”中找到。

(7) 依赖体系结构的代码

尽管 Linux 很大程度上独立于所运行的体系结构，但是有些元素还必须考虑体系结构才能正常操作并实现更高效率。“/linux/arch”子目录定义了内核源代码中依赖于体系结构的部分，其中包含了各种特定于体系结构的子目录(共同组成了 BSP)。对于一个典型的桌面系统来说，使用的是 i386 目录。每个体系结构子目录都包含了很多其他子目录，每个子目录都关注内核中的一个特定方面，如引导、内核和内存管理等。这些依赖体系结构的代码可以在“./linux/arch”中找到。

3. Linux 内核的技术特点

Linux 内核最注重实用和效率：Linux 内核被设计成分层的微内核，所以效率高，紧凑性强。2.6 版本前 Linux 内核是单线程结构，非抢占的——同一时间只有一个执行线程(内核中的执行程序)允许在内核中运行,不会被调度程序打断而运行其他任务,这种内核被称为非抢占的。这样避免了许多复杂的同步问题,但不利影响是非抢占特性延迟了系统的响应速度,新任务必须等待当前任务在内核执行退出才能获得运行机会。2.6 版本后将抢占技术引入到 Linux 内核,付出的代价是同步操作进一步复杂化。

内核可定制,选择适合自己的功能,将不需要的部分剔除出内核,这点非常适合嵌入式产品。

LKM 机制:Linux 内核对设备驱动或新文件系统等采用了 LKM(Loadable Kernel Module)机制,用户在需要时可以现场动态加载,使用完毕可以动态卸载。将模块从内核中独立出来,不必预先绑定在 kernel codes 中。这样做有 3 个优点:①将来修改 kernel 时,不必全部重新编译;②若需要安装新的模块,则不必重新编译内核,只需要插入(通过 insmode 指令)对应的模块;③减少内核对系统资源的占用,内核可以集中精力做最基本的工作,把一些扩展功能交由模块(module)实现。

网络支持:作为一个生产操作系统和开源软件,Linux 是测试新协议及其增强的良好平台。Linux 支持大量网络协议,包括典型的 TCP/IP 以及高速网络的扩展(大于 1 Gbit 和10 Gbit)。Linux 也可以支持诸如流控制传输协议(SCTP)之类的协议,它提供了很多比 TCP 更高级的特性。

Linux 内核纯粹是一种被动调用服务对象。所谓被动是指 Linux 内核为用户进程服务的唯一方式是用户进程通过系统调用来请求在内核空间运行某个函数。内核本身是一种函数和数据结构的集合,不存在运行的内核进程为用户进程服务。虽然 Linux 的确存在一种称为内核线程的进程,但它并不是用来服务于用户进程的,仅仅作为系统自身的服务目的。

Linux 内核采用虚拟内存技术,每个进程的虚拟内存空间为 4 GB。其中,0～3 GB属于用户空间,称为用户段,3～4 GB 属于内核空间,称为内核段。

Linux 最新的一个增强是可以用作其他操作系统的操作系统(称为系统管理程序)。最近,对内核进行了修改,称为基于内核的虚拟机(KVM)。这个修改为用户空间启用了一个新的接口,它可以允许其他操作系统在启用了 KVM 的内核之上运行。除了运行 Linux 的其他实例之外,Microsoft Windows 也可以进行虚拟化,唯一的限制是底层处理器必须支持新的虚拟化指令。

3.5.2 Linux 的移植

1. Linux 的源代码结构

嵌入式领域的兴起,更为 Linux 的长足发展提供了无限广阔的空间。目前,专门针对嵌入式设备的 Linux 改版就有好几种。编写本书时,Linux 的最新稳定版内核为 2.6.30。这个版本的改进包括:增加日志结构的 NILFS2 文件系统;面向基于对象存储设备的文件系统;本地 NFS 数据缓存的缓冲层(NFS 4.1 初步支持);在集群各服务器之间分发可靠连接的 RDS 协议,分布式的网络文件系统(POHMELFS);在 ext3、ext4 和 btrfs 重命名/截断文件的自动刷新(文件系统性能增强);对 802.11w 的基本支持;支持 Microblaze 架构;Tomoyo 安全模块;Radeon R6xx/R7xx 显卡的 DRM 支持;异步扫描设备和分区的快速起动;raid5/6 模式间的 MD 支持;preadv/pwritev 系统调用;LZMA/BZIP2 格式内核镜像压缩和一些新的驱动和小改进。其下载地址为 ftp://ftp.kernel.org/pub/linux/kernel/v2.6/linux-2.6.30.tar.gz。

Linux 内核源代码的结构如图 3-32 所示,其主要目录说明如下。

(1) Linux 目录

该目录是源代码的主目录,在该主目录中包括所有的子目录,还含有唯一的一个 Makefile 文件。该文件是编译辅助工具软件 Make 的参数配置文件。Make 工具软件的主要用途是通过识别哪些文件已被修改过,从而自动地决定在一个含有多个源程序文件的程序系统中哪些文件需要被重新编译。因此,Make 工具软件是程序项目的管理软件。

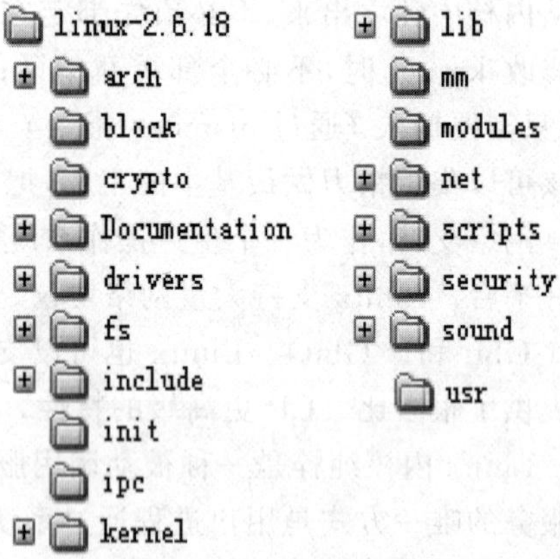

图 3-32 Linux 源码结构

Linux 目录下的这个 Makefile 文件还嵌套地调用了所有子目录中包含的 Makefile 文件。这样,当 Linux 目录(包括子目录)下的任何文件被修改过时,Make 都会对其进行重新编译,因此为了编译整个内核所有的源代码文件,只要在 Linux 目录下运行一次 Make 即可。

(2) arch 目录

包含与硬件体系结构相关的代码,每种平台占一个相应的目录。该目录包含了此内核源码所支持的硬件体系结构相关的内核源码。在这个目录下,针对不同体系结构所移植的版本都有 3 个子目录:kernel、lib 和 mm。kernel 子目录包含依赖于体系结构实现的一般内核功能,如信号处理和时钟处理等;lib 子目录包含库函数的本地实现,如果从依赖于体系结构的源码编译,则运行更快;mm 子目录包含存储管理实现的代码。

与 32 位 ARM 相关的代码存放在 ARM 目录下,为 ARM 系列芯片编译内核,就应修改 ARM 目录下的相关文件。ARM 的子目录下可以找到一个 boot 目录,boot 目录下有个 init.s 文件。这个文件就是引导 Linux 内核在 ARM 平台上启动的初始化代码。

(3) block 目录

存放部分块设备驱动程序。

(4) crypto 目录

存放常用加密和散列算法（如 AES 和 SHA 等），还有一些压缩和 CRC 校验算法。

(5) Documentation 目录

存放关于内核各部分的通用解释和注释。

(6) drivers 目录

存放设备驱动程序，每个不同的驱动占用一个子目录，如声卡的驱动对应于“drivers/sound”。这个目录拥有 50%以上的内核源码，系统中所有的设备驱动程序都位于该目录中。

(7) fs 目录

Linux 支持的文件系统代码。不同的文件系统有不同的子目录与之对应，如 ext、fat 和 ntfs 等。

(8) include 目录

存放头文件，包括了内核的大多数头文件，另外对每种支持的体系结构分别有一个子目录。其中，与系统相关的头文件被放置在 linux 子目录下。

(9) init 目录

存放内核初始化代码（注意不是系统引导代码）。包含了所有系统的初始化源码，许多主要的文件，如 main. c 就位于该目录下。该文件还包含了许多核心代码，如实现 fork()的代码和最常执行的代码——cpuidle()循环。

(10) ipc 目录

处理进程间通信的全部所需代码都放在该目录下。

(11) kernel 目录

内核的最核心部分，许多最常调用的内核函数放在该目录下，包括调度器 fork()和 timer. c 等；与平台相关的一部分代码放在“arch/ * /kernel”目录下。

(12) lib 目录

存放库文件代码。该目录放置内核其他部分经常需要的代码，如 inflate. c 就放在这里，它能够在引导时解压内核并装入内存。与处理器结构相关的库代码放在“arch/ * /lib”目录下。

(13) mm 目录

包含了所有 Linux 实现虚拟内存管理的源码。与具体硬件体系结构相关的内存管理代码位于“arch/ * /mm”目录下，如对应 x86 的就是“arch/i386/mm/fault. c”

(14) modules 目录

存放已编译好的可动态加载的模块。

(15) net 目录

存放所有提供网络支持的代码,实现了各种常见的网络协议,每个子目录对应网络的一个方面。

(16) scripts 目录

存放用于配置内核的脚本文件及用户开发和维护手册。

(17) security 目录

主要是一个 SELinux 的模块。

(18) sound 目录

常用音频设备的驱动程序等。

(19) usr 目录

这是最庞大的目录,用户要用到的应用程序和文件几乎都存放在这个目录下。

一般每个目录下都有一个".depend"文件和一个 Makefile 文件。这两个文件都是编译时使用的辅助文件。仔细阅读这两个文件对弄清各个文件之间的联系和依托关系很有帮助。另外有的目录下还有 Readme 文件,它是对该目录下文件的一些说明,同样有利于对内核源码的理解。

2. Linux 的移植

所谓 Linux 移植就是把 Linux 操作系统针对具体的目标平台做必要改写之后,安装到该目标平台使其正确地运行起来。这个概念目前在嵌入式开发领域讲得比较多。其基本内容如下:

获取某一版本的 Linux 内核源码,根据用户的具体目标平台对源码进行必要的改写(主要是修改体系结构相关部分),然后添加一些外设的驱动,打造一款适合于用户目标的平台(可以是嵌入式便携设备,也可以是其他体系结构的 PC)的新操作系统,对该系统进行针对目标平台的交叉编译,生成一个内核映像文件,最后通过一些手段把该映像文件烧写(安装)到目标平台中。通常对 Linux 源码的改写工作难度较大,它要求不仅对 Linux 内核结构非常熟悉,还要求对目标平台的硬件结构非常熟悉,同时还要求对相关版本的汇编语言较熟悉,因为与体系结构相关的部分源码往往是用汇编写的,所以这部分工作一般由目标平台提供商来完成。例如,针对目前嵌入式系统中最流行的 ARM 平台,它的这部分工作就是由 ARM 公司的工程师完成的,现在所要做的就是从其网站下载相关版本 Linux 内核的补丁(patch),把它打到 Linux 内核上,再进行交叉编译。

其基本过程如下(以 Linux 2.6.18 为例):

① 下载内核。到 ftp://ftp.arm.linux.org.uk 下载 Linux 2.6.18 内核及其关于 ARM 平台的补丁(如 Patch-2.6.18-rmk1.gz)。

② 给 Linux 2.6.18 打补丁:zcat ../patch-2.6.18-rmk1.gz | patch - p1(前面../表示补丁文件放在内核文件上一层目录)。

③ 准备交叉编译环境。交叉编译环境工具链一般包括 binutils(含 AS 汇编器

和 LD 链接器等)、arm-gcc 和 glibc 等。交叉编译环境的搭建也是个复杂的过程，可参照 3.3 节。

④ 修改相关的配置文件，如修改内核目录下 Makefile 文件中关于交叉编译工具相关的内容，此后就可以使用这个 Makefile 进行编译了。

⑤ 修改 Linux 内核源码，主要是修改和 CPU 相关的部分。

⑥ 内核的裁减，根据项目的需要裁减内核模块。

⑦ 内核的编译，将裁减好的内核进行编译，生成二进制映像文件。

⑧ 内核的下载，将生成的二进制映像文件烧写到目标平台。

在基于开发板的二次开发中，开发商往往都移植好了系统，用户直接下载并在上面做应用程序开发就行了，但是作为一个初学者，很有必要了解⑤～⑧几个步骤的基本过程。下面的小节将分别介绍这些内容。

3.5.3 修改 Linux 内核源码

在完成交叉编译环境的建立之后，进入下一阶段，对 Linux 内核的移植内容进行修改。Linux 的移植是个繁重的工作，主要包含启动代码的修改、内核的链接及装入、参数传递和内核引导几个部分。Linux 内核分为体系结构相关部分和体系结构无关部分。在 Linux 启动的第一阶段，首先执行内核与体系结构相关部分(arch 目录下)，它会完成硬件寄存器设置和内存映像等初始化工作；然后把控制权转给内核中与系统结构无关部分。而在移植工作中要改动的代码主要集中在与体系结构相关部分。

在 arch 目录中可以看到有许多子目录，它们往往是用芯片命名的，表示针对该芯片体系结构的代码。为 ARM 系列芯片编译内核，就应修改 ARM 目录下的相关文件。在 ARM 的子目录下可以找到一个 boot 目录，在 boot 下有一个 init. s 的文件，“. s”表示它是汇编语言文件。这里 init. s 是用 ARM 汇编写成的。这个 init. s 就是引导 Linux 内核在 ARM 平台上启动的初始化代码。它定义了一个全局符号“_start”，定义了默认的起始地址。同时，它也是整体内核二进制镜像的起始标志。init. s 主要完成以下功能：

- 定义数据段、代码段、bbs(未初始化数据段)起始地址变量并对 bbs 段进行初始化。
- 设置寄存器以初始化系统硬件。
- 关闭中断。
- 初始化 LCD 显示。
- 将数据段数据复制到内存。
- 跳转到内核起始函数 start_kernel 继续执行。
- 对主寄存器的修改。

init. s 源代码片段如下：

```
/*
 * linux/arch/arm/boot/bootp/init.S
 *
 * Copyright (C) 2000 - 2003 Russell King.
 *
 * This program is free software; you can redistribute it and/or modify
 * it under the terms of the GNU General Public License version 2 as
 * published by the Free Software Foundation.
 *
 * "Header" file for splitting kernel + initrd. Note that we pass
 * r0 through to r3 straight through.
 *
 * This demonstrates how to append code to the start of the kernel
 * zImage, and boot the kernel without copying it around. This
 * a binary blob, and concatenate the zImage using the cat command. /
 * example would be simpler; if we didn't have an object of unknown
 * size immediately following the kernel, we could build this into
.section .start, #alloc, #execinstr
        .type    _start, #function
        .globl   _start

_start:  add  lr,  pc, #-0x8        @ lr = current load addr
         adr  r13, data
         ldmia  r13!, {r4 - r6}          @ r5 = dest, r6 = length
         add  r4, r4, lr       @ r4 = initrd_start + load addr
         bl   move        @ move the initrd
```

读者可以分析其源代码，至于初始化设置的寄存器则要根据用户的平台，参考相应的芯片手册。一般要修改的寄存器有片选组基地址寄存器、DRAM 存储配置寄存器、DRAM 片选寄存器和中断屏蔽寄存器等。此后代码会进入 entry.s 继续执行，它会继续完成对中断向量表配置等一系列动作。

第一阶段的启动过程除了以上所说的之外，还要进行内核的链接与装入等工作。内核可执行文件是由许多链接在一起的目标文件组成的。下面以 ELF(可链接可编译文件，是目前大多数 Linux 系统都能认的一种文件格式)为例进行介绍。ELF 文件由 text(文本段)、data(数据段)和 bbs 等组成。这些段又由链接脚本(Linker description)负责链接装入。链接脚本又有输入文件和输出文件。输出文件中输出段告诉链接器如何分配存储器，而输入文件的输入段则描述如何把输入文件与存储器映射。

经过以上步骤，接下来要向内核传递参数并引导内核启动。前面的工作已经完成了初始化硬件寄存器、标识根设备和内存映射等工作，其中，DRAM 和 Flash 数量指定系统中可用页面的数目、文件系统大小等信息，且以参数形式从启动代码传给内核。接下来就会完成设置陷阱、初始化中断、初始化计时器和初始化控制台等一系列操作而使内核正确启动。

Linux 移植过程中内容非常多，涉及的知识量也很大，而且由于平台不同，与内核版本的不同所涉及的内容往往也有很大不同。有兴趣的读者可以详细阅读 init. s 源代码，以上内容也仅作为读者参考之用。具体操作时还应收集相关平台及内核版本的详细资料，才能展开相应工作。

3.5.4 内核的裁减

Linux 内核的裁减与编译看上去是个挺简单的过程，只是对配置菜单的简单选择。但是内核配置菜单本身结构庞大，内容复杂，具体如何选择却难住了不少人。因此，熟悉与了解该菜单的各项具体含义就显得比较重要。现在就对其作一些必要介绍，Linux 内核的编译菜单有好几个版本，常用有如下几种方式。

1. make config

进入命令行，可以一行一行地配置。这种方式不好使用，所以不具体介绍。

2. make menuconfig

进入熟悉的 menuconfig 菜单，如图 3-33 所示。

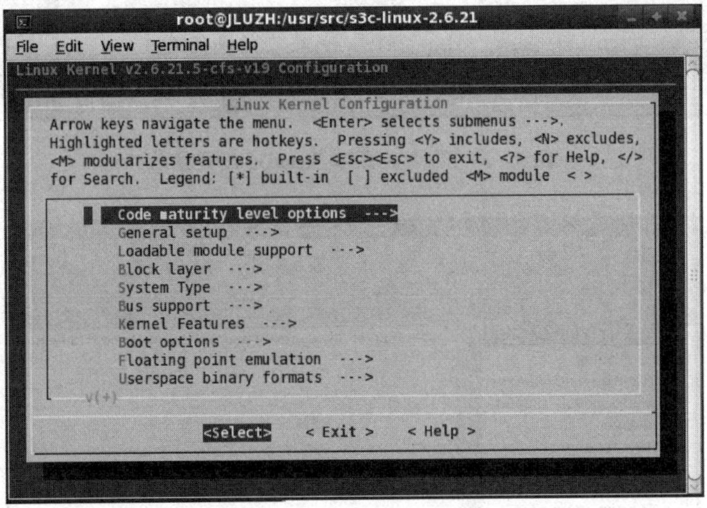

图 3-33 2.4.X 版本 menuconfig 配置菜单

3. make xconfig

在 2.4.X 以及以前版本中，xconfig 菜单是基于 TCL/TK 的图形库的，所有内核配置菜单都是通过 Config. in 经由不同脚本解释器产生. config；而 2.6.X 内核用 Qt 图形库，则由 KConfig 经由脚本解释器产生。这两版本差别还挺大。

2.6.X 的 Xconfig 菜单结构清晰，使用也更方便。但基于目前 2.4.X 版本比较成熟、稳定，用得最多。所以这里还是以 2.4.X 版本为基础介绍相关裁减内容。同时因为 Xconfig 界面比较友好，容易掌握；但它却没有 menuconfig 菜单稳定，有些机器跑不起来。所以考虑最大众化角度，下面以较稳定且不够友好的 menuconfig 为主进行介绍,它会用了 Xconfig 就没问题。2.4.X 版本 Xconfig 配置菜单和 2.6.X 版本 Xconfig 配置菜单分别如图 3-34 和图 3-35所示。

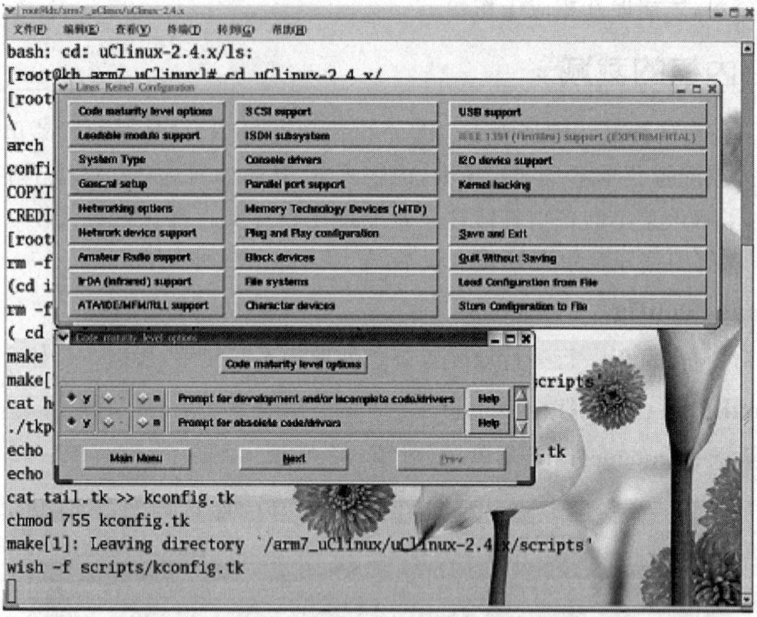

图 3-34　2.4.X 版本 Xconfig 配置菜单

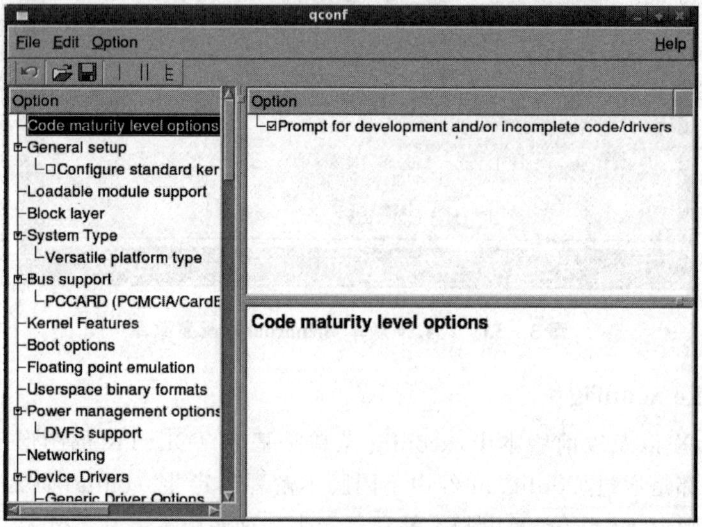

图 3-35　2.6.X 版本 Xconfig 配置菜单

在选择相应的配置时,有 3 种选择方式,它们分别代表的含义如下:

Y——将该功能编译进内核;

N——不将该功能编译进内核；

M——将该功能编译成可以需要时动态插入到内核中的模块。

如果使用的是 make xconfig,那使用鼠标就可以选择对应的选项。这里使用的是 make menuconfig,所以需要使用空格键进行选取。每一个选项前都有一个括号，有的是中括号,有的是尖括号,还有圆括号。用空格键选择时可以发现,中括号里要么是空,要么是“*”,而尖括号里可以是空,“*”和“M”表示前者对应的项要么不要，要么编译到内核里;后者则多一种选择,可以编译成模块。而圆括号的内容是要用户在所提供的几个选项中选择一项。

下面来看看具体配置菜单。进入内核所在目录,键入 make menuconfig 就会看到配置菜单。例如,启动配置菜单后选择一个选项：

```
1.Code maturity level options
```

这一项表示代码成熟度选项,它又有子项：

```
1.1 prompt for development and/or incomplete code/drivers
```

该选项是对那些还在测试阶段的代码和驱动模块等的支持。一般应该选这个选项,除非只是想使用 Linux 中已经完全稳定的东西,但这样有时对系统性能影响挺大。

```
1.2 prompt for obsolete code/drivers
```

该项用于对那些已经老旧的、被现有文件替代了的驱动和代码的支持,可以不选,除非用户的机器配置比较旧;但那也会有不少问题,所以该项已基本不用,在新的版本中已被替换。

配置菜单总共有二十多个一级菜单,每个菜单下又有若干个二级菜单,限于篇幅,这里仅举一个例子说明如何裁减,有兴趣的读者可以查阅详细的资料。总的来说,Linux 内核配置的基本原则如下：

① 大部分选项可以使用其默认值,只有小部分需要根据用户不同的需要选择。

② 与内核关系紧密而且经常使用的部分功能代码直接编译到内核中。

③ 将与内核其他部分关系较远且不经常使用的部分功能代码编译成为可加载模块,有利于缩短内核的长度,减小内核消耗的内存。

④ 不需要的功能就不要选,其中不少选项是目标板开发人员加的,对于陌生选项,自己不知道该选什么时建议使用默认值。

3.5.5 内核的编译和下载

1. 内核的编译

在完成内核的裁减之后,内核的编译就是一个非常简单的过程。用户只要执行以下几条命令即可。

(1) make clean

这条命令用于正式编译内核之前先把环境给清理干净。有时也可以用 make

realclean 或 make mrproper 来彻底清除相关依赖,保证没有不正确的“.o”文件存在。

(2) make dep

这条命令用于编译相关依赖文件。

(3) make zImage

这条命令就是最终的编译命令。这个命令编译出的内核应小于 512 KB,当内核大于 512 KB 时,可以直接用 make(2.6.X 版本上用)或 make bzImage。

(4) make install

这条命令可以把相关文件复制到默认的目录。当然,在给嵌入式设备编译时这步可以不要,因为具体的内核安装还需要手工进行。

2. 内核的下载

通常,在 Linux 中,内核映像分为压缩的内核映像和非压缩的映像。其中,压缩的内核映像通常名为 zImage,位于“arch/$(ARCH)/boot”目录中;非压缩的内核映像通常名为 vmlinux,位于源码树的根目录中。本书使用的是压缩的映像,因此需要将 zImage 烧写到芯片中,具体操作请参考第 7 章相关实验内容。

3.6 嵌入式文件系统及移植

3.6.1 嵌入式文件系统的基础

Linux 支持多种文件系统,包括 ext2、ext3、vfat、ntfs、iso9660、jffs、romfs 和 nfs 等,为了对各类文件系统进行统一管理,Linux 引入了虚拟文件系统 VFS(Virtual File System),为各类文件系统提供一个统一的操作界面和应用编程接口。Linux 下的文件系统结构如图 3-36 所示。

Linux 启动时,第一个必须挂载的是根文件系统;若系统不能从指定设备上挂载根文件系统,则系统会出错而退出启动;之后可以自动或手动挂载其他的文件系统。因此,一个系统中可以同时存在不同的文件系统。

不同的文件系统类型有不同的特点,因而根据存储设备的硬件特性和系统需求等有不同的应用场合。在嵌入式 Linux 应用中,主要的存储设备为 RAM(DRAM 和 SDRAM)和 ROM(常采用 Flash 存储器),常用的基于存储设备的文件系统类型包括 jffs2、yaffs、cramfs、romfs、ramdisk 和 ramfs/tmpfs 等。

1. 基于 Flash 的文件系统

Flash(闪存)作为嵌入式系统的主要存储媒介,有其自身的特性。Flash 的写入操作只能把对应位置的 1 修改为 0,而不能把 0 修改为 1(擦除 Flash 就是把对应存

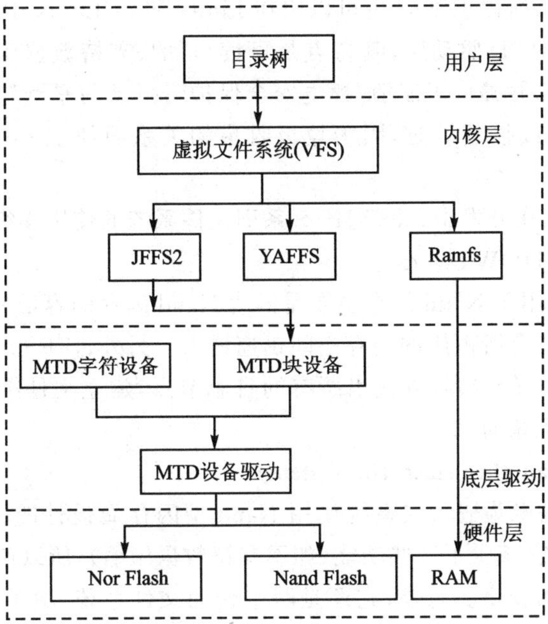

图 3-36　嵌入式 Linux 文件系统

储块的内容恢复为 1)；因此，一般情况下，向 Flash 写入内容时，需要先擦除对应的存储区间，这种擦除是以块(block)为单位进行的。

闪存主要有 Nor 和 Nand 两种技术。Flash 存储器的擦写次数是有限的，Nand 闪存还有特殊的硬件接口和读/写时序。因此，必须针对 Flash 的硬件特性设计符合应用要求的文件系统。传统的文件系统如 ext2 等，用作 Flash 的文件系统会有诸多弊端。

在嵌入式 Linux 下，存储技术设备 MTD(Memory Technology Device)为底层硬件(闪存)和上层(文件系统)之间提供一个统一的抽象接口，即 Flash 的文件系统都是基于 MTD 驱动层的，如图 3-36 所示。使用 MTD 驱动程序的主要优点在于，它是专门针对各种非易失性存储器(以闪存为主)而设计的，因而对 Flash 有更好的支持、管理和基于扇区的擦除、读/写操作接口。

顺便一提，一块 Flash 芯片可以被划分为多个分区，各分区可以采用不同的文件系统；两块 Flash 芯片也可以合并为一个分区使用，采用一个文件系统，即文件系统是针对于存储器分区而言的，而非存储芯片。

(1) JFFS(Journalling Flash FileSystem v2)

JFFS 表示日志闪存文件系统，该文件系统最早是由瑞典 Axis Communications 公司基于 Linux 2.0 的内核为嵌入式系统开发的文件系统。JFFS2 是 RedHat 公司基于 JFFS 开发的闪存文件系统，最初是针对 RedHat 公司的嵌入式产品 eCos 开发的嵌入式文件系统,所以 JFFS2 也可以用在 Linux 和 μCLinux 中。JFFS2 主要用于 Nor 型闪存,基于 MTD 驱动层,其特点是可读/写的、支持数据压缩的、基于哈希表的日志型文件系统,并提供了崩溃/掉电安全保护,提供“写平衡”支持等。缺点主要是当文件系统已满或接近满时,因为垃圾收集的关系而使 JFFS2 的运行速度大大放慢。

目前 JFFS3 正在开发中,关于 JFFS 系列文件系统的使用详细文档可参考 MTD 补丁包中 mtd-jffs-HOWTO. txt。

JFFSx 不适合用于 Nand 闪存主要是因为 Nand 闪存的容量一般较大,这样导致 JFFS 为维护日志节点所占用的内存空间迅速增大。另外,JFFSx 文件系统在挂载时需要扫描整个 Flash 的内容,以找出所有的日志节点,建立文件结构,对于大容量的 Nand 闪存会耗费大量时间。

(2) yaffs(yet another flash file system)

yaffs/yaffs2 是专为嵌入式系统使用 Nand 型闪存而设计的一种日志型文件系统。与 jffs2 相比,它减少了一些功能(如不支持数据压缩),所以速度更快,挂载时间很短,对内存的占用较小。另外,它还是跨平台的文件系统,除了 Linux 和 eCos,还支持 Windows CE、pSOS 和 ThreadX 等。

yaffs/yaffs2 自带 Nand 芯片的驱动,并且为嵌入式系统提供了直接访问文件系统的 API,用户可以不使用 Linux 中的 MTD 与 VFS 直接对文件系统操作。当然,yaffs 也可与 MTD 驱动程序配合使用。

yaffs 与 yaffs2 的主要区别在于,前者仅支持小页(512 B) Nand 闪存,后者则可支持大页(2 KB) Nand 闪存。同时,yaffs2 在内存空间占用、垃圾回收速度和读/写速度等方面均有大幅提升。

(3) Cramfs(Compressed ROM file system)

Cramfs 是 Linux 的创始人 Linus Torvalds 参与开发的一种只读的压缩文件系统。它也基于 MTD 驱动程序。在 Cramfs 文件系统中,每一页(4 KB)被单独压缩,可以随机页访问,其压缩比高达 2∶1,为嵌入式系统节省大量的 Flash 存储空间,使系统可通过更低容量的 Flash 存储相同的文件,从而降低系统成本。

Cramfs 文件系统以压缩方式存储,在运行时解压缩,所以不支持应用程序以 XIP 方式运行,所有的应用程序要求被复制到 RAM 里去运行;但这并不代表比 Ramfs 需求的 RAM 空间要大一点,因为 Cramfs 采用分页压缩的方式存放档案,在读取档案时,不会一下子就耗用过多的内存空间,只针对目前实际读取的部分分配内存,尚没有读取的部分不分配内存空间;当读取的档案不在内存时,Cramfs 文件系统自动计算压缩后的资料所存的位置,再即时解压缩到 RAM 中。另外,它的速度快,效率高,其只读的特点有利于保护文件系统免受破坏,提高了系统的可靠性。

由于以上特性,Cramfs 在嵌入式系统中应用广泛。但是它的只读属性同时又是它的一大缺陷,使得用户无法对其内容进行扩充。

Cramfs 映像通常放在 Flash 中，但是也能放在其他的文件系统里，使用 loop-back 设备可以把它安装到其他的文件系统里。

(4) Romfs

传统型的 Romfs 文件系统是一种简单的、紧凑的、只读的文件系统，不支持动态擦写保存，按顺序存放数据，因而支持应用程序以片内运行 XIP(eXecute In Place)方式运行，在系统运行时，节省 RAM 空间。μClinux 系统通常采用 Romfs 文件系统。

(5) 其他文件系统

fat/fat32 也可用于实际嵌入式系统的扩展存储器(如 PDA、Smartphone 和数码相机等的 SD 卡)，这主要是为了更好地与最流行的 Windows 桌面操作系统相兼容。ext2 也可以作为嵌入式 Linux 的文件系统，不过将它用于 Flash 闪存会有诸多弊端。

2. 基于 RAM 的文件系统

(1) Ramdisk

Ramdisk 是将一部分固定大小的内存当作分区来使用。它并非一个实际的文件系统，而是一种将实际的文件系统装入内存的机制，并且可以作为根文件系统。将一些经常被访问而又不会更改的文件(如只读的根文件系统)通过 Ramdisk 放在内存中，可以明显地提高系统的性能。在 Linux 的启动阶段，initrd 提供了一套机制，可以将内核映像和根文件系统一起载入内存。

(2) Ramfs/Tmpfs

Ramfs/Tmpfs 文件系统把所有的文件都放在 RAM 中，所以读/写操作发生在 RAM 中，可以用 Ramfs/Tmpfs 来存储一些临时性或经常要修改的数据，如/tmp 和/var 目录。这样既避免了对 Flash 存储器的读/写损耗，也提高了数据读/写速度。

Ramfs/Tmpfs 相对于传统的 Ramdisk 的不同之处主要在于：不能格式化，文件系统大小可随所含文件内容大小变化。Tmpfs 的一个缺点是系统重新引导时会丢失所有数据。

3. 网络文件系统 NFS (Network File System)

NFS 是由 Sun 开发并发展起来的一项在不同机器、不同操作系统之间通过网络共享文件的技术。在嵌入式 Linux 系统的开发调试阶段，可以利用该技术在主机上建立基于 NFS 的根文件系统，挂载到嵌入式设备，可以很方便地修改根文件系统的内容。

以上讨论的都是基于存储设备的文件系统(memory-based file system)，它们都可用作 Linux 的根文件系统。实际上，Linux 还支持逻辑的或伪文件系统(logical or pseudo file system)，如 procfs(proc 文件系统)，用于获取系统信息，以及 devfs(设备文件系统)和 sysfs，用于维护设备文件。

3.6.2 嵌入式文件系统的设计

1. 文件系统格式选择的基本策略

通常,当设计根文件系统时,可以按如下几点配置方案来解决文件系统的选择:

把任何在运行时不需要进行更新的文件放在 CramFs 文件系统中。因为 CramFs 的压缩比高达 2∶1,节约存储空间的效果是明显的。如果应用程序要求采用 XIP 方式运行,则可以选择采用 RomFs 文件系统。

那些需要经常读/写的目录,如"/VAR"和"/tmp",应该放在 Tmpfs 文件系统中,以减少对 Flash 的擦写次数,延长 Flash 的使用寿命。Tmpfs 文件系统中的变化在下次启动后是不会保存的。

对于那些需要进行读、写,并且在下次启动之后也能将更新信息保存的文件,应该放入日志型文件系统里。如果采用的是 Nor 型闪存,则应选择 JFFS2 文件系统;如果是 Nand 闪存,则应选择 YAFFS 文件系统。

2. 混合型文件系统格式的设计方法

综合考虑存储空间和系统可用性因素,适用于嵌入式系统的文件系统格式各有千秋,因此可以在嵌入式系统中采用混杂模式的文件系统格式。由于 CramFS 是只读的,虽然其采取了 zlib 做压缩,但还是可以做到高效的随机读取。既然 CramFS 不会影响系统读取文件的速度,又是一个高度压缩的文件系统,因此,它是一个相当不错的选择。JFFS2 是日志型文件系统,采用了压缩存储方式,具有掉电保护功能,可擦写,是支持 Nor 型 Flash 最出色的文件系统。Nand 型 Flash 是更便宜的闪存设备,如果使用这种类型的 Flash,JFFS 的表现就不如 yaffs,因为 yaffs 更适合大容量的 Nand 型 Flash。因此,可以针对不同类型的 Flash 混合使用 CramFs 和 JFFS2/yaffs 文件系统,同时使用 Tmpfs 文件系统作为配合方案。这几类文件系统在系统中的关系如图 3-37 所示。

使用 CramFs 文件系统,可以节省更大的空间和获得更快的运行速度;同时由于嵌入式系统要求软件定制,可以把系统软件以及一些不希望被意外破坏的重要数据做成 CramlFs 格式,这就提供了很好的误删除保护。

使用日志型文件系统,可以为系统提供读/写空间,方便系统添加个人文件和数据,如系统参数设置等。使用 CramFs 可以有效避免频繁的写操作对 Flash 造成的损坏。

Tmpfs 文件系统用来存放经常需要读/写的文件,由于 Tmpfs 文件系统建立在 RAM 中,所以可以延长 Flash 的寿命。

对于一些高端的掌上设备来说,仅仅依靠 CramFs 与 JFFS2 的合用,往往并不能解决系统对存储空间的需求。综合成本的考虑,现行的解决办法通常是使用 Nand

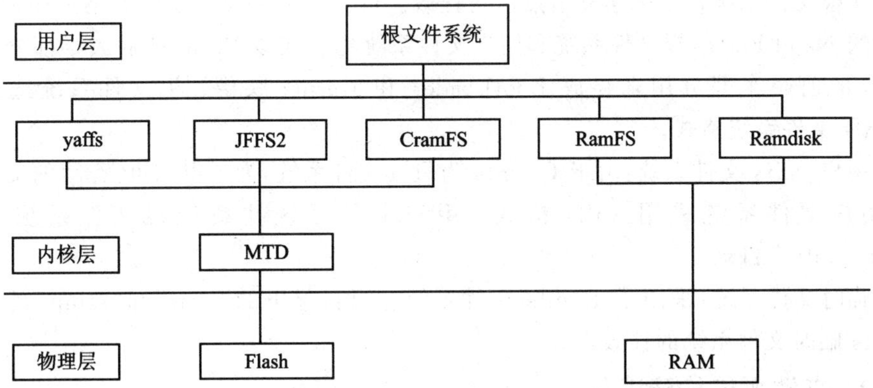

图 3-37 各种文件系统的关系

Flash，目前在 Nand Flash 运行最为稳定的是 yaffs2 文件系统。

Nand Flash 由于芯片工艺的原因，相对于 Nor Flash 的最大优点是其单元存储密度更高，成本更低。这样，系统可以在不增加成本的情况下扩大存储容量。但是 Nand Flash 是不支持 XIP 技术的，这就为需要从 ROM 启动的系统带来了问题。解决的办法是再添加一小块 Nor Flash，用于存放系统启动代码。但有些处理器也支持从 Nand Flash 启动，如 S3C2410 处理器。

另外，如果对存储空间的利用率要求较高，由于 CramFs 文件系统不可写，同时在 Flash 中建立的分区大小不可能刚好与 CramFs 镜像体积一样大，这必然会造成一部分存储空间的浪费。

解决这个问题的办法是，使用 Linux 中的 Loopback 设备。Loopback 设备是 Linux 中的一种虚拟设备。它可以将某个文件当作一个块设备来使用，这样就可以在这个虚拟的块设备中应用其他的文件系统格式。由于用文件虚拟出来的块设备也是不可扩充的，因此可以把它做成 CramFs 格式。

"/usr"目录下的内容在系统运行时，是不需要被改写的，因此可以将"/usr"目录下的内容做成 CramFS 文件系统格式的镜像。这样需要把日志型文件系统分区做成根文件系统，将 CramFs 镜像文件包含在日志镜像文件中，然后再烧写到 Flash 中，在系统启动完成后再将 CramFs 镜像挂载成 Loopback 设备。CramFs 的压缩效率一般都能达到将近 50%，而现在系统上绝大部分的内容位于"/usr"目录下面，这样就可以大大缩小 Flash 的使用量，提高存储空间的利用率。

3.6.3 嵌入式根文件系统的制作

下面结合 UP-NetARM2410-S 试验箱介绍 Linux 根文件系统的构建过程。

1. 文件系统方案

根文件系统：根文件系统是系统启动时挂载的第一个文件系统，其他的文件系统需要在根文件系统目录中建立节点后再挂载。UP-NetARM2410-S 有一个64 MB 大小的 Nand Flash,根文件系统和用户文件系统建立在该 Flash 的后大半部分。该 Flash 的前小半部分用来存放 BootLoader 和 Kernel 映像。根文件系统选用了 Cramfs 文件系统格式。

用户 yaffs 文件系统:由于 Cramfs 为只读文件系统,为了得到可读/写的文件系统,用户文件系统采用 yaffs 格式。用户文件系统挂载于根文件系统下的"/mnt/yaffs"目录。

临时文件系统:采用了 Ramfs 文件系统。根目录下的"/var"和"/tmp"目录为 Ramfs 临时文件系统的挂载点。

2. 文件系统构建流程

嵌入式 Linux 系统中混合使用 Cramfs、yaffs 和 Ramfs 这 3 种文件系统的实现思路如下:

① 配置内核。将内核对 MTD、Cramfs、yaffs 以及 Ramfs 文件系统的支持功能编译进内核。

② 划分 Flash 分区。对 Flash 物理空间进行分区,以便在不同的分区上存放不同的数据,采用不同的文件系统格式,必要时编写 MAPS 文件。修改系统脚本,在系统启动后利用脚本挂载文件系统。创建文件系统镜像文件,利用工具生成文件系统镜像文件,并通过 Flash 烧写工具将镜像文件烧写到 Flash 物理空间。

3. 根文件系统的实现

一个使用 Linux 内核的嵌入式系统中的 root 文件系统必须包括支持完整 Linux 系统的全部内容,因此,它至少应包括基本文件系统结构;至少含有目录"/dev""/proc""/bin""/etc""/lib"和"/usr";最基本的应用程序,如 sh、ls、cp 和 mv 等;最低限度的配置文件,如 inittab 和 fstab 等;设备"/dev/null""/dev/console""/dev/ tty *""/dev/ttyS *"和对应 Flash 分区的设备节点等;基本程序运行所需的函数库。但由于嵌入式系统资源相对紧缺,构建时要根据系统进行定制。

小型嵌入式 Linux 系统安排 root 文件系统时有一个常用的利器:BusyBox。BusyBox 是 Debian GNU/Linux 的 Bruce Perens 首先开发的,使用在 Debian 的安装程序中。后来又有许多 Debian developers 贡献力量,这其中尤推 BusyBox 目前的维护者 Erik Andersen,他患有癌症,却是一名优秀的自由软件开发者。BusyBox 编译出一个单个的独立执行程序,就叫 BusyBox。但是它可以根据配置,执行 bash shell 的功能,以及几十个各种小应用程序的功能。其中包括一个迷你的 Vi 编辑器,以及其他诸如 sed、ifconfig、mkdir、mount、ln、ls、echo、cat 等这些一个正常的系统上必不可少的功能,但是如果把这些程序的源码拿过来,它们的体积加在一起,让人吃不消。可是 BusyBox 有全部的这么多功能,大小也不过 100 KB 左右。而且,用户还可以根据自己的需要,决定到底要在 BusyBox 中编译进哪几个应用程序的功能。这样,BusyBox 的体积就可以进一步缩小了。将文件系统放置到开发板之前需要用 mkcramfs 工具打包,这里使用的物理文件系统是 crafs,这个工具可以将制作好的文件系统按照 CramFs 支持的格式进行压缩。Mkcramfs 工具的生成和具体参数的使用在前面已有说明。

3.7 Linux 设备驱动概述

3.7.1 Linux 设备驱动的作用

驱动程序,英文名为 Device Driver,全称为“设备驱动程序”,是一种可以使计算机和设备通信的特殊程序,可以说相当于硬件的接口,操作系统只有通过这个接口,才能控制硬件设备的工作;假如某设备的驱动程序未能正确安装,便不能正常工作。

Linux 系统内核通过设备驱动程序与外围设备进行交互,设备驱动程序是 Linux 内核的一部分,它是一组数据结构和函数,这些数据结构和函数通过定义的接口控制一个或多个设备。对应用程序而言,设备驱动程序隐藏了设备的具体细节,对各种不同设备提供一致的接口。不同于 Windows 驱动程序,Linux 设备驱动程序在与硬件设备之间建立了标准的抽象接口。通过这个接口,用户可以像处理普通文件一样,通过 open、close、read 和 write 等系统调用对设备进行操作,如此一来也大大简化了 Linux 驱动程序的开发。

设备驱动程序的主要功能如下:

- 对设备进行初始化。
- 启动或停止设备的运行。
- 把数据从内核传送到硬件和从硬件读取数据。
- 读取应用程序传送给设备文件的数据和回送应用程序请求的数据。
- 检测和处理设备出现的错误等。

应用程序可以和 GLIBC 库连接,因此可以包含标准的头文件,如 stdio. h 和 stdlib. h。驱动程序中不能使用标准 C 库,因此不能调用所有的 C 库函数,如输出打印函数只能使用内核的 printk 函数,包含的头文件只能是内核的头文件,如 linux/module. h。

设备驱动程序有如下特点:

- 驱动程序是与设备相关的。
- 驱动程序的代码由内核统一管理。
- 驱动程序在具有特权级别的内核态下运行。
- 设备驱动程序是输入/输出系统的一部分。
- 驱动程序是为某个进程服务的,其执行过程仍处在进程运行的过程中,即处于进程的上下文中。

➢ 若驱动程序需要等待设备的某种状态,则它将阻塞当前进程,把进程加入到该设备的等待队列中。

3.7.2 Linux 设备驱动程序的基本结构

一般来说是把设备映射为一个特殊的设备文件,用户程序可以像对普通文件一样对此设备文件进行操作。Linux 将每个设备看作一个文件,对设备的访问是由设备驱动程序提供的。

1. 用户态与内核态

系统运行时一般情况下,分用户态和内核态,这两种运行态下的数据互不可见。驱动程序是内核的一部分,工作在内核态,应用程序工作在用户态。这样就存在数据空间访问的问题,即无法通过指针直接将二者的数据地址进行传递。解决办法是:系统提供一系列函数帮助完成数据空间转换。例如,get_user、put_user、copy_from_user 和 copy_to_user 等函数。Linux 的设备驱动程序可以分为 3 个主要组成部分,如图 3-38 所示。

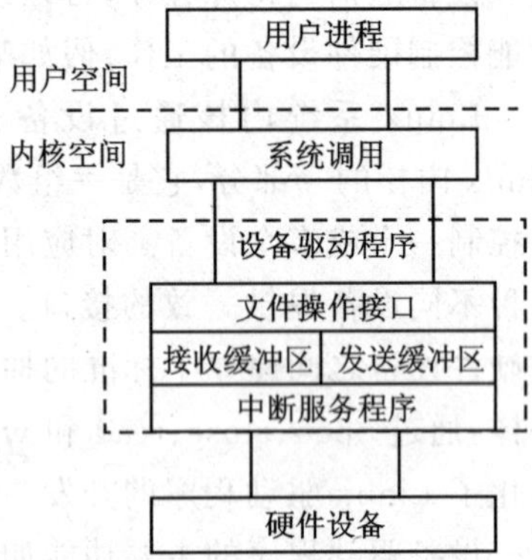

图 3-38 Linux 驱动程序结构

2. 自动配置和初始化

负责监测所要驱动的硬件设备是否存在和能否正常工作。如果该设备正常,则对这个设备及其相关的设备驱动程序需要的软件状态进行初始化。这部分驱动程序仅在初始化时被调用一次。

3. 服务于 I/O 请求的子程序

服务于 I/O 请求的子程序又称为驱动程序的上半部分。调用这部分程序是由于系统调用的结果。这部分程序在执行时,系统仍认为是与进行调用的进程属于同一个进程,只是由用户态变成了内核态,具有进行此系统调用的用户程序的运行环境,因而可以在其中调用 sleep()等与运行环境有关的函数。

4. 中断服务子程序

中断服务子程序又称为驱动程序的下半部分。在 Linux 系统中,并不是直接从中断向量表中调用设备驱动程序的中断服务子程序,而是由 Linux 系统来接收硬件中断,再由系统调用中断服务子程序。中断可以在任何一个进程运行时产生,因而在中断服务程序被调用时,不能依赖于任何进程的状态,也就不能调用任何与进程运行环境有关的函数。因为设备驱动程序一般支持同一类型的若干设备,所以在系统调用中断服务子程序时都带有一个或多个参数,以唯一标识请求服务的设备。

5. 应用程序、库、内核和驱动程序的关系

应用程序调用应用程序函数库完成功能，应用程序以文件形式访问各种资源、应用程序函数库，部分函数直接完成功能，部分函数通过系统调用。由内核完成内核处理系统调用。调用设备驱动程序，设备驱动直接与硬件通信。它们之间的关系如图 3-39 所示。

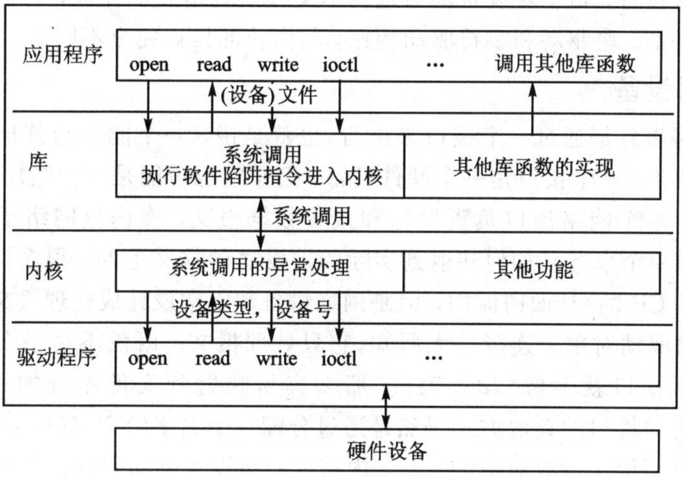

图 3-39 应用程序、库、内核和驱动程序的关系

3.7.3 Linux 设备驱动的分类

以 Linux 的方式看设备，可区分为 3 种基本设备：字符设备、块设备和网络设备。

1. 字符设备

一个字符(char)设备是一种可以当作一个字节流来存取的设备(如同一个文件)，一个字符驱动负责实现这种行为。这样的驱动常常至少实现 open、close、read 和 write 系统调用。文本控制台("/dev/console")和串口("/dev/ttyS0")是字符设备的例子，因为它们很好地展现了流的抽象。字符设备通过文件系统结点来存取，如"/dev/tty1"和"/dev/lp0"。在一个字符设备和一个普通文件之间唯一有关的不同就是，用户经常可以在普通文件中移来移去，但是大部分字符设备仅仅是数据通道，用户只能顺序存取。当然，也存在看起来像数据区的字符设备，用户可以在里面移来移去。例如，frame grabber 经常这样，应用程序可以使用 mmap 或者 lseek 存取整个要求的图像。

2. 块设备

如同字符设备，块设备通过位于"/dev"目录的文件系统结点来存取。一个块设

备(如一个磁盘)应该是可以驻有一个文件系统的。在大部分的 UNIX 系统中，一个块设备只能处理这样的 I/O 操作，传送一个或多个长度经常是 512 字节(或一个更大的 2 的幂的数)的整块。Linux 中则相反，允许应用程序像一个字符设备一样读/写一个块设备，它允许一次传送任意数目的字节。结果就是，块和字符设备的区别仅仅是内核在内部管理数据的方式上，并且因此在内核/驱动的软件接口上不同。如同一个字符设备，每个块设备都通过一个文件系统结点被存取，它们之间的区别对用户是透明的。块驱动和字符驱动相比，与内核的接口完全不同。

3. 网络设备

任何网络事务都通过一个接口来进行，也就是说，一个能够与其他主机交换数据的设备。通常，一个接口是一个硬件设备，但是它也可能是一个纯粹的软件设备，如回环接口。一个网络接口负责发送和接收数据报文，在内核网络子系统的驱动下，不必知道单个事务是如何映射到实际的被发送的报文上的。很多网络连接（特别那些使用 TCP 的)是面向流的，但是网络设备却常常设计成处理报文的发送和接收。一个网络驱动对单个连接一无所知，它只处理报文。既然不是一个面向流的设备，一个网络接口就不像“/dev/tty1”那么容易映射到文件系统的一个节点上。UNIX 提供的对接口的存取方式仍然是通过分配一个名字给它们(如 eth0)，但是这个名字在文件系统中没有对应的入口。内核与网络设备驱动间的通信与字符和块设备驱动所用的完全不同。不用 read 和 write，内核调用和报文传递相关的函数。

字符设备与块设备的主要区别是：在对字符设备发出读/写请求时，实际的硬件 I/O 一般紧接着发生。块设备则不然，它利用一块系统内存作为缓冲区，若用户进程对设备的请求能满足用户的要求，则返回请求的数据；否则，就调用请求函数来进行实际的 I/O 操作。块设备主要是针对磁盘等慢速设备设计的，以免耗费过多的 CPU 时间用来等待。网络设备可以通过 BSD 套接口访问数据。

3.7.4 Linux 设备文件和设备文件系统

当加载了设备驱动模块后，应该怎样访问这些设备呢？Linux 是一种类 UNIX 系统，UNIX 的一个基本特点是“一切皆为文件”。它抽象了设备的处理，将所有的硬件设备都像普通文件一样看待，也就是说硬件可以跟普通文件一样来打开、关闭和读/写。

系统中的设备都用一个设备特殊文件代表，称为设备文件。设备类型、主次设备号是内核与设备驱动程序通信时所使用的，但是对于开发应用程序的用户来说比较难以理解和记忆。所以 Linux 使用了设备文件的概念来统一对设备的访问接口，在引入设备文件系统(devfs)之前 Linux 将设备文件放在“/dev”目录下，设备的命名一般为设备文件名+数字或字母表示的子类，如“/dev/hda1”和“/dev/hda2”等。

每个设备文件都有其文件属性(c/b)，表示是字符设备还是块设备。另外每个文件都有2 个设备号，第一个是主设备号，唯一标识一个设备，主设备号相同的设备使用相同的驱动程序;第二个是从设备号,标识使用同一个设备驱动程序的、不同的硬件设备。如 PC 中的 IDE 设备,一般主设备号使用 3,Windows 下的分区一般将主分区的次设备号为 1,扩展分区的次设备号为 2、3、4,逻辑分区使用 5、6 等。设备文件的主设备号必须与设备驱动程序在登记时申请的主设备号一致,否则用户进程将无法访问驱动程序。对于 Linux 中对设备号的分配原则可以参考“Documentation/devices.txt”。对于查看“/dev”目录下的设备的主次设备号可以使用如下命令:

```
[/mnt/yaffs]ls  /dev -l
crw-------      1 root     root      5,     1 Jan    1 00:00 console
crw-------      1 root     root      5,    64 Jan    1 00:00 cua0
crw-------      1 root     root      5,    65 Jan    1 00:00 cua1
crw-rw-rw-      1 root     root      1,     7 Jan    1 00:00 full
drwxr-xr-x      1 root     root      0        Jan    1 00:00 keyboard
crw-r-----      1 root     root      1,     2 Jan    1 00:00 kmem
crw-r-----      1 root     root      1,     1 Jan    1 00:00 mem
drwxr-xr-x      1 root     root      0        Jan    1 00:00 mtd
drwxr-xr-x      1 root     root      0        Jan    1 00:00 mtdblock
crw-rw-rw-      1 root     root      1,     3 Jan    1 00:00 null
crw-r-----      1 root     root      1,     4 Jan    1 00:00 port
```

Linux 2.4 内核中引入了设备文件系统(devfs),所有的设备文件作为一个可以挂载的文件系统,这样就可以由文件系统进行统一管理,从而设备文件就可以挂载到任何需要的地方。命名规则也发生了变化,一般将主设备建立一个目录,再将具体的子设备文件建立在此目录下,如 UP-NETARM2410-S 中的 MTD 设备为“/dev/mtdblock/0”。

3.8 设备驱动程序接口

3.8.1 Linux 设备驱动的加载方式

设备驱动程序是 Linux 内核的重要组成部分,控制了操作系统和硬件设备之间的交互。Linux 的设备管理是与文件系统紧密结合的,各种设备都以文件的形式存放在“/dev”目录下,成为设备文件。应用程序可以打开、关闭和读/写这些设备文件,对设备的操作就像操作普通的数据文件一样简便。

Linux 下加载驱动程序可以采用动态和静态两种方式。静态加载就是把驱动程序直接编译到内核里,执行 make menuconfig 命令进行内核配置裁减时,在窗口中可以选择是否编译入内核,还是放入“/lib/modules/”下相应内核版本目录中,还是不选。驱动编译进内核后,系统启动后可以直接调用。静态加载的缺点是调试起来比较麻烦,每次修改一个地方都要重新编译下载内核,效率较低。将一个设备驱动模块动态挂接、卸载和系统调用的全过程如图 3-40 所示。

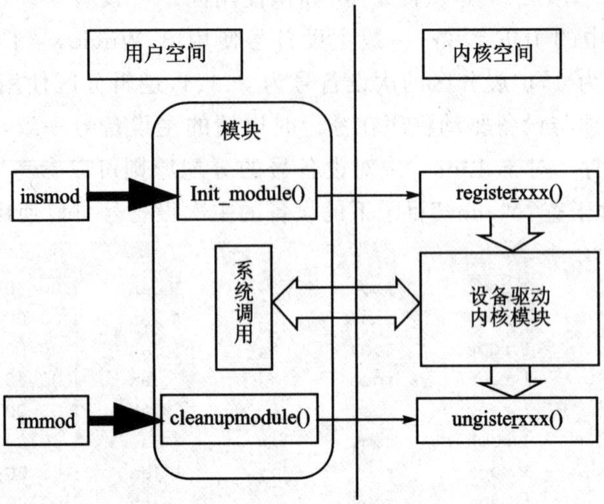

图 3-40　动态加载方式

设备驱动在加载时首先需要调用入口函数 init_module(),该函数完成设备驱动的初始化工作。其中最重要的工作就是向内核注册该设备,字符设备调用 register_chrdev()完成注册,块设备需要调用 register_blkdev()完成注册。注册成功后,该设备获得了系统分配的主设备号和自定义的次设备号,并建立起与文件系统的关联。字符设备驱动程序向 Linux 内核注册登记时,在字符设备向量表 chrdevs 中增加一个 device_struct 数据结构条目,这个设备的主设备标识符用作这个向量表的索引。向量表中的每一个条目,即一个 device_struct 数据结构包括两个元素:一个登记设备驱动程序名称的指针和一个指向一组文件操作的指针。块文件操作本身位于这个设备的字符设备驱动程序中,每一个都处理特定的文件操作,如打开、读/写和关闭。所谓登记,就是将由模块提供的 file_operations 结构指针填入 device_struct 数据结构数组的某个表项。登记以后,位于上层的模块(内核)可以"看见"这个模块了;但是,应用程序却还不能"看见"它,因而还不能通过系统调用它。要使应用程序能"看见"这个模块或者它所驱动的设备,就要在文件系统中为其创建一个代表它的节点。通过系统调用 mknod()创建代表此项设备的文件节点——设备入口点,就可使一项设备在系统中可见,成为应用程序可以访问的设备。

模块在调用 rmmod 函数时被卸载,此时的入口点是 cleanup_module 函数,在该函数中完成设备的卸载。设备驱动在卸载时需要回收相应的资源,令设备的相应寄存器值复位并从系统中注销该设备。字符设备调用 unregister_chrdev()完成注销,块设备需要调用 unregister_blkdev()完成注销。

动态加载利用了 Linux 的 module 特性,可以在系统启动后用 insmod 命令把驱动程序(".o"文件)添加上去,在不需要的时候用 rmmod 命令来卸载。在台式机上一般采用动态加载的方式。在嵌入式产品里可以先用动态加载的方式来调试,调试完毕后再编译到内核里。动态加载是将驱动模块加载到内核中，而不能放入“/lib/modules/”下。

下面来看一下有关模块的命令，在加载驱动程序要用到 lsmod、modprob、insmod、rmmod 和 modinfo。

lsmod 命令：lsmod 查看当前加载到内核中的所有驱动模块，同时提供其他一些信息，如其他模块是否在使用另一个模块。例如：

```
#lsmod （与 cat /proc/modules 得出的内容是一致的）
Module      Size      Used by Not tainted
radeon      115364     1
agpgart      56664     3
```

上面显示了当前系统中加载的模块，左边数第一列是模块名，第二列是该模块的大小，第三列则是该模块使用的数量。如果后面为 unused，则表示该模块当前没有在使用。

rmmod 命令：如果后面有 autoclean，则该模块可以被“rmmod - a”命令自动清洗。“rmmod - a”命令会将目前有 autoclean 的模块卸载，如果这时候某个模块未被使用，则将该模块标记为 autoclean。如果在行尾的[ ]括号内有模块名称，则括号内的模块就依赖于该模块。例如：

```
cdrom 34144 0 [sr_mod ide - cd]
```

其中，“ide-cd”及“sr_mod”模块就依赖于 cdrom 模块。系统的模块文件保存在“/lib/modules/2.6.XXX/kerne”目录中，根据分类分别在 fs 和 net 等子目录中，它们的互相依存关系则保存在“/lib/modules/2.6.XXX/modules.dep”文件中。需要注意，该文件不仅写入了模块的依存关系，同时内核查找模块也是在这个文件中。

insmod 命令：是插入模块的命令，但是它不会自动解决依存关系，所以一般加载内核模块时使用的命令为 modprobe。使用 modprobe 命令，可以智能插入模块，它可以根据模块间的依存关系，以及“/etc/modules.conf”文件中的内容智能插入模块。

modinfo 命令：用来查看模块信息，如“modinfo -d cdrom”。

3.8.2 设备驱动程序接口

Linux 操作系统通过系统调用和硬件中断完成从用户空间到内核空间的控制转移。设备驱动模块的功能就是扩展内核的功能，主要完成两部分任务：一个是系统调用，另一个是处理中断。系统调用部分则是对设备的操作过程，如 open、read、write 和 ioctl 等操作。设备驱动程序所提供的这组入口点由几个结构向系统进行说明，分别是 file_operations 数据结构、inode 数据结构和 file 数据结构。内核内部通过 file 结构识别设备，通过 file_operations 数据结构提供文件系统的入口点函数，也就是访问设备驱动的函数，结构中的每一个成员都对应着一个系统调用。在嵌入式系统的开发中，一般仅仅实现其中几个接口函数：read、write、open、ioctl 及 release 就可以完成应用系统需要的功能。写驱动程序的任务之一就是完成 file_operations 中的函数指针。通常所说的设备驱动程序接口是指结构“file_operations{}”,它定义在“include/linux/fs. h”中。file_operations 数据结构定义如下：

```
struct file_operations {
struct module * owner;
loff_t ( * llseek) (struct file * , loff_t, int);
ssize_t ( * read) (struct file * , char * , size_t, loff_t * );
ssize_t ( * write) (struct file * , const char * , size_t, loff_t * );
int ( * readdir) (struct file * , void * , filldir_t);
unsigned int ( * poll) (struct file * , struct poll_table_struct * );
int ( * ioctl) (struct inode * , struct file * , unsigned int, unsigned long);
int ( * mmap) (struct file * , struct vm_area_struct * );
int ( * open) (struct inode * , struct file * );
int ( * flush) (struct file * );
int ( * release) (struct inode * , struct file * );
int ( * fsync) (struct file * , struct dentry * , int datasync);
int ( * fasync) (int, struct file * , int);
int ( * lock) (struct file * , int, struct file_lock * );
  ⋮
#ifdef MAGIC_ROM_PTR
int ( * romptr) (struct file * , struct vm_area_struct * );
#endif /* MAGIC_ROM_PTR */
};
```

file_operations 结构是整个 Linux 内核的重要数据结构,也是 file{}和 inode{}结构的重要成员。file_operation 结构中的成员几乎全部是函数指针,所以实质上就是函数跳转表。每个进程对设备的操作都会根据 major、minor 设备号,转换成对 file_operations 结构的访问。常用的操作包括以下几种：

* lseek,移动文件指针的位置,只能用于可以随机存取的设备。

* read,进行读操作,参数 buf 为存放读取结果的缓冲区,count 为所要读取的数据长度。返回值为负表示读取操作发生错误;否则,返回实际读取的字节数。对于字符型,要求读取的字节数和返回的实际读取字节数都必须是 inode-i_blksize 的倍数。

* write,进行写操作,与 read 类似。

* readdir,取得下一个目录入口点,只有与文件系统相关的设备程序才使用。

* select,进行选择操作。如果驱动程序没有提供 select 入口,则 select 操作会认为设备已经准备好进行任何 I/O 操作。

* ioctl,进行读、写以外的其他操作,参数 cmd 为自定义的命令。

* mmap,用于把设备的内容映射到地址空间,一般只有块设备驱动程序使用。

* open,打开设备准备进行 I/O 操作。返回 0 表示打开成功,返回负数表示失败。如果驱动程序没有提供 open 入口,则只要“/dev/driver”文件存在就认为打开成功。

* release，即 close 操作。

在用户自己的驱动程序中，首先要根据驱动程序的功能，完成 file_operation 结构中的函数实现。不需要的函数接口可以直接在 file_operation 结构中初始化为 NULL。file_operation 变量会在驱动程序初始化时注册到系统内部。当操作系统对设备操作时，会调用驱动程序注册的 file_operation 结构中的函数指针。

在嵌入式系统的开发中，一般仅仅实现其中几个接口函数：read、write、ioctl、open 和 release，就可以完成应用系统需要的功能。

3.8.3 Linux 设备的控制方式

处理器与外设之间传输数据的控制方式通常有 3 种：查询方式、中断方式和直接内存存取(DMA)方式。

1. 查询方式

设备驱动程序通过设备的 I/O 端口空间，以及存储器空间完成数据的交换。例如，网卡一般将自己的内部寄存器映射为设备的 I/O 端口，而显示卡则利用大量的存储器空间作为视频信息的存储空间。利用这些地址空间，驱动程序可以向外设发送指定的操作指令。通常外设的操作耗时较长，因此，当处理器实际执行了操作指令之后，驱动程序可采用查询方式等待外设完成操作。

驱动程序在提交命令之后，开始查询设备的状态寄存器；当状态寄存器表明操作完成时，驱动程序可继续后续处理。查询方式的优点是硬件开销小，使用起来比较简单。但在此方式下，CPU 要不断地查询外设的状态，当外设未准备好时，就只能循环等待，不能执行其他程序，这样就浪费了 CPU 的大量时间，降低了处理器的利用率。

2. 中断方式

查询方式白白浪费了大量的处理器时间，而中断方式才是多任务操作系统中最有效利用处理器的方式。当 CPU 进行主程序操作时，外设的数据已存入端口的数据输入寄存器，或端口的数据输出寄存器已空，此时由外设通过接口电路向 CPU 发出中断请求信号。CPU 满足一定条件时，暂停执行当前正在执行的主程序，转入执行相应能够进行输入/输出操作的子程序；待输入/输出操作执行完毕之后，CPU 再返回并继续执行原来被中断的主程序。这样，CPU 就避免了把大量时间耗费在等待、查询外设状态的操作上，使其工作效率得以大大提高。

能够向 CPU 发出中断请求的设备或事件称为中断源。中断源向 CPU 发出中断请求，若优先级别最高，则 CPU 在满足一定的条件时，可中断当前程序的运行，保护好被中断的主程序的断点及现场信息，然后根据中断源提供的信息，找到中断服务子程序的入口地址，转去执行新的程序段，这就是中断响应。CPU 响应中断是有条件的，如内部允许中断、中断未被屏蔽和当前指令执行完等。CPU 响应中断以后，就会中止当前的程序,转去执行一个中断服务子程序,以完成相应设备的服务。

系统引入中断机制后,CPU 与外设处于“并行”工作状态,便于实现信息的实时处理和系统的故障处理。

在 Linux 系统中,对中断的处理属于系统核心部分,因而如果设备与系统之间以中断方式进行数据交换,就必须把该设备的驱动程序作为系统核心的一部分。设备驱动程序通过调用 request_irq 函数来申请中断,通过 free_irq 来释放中断。它们被定义为:

```
int request_irq(unsigned int irq,
void ( * handler)(int irq, void dev_id, struct pt_regs * regs),
unsigned long flags,
const char * device,
void * dev_id);
void free_irq(unsigned int irq, void * dev_id);
```

参数 irq 表示所要申请的硬件中断号;handler 为向系统登记的中断处理子程序,中断产生时由系统来调用,调用时所带参数 irq 为中断号;dev_id 为申请时告诉系统的设备标识;regs 为中断发生时的寄存器内容;device 为设备名,将会出现在“/proc/interrupts”文件里;flag 是申请时的选项,决定中断处理程序的一些特性,其中最重要的是中断处理程序是快速处理程序还是慢速处理程序。快速处理程序运行时,所有中断都被屏蔽;而慢速处理程序运行时,除了正在处理的中断外,其他中断都没有被屏蔽。在 Linux 系统中,中断可以被不同的中断处理程序共享。

作为系统核心的一部分,设备驱动程序在申请和释放内存时不调用 malloc 和 free,而代之以调用 kmalloc 和 kfree,它们被定义为:

```
void * kmalloc(unsigned int len, int priority);
void kfree(void * obj);
```

参数 len 为希望申请的字节数;obj 为要释放的内存指针;priority 为分配内存操作的优先级,即在没有足够空闲内存时如何操作,一般用 GFP_KERNEL。

3. 直接访问内存方式

利用中断,系统和设备之间可以通过设备驱动程序传送数据,但是,当传送的数据量很大时,因为中断处理上的延迟,利用中断方式的效率会大大降低。而直接内存访问可以解决这一问题。DMA 可允许设备和系统内存间在没有处理器参与的情况下传输大量数据。设备驱动程序在利用 DMA 之前,需要选择 DMA 通道并定义相关寄存器,以及数据的传输方向,即读取或写入,然后将设备设定为利用该 DMA 通道传输数据。设备完成设置之后,可以立即利用该 DMA 通道在设备和系统的内存之间传输数据,传输完毕后产生中断以便通知驱动程序进行后续处理。在利用 DMA 进行数据传输的同时,处理器仍然可以继续执行指令。

3.9 Linux 设备驱动开发流程

3.9.1 设备驱动开发流程

设备驱动程序和应用程序有什么区别呢？设备驱动程序和应用程序区别如下：应用程序一般有一个 main 函数，从头到尾执行一个任务；驱动程序却不同，它没有 main 函数，通过使用宏 module_init(初始化函数名）将初始化函数加入内核全局初始化函数列表中，在内核初始化时执行驱动的初始化函数，从而完成驱动的初始化和注册，之后驱动便停止等待被应用软件调用。驱动程序中有一个宏 moudule_exit(退出处理函数名)注册退出处理函数，它在驱动退出时被调用。

1. 编写驱动源码

下面通过一个简单程序来说明驱动程序的结构和开发流程，下面来编写第一个驱动程序，它很简单，运行时会输出“Hello World”消息。

```
// hello.c
#include <linux/init.h>
#include <linux/module.h>
#include <linux/kernel.h>
static int __init hello_init(void)
{
    printk(KERN_ALERT "Hello World! \n");
    return 0;
}
static void __exit hello_exit(void)
{
    printk(KERN_ALERT "Goodbye World! \n");
}
module_init(hello_init);
module_exit(hello_exit);
MODULE_LICENSE("GPL");
```

这就是一个简单的驱动程序，它什么也没做，仅仅是输出一些信息。保存这个程序，命名为 hello.c。

2. 编写 Makefile 文件

针对以上源码写一个 Makefile 文件来编译它，Makefile 和 hello.c 文件保存在同一个目录下。Makefile 文件的内容可以简单编写如下内容：

```
##Makefile###
obj-m:=hello.o
```

3. 编译驱动模块

以 root 用户登录系统，编译并运行这个模块：

```
make - C /usr/src/kernels/2.6.29.4 - 167.fc11.i686.PAE/ M = $(pwd) modules
```

其中-C 后的"/usr/src/kernels/2.6.29.4-167.fc11.i686.PAE/"是指定 Linux 内核源代码所在的目录，而"M= $(pwd)"指定的是 hello.c 和 Makefile 所在的目录，这里实际上是编辑完 hello.c 后所在的当前目录。编译结果如下所示：

```
make: Entering directory '/usr/src/kernels/2.6.29.4 - 167.fc11.i686.PAE'
  CC [M]  /root/drvhello/hello.o
  Building modules, stage 2.
  MODPOST 1 modules
  CC      /root/drvhello/hello.mod.o
  LD [M]  /root/drvhello/hello.ko
make: Leaving directory '/usr/src/kernels/2.6.29.4 - 167.fc11.i686.PAE'
```

从中可以看出，编译过程经历了这样的步骤：先进入 Linux 内核所在的目录，并编译出 hello.o 文件，然后创建模块，运行 MODPOST 生成临时的 hello.mod.c 文件，而后根据此文件编译出 hello.mod.o，之后连接 hello.o 和 hello.mod.o 文件得到模块目标文件 hello.ko，最后离开 Linux 内核所在的目录。使用 ls 命令查看当前目录可以看到如下信息：

```
[root@JLUZH drvhello]# ls
Makefile      Module.markers   hello.ko        hello.o  Module.symvers
hello.mod.c  modules.order    hello.c         hello.mod.o
[root@JLUZH drvhello]#
```

其中 hello.ko 就是需要的模块目标文件。如果一个模块包括多个".c"文件(如 file1.c 和 file2.c)，则应该以如下方式编写 Makefile：

```
##Makefile###
obj-m:= modulename.o
module-objs:= file1.o file2.o
```

4. 加载驱动模块

接下来使用 insmod 来加载该驱动模块，并且使用相关的命令来验证或查看该驱动模块运行的信息。其操作如下：

```
[root@JLUZH drvhello]# insmod hello.ko
[root@JLUZH drvhello]# lsmod
Module                  Size   Used by
hello                   1132   0
…
[root@JLUZH drvhello]#cat /var/log/messages
…
Jul 21 09:02:53 JLUZH kernel: Hello World!
```

尽管现在对它的一些细节还不够了解，但它确实"神奇"地工作了。这个 Hello World 信息输出到屏幕终端上，或者系统的 Kernel log 里(/var/log/messages)，可以通过运行 dmesg 来看到这些信息。如果不需要使用该模块，那么可以使用如下命令将模块卸载：

```
rmmod helloworld.ko
```

5. 驱动程序框架

下面对 hello.c 进行分析，通过分析代码来了解一个驱动程序的基本概念。

(1) 头文件

就像写 C 程序需要包含 C 库的头文件那样，Linux 内核编程也需要包含 Kernel 头文件。大多数的 Linux 驱动程序需要包含下面 3 个头文件：

➢ #include <linux/init.h>：定义了驱动的初始化和退出相关的函数；

➢ #include <linux/module.h>：定义了经常用到的函数原型及宏定义；

➢ #include <linux/kernel.h>：定义了内核模块相关的函数、变量及宏。

(2) 初始化

任何一个驱动都需要提供一个初始化函数，当驱动加载到内核中时，这个初始化函数就会被自动执行。初始化的函数原型定义为：

```
typedef int (*initcall_t)(void);
```

驱动程序是通过 module_init 宏来声明初始化函数的，如下所示：

```
static int __init hello_init(void)
{
printk(KERN_ALERT "Hello World! n");
  return 0;
}
module_init(hello_init);
```

__init 宏告诉编译器如果这个模块被编译到内核，则把这个函数放到(.init.text)段，这样当函数初始化完成后，这个区域可以被清除掉以节约系统内存。Kenrel 启动时看到的消息“Freeing unused kernel memory: xxxk freed”与它有关。初始化函数是有返回值的，只有在初始化成功时才返回 0，否则返回错误码(errno)。

(3) 卸 载

如果驱动程序编译成模块(动态加载)模式，那么它需要一个清理函数。当移除一个内核模块时，这个函数被调用执行清理工作。清理函数的函数原型定义为：

```
typedef void (*exitcall_t)(void);
```

驱动程序是通过 module_exit 宏来声明清理函数的，如下所示：

```
static void __exit hello_exit(void)
{
 printk(KERN_ALERT "Goodbye World! n");
}
module_exit(hello_exit);
```

与__init 类似，如果驱动被编译进内核，则__exit 宏会忽略清理函数，因为编译进内核的模块不需要做清理工作。显然，__init 和__exit 对动态加载的模块是无效的。

版权信息：Linux 内核是按照 GPL 发布的，同样 Linux 的驱动程序也要提供版权信息，否则加载到内核中时系统会给出警告信息。“Hello World”例子中的版权信息是 GPL。

```
MODULE_LICENSE("GPL");
```

通过以上例子可以了解一个驱动程序的基本框架,所有的驱动都会包含这些内容。这里没有详细介绍 Linux 驱动程序的编译系统,因为它相对 C 应用程序的编译有些复杂。Linux 2.6 内核采用 Kbuild 系统作编译,有兴趣的读者可以查阅 Kbuild 的详细内容。

3.9.2 字符设备驱动框架

现在来写一个最简单的字符设备驱动程序。虽然它什么也不做,但是通过它可以了解 Linux 的设备驱动程序的工作原理。把下面的 C 代码输入机器,就会获得一个真正的设备驱动程序。由于用户进程是通过设备文件与硬件打交道的,对设备文件的操作方式不外乎就是一些系统调用,如 open、read、write 和 close 等,通过结构体 file_operations 把这些系统调用和驱动程序中的具体函数关联起来。这个结构每一个成员的名字都对应着一个系统调用。用户进程利用系统调用在对设备文件进行诸如 read/write 操作时,系统调用通过设备文件的主设备号找到相应的设备驱动程序,然后读取这个数据结构相应的函数指针,接着把控制权交给该函数。这是 Linux 的设备驱动程序工作的基本原理。既然是这样,编写设备驱动程序的主要工作就是编写子函数,并填充 file_operations 的各个域。其完整的源代码如下:

```
/******* demo.c *****/
#ifndef __KERNEL__
# define __KERNEL__
#endif
#ifndef MODULE
# define MODULE
#endif
/*********** 头文件 *******************************/
#include <linux/mm.h>
#include <linux/module.h>
#include <asm/segment.h>
#include <asm/uaccess.h>        /* COPY_TO_USER */
#include <linux/init.h>
#include <linux/kernel.h>       /* printk() */
#include <linux/slab.h>         /* kmalloc() */
#include <linux/fs.h>           /* everything... */
#include <linux/errno.h>        /* error codes */
#include <linux/types.h>        /* size_t */
#include <linux/proc_fs.h>
#include <linux/fcntl.h>        /* O_ACCMODE */
#include <asm/system.h>         /* cli(), *_flags */
/*********** 定义常量、变量、函数 ******************/
#define DEVICE_NAME "demodrv"
```

```
#define demo_MAJOR 267
#define demo_MINOR 0
static int MAX_BUF_LEN = 1024;
static char drv_buf[1024];
static int WRI_LENGTH = 0;
static ssize_t demo_write(struct file * ,const char * , size_t );
static ssize_t demo_read(struct file * , char * , size_t , loff_t * );
/************ 定义驱动接口结构体 ************************ /
static struct file_operations demo_fops =
{
    owner:THIS_MODULE,
    //open:demo_open,
    read:demo_read,
    write:demo_write,
    //llseek:demo_llseek(),
    //ioctl:demo_ioctl,
    //release:demo_release,
};

/************ 子函数 ************************************** /
/******* 1.do_write()函数:将缓冲区中的数逆序 **** /
static void do_write()
{
 int i;
 int len = WRI_LENGTH;
 char tmp;
 for(i = 0; i < (len>>1); i++ ,len-- )
  {
    tmp = drv_buf[len-1];
    drv_buf[len-1] = drv_buf[i];
    drv_buf[i] = tmp;
  }
 }
/*********** demo_read()函数 ************************ /
static ssize_t demo_read(struct file * filp, char * buffer, size_t count, loff_t *
ppos)
{
  if(count > MAX_BUF_LEN)
  count = MAX_BUF_LEN;
  //copy_to_user(buffer, drv_buf,count);
  printk("user read data from driver\n");
  return count;
}
/********** demo_write()函数 ************************ /
static ssize_t demo_write(struct file * filp,const char * buffer, size_t count)
{
  if(count > MAX_BUF_LEN)count = MAX_BUF_LEN;
  //copy_from_user(drv_buf , buffer, count);
  WRI_LENGTH = count;
```

```
  printk("user write data to driver\n");
  do_write();
  return count;
}
/********** demo_init()函数 ***********************/
static int __init demo_init(void)
{
  int result;
  result = register_chrdev(demo_MAJOR, "demodrv", &demo_fops);
  if (result < 0)
  {
    printk(DEVICE_NAME" initialized failure\n");
    return result;
  }
  else
  {
    printk(DEVICE_NAME" initialized\n");
    return 0;
  }
}
/********** demo_exit()函数 ***********************/
static void __exit demo_exit(void)
{
 // unregister_chrdev(demo_MAJOR, "demodrv");
 //kfree(demo_devices);
 printk(DEVICE_NAME" unloaded\n");
}
/********** 系统调用模块接口 ***********************/
module_init(demo_init);
module_exit(demo_exit);
MODULE_LICENSE("Dual BSD/GPL");
```

该驱动的编译调试参考 3.9.1 小节或第 7 章相关实验，这里仅对其基本结构进行说明。

1. 编写子函数

随着内核不断增加新的功能，file_operations 结构体已变得越来越大，但是大多数的驱动程序只是利用了其中的一部分。对于字符设备来说，要提供的主要入口有 open()、read()、write()、llseek()、ioctl()和 release()等。下面重点介绍这几个函数。

(1) open()函数

应用程序对设备特殊文件进行 open()系统调用时，将调用驱动程序的 demo_open 函数，其基本结构如下：

```
static int demo_open(struct inode * inode,struct file * file )
{
//MOD_INC_USE_COUNT;
 return 0;
}
```

其中参数 inode 为设备特殊文件的 inode（索引结点）结构的指针，参数 file 是指向这一设备的文件结构的指针。

open()的主要任务是确定硬件处在就绪状态，验证次设备号的合法性（次设备号可以用 MINOR(inode -> i - rdev) 取得），控制使用设备的进程数，根据执行情况返回状态码（0 表示成功，负数表示存在错误）等；Linux 2.4 内核中通常通过宏“MOD_INC_USE_COUNT”来管理自己被使用的计数。Linux 2.6 内核中提供了模块计数管理接口 try_module_get(&module)和 module_put(&module)，从而取代了 Linux 2.4 内核中的模块使用计数管理宏。Linux 2.6 内核下，驱动工程师很少亲自调用这两个函数，从而简化了设备驱动的开发。

(2) read()函数

应用程序对设备特殊文件进行 read()系统调用时，将调用驱动程序的 demo_read 函数，其基本结构如下：

```
static int demo_read(struct inode * inode,struct file * file,char * buf,int count)
{
  //copy_to_user(buffer, drv_buf,count);
  return count;
}
```

demo_read 用来从设备中读取数据。函数返回非负值表示成功读取的字节数。drv_buf 是 read 调用的一个参数，它是用户进程空间的一个地址。但是在 demo_read 被调用时，系统进入内核态，所以不能使用 drv_buf 这个地址，必须用 copy_to_user()函数完成内核空间到用户空间的复制，这是 Kernel 提供的一个函数，用于向用户传送数据。另外还有很多类似功能的函数。

(3) write()函数

应用程序对设备特殊文件进行 write()系统调用时，将调用驱动程序的 demo_write 函数，其基本结构如下：

```
static int demo_write(struct inode * inode,struct file * file,const char * buf,int
count)
{
  //copy_from_user(&global_var, buf, sizeof(int)))
  return count
}
```

同样，在 demo_write 被调用时，系统进入内核态，所以必须用 copy_from_user()函数完成用户空间到内核空间的复制，函数返回成功写入的字节数。

(4) llseek()函数

该函数用来修改文件的当前读/写位置，并将新位置作为（正的）返回值返回，原型如下：

```
loff_t ( * llseek) (struct file * , loff_t, int);
```

(5) ioctl() 函数

该函数是特殊的控制函数，可以通过它向设备传递控制信息或从设备取得状态

信息,函数原型如下:

```
int ( * ioctl) (struct inode * ,struct file * ,unsigned int ,unsigned long);
```

unsigned int 参数为设备驱动程序要执行的命令代码,由用户自定义;unsigned long 参数为相应的命令提供参数,类型可以是整型、指针等。如果设备不提供 ioctl 入口点,则对于任何内核未预先定义的请求,ioctl 系统调用将返回错误(- ENOTTY,“No such ioctl fordevice,该设备无此 ioctl 命令”)。如果该设备方法返回一个非负值,那么该值会被返回给调用程序以表示调用成功。

(6) release()函数

release()函数是在最后一个打开设备的用户进程执行 close ()系统调用时,内核将调用的驱动函数,其定义如下:

```
static void demo_release(struct inode * inode,struct file * file )
{
 MOD_DEC_USE_COUNT;
}
```

release 函数的主要任务是清理未结束的输入/输出操作、释放资源、用户自定义排他标志的复位等。

(7) poll()函数

poll 方法是 poll 和 select 这两个系统调用的后端实现,用来查询设备是否可读或可写,或是否处于某种特殊状态,原型如下:

```
unsigned int ( * poll) (struct file * , struct poll_table_struct * );
```

设备驱动程序的主体可以说是写好了。现在要把驱动程序嵌入内核。驱动程序可以按照两种方式编译:一种是编译进 Kernel,另一种是编译成模块(modules)。如果编译进内核,则会增加内核的大小,还要改动内核的源文件,而且不能动态地卸载,不利于调试,所以推荐使用模块方式。

2. 设备初始化 init_module()函数

用 insmod 命令将编译好的模块调入内存时,init_module 函数被调用。该函数定义如下:

```
static int __init demo_init(void)
{
  int result;
  result = register_chrdev(demo_MAJOR, "demodrv", &demo_fops);
  if (result < 0)
  {
    printk(DEVICE_NAME" initialized failure\n");
    return result;
  }
  else
  {
    printk(DEVICE_NAME" initialized\n");
```

```
        return 0;
    }
}
```

这里，init_module 只做了一件事，就是向系统的字符设备表登记了一个字符设备。register_chrdev 需要 3 个参数：参数一是希望获得的设备号，如果为 0，则系统将选择一个没有被占用的设备号返回；参数二是设备文件名；参数三用来登记驱动程序实际执行操作的函数的指针。如果登记成功，则返回设备的主设备号；不成功，则返回一个负值。

3. 设备注销 module_exit()函数

在用 rmmod 卸载模块时，module_exit 函数被调用，它释放字符设备在系统字符设备表中占有的表项。其定义如下：

```
static void __exit demo_exit(void)
{
  unregister_chrdev(demo_MAJOR, "demodrv");
  kfree(demo_devices);
  printk(DEVICE_NAME "unloaded\n");
}
```

至此，一个极其简单的字符设备可以说写好了，文件名设为 demo.c。

4. 编译驱动程序

下面编写一个 Makefile，然后直接 Make 生成驱动设备程序。一个参考的 Makefile 文件如下：

```
##Makefile
ifneq ($(KERNELRELEASE),)
MODULE_NAME = demodrv
$(MODULE_NAME)-objs := demo.o

obj-m := $(MODULE_NAME).o
else
KERNEL_DIR = /lib/modules/'uname -r'/build
MODULEDIR := $(shell pwd)

.PHONY: modules
default: modules
modules:
    make -C $(KERNEL_DIR) M=$(MODULEDIR) modules
clean distclean:
    rm -f *.o *.mod.c .*.*.cmd *.ko Mod*.* mo*.*
    rm -rf .tmp_versions
endif
```

执行 Make 编译产生 demodrv.ko。

5. 创建设备文件

下一步要创建设备文件，使用如下命令：

```
mknod /dev/test c major minor
```

其中,c 是指字符设备;major 是主设备号,就是在"/proc/devices"里看到的;minor 是从设备号,设置成 0 即可。如果要获得主设备号,则使用如下命令:

```
cat /proc/devices
```

6. 加载驱动

驱动程序已经编译好了,使用"insmod demodrv.ko"命令就可以把它安装到系统中去。如果安装成功,则在"/proc/devices"文件中就可以看到设备 test,并可以看到它的主设备号。若要卸载,则运行"rmmod demodrv.ko"。

7. 测试驱动

现在可以通过设备文件来访问这个驱动程序,写一个简单的测试程序,如下所示:

```
test_demo.c
#include <stdio.h>
#include <stdlib.h>
#include <fcntl.h>
#include <unistd.h>
#include <sys/ioctl.h>
void showbuf(char * buf);
int MAX_LEN = 32;
int main()
{
  int fd;
  int i;
  char buf[255];
  for(i = 0; i < MAX_LEN; i ++ )
  {
    buf[i] = i;
  }
  fd = open("/dev/demodrv",O_RDWR);
  if(fd < 0)
  {
    printf("####DEMO device open fail####\n");
    return (-1);
  }
  printf("write %d bytes data to /dev/demo \n",MAX_LEN);
  showbuf(buf);
  write(fd,buf,MAX_LEN);
  printf("Read %d bytes data from /dev/demo \n",MAX_LEN);
  read(fd,buf,MAX_LEN);
  showbuf(buf);
  ioctl(fd,1,NULL);
  ioctl(fd,4,NULL);
  close(fd);
  return 0;
}
```

```
void showbuf(char * buf)
{
  int i,j = 0;
  for(i = 0;i < MAX_LEN;i ++ )
  {
    if(i % 4 == 0)
    printf("\n % 4d: ",j ++ );
    printf(" % 4d ",buf[i]);
  }
  printf("\n ******************************************************* \n");
}
```

以上只是一个简单的演示,详细的操作过程和结果可参考第 7 章相关实验。真正实用的驱动程序要复杂得多,要处理如中断、DMA 和 I/O port 等问题,这些才是真正的难点。上述给出了一个简单的字符设备驱动编写的框架和原理,更为复杂的编写需要认真研究 Linux 内核的运行机制和具体的设备运行的机制等,希望读者好好掌握 Linux 设备驱动程序编写的方法。

习 题 三

1. 简述嵌入式软件结构,各部分有何功能?
2. 简述基于 Linux 的嵌入式软件组成,各部分有何作用?
3. 嵌入式开发中为何要用交叉编译开发方法,基于开发板的二次开发有何优势?
4. 简述基于 Linux 的嵌入式软件开发流程。
5. Samba 服务有何作用,自己动手配置一个 Samba 服务。
6. 什么是 NFS 服务,嵌入式软件开发中为什么要用到 NFS 服务?
7. minicom 有何作用,它与 Windows 下的超级终端有何区别?
8. BootLoader 有何作用,常用的 BootLoader 有哪些?
9. Linux 内核分成几部分,什么是内核空间和用户空间,这种划分有何优缺点?
10. 简述 Linux 的移植过程以及各过程中用到的工具和命令。
11. 常见的嵌入式文件系统有哪些?
12. 设备驱动程序有何作用,Linux 设备驱动程序分为哪些?
13. 简述 Linux 设备驱动的加载方式。
14. 根文件系统不能够通过 NFS 挂载到开放板,试描述可能出现该错误的原因。
15. 内核驱动模块的编程和普通程序的编程有哪些区别?
16. U-Boot 的环境变量 bootargs 和 bootcmd 有什么作用?

第 4 章

嵌入式应用程序设计

对于嵌入式 Linux 的应用，多数并不需要图形界面，如交换机、路由器、嵌入式网关以及服务器等。但是，随着消费类电子的普及，越来越多的嵌入式产品如多媒体播放和手机等手持设备需要图形用户界面（或称 GUI）的支持。因此，基于 GUI 的应用程序的开发越来越重要。本章首先介绍嵌入式软件开发中常用的 GUI，然后重点介绍目前比较流行的 GUI 平台 MiniGUI 和 Qt/Embedded 系统，并结合实例介绍这两种平台下应用软件开发的基本流程。

4.1 嵌入式应用程序设计概述

4.1.1 嵌入式软件的分类

嵌入式软件与嵌入式系统是密不可分的，嵌入式系统是“控制、监视或者辅助设备、机器和车间运行的装置”，就是以应用为中心，以计算机技术为基础，并且软硬件可裁减，适用于应用系统对功能、可靠性、成本、体积和功耗有严格要求的专用计算机系统。它一般由嵌入式微处理器、外围硬件设备、嵌入式操作系统以及用户的应用程序 4 个部分组成，用于实现对其他设备的控制、监视或管理等功能。而嵌入式软件就是基于嵌入式系统设计的软件，它也是计算机软件的一种，同样由程序及其文档组成，可细分成系统软件、支撑软件和应用软件 3 类，是嵌入式系统的重要组成部分。

1. 嵌入式操作系统

嵌入式操作系统 EOS(Embedded Operating System)是一种用途广泛的系统软件，过去它主要应用于工业控制和国防系统领域。EOS 负责嵌入系统的全部软、硬件资源的分配、调度工作，控制、协调并发活动；它必须体现其所在系统的特征，能够通过装卸某些模块来达到系统所要求的功能。嵌入式操作系统通常以商业运作为主，从 20 世纪 80 年代起，商业化的嵌入式操作系统开始得到蓬勃发展。现在国际上有名的嵌入式操作系统有 Windows CE、Palm OS、Linux、VxWorks、pSOS、QNX、OS－9 和 LynxOS 等，已进入我国市场的国外产品有 WindRiver、Microsoft、QNX 和 Nuclear 等。我国嵌入式操作系统的起步较晚，此类产品主要是基于自主版权的 Linux 操作系统，其中以中软 Linux、红旗 Linux 和东方 Linux 为代表。

2. 嵌入式支撑软件

支撑软件是用于帮助和支持软件开发的软件,通常包括数据库和开发工具,其中以数据库最为重要。嵌入式数据库技术已得到广泛的应用,随着移动通信技术的进步,人们对移动数据处理提出了更高的要求,嵌入式数据库技术已经得到了学术、工业、军事和民用部门等各方面的重视。嵌入式移动数据库或简称为移动数据库(EMDBS)是支持移动计算或某种特定计算模式的数据库管理系统,数据库系统与操作系统、具体应用集成在一起,运行在各种智能型嵌入设备或移动设备上。其中,嵌入在移动设备上的数据库系统由于涉及数据库技术、分布式计算技术以及移动通信技术等多个学科领域,目前已经成为一个十分活跃的研究和应用领域。国际上主要的嵌入式移动数据库系统有 Sybase 和 Oracle 等。我国嵌入式移动数据库系统以东软集团研究开发出的嵌入式数据库系统 OpenBASE Mini 为代表。

3. 嵌入式应用软件

嵌入式应用软件是针对特定应用领域、基于某一固定的硬件平台,用来达到用户预期目标的计算机软件。由于用户任务可能有时间和精度上的要求,因此有些嵌入式应用软件需要特定嵌入式操作系统的支持。嵌入式应用软件和普通应用软件有一定的区别,它不仅要求其准确性、安全性和稳定性等方面能够满足实际应用的需要,而且还要尽可能地进行优化,以减少对系统资源的消耗,降低硬件成本。目前我国市场上已经出现了各式各样的嵌入式应用软件,包括浏览器、E - mail 软件、文字处理软件、通信软件、多媒体软件、个人信息处理软件、智能人机交互软件和各种行业应用软件等。嵌入式系统中的应用软件是最活跃的力量,每种应用软件均有特定的应用背景,尽管规模较小,但专业性较强,所以嵌入式应用软件不像操作系统和支撑软件那样受制于国外产品垄断,是我国嵌入式软件的优势领域。

4.1.2 嵌入式 GUI

嵌入式 GUI 为嵌入式系统提供了一种应用于特殊场合的交互接口。嵌入式 GUI 要求简单、直观、可靠、占用资源小且反应快速,以适应系统硬件资源有限的条件。另外,由于嵌入式系统硬件本身的特殊性,嵌入式 GUI 应具备高度可移植性与可裁减性,以适应不同的硬件条件和使用需求。总体来讲,嵌入式 GUI 具备以下特点:

- 体积小;
- 运行时耗用系统资源少;
- 上层接口与硬件无关,高度可移植;
- 高可靠性;
- 在某些应用场合应具备实时性。

嵌入式 GUI 作为嵌入式系统中的关键技术之一,在嵌入式领域的应用越来越广泛,嵌入式系统对 GUI 的要求也越来越高,可靠性高、实时性强、占用资源小、移植性强、可裁减和软件开发简单等都成为人们对 GUI 的一致要求。目前比较流行的嵌入式 GUI 有 Qt/Embedded、Microwindows 和 MiniGUI 等。它们有各自的优缺点,但设计思想有很多相似之处。

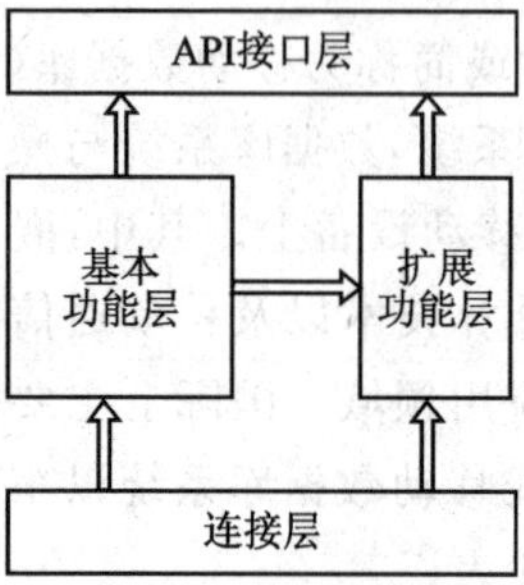

图 4-1　嵌入式 GUI 体系结构

嵌入式 GUI 一般采用分层结构设计,可分为 3 层,如图 4-1 所示。最高的 API 层是 GUI 提供给用户的编程接口;中间核心层是 GUI 最重要的部分,一般采用客户机/服务器 C/S(Client/Server)模式运行,配合相应的功能模块,如窗口管理模块和时钟管理模块等来完成所需的服务器功能;底层连接层为 GUI 平台体系的基础层,负责连接驱动程序,由 5 部分组成:图形抽象层 GAL(Graphics Abstract Layer)、输入抽象层 IAL(Input Abstract Layer)、线程(进程)管理层、物理显示层和输入硬件层。5 个部分的主要结构是:物理显示层和输入硬件层是物理层,负责显示和输入信息;图形抽象层和输入抽象层分别建立在物理显示层的图形驱动和输入硬件层的输入驱动之上,使得上层能够绘图输出和接收鼠标键盘等输入消息;而线程(进程)管理层则负责通过输入抽象层获得鼠标键盘输入消息和投递等管理工作。

GUI 系统的主要功能集中在核心层。核心层可以分为两部分:基本功能层和扩展层。基本功能层是 GUI 平台的基本功能所在,决定了 GUI 平台的基本功能,一般包括鼠标管理、定时器管理、光标管理、菜单、对话框类、控件类管理、DC 管理、GDI 函数、消息管理、窗口管理、字符集支持、局部剪切域管理和其他一些小功能。图形窗口部分主要基于图形抽象层提供的功能创建;鼠标键盘等输入管理则基于输入抽象层提供的功能;定时器和消息获取投递等一些功能则在线程管理层的基础上实现。基本层非常通用,所有的 GUI 系统都需要包括该层。扩展层一般是基于某种具体业务功能的实现,如工控领域内的波形显示、旋转和移动等功能,这一部分不具备通用性,一般需要用户自己开发。

用户使用核心层提供的功能必须通过 API(Application Programming Interface,即应用编程接口)接口层,这层就是为用户提供的调用接口层,用户可以利用核心层提供的功能实现自己的应用程序。

4.1.3　常用嵌入式 GUI

1. X Window

X Window 是 Linux 与其他类 UNIX 系统的标准 GUI。X Window 采用标准的 Server/Clinent 体系结构,具有可扩展性好、可移植性好等优点。但该系统庞大、累赘、效率低,源代码尚不开放,从而很难进行本地化开发。

2. OpenGL

OpenGL 是 Open Graphics Library 的缩写，即“开放的图形程序接口”，是一个功能强大的底层图形库，提供调用方便的图形程序接口。OpenGL 的移植性好，可以在不同的平台如 Windows 95、Windows NT、UNIX、Linux、MacOS 和 OS/I 之间进行移植。在高端的绘图领域，OpenGL 仍是不可替代的选择。

3. MicroWindows

MicroWindows 是一个典型的基于 Server/Client 体系结构的 GUI 系统，基本分为 3 层，如图 4-2 所示。最底层是面向图形显示和键盘、鼠标或触摸屏的驱动程序；中间层提供底层硬件的抽象接口，并进行窗口管理；最高层分别提供兼容于 X Window 和 ECMA APIW(Win32 子集)的 API。其中使用 Nano-X 接口的 API 与 X 接口兼容，但是该接口没有提供窗口管理，如窗口移动和窗口剪切等高级功能，系统中需要首先启动 nano-X 的 Server 程序 nanoxserver 和窗口管理程序 nanowm。用户程序连接 nano-X 的 Server 获得自身的窗口绘制操作。使用 ECMA APIW 编写的应用程序无需 nanox-server 和 nanowm 即可直接运行。

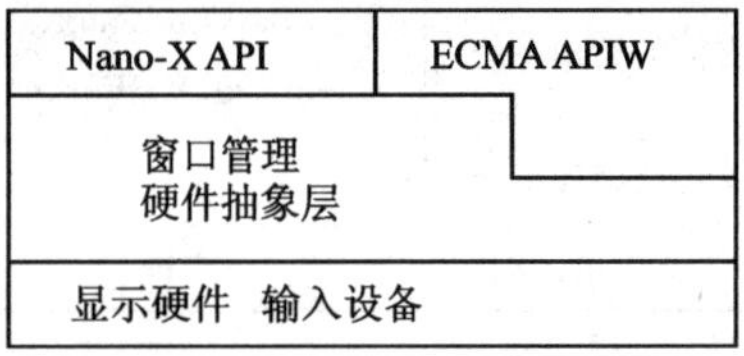

图 4-2 MicroWindows 体系结构

MicroWindows 提供了相对完善的图形功能和一些高级的特性，如 Alpha 混合、三维支持和 TrueType 字体支持等。该系统为了提高运行速度，也改进了基于 Socket 套接字的 X 实现模式，采用了基于消息机制的 Server/Client 传输机制。MicroWindows 也有一些通用的窗口控件，但其图形引擎存在许多问题，可以归纳如下：

- 无任何硬件加速能力；
- 图形引擎中存在许多低效算法，如在圆弧图函数的逐点判断剪切的问题。

由于该项目缺乏一个强有力的核心代码维护人员，2003 年 MicroWindows 推出版本 0.90 后，该项目的发展开始陷于停滞状态。

4. MiniGUI

MiniGUI 是由国内自由软件开发人员设计开发的，目标是为基于 Linux 的实时嵌入式系统提供一个轻量级的图形用户界面支持系统。

5. Qt/Embedded

Qt/Embedded 是 Qt 库开发商 Trolltech 公司开发的面向嵌入式系统的 Qt 版本。本书编写时 QT 的最新版本为 5.8，后面的章节将会专门介绍。

几种嵌入式 GUI 的性能比较见表 4-1，具体选择使用哪种 GUI 时应根据实际情况进行判断。

表 4-1 几种嵌入式 GUI 的比较

项 目	MiniGUI	MicroWindows	OpenGL	Qt/Embeded
API	Win32 风格	X、Win32 风络	私有	Qt/(C++)
API 是否完备	是	Win32 不完善	是	是
函数库大小	500 KB	600 KB	300 KB	1.5 KB
可移植性	很好	很好	只支持 Win32	较好
授权	GPL/商业许可证	MPL/LGPL	LGPL	QPL/GPL/商业许可证
多进程支持	好	X 支持好,Win32 不支持	不好	好
健壮性	好	很差	一般	差
多语言支持	多字符集	一般	一般	Unicode,效率低
可定制性	好	一般	差	差
消耗系统资源	少	较多	最少	最多
效率	高	较低	最高	低
支持的操作系统	Linux/μcLinux、μc/OS、VxWorks	Linux	DOS、QNX、Linux	Linux
支持的硬件平台	x86、ARM、MIPS PowerPC	x86、ARM、MIPS	x86	x86、ARM
主要应用区域	中国	美国	欧洲	欧美、韩国

4.2 Qt 编程基础

4.2.1 Qt 简介

1. Qt 软件

Qt 前身是 Trolltech(奇趣科技),由 Qt 最早的开发者 Haavard Nord 和 Eirik Chambe-Eng 于 1994 年创建。2008 年,诺基亚公司收购了奇趣科技公司,并增加了 LGPL(GNU Lesser General Public License)的授权模式。2011 年,Qt 商业授权业务出售给了芬兰 IT 服务公司 Digia。Digia 于 2014 年 9 月宣布成立 Qt Company 全资子公司,独立运营 Qt 商业授权业务。目前 Qt 公司大力推广移动平台开发和商业应用。

自从 1996 年早些时候,Qt 进入商业领域,它已经成为全世界范围内数千种成功应用程序的基础。Qt 也是流行的 Linux 桌面环境 KDE 的基础,KDE 是所有主要的 Linux 发行版的一个标准组件。Qt 支持下述平台:

➢ MS/Windows:95、98、NT 4.0、ME、2000、XP 和 Vista。

- Unix/X11：Linux、Sun Solaris、HP－UX、Compaq Tru64 UNIX、IBM AIX、SGI IRIX 和其他很多 X11 平台。
- Macintosh：Mac OS X。
- Embedded：有帧缓冲(framebuffer)支持的 Linux 平台，Windows CE。
- Symbian/S60：目前已经可以提供技术预览版本。

Qt 按不同的版本发行：

- Qt 商业版：提供给商业软件开发。它们提供传统商业软件发行版，并且提供在协议有效期内的免费升级和技术支持服务。
- Qt 开源版：是 Qt 仅仅为了开发自由和开放源码软件，提供了和商业版本同样的功能。GNU 通用公共许可证下，它是免费的。

2. Qt 版本

从 2009 年 3 月发布的 Qt 4.5 起，诺基亚为 Qt 增添新的开源 LGPL 授权选择。从 2009 年 5 月 11 日起，诺基亚 Qt Software 宣布 Qt 源代码库面向公众开放，Qt 开发人员可通过为 Qt 以及与 Qt 相关的项目贡献代码、翻译、示例以及其他内容，协助引导和塑造 Qt 未来的发展。为了便于这些内容的管理，Qt Software 启用了基于 Git 和 Gitorious 开源项目的 Web 源代码管理系统。在推出开放式 Qt 代码库的同时，Qt Software 在其官方网站发布了其产品规划(Roadmap)。其中概述了研发项目中的最新功能，展现了现阶段对 Qt 未来发展方向的观点，以期鼓励社区提供反馈和贡献代码，共同引导和塑造 Qt 的未来。

2013 年，Qt 5.1 正式版发布，对 Qt GUI 模块进行了重大调整，界面相关类被转移至该新增的 Qt Widgets 模块中，打印相关类转移至 Qt PrintSupport 模块中；Qt-Core 调整，比如信号与槽书写格式调整，支持编译器检查；对模块进行了更精细地划分，分为基础模块和扩展模块(Add－ons)；Qt 5.4 版本开始采用 GPL/LGPL 与商业协议。

2020 年，Qt 6 发布，官方版依赖于 C＋＋17 兼容的编译器，这有助于清理和改进代码库，并为用户提供更现代的 API。Qt 6 最新版在处理大型数据集和性能方面改进了低级容器类，持续更新 QML 语言，使其更安全、更易于使用，除了极少数例外，支持所有模块。

3. Qt 的优势

Qt 同 X Window 上的 Motif、Openwin、GTK 等图形界面库和 Windows 平台上的 MFC、OWL、VCL、ATL 是同类型的东西，但是 Qt 具有下列优点：

① 优良的跨平台特性。Qt 支持的操作系统有 Microsoft Windows 95/98、Microsoft Windows NT、Linux、Solaris、SunOS、HP－UX、Digital UNIX (OSF/1，Tru64)、Irix、FreeBSD、BSD/OS、SCO、AIX、OS390、QNX 等。

② 面向对象。Qt 的良好封装机制使得 Qt 的模块化程度非常高,可重用性较好,对于用户开发来说是非常方便的。Qt 提供了一种称为 signals/slots 的安全类型来替代 callback,这使得各个元件之间的协同工作变得十分简单。

③ 丰富的 API。Qt 包括 250 个以上的 C++类,还提供基于模板的 collections、serialization、file、I/Odevice、directory management、date/time 类,甚至还包括正则表达式的处理功能。

④ 支持 2D/3D 图形渲染,支持 OpenGL。

⑤ 大量的开发文档。

⑥ XML 支持。

⑦ Webkit 引擎的集成可以实现本地界面与 Web 内容的无缝集成。但是真正使得 Qt 在自由软件界的众多 Widgets (如 Lesstif、Gtk、EZWGL、Xforms、fltk 等)中脱颖而出的还是基于 Qt 的重量级软件 KDE。

4.2.2 Qt/Embedded

Qt 是 KDE 等项目使用的 GUI 支持库,许多基于 Qt 的 X Window 程序因此可以非常方便地移植到 Qt/Embedded 上。Qt/Embedded 同样是 Server/Client 结构。Qt/Embedded 延续了 Qt 在 X 上的强大功能,在底层摒弃了 X lib,仅采用 framebuffer 作为底层图形接口。同时,将外部输入设备抽象为 keyboard 和 mouse 输入事件,底层接口支持键盘、GPM 鼠标、触摸屏以及用户自定义的设备等。

Qt/Embedded 类库完全采用 C++封装。丰富的控件资源和较好的可移植性是 Qt/Embedded 最为优秀的一面。它的类库接口完全兼容于同版本的 Qt-X11,使用 X 下的开发工具可以直接开发基于 Qt/Embedded 的应用程序 QUI 界面。

Qt/Embedded 的底层图形引擎只能采用 framebuffer,这就注定了它是针对高端嵌入式图形领域的应用而设计的。该库的代码追求"面面俱到",以增强它对多种硬件设备的支持,造成了其底层代码比较凌乱、各种补丁较多。Qt/Embedded 的结构过于复杂臃肿,很难进行底层扩充、定制和移植,尤其是用来实现 signal/slot 机制的 moc 文件。Qt 和 QTE 系统结构如图 4-3 所示。

Qt 是一个功能非常强大的 GUI 系统。实际上,Qt 的功能已经超越了传统图形库的范畴。Qt 中不但包括了 GUI 系统的窗口和控件等内容,还包括画布、网络甚至数据库模块。实际上 Qt 提供给应用程序的是一个平台。

Qt 编程使用 C++面向对象的所有机制,并且使用 Qt 自身一些基于 C++附加的功能、信号和槽以及相应的宏编译(moc)机制。QTE 的强大开发功能,为快速建立嵌入式 GUI 程序提供了很大的方便。

Qtopia 起源于 QPE(全称 Qt Palmtop Environment,Qt 掌上电脑环境),是构建于 Qt/Embedded 之上的一系列应用程序。从版本 4 的 Qt 开始,Trolltech 将 Qt/Embedded 并入了 Qtopia,并推出了新的 Qtopia 4。在 Qtopia 4 中,以前的 Qt/Em-

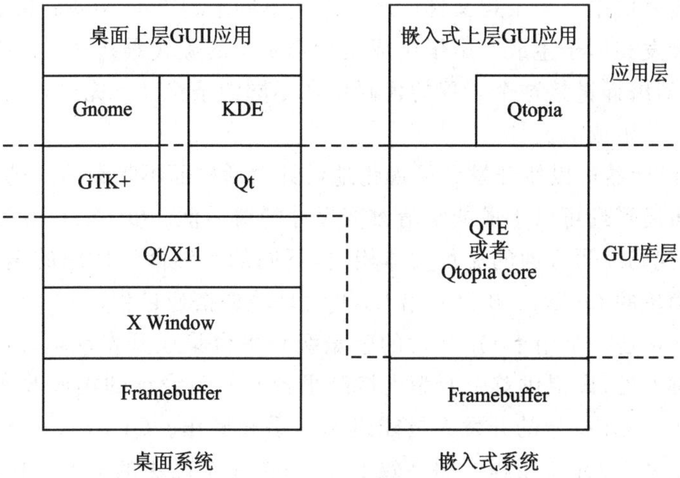

图 4-3 Qt 和 QTE 系统结构

bedded(基础库部分)被称为 Qtopia Core,作为嵌入式版本的核心,既可以与 Qtopia 配合,也可以独立使用。以前的 Qtopia 也采用分层的结构:底层为核心的应用框架和插件系统,被称为 Qtopia Platform;上层为应用程序,按照不同的类型分成不同的包。

图 4-4 是 Qt/Embedded 的框架结构。相对于 Linux 上 Qt 的另外一个版本 Qt/X11,Qt/Embedded 并不依赖于 XServer。这使 Qt/Embedded 相对于 Qt/X11 节省了不少内存。代替 X server 和 Xlib 库的是 Qt/Embedded 库。根据应用的需要可以对其进行配置,编译后库的大小为 700 KB～7 MB,典型应用的库大小为 2～3 MB。如果事先知道应用和相关的具体组件,还可以将应用程序、组件和 Qt/Embedded 库静态连接,从而更加节约内存和 CPU。FrameBuffer 是一种驱动程序接口,这种接口将显示设备抽象为帧缓冲区。用户可以将它看成显示内存的一种影像,将其映射到进程地址空间后,就可以直接进行读/写操作,而写操作可以立即反映到屏幕上。该驱动程序的设备文件一般是"/dev/fb0 和/dev/fb1"等。

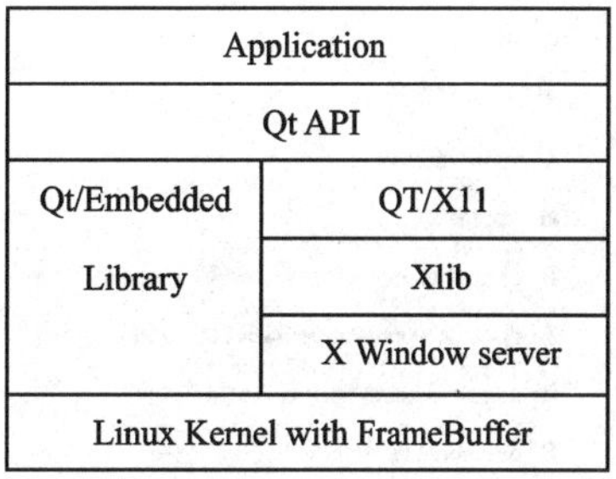

图 4-4 Qt/Embedded 的框架结构

4.2.3 Qt 开发环境的搭建

Qt 包含了许多支持嵌入式系统开发的工具,如 qmake、Qt designer(图形设计器)和 Qt Creator。qmake 是一个为编译 Qt/Embedded 库和应用而提供的 Makefile

生成器。它能够根据一个工程文件(.pro)产生不同平台下的 Makefile 文件。qmake 支持跨平台开发和影子生成。影子生成是指当工程的源代码共享给网络上的多台机器时,每台机器编译链接这个工程的代码将在不同的子路径下完成,这样就不会覆盖别人的编译链接生成的文件。

Qt 图形设计器可以使开发者可视化地设计对话框而不须编写代码。使用 Qt 图形设计器的布局管理可以生成能平滑改变尺寸的对话框。Qt/X11 和 Qt/Embedded 在界面设计、代码编写方面的流程大体相同,不同的是编译时使用的编译器不同,所以下面先从简单的 Qt/X11 开始介绍 Qt 开发环境的搭建过程。

Qt Creator 是一个用于 Qt 开发的轻量级跨平台集成开发环境。Qt Creator 可带来两大关键益处,即提供首个专为支持跨平台开发而设计的集成开发环境(IDE)及确保首次接触 Qt 框架的开发人员能迅速上手和操作。Qt Creator 包含了一套用于创建和测试基于 Qt 应用程序的高效工具,包括一个高级的 C++代码编辑器、上下文感知帮助系统、可视化调试器、源代码管理、项目和构建管理工具。

Qt 最新版本可到网址 https://www.qt.io/zh-cn/下载。目前,Qt 5 版本比较成熟稳定,而且也是长期支持的,建议初学者使用。本节以 Qt 5.14 版本为例进行安装,其下载地址为 https://download.qt.io/archive/qt/5.14/5.14.2/,下载界面如图 4-5 所示,这里下载.run 版本,便于在 Linux 中安装。

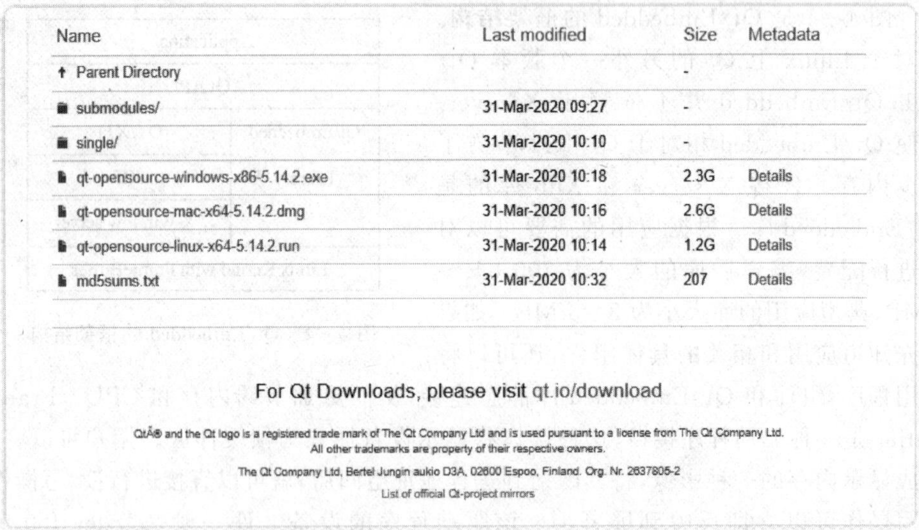

图 4-5 Qt 版本选择

在 Ubuntu 中双击下载后的.run 文件就能启动 Qt 的安装,根据提示,默认单击 Next 即可,如图 4-6 所示。安装过程中有一个步骤需要输入用户注册信息,如果有 Qt 账号直接输入账号密码单击 Next;如果没有 Qt 账号,则须先注册一个然后再登录。

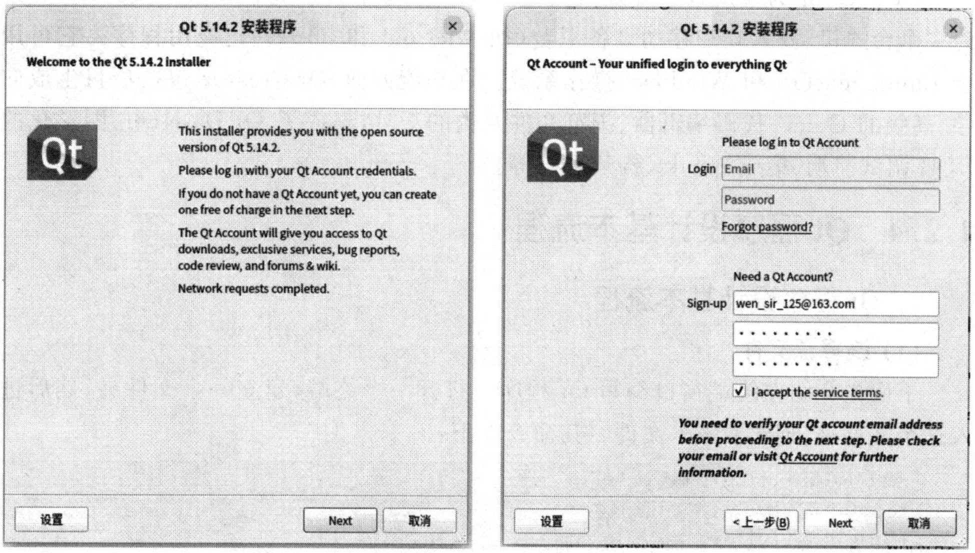

图 4－6　Qt 的安装

安装完成后，在 Ubuntu 的应用程序中可双击打开 Qt Creator，弹出如图 4－7 所示界面，则表示安装成功。

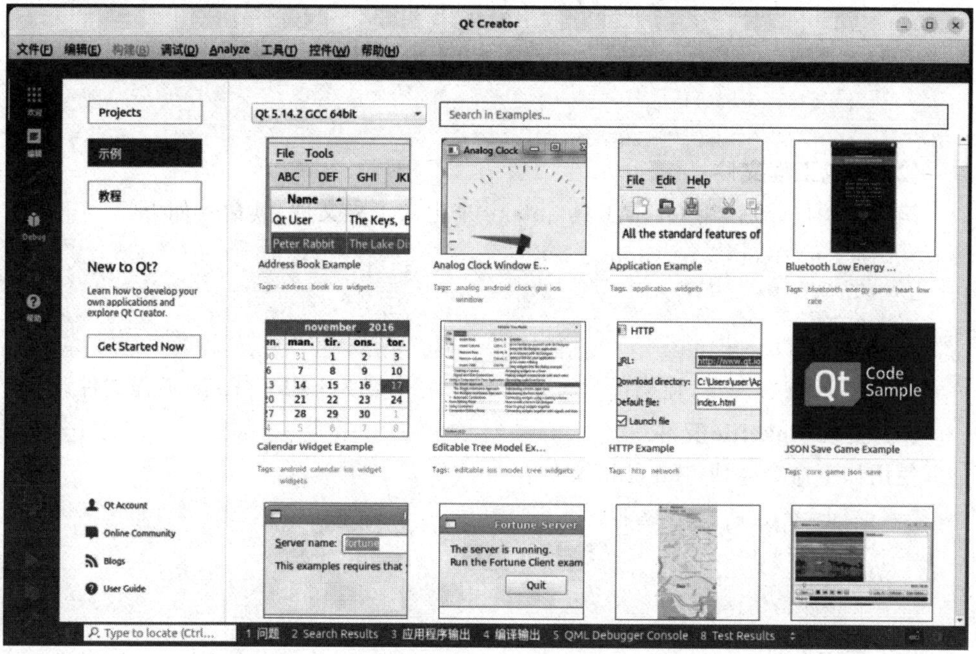

图 4－7　Qt Creator 开发工具

Qt Creator 为应用程序开发人员提供了一个跨平台的完整集成开发环境,可以为多个台式机、嵌入式和移动设备平台(如 Android 和 iOS)创建应用程序。它可用于 Linux、macOS 和 Windows 操作系统。在功能方面,Qt Creator 包括项目生成向导、高级的 C++ 代码编辑器、浏览文件及类的工具,集成了 Qt Designer、图形化的 GDB 调试前端、集成 qmake 构建工具等。

4.2.4 Qt 程序设计基本流程

1. Qt 程序设计基本流程

(1) 编辑源文件

下面先介绍在终端窗口编写 Qt 程序。打开一个终端,建立一个文件夹,然后进入这个文件夹,创建 C++文件。其命令如下:

```
[root@JLUZH hello]# mkdir hello
[root@JLUZH hello]#  cd hello
[root@JLUZH hello]# vi hello.cpp
```

在文件中键入下面的代码:

```
# include < qapplication.h>
# include < qlabel.h>
int main(int argc,char * argv[])
{   QApplication app(argc,argv);
    QLabel * label = new QLabel("Hello Qt! ",0);
    QLabel * label = new QLabel("Hello Qt! ",0);
    label -> show();
    return app.exec();
}
```

(2) 生成工程文件

编辑完源代码后,用 Qt 的工具 qmake 来生成工程文件,其命令如下:

```
[root@JLUZH root]#  qmake - project
[root@JLUZH root]#  ls
 Hello.cpp hello.pro
[root@JLUZH hello]#
```

可以用 ls 查看一下,在当前目录下生成了一个名为 hello.pro 的工程文件。

(3) 生成 Makefile 文件

使用如下命令生成 Makefile 文件:

```
[root@JLUZH root]#  qmake hello.pro
[root@JLUZH root]#  ls
 Hello.cpp hello.pro Makefile
[root@JLUZH hello]#
```

(4) 编译运行

有了 Makefile 文件,接下来使用 make 就可以生成可执行的文件 hello,然后运行程序即可,其命令如下:

```
[root@JLUZH hello]# make
[root@JLUZH hello]# ls
 Hello.cpp hello.pro hello.o Makefile hello
[root@JLUZH hello]# ./hello
```

hello 程序运行界面如图 4－8 所示。

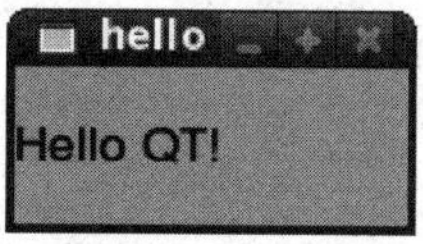

图 4－8　hello 程序运行的结果

2. Qt 程序的基本结构

结合上面的例子简单介绍 Qt 程序的基本结构和组成，下面来讲解上面的程序。

(1) 头文件

```
#include <qapplication.h>
#include <qlabel.h>
```

第一个头文件包含了 QApplication 类的定义。在每一个使用 Qt 的应用程序中都必须使用一个 QApplication 对象。QApplication 管理了各种各样应用程序的广泛资源，如默认的字体和光标。

第二个头文件包含了 Qlabel 类的定义。实际应用中使用哪个类就必须包含哪个头文件的说明。Qlable 是一个经典的控件，用来显示一个文本，它管理自己的观感。一个窗口部件就是一个可以处理用户输入和绘制图形的用户界面对象。程序员可以改变它的全部观感和它的许多主要属性(如颜色)，还有这个窗口部件的内容。

(2) main 函数

```
int main( int argc, char ** argv )
```

main()函数是程序的入口。几乎在使用 Qt 的所有情况下，main()只需要在把控制转交给 Qt 库之前执行一些初始化，然后 Qt 库通过事件来向程序告知用户的行为。argc 是命令行变量的数量，argv 是命令行变量的数组。这是一个 C/C＋＋特征，它不是 Qt 专有的，无论如何 Qt 需要处理这些变量。

(3) 对　象

```
QApplication app( argc, argv );
QLabel * label = new QLabel("Hello Qt! ",0);
```

app 是这个程序的 QApplication，它在这里被创建并且处理这些命令行变量。在任何 Qt 的窗口系统部件被使用之前创建 QApplication 对象是必需的。这里，QApplication 之后接着的是第一个窗口系统代码，一个标签控件被创建了。这个控件被设置成显示“Hello QT!”，并且它自己构成了一个窗口(因为在构造函数指定 0 为它的父窗口，在这个父窗口中标签被定位)。

(4) 显示窗口

```
label.show();
```

当创建一个窗口部件时，它是不可见的，必须调用 show()来使它变为可见的。

(5) 将控制权交给 Qt

```
return app.exec();
```

这里就是 main()把控制转交给 Qt,并且当应用程序退出的时候 exec()就会返回。在 exec()中,Qt 接收并处理用户和系统的事件并且把它们传递给适当的窗口部件。

4.3 信号和槽机制

4.3.1 基本概念

信号和槽机制是 Qt 的核心机制,要精通 Qt 编程就必须对信号和槽有所了解。信号和槽是一种高级接口,应用于对象之间的通信,是 Qt 的核心特性,也是 Qt 区别于其他工具包的重要地方。信号和槽是 Qt 自定义的一种通信机制,独立于标准的 C/C++语言,因此要正确地处理信号和槽,必须借助一个称为 moc (meta object compiler)的 Qt 工具;该工具是一个 C++预处理程序,它为高层次的事件处理自动生成所需要的附加代码。

1. 信　号

当某个信号对其客户或所有者发生的内部状态发生改变时,信号被一个对象发射。只有定义过这个信号的类及其派生类能够发射这个信号。当一个信号被发射时,与其相关联的槽将被立刻执行,就像一个正常的函数调用一样。信号-槽机制完全独立于任何 GUI 事件循环。只有当所有的槽返回以后发射函数(emit)才返回。如果存在多个槽与某个信号相关联,那么,当这个信号被发射时,这些槽将会一个接一个地执行,但是它们执行的顺序将是随机的、不确定的,不能人为地指定哪个先执行、哪个后执行。

信号的声明是在头文件中进行的,Qt 的 signals 关键字指出进入了信号声明区,随后即可声明自己的信号。例如,下面定义了 3 个信号:

```
signals:
        void mySignal();
        void mySignal(int x);
        void mySignalParam(int x,int y);
```

在上面的定义中,signals 是 Qt 的关键字,而非 C/C++的。接下来的一行 void mySignal() 定义了信号 mySignal,这个信号没有携带参数;接下来的一行 void mySignal(int x)定义了重名信号 mySignal,但是它携带一个整型参数,这有点类似于 C++中的虚函数。从形式上讲信号的声明与普通的 C++函数是一样的,但是信号却没有函数体定义,另外,信号的返回类型都是 void,不要指望能从信号返回什么有用信息。信号由 moc 自动产生,它们不应该在".cpp"文件中实现。

2. 槽

槽是普通的 C++成员函数,可以被正常调用,它们唯一的特殊性就是很多信号可以与其相关联。当与其关联的信号被发射时,这个槽就会被调用。槽可以有参数,但槽的参数不能有默认值。

既然槽是普通的成员函数,因此与其他的函数一样,它们也有存取权限。槽的存取权限决定了谁能够与其相关联。同普通的 C++成员函数一样,槽函数也分为 3 种类型,即 public slots、private slots 和 protected slots。

public slots:在这个区内声明的槽意味着任何对象都可将信号与之相连接。这对于组件编程非常有用,用户可以创建彼此互不了解的对象,将它们的信号与槽进行连接以便信息能够正确地传递。

protected slots:在这个区内声明的槽意味着当前类及其子类可以将信号与之相连接。这种声明适用于槽是类实现的一部分,但是其界面接口却面向外部。

private slots:在这个区内声明的槽意味着只有类自己可以将信号与之相连接,这适用于联系非常紧密的类。

槽也能够声明为虚函数,这也是非常有用的。槽的声明也是在头文件中进行的。例如,下面声明了 3 个槽:

```
public slots :
            void mySlot();
            void mySlot(int x);
            void mySignalParam(int x,int y);
```

3. 元对象工具

元对象编译器 moc(meta object compiler)对 C++文件中的类声明进行分析并产生用于初始化元对象的 C++代码,元对象包含全部信号、槽的名字以及指向这些函数的指针。moc 读 C++源文件时,如果发现有 Q_OBJECT 宏声明的类,它就会生成另外一个 C++源文件,这个新生成的文件中包含有该类的元对象代码。例如,假设有一个头文件 mysignal.h,在这个文件中包含信号或槽的声明,那么在编译之前 moc 工具就会根据该文件自动生成一个名为“mysignal.moc.h”的 C++源文件并将其提交给编译器;类似地,对应于“mysignal.cpp”文件,moc 工具将自动生成一个名为“mysignal.moc.cpp”文件提交给编译器。

元对象代码是 signal/slot 机制所必需的。用 moc 产生的 C++源文件必须与类实现一起进行编译和链接,或者用 #include 语句将其包含到类的源文件中。moc 并不扩展 #include 或者 #define 宏定义,它只是简单地跳过所遇到的任何预处理指令。

4.3.2 信号和槽机制的原理

1. 信号和槽机制

在读者熟知的很多 GUI 工具包中,窗口小部件(Widget)都有一个回调函数用于响应它们能触发的每个动作,这个回调函数通常是一个指向某个函数的指针。但是,在 Qt 中信号和槽取代了这些凌乱的函数指针,使得用户编写这些通信程序更为简洁明了。信号和槽能携带任意数量和任意类型的参数,它们是类型完全安全的,不会像回调函数那样产生 core dumps。

所有从 QObject 或其子类(如 QWidget)派生的类都能够包含信号和槽。当对象改变其状态时,信号就由该对象发射出去,这就是对象所要做的全部工作,它不知道另一端是谁在接收这个信号。这就是真正的信息封装,它确保对象被当作一个真正的软件组件来使用。槽用于接收信号,但它们是普通的对象成员函数。信号和槽的关联关系有以下几种模式:

➢ 一个信号和一个槽关联;

➢ 一个信号和多个槽关联;

➢ 多个信号和一个槽关联。

一个槽并不知道是否有任何信号与自己连接。而且,对象并不了解具体的通信机制。用户可以将很多信号与单个的槽进行连接,也可以将单个的信号与很多的槽进行连接,甚至于将一个信号与另外一个信号相连接也是可能的,如图 4-9 所示。这时无论第一个信号什么时候发射,系统都将立刻发射第二个信号。总之,信号与槽构造了一个强大的部件编程机制。

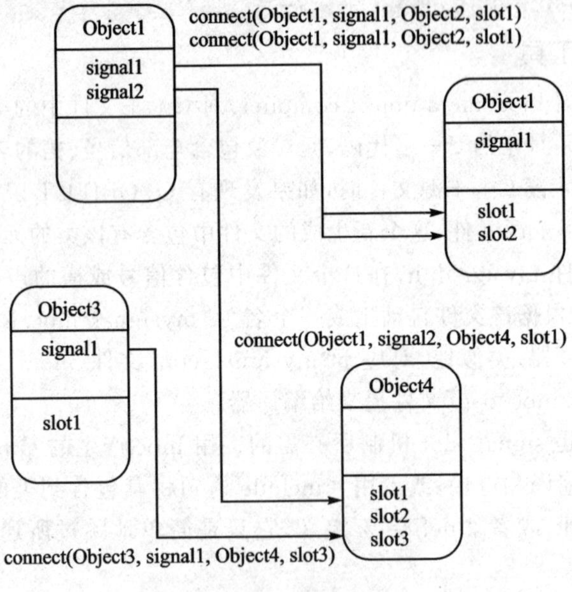

图 4-9　信号和槽的关联方式

2. 信号和槽的关联

当一个特定事件发生时,一个信号被发射。Qt 的窗口部件有很多预定义的信号,但是用户总是可以通过继承来加入自己的信号。槽就是一个可以被调用处理特定信号的函数。Qt 的窗口部件有很多预定义的槽,但是通常的习惯是用户可以加入自己的槽，这样就可以处理自己所感兴趣的信号。通过调用 QObject 对象的 connect 函数来将某个对象的信号与另外一个对象的槽函数相关联，这样发射者发射信号时，接收者的槽函数将被调用。该函数的定义如下：

```
    bool QObject::connect ( const QObject * sender, const char * signal,const QObject *
receiver, const char * member ) [static]
```

这个函数的作用就是将发射者 sender 对象中的信号 signal 与接收者 receiver 中的 member 槽函数联系起来。当指定信号 signal 时必须使用 Qt 的宏 SIGNAL()，当指定槽函数时必须使用宏 SLOT()。如果发射者与接收者属于同一个对象，那么在 connect 调用中接收者参数可以省略。

例如，下面定义了两个对象：标签对象 label 和滚动条对象 scroll，并将 valueChanged()信号与标签对象的 setNum()相关联；另外，信号还携带了一个整型参数，这样标签总是显示滚动条所处位置的值。

```
QLabel * label = new QLabel;
QScrollBar * scroll = new QScrollBar;
QObject::connect( scroll, SIGNAL(valueChanged(int)),
                  label, SLOT(setNum(int)) );
```

3. 信号和槽的断开

当信号与槽没有必要继续保持关联时，可以使用 disconnect 函数来断开连接。其定义如下：

```
    bool QObject::disconnect ( const QObject * sender, const char * signal, const Object
* receiver, const char * member ) [static]
```

这个函数断开发射者中的信号与接收者中的槽函数之间的关联。取消一个连接不是很常用，因为 Qt 会在一个对象被删除后自动取消这个对象所包含的所有连接。有 3 种情况必须使用 disconnect()函数：

① 断开与某个对象相关联的任何对象。这似乎有点不可理解，事实上，当在某个对象中定义了一个或者多个信号时，这些信号与另外若干个对象中的槽相关联，如果要切断这些关联，则可以利用这个方法，非常简洁。

```
disconnect( myObject, 0, 0, 0 )
或者
myObject -> disconnect()
```

② 断开与某个特定信号的任何关联。

```
disconnect( myObject, SIGNAL(mySignal()), 0, 0 )
或者
myObject -> disconnect( SIGNAL(mySignal()) )
```

③ 断开两个对象之间的关联。

```
disconnect( myObject, 0, myReceiver, 0 )
或者
myObject -> disconnect( myReceiver )
```

在 disconnect 函数中 0 可以用作一个通配符,分别表示任何信号、任何接收对象和接收对象中的任何槽函数。但是发射者 sender 不能为 0,其他 3 个参数的值可以等于 0。

4. 信号和槽机制的优点

信号和槽的机制是类型安全的:一个信号的签名必须与它的接收槽的签名相匹配(实际上一个槽的签名可以比它接收的信号的签名少,因为它可以忽略额外的签名)。因为签名是一致的,编译器就可以帮助用户检测类型不匹配。

信号和槽是宽松地联系在一起的,即一个发射信号的类不用知道也不用注意哪个槽要接收这个信号。Qt 的信号和槽的机制可以保证如果把一个信号和一个槽连接起来,槽会在正确的时间使用信号的参数而被调用。信号和槽可以使用任何数量和任何类型的参数。它们是完全类型安全的,不会再有回调核心转储(core dump)。

4.3.3 信号和槽实例

这里给出了一个简单的样例程序,程序中定义了 3 个信号和 3 个槽函数,然后将信号与槽进行了关联;每个槽函数只是简单地弹出一个对话框窗口。

信号和槽函数的声明一般位于头文件中,同时在类声明的开始位置必须加上 Q_OBJECT 语句;这条语句是不可缺少的,它将告诉编译器在编译之前必须先应用 moc 工具进行扩展。关键字 signals 指出随后开始信号的声明,这里 signals 用的是复数形式而非单数,siganls 没有 public、private 和 protected 等属性,这点不同于 slots。另外,signals 和 slots 关键字是 Qt 自己定义的,不是 C++中的关键字。

信号的声明类似于函数的声明而非变量的声明,左边要有类型,右边要有括号;如果要向槽中传递参数,则在括号中指定每个形式参数的类型,当然,形式参数的个数可以多于一个。

关键字 slots 指出随后开始槽的声明,这里 slots 用的也是复数形式。槽的声明与普通函数的声明一样,可以携带零或多个形式参数。既然信号的声明类似于普通 C++函数的声明,那么,信号也可采用 C++中虚函数的形式进行声明,即同名但参数不同。例如,第一次定义的 void mySignal()没有带参数,而第二次定义的却带有参数,从这里可以看到 Qt 的信号机制是非常灵活的。

信号与槽之间的联系必须事先用 connect 函数进行指定。如果要断开二者之间的联系,则可以使用函数 disconnect。

```
//tsignal.h
⋮
class TsignalApp:public QmainWindow
{
Q_OBJECT
⋮
```

```
signals:                              //信号声明区
void mySignal();                      //声明信号 mySignal()
void mySignal(int x);                 //声明信号 mySignal(int)
void mySignalParam(int x,int y);      //声明信号 mySignalParam(int,int)
public slots:                         //槽声明区
void mySlot();                        //声明槽函数 mySlot()
void mySlot(int x);                   //声明槽函数 mySlot(int)
void mySignalParam(int x,int y);      //声明槽函数 mySignalParam (int,int)
}
⋮
//tsignal.cpp
⋮
TsignalApp::TsignalApp()
{
⋮
//将信号 mySignal()与槽 mySlot()相关联
connect(this,SIGNAL(mySignal()),SLOT(mySlot()));
//将信号 mySignal(int)与槽 mySlot(int)相关联
connect(this,SIGNAL(mySignal(int)),SLOT(mySlot(int)));
//将信号 mySignalParam(int,int)与槽 mySlotParam(int,int)相关联
connect(this,SIGNAL(mySignalParam(int,int)),SLOT(mySlotParam(int,int))); }
// 定义槽函数 mySlot()
void TsignalApp::mySlot()
{
QMessageBox::about(this,"Tsignal", "This is a signal/slot sample without
parameter.");
}
// 定义槽函数 mySlot(int)
void TsignalApp::mySlot(int x)
{
QMessageBox::about(this,"Tsignal", "This is a signal/slot sample with one
parameter.");
}
// 定义槽函数 mySlotParam(int,int)
void TsignalApp::mySlotParam(int x,int y)
{
char s[256];
sprintf(s,"x: %d y: %d",x,y);
QMessageBox::about(this,"Tsignal", s);
}
void TsignalApp::slotFileNew()
{
emit mySignal();                     //发射信号 mySignal()
emit mySignal(5);                    //发射信号 mySignal(int)
emit mySignalParam(5,100);           //发射信号 mySignalParam(5,100)
}
```

信号与槽机制是比较灵活的，但有些局限性必须了解，这样在实际的使用过程中做到有的放矢，避免产生一些错误。下面就介绍一下这方面的情况。

① 信号与槽的效率是非常高的，但是与真正的回调函数比较起来，由于增加了灵活性，因此在速度上还是有所损失。当然，这种损失相对来说是比较小的，通过在一台 i586 - 133 的机器上测试是 10 μs(运行 Linux)，可见这种机制所提供的简洁性、灵活性还是值得的。但如果要追求高效率，则在实时系统中就要尽量少用这种机制。

② 信号与槽机制与普通函数的调用一样，如果使用不当，则在程序执行时也有可能产生死循环。因此，在定义槽函数时一定要注意避免间接形成无限循环，即在槽中再次发射接收到的同样信号。例如，前面给出的例子中如果在 mySlot()槽函数中加上语句 emit mySignal()即可形成死循环。

③ 如果一个信号与多个槽相联系，那么，当这个信号被发射时，与之相关的槽被激活的顺序将是随机的。

④ 宏定义不能用在 signal 和 slot 的参数中。

4.4 图形界面设计

4.4.1 Qt 的窗口类 Widget

Qt 拥有众多的窗口部件，如按钮、菜单、滚动条和应用程序窗口等，它们组合起来可以创建各种用户界面。QWidget 是所有用户界面对象的基类，窗口部件是 QWidget 或其子类的实例。Widget 是使用 Qt 编写的图形用户界面（GUI）应用程序的基本生成块。每个 GUI 组件，如按钮、标签或文本编辑器，都是一个 Widget，并可以放置在现有的用户界面中或作为单独的窗口显示。

1. 创建窗口

如果 Widget 未使用父级进行创建，则在显示时视为窗口或顶层 Widget。由于顶层 Widget 没有父级对象类来确保在其不再使用时就删除，因此需要开发人员在应用程序中对其进行跟踪。使用下面的语句，使用 QWidget 创建和显示具有默认大小的窗口。

```
QWidget * window = new QWidget();
window -> resize(320, 240);
window -> show();
```

运行这几个语句就可以生成如图 4 - 10(a)所示的窗口。

2. 在窗口中放置控件

每种类型的组件都是由 QWidget 的特殊子类提供的，而 QWidget 自身又是 QObject 的子类。QWidget 不是一个抽象类，它可用作其他 Widget 的容器，并很容易作为子类使用来创建定制 Widget。它经常用来创建放置其他 Widget 的窗口，且作为构造器来向窗口添加子 Widget。在这种情况下，向窗口添加按钮并将其放置在特定位置，其语句如下：

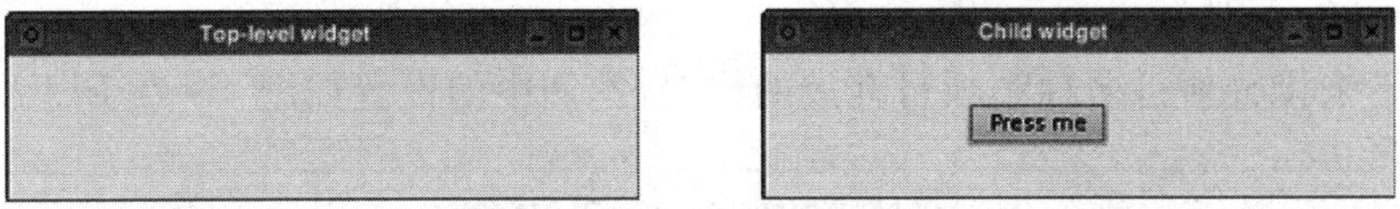

(a) 图示1　　(b) 图示2

图 4-10　Qt 的 Widget

```
QPushButton * button = new QPushButton(tr("Press me"), window);
button -> move(100, 100);
button -> show();
```

其运行结果如图 4-10(b)所示，注意，删除窗口时一同删除该控件。隐藏或关闭窗口不会自动删除该按钮。如果窗口中有多个控件，则涉及控件的布局问题。通常，子 Widget 通过使用布局对象在窗口中进行排列，而不是通过指定位置和大小进行排列。当然，最好的方法是使用图形界面设计工具来完成这项工作。

4.4.2　使用 Qt Creator 编写 Qt 程序

Qt Creator 是 Qt 推出的一款新的轻量级集成开发环境，能够跨平台运行，支持的系统包括 Linux(32 位及 64 位)、Mac OS X 以及 Windows。根据官方描述，Qt Creator 的设计目标是使开发人员能够利用 Qt 这个应用程序框架更加快速及轻易地完成开发任务。下面结合实例说明如何使用 Qt Creator 编写程序，本小节使用的版本是 Qt Creator 4.11.1。首先启动 Qt Creator，选择"文件→新建文件或项目"，按照向导选择一个模板，如图 4-11 所示。这里选择 Application→Qt Widgets Appli-

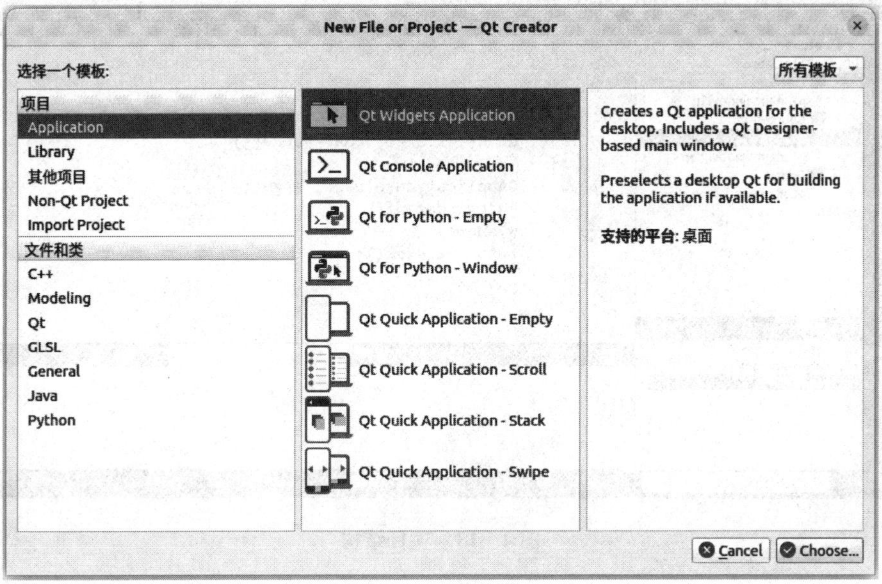

图 4-11　选择模板

cation→choose 选项。

接下来设置项目名称和项目存放的位置,本例中的设置如图 4-12 所示。

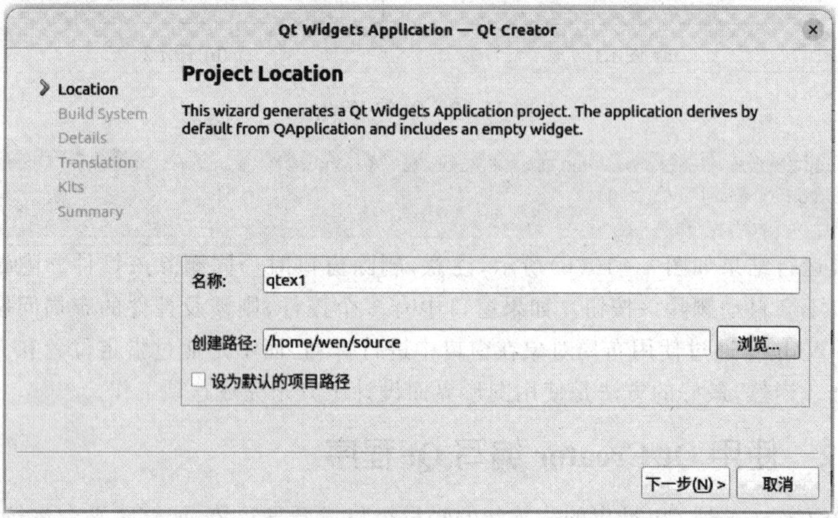

图 4-12 设置项目名称

接下来还有一些步骤,这里不修改,采用默认设置,按提示单击“下一步”即可。按照向导操作步骤完成后,得到如图 4-13 所示的项目结构。

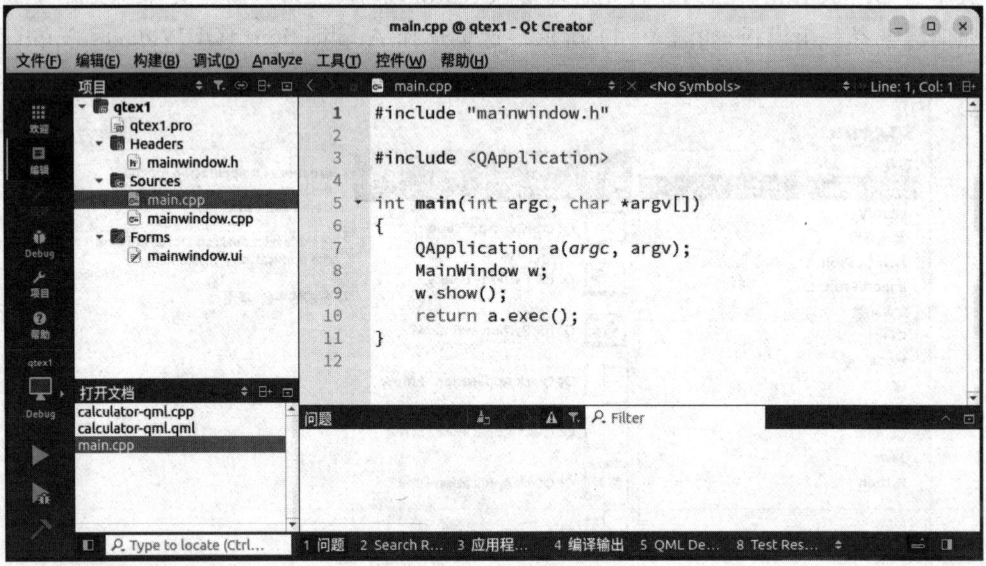

图 4-13 项目结构

项目的组成如图 4-13 左边所示的树形结构,包括项目文件.pro(3 个文件夹分别存放.h 头文件)、.cpp 源文件以及界面设计.ui 文件。其中,main.cpp 中实现了

main()函数,这是程序的入口。其内容如下:

```
#include "mainwindow.h"
#include <QApplication>
intmain(int argc, char *argv[])
{
    QApplication a(argc, argv);
    MainWindow w;
    w.show();
    return a.exec();
}
```

main()函数中实例化了 MainWindow 类,该类是 MainWindow.ui 的代码关联功能。其代码放在 mainwindow.cpp 中,该文件的内容如下:

```
#include "mainwindow.h"
#include "ui_mainwindow.h"
MainWindow::MainWindow(QWidget *parent)
    : QMainWindow(parent)
    , ui(new Ui::MainWindow)
{
    ui->setupUi(this);
}
MainWindow::~MainWindow()
{
    delete ui;
}
```

采用 Qt Creator 的好处是可以采取所见即所得的方式设计程序的界面,实现了界面的设计和功能代码的分离。双击 MainWindow.ui 即可得到如图 4-14 所示的

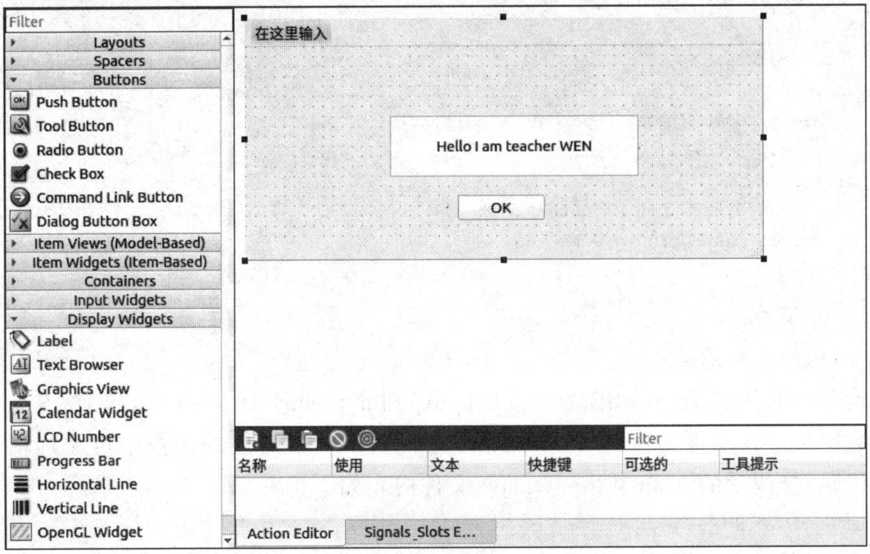

图 4-14　UI 设计界面

图 4-15　添加信号

设计界面,本例将 Display Widgets 中的 Text Browser 控件拖拽到界面设计器中,用来显示文本信息。另外,将 Buttons 中的 Push Button 控件拖拽到界面设计器中,用来展示交换功能。然后,调整窗口的大小和控件的比例,得到图中的布局效果。

布局完成后,修改 Text Browser 控件的 Text 内容,给它赋值一个初始字符串"Hello I am teacher WEN"。接下来右击选中的 Push Button 并选择"转到槽",如图 4-15 所示,分别操作两次,给 Push Button 控件添加 clicked 信号和 pressed 信号。

以上操作会在 MainWindow.h 中自动生成槽函数的定义代码,同时会在 MainWindow.cpp 中生成相应槽函数的框架。其中,MainWindow.h 的内容如下:

```
#ifndef MAINWINDOW_H
#define MAINWINDOW_H
#include <QMainWindow>
QT_BEGIN_NAMESPACE
namespaceUi { class MainWindow; }
QT_END_NAMESPACE
classMainWindow : public QMainWindow
{
    Q_OBJECT
public:
    MainWindow(QWidget *parent = nullptr);
    ~MainWindow();
private slots:
    voidon_pushButton_clicked();
    voidon_pushButton_pressed();
private:
    Ui::MainWindow *ui;
};
#endif // MAINWINDOW_H
```

代码中的函数 on_pushButton_clicked()和 n_pushButton_pressed()就是生成的槽函数定义。其实规则在 MainWindow.cpp 文件中,在对应的函数中可添加信号的响应代码,修改后的 MainWindow.cpp 文件内容如下:

```
#include "mainwindow.h"
#include "ui_mainwindow.h"
MainWindow::MainWindow(QWidget *parent)
```

```
    : QMainWindow(parent)
    , ui(new Ui::MainWindow)
{
    ui -> setupUi(this);
}
MainWindow::~MainWindow()
{
    delete ui;
}
void MainWindow::on_pushButton_clicked()
{
    ui -> textBrowser -> setText("Clicked");   //手工输入的代码
}
void MainWindow::on_pushButton_pressed()
{
    ui -> textBrowser -> setText("Pressed");   //手工输入的代码
}
```

本例中，按钮按下去的时候会触发 press 信号，则响应这个信号的槽函数中改变 textBrowser 的文本信息为“Pressed”。当单击鼠标时会触发 click，响应这个信号的槽函数中改变 textBrowser 的文本信息为“Clicked”。

以上工作完成后选择“构建→构建所有项目”菜单项即可对项目进行编译，编译无误则可生成可执行文件。然后选择“构建→运行”菜单项即可启动程序，其运行效果如图 4-16 所示。程序运行后出现如图 4-16(a)的提示，按钮按下去出现如图 4-16(c)所示提示，单击按钮则出现图 4-16(b)所示的提示。

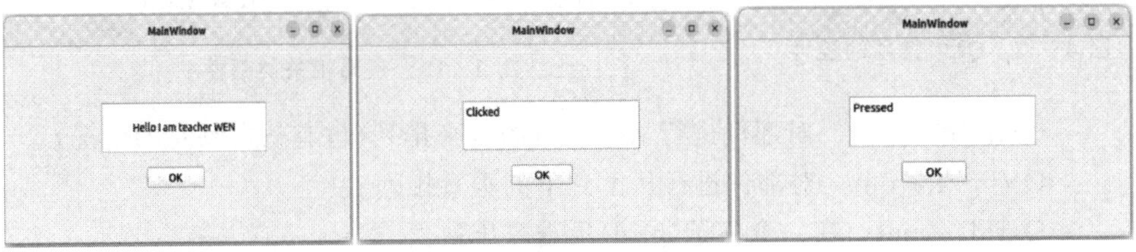

(a) (b) (c)

图 4-16 程序运行结果

4.4.3 Qt 中常用的控件

Qt 提供了一个完整的内置部件和常用对话框的集合，以满足大多数情况的需要。其分类如图 4-17 所示。

常用的控件如下。

- 主窗口控件：QMenuBar、QToolBar 和 QStatusBar。
- 布局相关的控件：QSplitter 和 QScrollArea。
- 4 种方式按钮：QPushButton、QToolButton、QCheckBox 和 QRadioButton。

➢ 容器类控件:QFrame、QToolBox 和 QLabel。
➢ 滚动条:QAbstractScrollArea,是视图类和其他滚动控件的基类。
➢ 显示信息的控件:QLabel 和 QTextBrowser。
➢ 数据输入的控件:QLineEdit 和 QTextEdit。QLineEdit 只可输入许可器允许的字符。QTextEdit 是 QAbstractScrollArea 的子类,可以输入多行文本。
➢ 程序的进行状态控件:QProgressDialog 和 QProgressBar。
➢ QInputDialog 可以方便地让用户输入一行文本或者数字。
➢ Qt 中还可以自定义控件,并集成到 Qt Designer 中。

下面分别介绍部分常用的控件。

1. 布局相关类部件

布局管理器为窗口部件提供了有感知的默认值,可以随着窗口部件大小的变化,对子窗口部件的大小和位置作出适当的调整。常用的部件如图 4-18 所示。Qt 提供 3 种布局管理器:

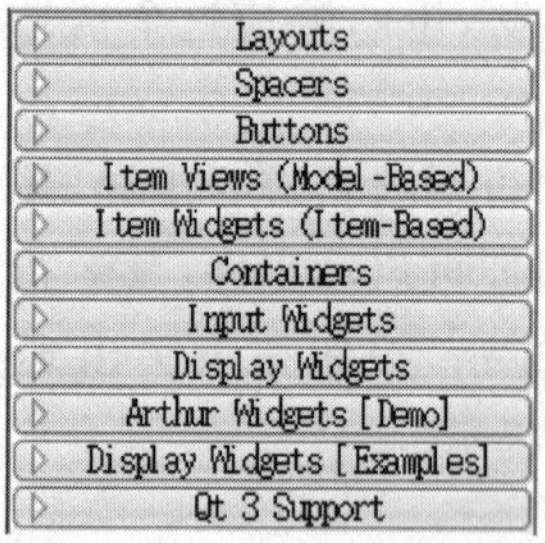

图 4-17　Qt 中常用的控件

图 4-18　布局相关类部件

➢ QHBoxLayout　对部件进行从左到右的水平排列(也有从右到左的情况)。
➢ QVBoxLayout　对部件进行从上到下的垂直排列。
➢ QgridLayout　在一个格子(grid)里进行排列。

布局可以包含部件和其他布局。通过以上 3 种管理器的多样化嵌套组合,可以构造非常复杂的对话框。

2. Buttons 类控件

Qt 提供了 QPushButton、QToolButton、QCheckBox 和 QRadioButton 等控件,如图 4-19 所示。QPushButton 和 QToolButton 最常用来单击时触发一个事件,但是它们也可以做切换按钮(单击后显示为按下状态,再单击恢复原来状态)。QCheckBox 能被用作独立的开关选项,而 QRadioButton 之间正常情况下相互排斥。

3. Item Views 和 Items Widgets 类控件

列表视图控件,如图 4-20 所示,被优化来处理数量大的数据,且经常使用到滚动条。滚动条机制是在 QAbstractScrollArea 中实现的，它是列表视图类和其他可滚动控件类的基类。

4. Containers 类控件

Qt 的容器控件是可以包含其他控件的控件，如图 4－21 所示。QFrame 也可以独立使用，用来简单地画直线，或作为其他控件类的基类，如 QToolBox 和 Qlabel。

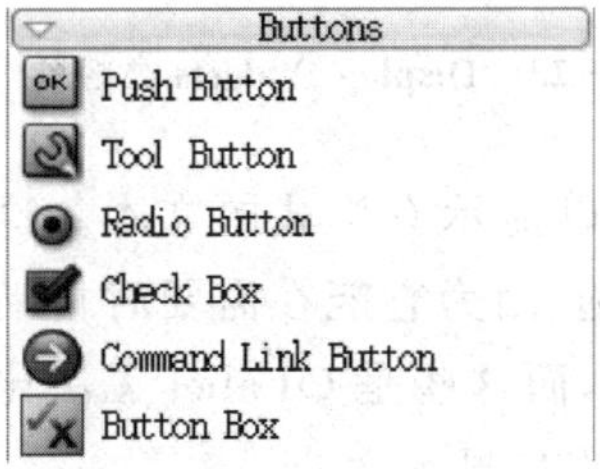

图 4－19 Buttons 控件

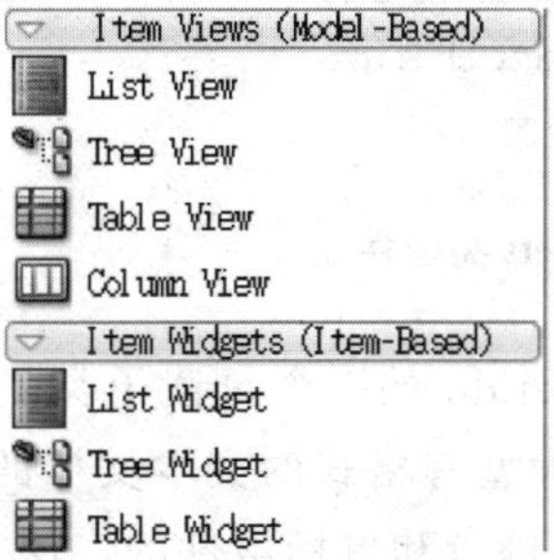

图 4－20 Item Views 和 Item Widgets 类控件

图 4－21 Containers 控件

QTabWidget 和 QToolBox 是多页控件。每个页面都是一个子控件，从 0 开始编号。对于 QTabWidget，形状和大小都可以设置。

5. Input Widgets 类控件

Qt 提供了多种数据输入控件，如图 4－22 所示。QLineEdit 可以使用输入掩码和验证器中的一个或全部来限制输入。QTextEdit 是 QAbstractScrollArea 的一个子类，可用于处理数据量大的文本。QTextEdit 可以设置为编辑普通文本或富文本。在编辑富文本时，它可以显示所有 Qt 富文本引擎支持的元素。QLineEdit 和 QTextEdit 都完全和剪贴板整合在一起。Qt 提供了一个常用对话框的标准集合，这些对话框大大方便了用户选择颜色、字体、文件或者打印文本。在 Windows 和 Mac OS X 中，Qt 会尽量地使用本地对话框，而不是 Qt 自己的常用对话框。选择颜色时也可以使用 Qt 解决方案中的颜色选择控件，而选择字体可以使用 Qt 内置的 CFontComboBox。

Qt 类库包含了一个富文本引擎，它可以用来显示和编辑有格式的文本。这种引擎支持字体格式、文本排列、列表、表格、图片以及超链接。富文本文档可以通过元素或用 HTML 文本格式来创建可编程的有文法规则的元素。

6. Display Widgets 类控件

Qt 提供了一些纯粹用来显示信息的控件，如图 4－23 所示。QLabel 是它们中最重要的，它可以用来显示普通文本、HTML 和图片。

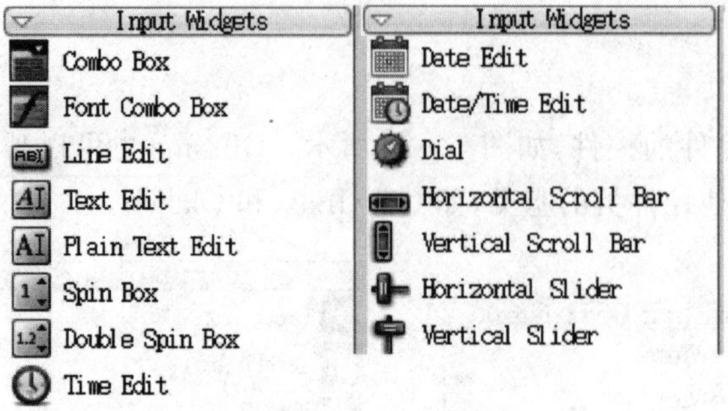

图 4-22　Input Widgets 类控件

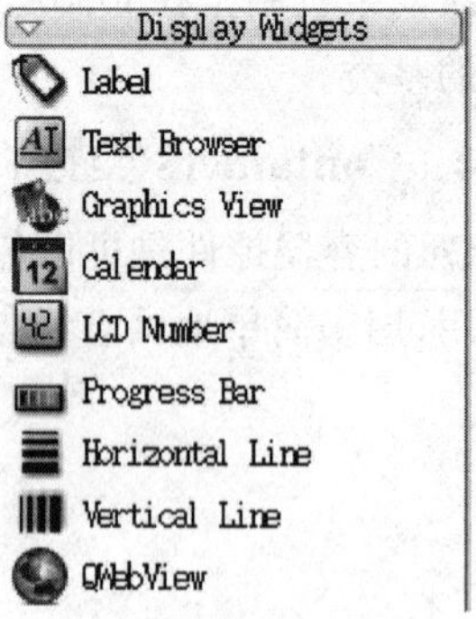

图 4-23　Display Widgets 类控件

QTextBrowser 是 QTextEdit 的一个只读子类，它可以显示有格式的文本。这个类相对于 QLabel，是处理大型有格式的文本文档的首选，因为它能在需要时自动显示滚动条，同时还提供了对键盘和鼠标事件的广泛支持，而这些是 QLabel 无法比拟的。Qt Assistant 4.3 正是使用了 QTextBrowser 来为用户显示文档。

Qt 内置控件和常用对话框提供了很多可以直接使用的功能。很多特殊要求可以通过设置控件属性，或者连接信号和槽并在槽中实现自定义行为的方式来实现。如果 Qt 提供的控件或常用对话框中没有一个是适合的，也许可以使用一个 Qt 解决方案，还可以使用商业或非商业的第三方控件。Qt 解决方案提供了很多附加控件，其中包括各种颜色选择器、拇指旋轮控件、饼状菜单和属性浏览器，除此之外还有复制对话框。有时，用户需要从零开始新建一个自定义控件，在 Qt 中这很容易实现。自定义控件和 Qt 内置控件使用的是相同的平台无关性绘制的函数。自定义控件设置可以和 Qt Designer 整合起来，这样就可以和 Qt 内置函数一样使用了。

4.5　使用 CodeBlocks 开发 Qt 程序

前面的章节已经介绍了如何安装 Qt 开发环境和 CodeBlocks 开发工具，下面介绍如何在 CodeBlocks 中进行 Qt 应用程序的开发。运行 CodeBlocks 后，在主界面中选择 Create a new project，如图 4-24 所示。在 CodeBlocks 中开发 Qt 应用程序包括 4 个基本的步骤。下面结合实例说明在 CodeBlocks 中如何开发 Qt 程序。

1. 选择模板

CodeBlocks 的 Projects 提供了许多编程模板，模板的作用是系统自动生成代码的框架和一些基本的语句，例如，基本的头文件、main() 函数等。在模板选择界面中选择 QT5 project，如图 4-25 所示，单击 Go 进到下一步操作。

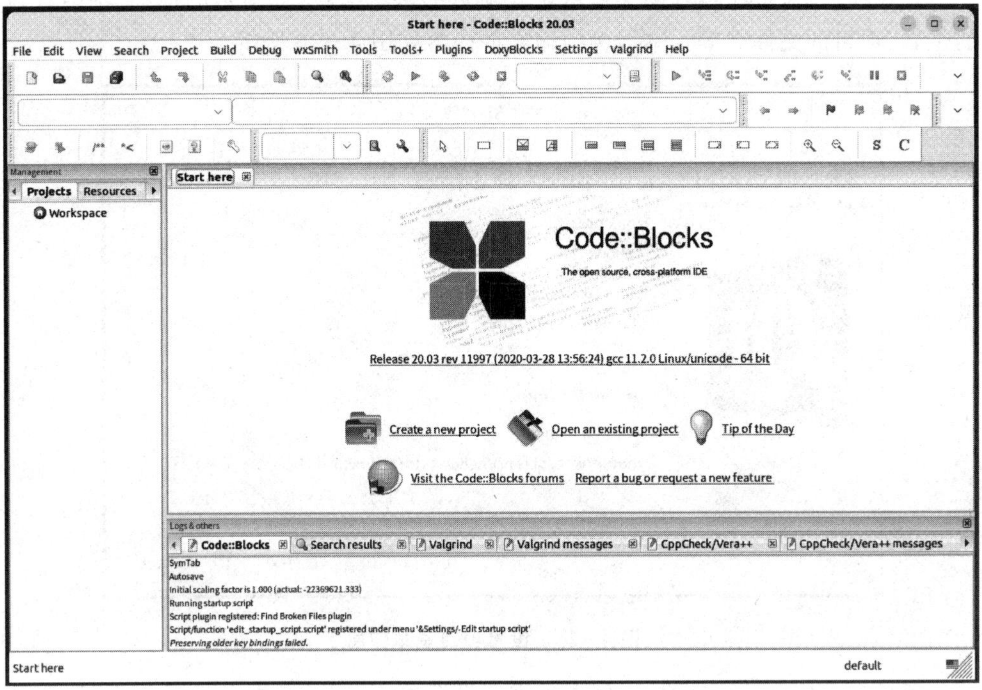

图 4－24　创建 Qt 程序

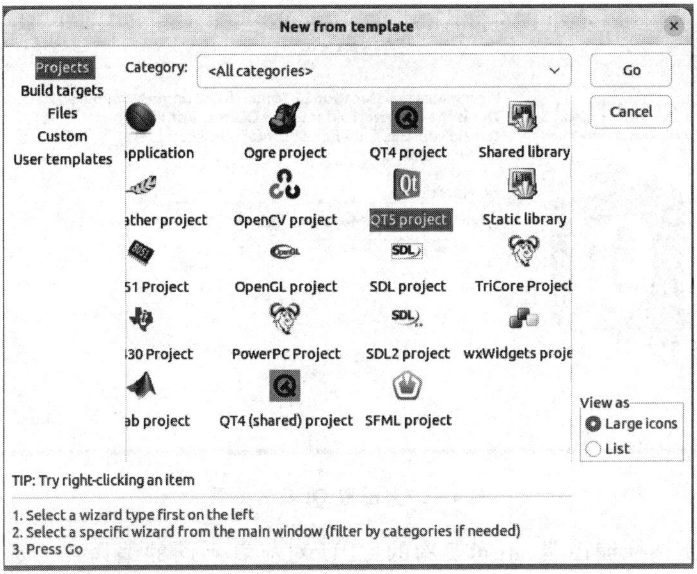

图 4－25　选择 Qt5 程序模板

选择模板后,按照编程向导提示输入项目的基本信息,如项目的标题、项目存放的位置、项目的文件名等。本示例中输入的内容如图 4-26 所示。

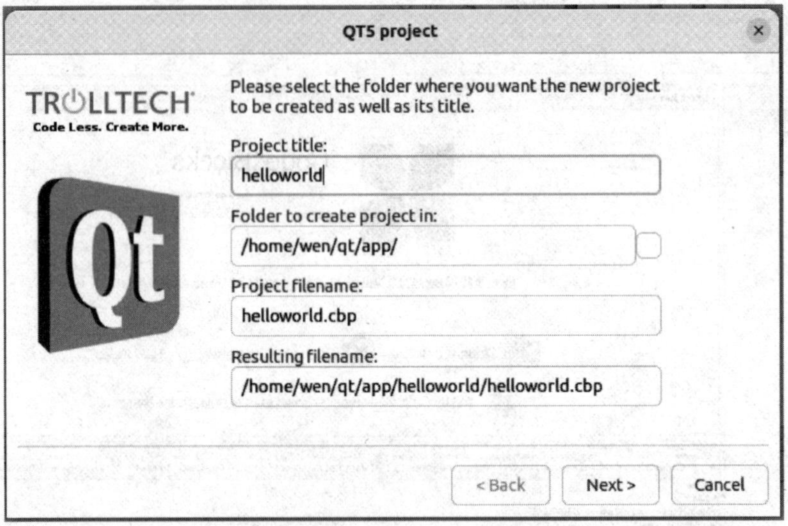

图 4-26　设置项目基本信息

项目基本信息设置完成后,接下来需要设置 Qt 的安装位置。选择 Qt 实际安装位置即可,本例中 Qt 编译器的位置如图 4-27 所示,确保安装目录下有 include 和 lib 子目录,其中分别存放了 Qt 的相关头文件和库文件。

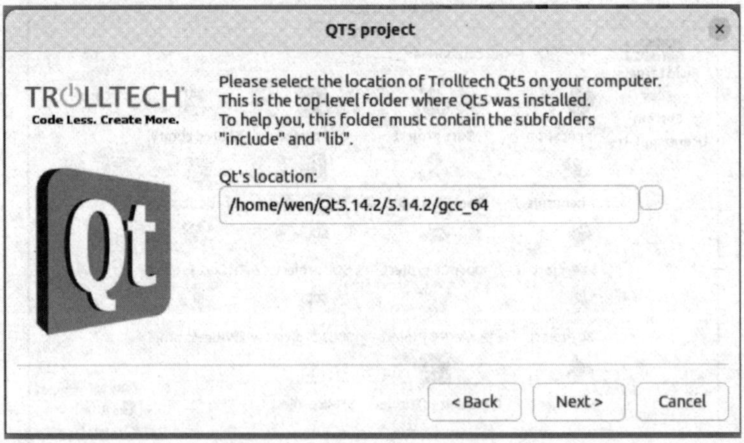

图 4-27　配置 Qt 安装位置

接下来是选择编译器,不同架构的 CPU 对应着不同的编译器。选了不同的编译器,就会把源程序编译成目标 CPU 的机器代码。这里选择了常用的 GNU GCC Compiler,如图 4-28 所示,那么编译出来的程序在 PC 机下即可运行。

图 4－28　选择编译器

2. 编写源代码

经过以上操作即可看到如图 4－29 所示的编程界面。界面的左边是项目的管理视图，在管理视图中可以折叠、展开项目的基本组织结构，如项目的标题、名称、源码存放的位置等。由于选择了编程模板，系统往往会自动生成一个 main.cpp 的源码文件，打开之后会展示在界面的工作区，并且有一些基本的代码。本例在 main()函数中输入几行简单的代码即可完成程序的编写。实际中也可编辑多个源码文件，也可以将编写好的源码文件加入到项目中。

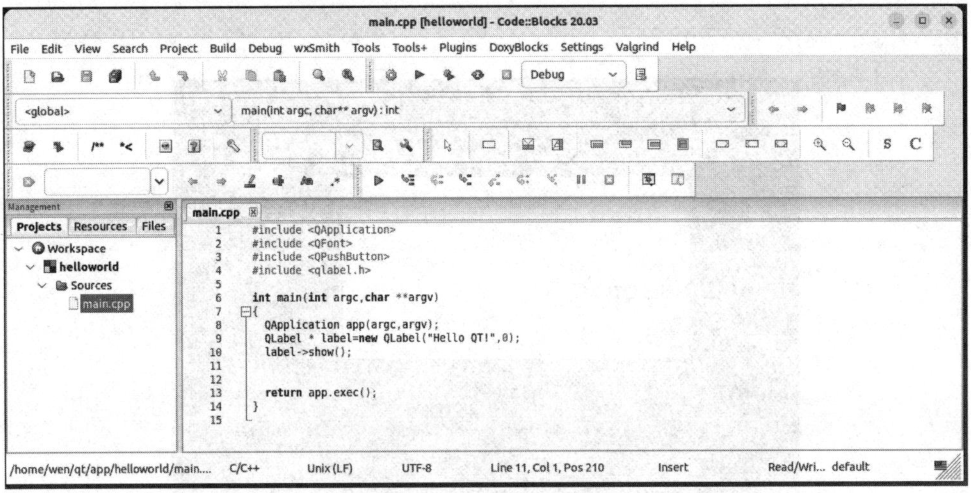

图 4－29　编写源代码

3. 程序的编译

源程序编写完毕后,接下来的工作就是编译源程序。选择主菜单中的 Build→Build 菜单项即可启动程序的编译过程,如图 4-30 所示,编译的过程信息和结果在 Build log 视图中显示出来。如果编译出错,则通过编译信息可以定位到出错的源码位置。如果编译成功,则表示生成了目标平台的可执行文件。

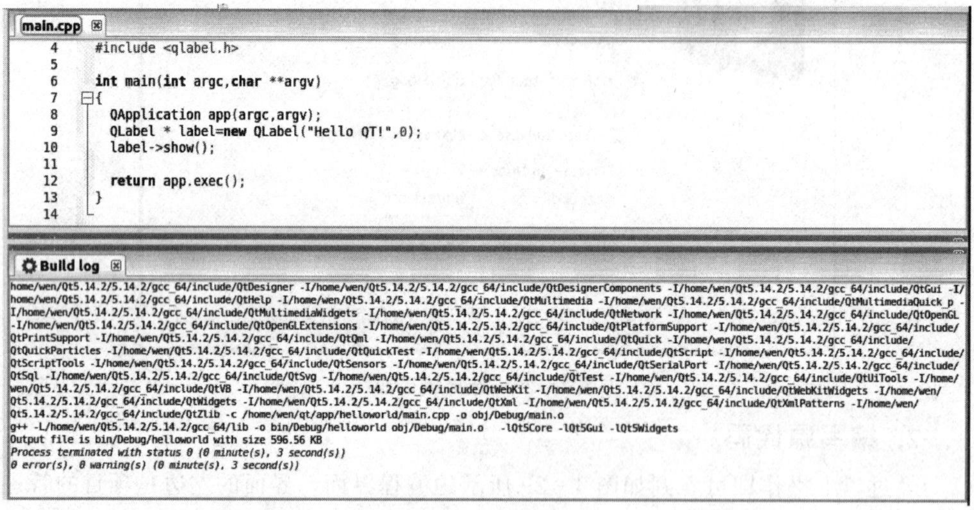
main.cpp
#include <qlabel.h>
int main(int argc,char **argv)
{
QApplication app(argc,argv);
QLabel * label=new QLabel("Hello QT!",0);
label->show();
return app.exec();
}
Build log
home/wen/Qt5.14.2/5.14.2/gcc_64/include/QtDesigner -I/home/wen/Qt5.14.2/5.14.2/gcc_64/include/QtDesignerComponents -I/home/wen/Qt5.14.2/5.14.2/gcc_64/include/QtGui -I/
home/wen/Qt5.14.2/5.14.2/gcc_64/include/QtHelp -I/home/wen/Qt5.14.2/5.14.2/gcc_64/include/QtMultimedia -I/home/wen/Qt5.14.2/5.14.2/gcc_64/include/QtMultimediaQuick_p -
I/home/wen/Qt5.14.2/5.14.2/gcc_64/include/QtMultimediaWidgets -I/home/wen/Qt5.14.2/5.14.2/gcc_64/include/QtNetwork -I/home/wen/Qt5.14.2/5.14.2/gcc_64/include/QtOpenGL
-I/home/wen/Qt5.14.2/5.14.2/gcc_64/include/QtOpenGLExtensions -I/home/wen/Qt5.14.2/5.14.2/gcc_64/include/QtPlatformSupport -I/home/wen/Qt5.14.2/5.14.2/gcc_64/include/
QtPrintSupport -I/home/wen/Qt5.14.2/5.14.2/gcc_64/include/QtQml -I/home/wen/Qt5.14.2/5.14.2/gcc_64/include/QtQuick -I/home/wen/Qt5.14.2/5.14.2/gcc_64/include/
QtQuickParticles -I/home/wen/Qt5.14.2/5.14.2/gcc_64/include/QtQuickTest -I/home/wen/Qt5.14.2/5.14.2/gcc_64/include/QtScript -I/home/wen/Qt5.14.2/5.14.2/gcc_64/include/
QtScriptTools -I/home/wen/Qt5.14.2/5.14.2/gcc_64/include/QtSensors -I/home/wen/Qt5.14.2/5.14.2/gcc_64/include/QtSerialPort -I/home/wen/Qt5.14.2/5.14.2/gcc_64/include/
QtSql -I/home/wen/Qt5.14.2/5.14.2/gcc_64/include/QtSvg -I/home/wen/Qt5.14.2/5.14.2/gcc_64/include/QtTest -I/home/wen/Qt5.14.2/5.14.2/gcc_64/include/QtUiTools -I/home/
wen/Qt5.14.2/5.14.2/gcc_64/include/QtV8 -I/home/wen/Qt5.14.2/5.14.2/gcc_64/include/QtWebKit -I/home/wen/Qt5.14.2/5.14.2/gcc_64/include/QtWebKitWidgets -I/home/wen/
Qt5.14.2/5.14.2/gcc_64/include/QtWidgets -I/home/wen/Qt5.14.2/5.14.2/gcc_64/include/QtXml -I/home/wen/Qt5.14.2/5.14.2/gcc_64/include/QtXmlPatterns -I/home/wen/
Qt5.14.2/5.14.2/gcc_64/include/QtZlib -c /home/wen/qt/app/helloworld/main.cpp -o obj/Debug/main.o
g++ -L/home/wen/Qt5.14.2/5.14.2/gcc_64/lib -o bin/Debug/helloworld obj/Debug/main.o -lQt5Core -lQt5Gui -lQt5Widgets
Output file is bin/Debug/helloworld with size 596.56 KB
Process terminated with status 0 (0 minute(s), 3 second(s))
0 error(s), 0 warning(s) (0 minute(s), 3 second(s))

图 4-30 编译源程序

4. 程序的运行和测试

程序编译成功之后即可运行程序。选择主菜单中的 Build→Run 菜单项即可运行程序,程序运行的结果如图 4-31 所示。

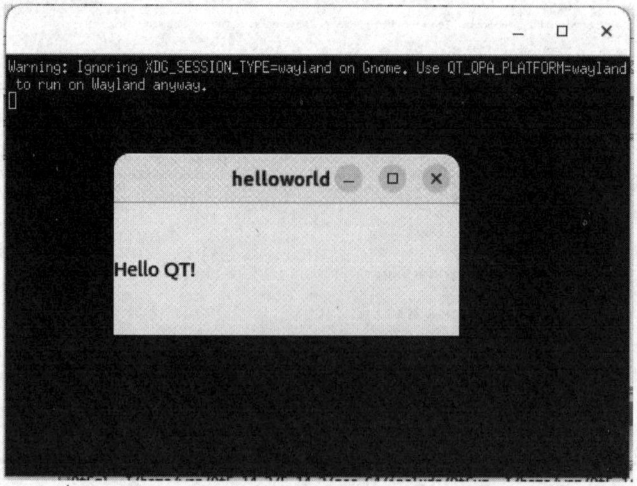
Warning: Ignoring XDG_SESSION_TYPE=wayland on Gnome. Use QT_QPA_PLATFORM=wayland
to run on Wayland anyway.
helloworld
Hello QT!

图 4-31 运行程序

习题四

1. 什么是GUI？嵌入式GUI具备什么特点？
2. 比较说明常用的嵌入式GUI有哪些，各有何特点？
3. Qt作为嵌入式GUI有何优点？
4. 什么是信号和槽机制？与回调函数比较有何优缺点？
5. Qt中常用的控件有哪些？
6. 简述CodeBlocks平台下Qt的开发过程。

第 5 章

嵌入式数据库

嵌入式移动数据库系统是将支持移动计算或某种特定计算模式的数据库管理系统,数据库系统与操作系统、具体应用集成在一起,运行在各种智能型嵌入设备或移动设备上。本章首先介绍嵌入式数据库的基本知识,然后对常用的嵌入式数据库Sqlite、mSQL 和 Berkeley DB 进行介绍。

5.1 嵌入式数据库概述

5.1.1 嵌入式数据库简介

“普适计算”的世界将是继互联网之后给大家带来的另一个技术世界,这个世界里有各种各样的设备(称为计算节点),它们无时无刻不作为一个相对独立的单元参与整个世界的计算,从而满足人们日常生活的信息需要。虽然这一天的到来还要依赖于微电子技术、RFID 技术、智能传感器网络、软件技术等高、新、尖技术的发展,但可以预感到这一天在慢慢逼近。

从某种意义上讲,“普适计算”也可以描述成嵌入式设备处理大量信息的计算。这正是嵌入式数据库诞生和发展的原动力。所以,现在可以很明显地感觉到嵌入式数据库必将广泛地被应用。

目前在中国 Internet 迅速普及和发展,并向个人和家庭不断扩展,使消费电子、计算机、通信(3C)一体化趋势日趋明显。中国的产业结构正在从低附加值的制造业向高附加值的高新技术领域过渡。尤其在一些发展较快的地区,如上海,必将抓住这个大的潮流加速自己的发展。几乎可以预见,在未来几年中国的消费类电子必然会蓬勃发展,应用的领域会越来越广泛,嵌入式数据库将会随着这些无处不在的计算节点而渗透到生活的每一个环节中。

嵌入式数据库将数据库系统与操作系统和具体应用集成在一起,运行在各种智能嵌入式设备上。与传统的数据库系统相比,它一般体积较小,有较强的便携性和易用性,以及较为完备的功能来实现用户对数据的管理操作。但是,由于嵌入式系统的资源限制,它无法作为一个完整的数据库来提供大容量的数据管理,而且嵌入式设备可随处放置，受环境影响较大，数据可靠性较低。在实际应用中，为了弥补嵌入式数据库存储容量小、可靠性低的不足，通常在PC上配置后台数据库来实现大容量数据的存储和管理。嵌入式数据库作为前端设备，需要一个GUI交互界面来实现嵌入式终端上的人机交互，并通过串口实现与PC上主数据源之间的数据交换，实现系统服务器端数据的管理，接收嵌入式终端上传的数据和下载数据到嵌入式终端机等操作。

嵌入式数据库的名称来自其独特的运行模式。这种数据库嵌入到了应用程序进程中，消除了与客户机服务器配置相关的开销。嵌入式数据库实际上是轻量级的，在运行时它们需要较少的内存。它们是使用精简代码编写的，对于嵌入式设备，其速度更快，效果更理想。嵌入式运行模式允许嵌入式数据库通过SQL来轻松管理应用程序数据，而不依靠原始的文本文件。嵌入式数据库还提供零配置运行模式，这样可以启用其中一个并运行一个快照。

在嵌入式系统中，对数据库的操作具有定时限制的特性，这里把应用于嵌入式系统的数据库系统称为嵌入式数据库系统或嵌入式实时数据库系统(ERTDBS)。嵌入式数据库是嵌入式系统的重要组成部分，也成为对越来越多的个性化应用开发和管理而采用的一种必不可少的有效手段。

在嵌入式数据库领域，各大数据库厂商竞争也日趋激烈，Oracle、IBM、Sybase、InterSystems、日立和Firefbird等公司均在这一领域有所行动。例如，继2005年并购全球最大的内存数据库厂商TimesTen之后，Oracle公司又收购了全球下载用户最多的嵌入式数据库厂商Sleepycat及其Berkeley DB产品，进一步完善了嵌入式软件的产品线。从Oracle公司自身来说，它提供的不仅是一个嵌入式数据库产品，更重要的是从底层提供的一种端到端的数据管理架构，并大力支持重点行业领域的关键合作伙伴在此架构上开发的相关应用和服务。

总的来说，嵌入式数据库会跟随信息技术以及互联网的发展得到普及，嵌入式数据库将成为工业智能化的必经之路，未来嵌入式数据库将有很大的发展空间。

首先，专业化发展明显。嵌入式数据库的功能将越来越强大，将可嵌入更多的个性化应用，功能也越来越专业化，因此需要有能力和开发实力的大公司来保证嵌入式数据库的开发和实施。

其次，嵌入式数据库将朝标准化发展。市场的发展将要求嵌入式数据库进一步规范。

最后，嵌入式数据库与企业内部信息的同步管理将得到发展。网络的快速发展会带动网络和嵌入式数据库实现远程和同步的数据管理。

5.1.2 嵌入式数据库的特点及分类

1. 嵌入式数据库的特点

嵌入式数据库和现在常见的企业级数据库的基本关系也是一个螺旋上升式的关系。虽然,从名字上看,二者有着太多的相似性,但却有着本质的、根本性的区别。外在形式的相似性,并不能代表二者的实现方式和运用方式的相似。恰恰相反,嵌入式数据库的实现和运用方式与企业级的数据库有着很大的区别,下面就介绍一下嵌入式数据库所具有的区别于企业级数据库的几个主要特点。

嵌入性是嵌入式数据库的基本特性。嵌入式数据库不仅可以嵌入到其他的软件当中,也可以嵌入到硬件设备当中。例如,嵌入式数据库 Empress 就是使数据库以组件的形式存在,并发布给客户,客户只需要像调用自己定义的函数那样调用相应的函数就可以创建表、插入和删除数据等常规的数据库操作。客户在自己的产品发布时,可以将 Empress 数据库编译到自己的产品内,变成自己产品的一部分,最终用户是感受不到数据库的存在的,也不用特意去维护数据库。

可靠性要求是毋庸置疑的,嵌入式系统必须能够在没有人工干预的情况下,长时间不间断地运行。同时要求数据库操作具备可预知性,而且系统的大小和性能也都必须是可预知的,这样才能保证系统的性能。嵌入式系统中会不可避免地与底层硬件打交道,因此在数据管理时,也要有底层控制的能力,如什么时候会发生磁盘操作、磁盘操作的次数、如何控制等。底层控制的能力是决定数据库管理操作的关键。

实时性和嵌入性是分不开的。只有具有了嵌入性的数据库才能够第一时间得到系统的资源,对系统的请求在第一时间内做出响应。但是,并不是具有嵌入性就一定具有实时性。要想嵌入式数据库具有很好的实时性,必须做很多额外的工作。例如,Empress 实时数据库将嵌入性和高速的数据引擎、定时功能以及防断片处理等措施整合在一起来保证最基本的实时性。当然,实时性要求比较高时,除了软件的实时性外,硬件的实时性也是必需的,具体情况需要有具体和切实的解决方案,不能一概而论。

移动性是目前在国内提得比较多的一个说法,这和目前国内移动设备的大规模应用有关。可以这么说,具有嵌入性的数据库一定具有比较好的移动性,但是具有比较好的移动性的数据库不一定具有嵌入性。例如,一个小型的 C/S 结构的数据库也可以运用在移动设备上,具有移动性;但这个数据库本身是一个独立存在的实体,需要额外的运行资源,本质上讲和企业级数据库区别不大。因此,不具有嵌入性,也基本上不具备实时性。Empress 是优秀的嵌入式实时数据库,毫无疑问也是非常优秀的移动数据库。

可定制性在嵌入式场合显得尤为重要。首先嵌入式场合硬件和软件的平台都是千差万别,基本都是客户根据需要自己选择的结果。所以嵌入式场合的数据库必须能够支持非常多的平台,如 Empress 目前支持 6 000 多种平台。同时,数据存储要支持常见的存储设备,如 CF/Flash/HD 等。多进程和多线程是必备的,现在的嵌入式系统已经远远不是当初的简单编程,代码量增大,功能日益复杂,所以必须支持多线程和多进程。C/C++和 SQL 接口的支持也是必备的,作为数据库当然要有大家熟悉的 SQL,但同时不要忘记嵌入式场合用得最多的标准 C/C++接口。某种程度上说,嵌入式场合的数据比企业级应用的数据还要复杂,所以要支持各种类型的数据,如多媒体数据和空间数据等,要支持各种数据结构,除了传统的关系型,还要能处理树状结构和网状结构。

当然,肯定要具备企业级数据库所具有的一些共性。例如,一致性是数据库必需的特性。通过事务、锁功能和数据同步等多种技术保证数据库各个表内的数据的一致性,同时也保证数据库和其他同步或镜像数据库内数据的一致性。此外,安全性也是必不可少的。在保证物理信息本身安全的同时,也要保证用户私有信息的安全。

嵌入式的应用场合和通用 PC 或服务器架构上的应用有着很大的不同。嵌入式系统中虽然也有不少的标准和组件,但种类繁多,环境千差万别,应用特殊化的地方非常多。所以在嵌入式场合,尽管成熟的产品和组件一般也只能满足客户 80 %的要求,余下 20 %的要求是需要产品提供方和客户共同努力解决的特殊部分。当然,每个行业都有自己的特点,如果能够为某个行业提供完整的特殊化解决方案,那么在同行业中特殊的部分也就不会再有这么高的比例。

2. 嵌入式数据库的分类

嵌入式数据库的分类方法很多,可以按照嵌入的对象不同分为:软件嵌入数据库、设备嵌入数据库和内存数据库。也有人将它们粗略地分为:嵌入数据库、移动数据库和小型的 C/S 结构数据库等。

小型 C/S 数据库:这种数据库其实是企业级数据库的一个缩小版,缩小以后可以在一些实时性要求不高的设备内运行。它只和操作系统有关,一般只能支持一些常见的移动操作系统,如 Linux 和 Windows CE 系列。

面向软件嵌入数据库:它将数据库作为组件嵌入到其他的软件系统中,一般用在对数据库的安全性、稳定性和速度要求比较高的系统中。这种结构资源消耗低,最终用户不用维护数据库,甚至感受不到数据库的存在。

面向设备嵌入数据库:它将关系型数据库嵌入到设备中去,作为设备数据处理的核心组件。这种场合要求数据库有很高的实时性和稳定性,一般运行在实时性非常高的操作系统中。为了达到这些要求,有的厂商采用关系型的数据结构,有的采用非关系型的数据结构,有时候甚至直接和硬件打交道。当然,这种结构在实时性要求不高的移动场合更能够胜任。

内存数据库:数据库直接在内存内运行,数据处理更加高速,不过安全性等方面需要额外的手段来保障。

当然,相同类型的嵌入式数据库肯定会有很多不同的版本。例如,Empress 具有上述所有种类的嵌入式数据库,且每种都有很多版本。

5.1.3 嵌入式数据库的应用

嵌入式数据库能给用户真正带来什么样的好处呢?首先对商业用户来讲,很多企业用户已经在后台使用如 Oracle 等大型数据库,目前的嵌入式数据库技术配合无线通信网络,可以将后台的数据管理延伸到前台。嵌入式数据库在国外已经有 30 年的历史,应用领域也非常广泛,下面仅结合嵌入式数据库的部分应用,介绍一些大家感兴趣的领域。

1. 医疗领域

北美和欧洲的一些著名厂商利用嵌入式数据库开发过完整的电子病历系统,同时将数据库嵌入到医疗器械当中,如血液分析装置、乳癌的检测装置和医学图像装置等。这样医疗系统的各个环节可以无缝地和各种医疗设备进行数据交流,并轻松地处理这些设备送过来的数据信息,在必要的时候共享给有权限查看的用户。

2. 军事设备和系统

一些著名的军事机构和武器生产商将嵌入式数据库运用到他们的系统控制装置、战士武器、军舰装置、火箭和导弹装置中。这些场合使用的数据库有很多安全设定和特化设定,基本上严格按照每个客户的技术标准要求来特化引擎级构件。具体的应用级的构件由客户自己完成。

3. 地理信息系统

地理信息包括的范围很广,在国外地理信息系统已经发展了很多年,国内这几年也逐渐加大对这方面的投入。嵌入式数据库在地理信息系统方面的应用非常广泛,如空间数据分析系统、卫星天气数据、龙卷风和飓风监控及预测、大气研究监测装置、天气数据监测、相关卫星气象和海洋数据的采集装置、导航系统等,几乎涉及地理信息的方方面面。

4. 工业控制

工业控制的一个基本方式是一个反馈的闭环或半闭环的控制方式。随着工业控制技术的发展,简单的数据采集方式和反馈方式基本上很难满足要求。采用嵌入式数据库既能够进行高速的数据采集,也能够快速反馈。正因为如此,在一些核电站监控装置、化学工厂系统监控装置、电话制造系统监控装置、汽车引擎监控装置及工业级机器人中有广泛应用。

5. 网络通信

随着互联网的发展,网络越来越普及,网络设备的处理能力越来越强,各种要求也越来越高,运用嵌入式数据库也成了必然趋势。现在日常见到的很多网络设备和系统都已经使用了嵌入式数据库。嵌入式数据库在一些企业内部互联网装置、网络传输的分布式管理装置、语音邮件追踪系统、VoIP 交换机、路由器和基站控制器等系统中都有应用。

6. 空间探索

一些机构将嵌入式数据库用在一些空间探索装置中,如一些太阳系内行星的探测器等。

7. 消费类电子

目前,中国消费类电子比较火热,它包含的范围也非常广,如个人消费相关的 PND、移动电话、PDA、SmartPhone 和数码产品等;信息家电和智能办公相关的机顶盒、家用多媒体盒、互联网电视接收装置、打印机和一体机等;还有汽车电子等。欧美和日本不仅在这些方面已经有不少的成功应用和技术积累,还正在和亚太的一些厂商积极展开新的合作和研发。

5.2 SQLite 数据库

5.2.1 SQLite 数据库概述

1. 概　述

SQLite 是 D. Richard Hipp 用 C 语言编写的开源嵌入式数据库引擎,发布于 2000 年 5 月。它是完全独立的,不具有外部依赖性。SQLite 支持多数 SQL92 标准,可以在所有主要的操作系统上运行,并且支持大多数计算机语言。SQLite 非常健壮,其创建者保守地估计 SQLite 可以处理每天负担 10 000 次点击率的 Web 站点,并且可以处理 10 倍于上述数字的负载。

SQLite 对 SQL92 标准的支持包括索引、限制、触发和查看。SQLite 不支持外键限制,但支持原子的、一致的、独立和持久(ACID)的事务(后面会提供有关 ACID 的更多信息)。这意味着事务是原子的,因为它们要么完全执行,要么根本不执行。事务也是一致的,因为在不一致的状态中,该数据库从未被保留。事务还是独立的,所以,如果同一时间在同一数据库上有两个执行操作的事务,那么这两个事务是互不干扰的。而且事务是持久性的,所以,该数据库能够在崩溃和断电时不会丢失数据或损坏。

SQLite 通过数据库级上的独占性和共享锁定来实现独立事务处理。这意味着多个进程和线程可以在同一时间从同一数据库读取数据,但只有一个可以写入数据。在某个进程或线程向数据库执行写入操作之前,必须获得独占锁定。在发出独占锁定后,其他的读或写操作将不会再发生。

2. SQLite 组件

SQLite 由以下几个组件组成:SQL 编译器、内核、后端以及附件,如图 5-1 所示。SQLite 通过利用虚拟机和虚拟数据库引擎(VDBE),使调试、修改和扩展 SQLite 的内核变得更加方便。所有 SQL 语句都被编译成易读的、可以在 SQLite 虚拟机中执行的程序集。

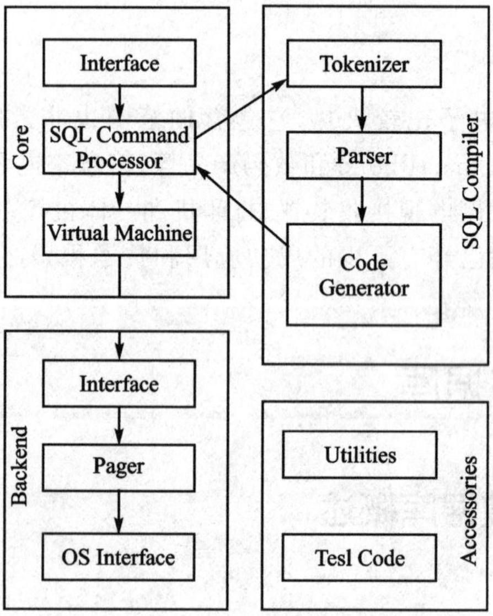

图 5-1　SQLite 组件

SQLite 支持 2 TB 的数据库,每个数据库完全存储在单个磁盘文件中。这些磁盘文件可以在不同字节顺序的计算机之间移动。这些数据以 B+树(B+tree)数据结构的形式存储在磁盘上。SQLite 根据该文件系统获得其数据库权限。

3. 数据类型

SQLite 不支持静态数据类型,而是使用列关系。这意味着它的数据类型不具有表列属性,而具有数据本身的属性。当某个值插入数据库时,SQLite 将检查它的类型。如果该类型与关联的列不匹配,则 SQLite 会尝试将该值转换成列类型。如果不能转换,则该值将作为其本身具有的类型存储。SQLite 支持 NULL、INTEGER、REAL、TEXT 和 BLOB 数据类型。

5.2.2 SQLite 数据库的安装

SQLite 是一个面向嵌入式系统的数据库，编译完成只有 200 KB，同时支持 2 TB 的数据记录，对于嵌入式设备是一个很好的数据库引擎。SQLite 源码开放，可以直接到网上免费下载源码包，其下载地址为 http://www.sqlite.org/download.html。这里下载了 3.6.20 版本，依照 Readme 中的步骤，其安装过程如下。

1. 本地安装

在 root 目录下新建 SQLite 子目录，把下载的压缩包复制到该目录下，然后运行解压缩包命令，则在当前目录生成一个 sqlite-3.6.20 子目录，所有的源代码都存放到了该目录中；进入该目录进行配置，配置完后会在当前目录下生成 Makefile 文件。接下来编译并安装，其命令如下：

```
[root@JLUZH sqlite]# tar -zxvf sqlite-amalgamation-3.6.20.tar.gz
[root@JLUZH sqlite]# cd sqlite-3.6.20
[root@JLUZH sqlite-3.6.20]# ./configure
[root@JLUZH sqlite-3.6.20]# make
[root@JLUZH sqlite-3.6.20]# make install
```

在 make 和 make install 之后，库文件编译并安装在"/usr/local/lib"目录下，可执行文件 SQLite3 安装在"/usr/local/bin"目录下，头文件安装在"/usr/local/include"目录下。在链接程序时，为了能够找到库文件，需要把库文件所在路径加到系统文件"/etc/ld.so.conf"中，如图 5-2 所示。

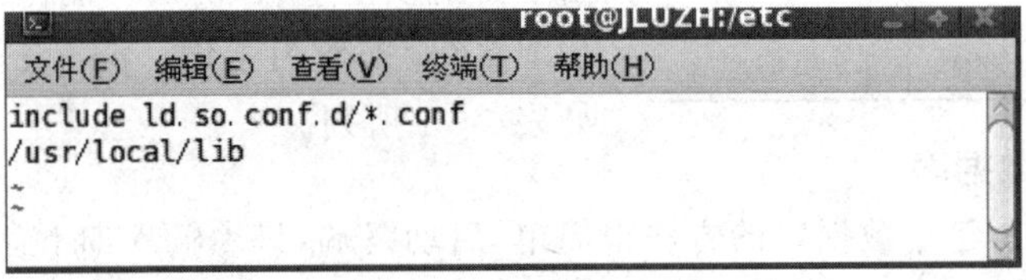

图 5-2 修改配置文件

在文件后面追加"/usr/local/lib"一行内容。保存文件并退出，重新启动系统之后设置生效，如果不想重新启动系统，则可运行如下命令：

```
[root@JLUZH sqlite]# /sbin/ldconfig
```

为了验证安装是否成功，在 Shell 下运行 SQLite3 命令创建一个数据库，并测试数据库，其命令如下：

```
[root@JLUZH bin]# sqlite3
SQLite version 3.6.20
Enter ".help" for instructions
Enter SQL statements terminated with a ";"
sqlite>
```

2. 交叉编译与安装

如果要把 SQLite3 运行在嵌入式体系上,则需要对 SQLite3 进行交叉编译。以编译在 ARM 体系运行的 SQLite3 为例,基本操作步骤和前面一致,只是更改了配置信息。

```
[root@JLUZH sqlite-3.6.20]# ./configure -disable-tcl-host=armv4l-unknown-linux-prefix=/usr/local
```

-disabel-tcl 参数表示屏蔽掉 tcl 库;-prefix 参数用于指定安装的路径,这里的/usr/local 为指定安装 bin、lib 和 include 路径;-host 参数用于指定交叉编译器。这里 armv4l-unknown-linux 为交叉编译器。需要指出的是,该交叉编译器需要提前安装好,并且交叉编译器的路径已经加入到环境变量中。配置完成后,编译安装的步骤和本地安装一致。

5.2.3 SQLite 数据库的基本命令

为了便于学习,下面结合实例来说明命令的使用,假设要设计个人信息管理系统。首先根据需求设计一个数据库,命名为 test.db。个人信息管理系统主要实现对某个人的信息进行增加、删除、修改和查询等操作,而个人信息主要包括姓名、性别和电话,则可以创建一个 people 的数据表,这样就可以起到通讯录的作用,用户也可以根据需求增加其他字段。另外,数据库的表中应该有一个主键,由于可能发生重名,所以不能作为主键,这里增加 ID 字段来作为主键。people 数据表的结构如表 5-1 所列。

表 5-1 people 数据表的结构

字 段	类 型	说 明
ID	Integer	ID 号作为主键
NAME	varchar(20)	姓名
SEX	varchar(20)	性别
TEL	varchar(20)	联系电话

(1) 建立数据库

用 SQLite3 建立数据库的方法很简单,启动终端,只须输入如下命令:

```
[root@JLUZH sqlite-3.6.20]# sqlite3 test.db
SQLite version 3.6.20
Enter ".help" for instructions
Enter SQL statements terminated with a ";"
```

如果目录下没有 test.db,SQLite3,则建立这个数据库。SQLite3 并没有强制数据库名称,用户可以根据需要命名数据库。

(2) 建立表

create table 指令的语法为:

```
create table table_name(field1, field2, field3, ...);
```

table_name 是数据表的名称,fieldx 则是字段的名字。SQLite3 与许多 SQL 数据库软件不同的是,它不在乎字段属于哪一种数据形态,即 SQLite3 的字段可以储存任何类型,如文字、数字和大量文字(blub),它会适时自动转换。假设要建一个名叫 people 的数据表,只要键入以下指令即可:

```
CREATE TABLE people(ID integer primary key,name varchar(10),age integer,num varchar(18));
```

执行以上命令建立了一个名叫 people 的数据表，里面有 ID、name、age 和 num 共 4 个字段。

(3) 建立索引

如果数据表有相当多的数据，那么可以建立索引来加快速度。这个指令的语法为：

```
create index index_name on table_name(field_to_be_indexed);
```

针对上面的数据表 people 建立一个索引，则可以使用如下命令：

```
create index people_title_index on people(name);
```

意思是针对 people 数据表的 name 字段，建立一个名叫 people_name_index 的索引。一旦建立了索引，SQLite3 会在针对该字段查询时自动使用该索引。这一切的操作都是在幕后自动发生的，无须使用特别指令。

(4) 插入记录

接下来要加入记录了，加入的方法为使用 insert into 指令，语法为：

```
insert into table_name values(data1, data2, data3, ...);
```

例如，在 people 数据表中使用如下命令加入记录：

```
insert into people VALUES(1,'LiMing',20,'362302198901010214');
insert into people VALUES(2,'LiSi',21,'362302199005010254');
insert into people VALUES(3,'WangWu',20,'362302198905050954');
```

(5) 查询记录

查询记录的命令为 select，其基本格式如下：

```
select columns from table_name where expression;
```

以下是 select 命令的一些例子：

```
select * from people;列出所有数据库的内容
select * from people where name='LiSi'; 查找姓名为 LiSi 的记录
```

select 指令是 SQL 中最强大的指令，这里只是简单介绍其基本用法，进一步的各种组合可参考有关数据库的书籍。

(6) 修改或删除记录

掌握 select 语句的用法非常重要，因为要在 SQLite 中更改或删除记录，其语法是类似的。修改记录的命令为 update，删除记录的命令为 delete，其使用如下：

```
update people set name='Lisi' where name='LiSi';修改姓名为 LiSi 的记录
delete from people where name='Lisi'; 删除姓名为 Lisi 的记录
```

5.2.4 SQLite 数据库的管理命令

在终端输入 SQLite3 命令启动数据库系统后，则会出现 sqlite ->提示符，在提示符下输入命令即可操作 SQLite3 数据库。数据库的管理可以使用命令行方式，也可以使用图形化方式。

1. 命令行方式管理命令

(1) Help 命令

启动 SQLite 数据管理系统后，出现提示符 sqlite ->，则可以输入数据库管理命令。注意，命令之前必须用“.”开头。比如 Help 命令的执行如下：

```
sqlite> .help
.backup ? DB? FILE         Backup DB (default "main") to FILE
.bail ON|OFF               Stop after hitting an error. Default OFF
.databases                 List names and files of attached databases
.dump ? TABLE? ...         Dump the database in an SQL text format
                           If TABLE specified, only dump tables matching
                           LIKE pattern TABLE.
 ⋮
```

这里只是节选了部分内容，感兴趣的读者可以直接操作该命令获得更多信息。

(2) Database 命令

Database 命令用于查看当前的数据库，其命令格式如下：

```
sqlite>.database
seq  name             file
---  ---------------  ----------------------------------------
0    main             /root/sqlite/test.db
1    temp
```

输入.database 命令即可按顺序显示当前的数据库，并且显示对应数据库的文件，这里是“/root/sqlite/test.db”文件。

(3) Tables 命令

Tables 命令用于查看当前数据库中有多少个数据表，其命令格式如下：

```
sqlite> .tables
people
```

输入“.tables”命令后可以看出，这个数据库中存在一个 people 的数据表。

(4) Schema 命令

Schema 命令用于查看数据表的结构，其命令格式如下：

```
sqlite> .schema people
CREATE TABLE people(ID integer primary key,name varchar(10),age integer,num varchar(18));
```

输入“.schema people”命令后即可显示 people 数据表的结构，其含义可以参照表 5-1。

(5) Output 命令

Output 命令用于把查询的结果输出到文件，其使用格式如下：

```
sqlite> .output wen.txt
sqlite> select * from people;
sqlite>.exit
```

输入“.output wen.txt”命令即可将输出结果重定向到 wen.txt 文件，之后使用.exit 退出即可在当前目录下找到 wen.txt 文件，然后使用 cat 命令显示其内容，其操作如下：

```
[root@JLUZH sqlite]# cat wen.txt
1|LiMing|20|362302198901010214
2|LiSi|21|362302199005010254
3|WangWu|20|362302198905050954
```

(6) Dump 命令

使用“.dump ”命令可以输出表结构，同时输出操作记录。这样可以创建一个包含必要命令和数据的文件，从而重新创建数据库。“.dump ”命令也可用于备份数据库表，其操作格式如下：

```
sqlite> .dump
PRAGMA foreign_keys = OFF;
BEGIN TRANSACTION;
CREATE TABLE people(ID integer primary key,name varchar(10),age integer,num varchar(18));
INSERT INTO "people" VALUES(1,'LiMing',20,'362302198901010214');
INSERT INTO "people" VALUES(2,'LiSi',21,'362302199005010254');
INSERT INTO "people" VALUES(3,'WangWu',20,'362302198905050954');
COMMIT;
sqlite>
```

(7) quit/exit

这两个命令用于退出 SQLite 数据库系统，其操作如下：

```
sqlite> .dump
[root@JLUZH sqlite]#
```

2. 图形化管理工具

管理 SQLite 数据库除命令行外，网络上还有很多开源的可视化 SQLite 数据库管理工具，登录 https://sourceforge.net/或者通过其他搜索引擎(GOOOGLE/BAIDU)，输入“SQLite”可以找到大量相关工具，如 SQLite Database Browser 和 SQLite Administrator 等。这里推荐 SQLite Administrator 工具，该工具界面支持简体中文，界面比较简洁，数据库相关管理操作相对简便。该工具可以登录 http://sqliteadmin.orbmu2k.de/下载，其操作界面如图 5-3 所示。

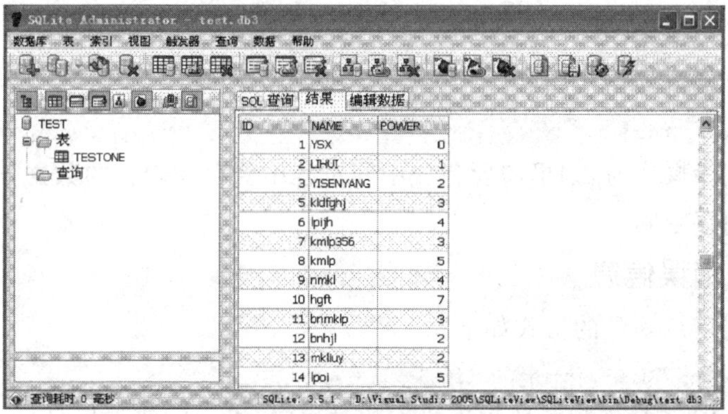

图 5-3 图形化管理工具

5.2.5 SQLite 数据库的 API 函数

1. 打开数据库

打开数据库的函数格式如下：

```
int sqlite3_open(
const char * filename,   /* 数据库名称 */
sqlite3 * * ppDb         /* 输出参数，SQLite 数据库句柄 */
);
```

该函数用来打开或创建一个 SQLite3 数据库。如果在包含该函数的文件所在路径下有同名的数据库(*.db),则打开数据库;如果不存在数据库,则在该路径下创建一个同名的数据库。如果打开或创建数据库成功,则该函数返回 0,输出参数为 SQLite3 类型的变量,后续对该数据库的操作通过该参数进行传递。

2. 关闭数据库

关闭数据库的函数格式如下：

```
int sqlite3_close(sqlite3 * db);
```

当结束对数据库的操作时,调用该函数来实现关闭数据库。该函数的一个参数是成功打开数据库时的输出参数——SQLite3 类型的变量。

3. 执行函数

```
int sqlite3_exec(
sqlite3 *,              /* 打开的数据库名称 */
const char * sql,       /* 要执行的 SQL 语句 */
sqlite_callback,        /* 回调函数 */
void *,                 /* 回调函数的参数 */
char * * errmsg         /* 错误信息 */
);
```

实现对数据库操作时,可以通过调用该函数来完成。sql 参数为具体操作数据库的 SQL 语句。在执行过程中,如果出现错误,则相应错误信息可以存放在 errmsg 变量中。

4. 释放内存函数

释放内存函数的格式如下：

```
void sqlite3_free(char * z);
```

在对数据库操作时,如果需要释放中间过程中保存在内存的数据,则可以通过该函数来清除内存空间。

5. 显示错误信息

显示错误信息函数的格式如下：

```
const char * sqlite3_errmsg(sqlite3 * )
```

在使用 API 函数实现对数据库操作的过程中,出现的错误信息可以通过该函数给出。

6. 获取结果集

获取结果集函数的格式如下：

```
int sqlite3_get_table(
sqlite3 * ,                  /* 打开的数据库名称 */
const char * sql,            /* 要执行的 SQL 语句 */
char * * * resultp,          /* 结果集 */
int * nrow,                  /* 结果集的行数 */
int * ncolumn,               /* 结果集的列数 */
char * * errmsg              /* 错误信息 */
);
```

对数据库进行查询操作时，可以通过该函数来获取结果集。该函数的入口参数为查询的 SQL 语句，出口参数有二维数据指针，指示查询结果的内容、结果集的行数和列数。这里面的行数为纯记录的条数，但是 resultp 数组里包含一行字段名的值，操作时需要特殊关注。

7. 释放结果集

释放结果集的函数格式如下：

```
int sqlite3_free_table(char * * result);
```

释放 sqlite3_get_table()函数所分配的内存空间。

8. 声明 SQL 语句

声明 SQL 语句的函数格式如下：

```
int sqlite3_prepare(sqlite3 * , const char * , int, sqlite3_stmt * * , const char * * );
```

该接口把一条 SQL 语句编译成字节码留给后面的执行函数，使用该接口访问数据库是当前比较好的一种方法。

9. 销毁 SQL 声明

销毁 SQL 声明的函数格式如下：

```
int sqlite3_finalize(sqlite3_stmt * );
```

该函数将销毁一个准备好的 SQL 声明，在数据库关闭之前，所有准备好的声明都必须被释放销毁。

10. 重置 SQL 声明

重置 SQL 声明的函数格式如下：

```
int sqlite3_reset(sqlite3_stmt * );
```

函数用来重置一个 SQL 声明的状态，使得它可以被再次执行。

5.2.6 SQLite 数据库的实例分析

本小节通过一个小例子说明如何在 C 与 C++ 中调用 SQLite API 完成数据库

的创建、插入数据与查询数据。本小节用的数据库为之前建立的 test.db,程序的代码如下:

```
/*** sqlite.c ***** /
#include<stdio.h>
#include<sqlite3.h>
int main()
{    sqlite3 *db = NULL;
     int rc;
     char *Errormsg;
     int row;
     int col;
     char **Result;
     int i = 0;
     int j = 0;
     rc = sqlite3_open("test.db",&db);
     if(rc)
     {fprintf(stderr,"cant,t open: %s\n",sqlite3_errmsg(db));
      sqlite3_close(db);
      return 1;}
     else
     {printf("open successly!\n");}
     char  *sql = "create table people(ID integer primary key,name varchar(10),age in-
     teger,num varchar(18))";
     sqlite3_exec(db,sql,0,0,&Errormsg);
     sql = "insert into people values(1,'LiMing',20,'362302198901010214')";
     sqlite3_exec(db,sql,0,0,&Errormsg);
     sql = "insert into people values(2,'LiSi',21,'362302199005010254')";
     sqlite3_exec(db,sql,0,0,&Errormsg);
     sql = "insert into people values(3,'WangWu',20,'362302198905050954')";
     sqlite3_exec(db,sql,0,0,&Errormsg);
     sql = "select * from people";
     sqlite3_get_table(db,sql,&Result,&row,&col,&Errormsg);
     printf("row = %d column = %d\n\n",row,col);
     for(i = 0;i < row + 1;i++)
     {    for(j = 0;j < col;j++)
          {printf("%s\t",Result[j + i * col]);}
          printf("\n");
     }
     sqlite3_free(Errormsg);
     sqlite3_free_table(Result);
     sqlite3_close(db);
     return 0;
}
```

程序的编译运行过程如下:

```
[root@JLUZH sqlite]# gcc -o sqlitetest sqlite.c -lsqlite3
[root@JLUZH sqlite]# ./sqlitetest
open successly!
```

```
row = 3 column = 4
ID  name    age  num
1   LiMing  20   362302198901010214
2   LiSi    21   362302199005010254
3   WangWu  20   362302198905050954
[root@JLUZH sqlite]#
```

以上通过实例说明如何使用 SQLite 数据库。在确定是否在应用程序中使用 SQLite 之前，应该考虑以下几种情况：

目前没有可用于 SQLite 的网络服务器。从应用程序运行位于其他计算机上的 SQLite 的唯一方法是从网络共享运行，这样会导致一些问题，像 UNIX 和 Windows 网络共享都存在文件锁定问题，还有由于与访问网络共享相关的延迟而带来的性能下降问题。

SQLite 只提供数据库级的锁定。虽然有一些增加并发的技巧，但是，如果应用程序需要的是表级别或行级别的锁定，那么 DBMS 能够更好地满足用户的需求。

正如前面提到的，SQLite 可以支持每天大约 10 000 次点击率的 Web 站点，并且在某些情况下，可以处理 10 倍于此的通信量。对于具有高通信量或需要支持庞大浏览人数的 Web 站点来说，应该考虑使用 DBMS。

SQLite 没有用户账户概念，而是根据文件系统确定所有数据库的权限。这会使强制执行存储配额发生困难，强制执行用户许可变得不可能。

SQLite 支持多数(但不是全部)的 SQL92 标准，不受支持的一些功能包括完全触发器支持和可写视图。

如果感到其中的任何限制会影响应用程序，那么应该考虑使用完善的 DBMS。如果可以解除这些限制问题，并且对快速灵活的嵌入式开源数据库引擎很感兴趣，则应重点考虑使用 SQLite。

一些能够真正表现 SQLite 优越性能的领域是 Web 站点，可以使用 SQLite 管理应用程序数据、快速应用程序原型制造和培训工具。

习题五

1. 什么是嵌入式数据库，有何特点？
2. 结合实例列举嵌入式数据库的应用领域。
3. 简述 SQLite 的组成结构。

第6章

嵌入式 Linux 网络编程

网络在嵌入式系统中的应用日益广泛,因此掌握这方面的内容非常重要。本章首先介绍两种网络参考模型,然后重点介绍 TCP 和 UDP 的基本原理,接下来介绍网络程序设计的基础知识和 Socket 编程用到的基本函数,最后结合实例分别介绍如何编写 TCP 程序和 UDP 程序。

6.1 网络协议概述

6.1.1 网络协议参考模型

国际标准组织(ISO)制定了 OSI 模型。这个模型把网络通信的工作分为 7 层,如图 6-1 所示,它们是应用层、表示层、会话层、传输层、网络层、数据链路层及物理层。1～4 层被认为是底层,这些层与数据移动密切相关;5～7 层是高层,包含应用程序级的数据。每一层负责一项具体的工作,然后把数据传送到下一层。这个模型虽然规定得非常细致,但在实际应用中显得过于复杂了。

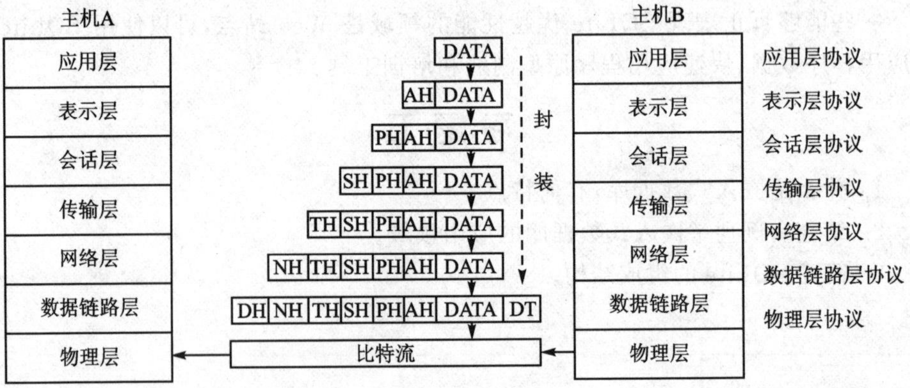

图 6-1 OSI 参考模型

TCP/IP 协议则将 OSI 的 7 层模型简化为 4 层,从而更有利于实现和使用。TCP/IP 许多年来一直被人们所采用,而且越来越成熟,大多数类型的计算机环境都有 TCP/IP 产品，它提供了文件传输、电子邮件、终端仿真、传输服务和网络管理等功能。图 6-2 为这两个模型的对应关系。下面分别对 TCP/IP 的 4 层模型简要介绍。

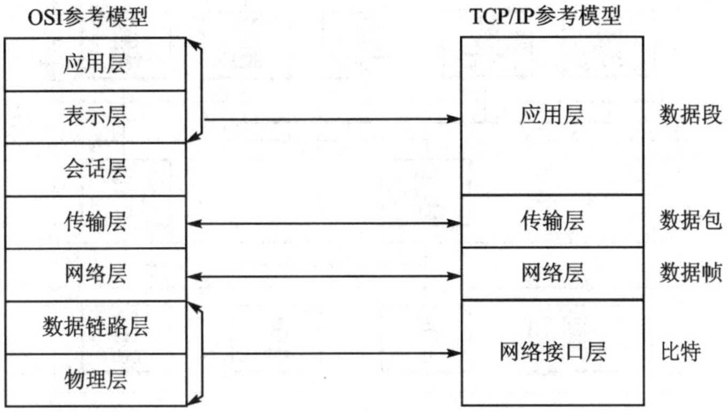

图 6-2　OSI 参考模型和 TCP/IP 参考模型对应关系

网络接口层：负责将二进制流转换为数据帧，并进行数据帧的发送和接收。数据帧是网络信息传输的基本单元。

网络层：负责将数据帧封装成 IP 数据报，同时负责选择数据报的路径，即路由。

传输层：负责端到端之间的通信会话连接与建立。传输协议的选择根据数据传输方式而定。

应用层：负责应用程序的网络访问，这里通过端口号来识别各个不同的进程。

6.1.2　TCP/IP 协议族

TCP/IP 协议实际是一个协议族，为网际数据通信提供不同层次的通路。可将 TCP/IP 协议族分为 3 部分，如图 6-3 所示。

第一部分也称为网络层，主要包括 Internet 协议（IP）、网际控制报文协议（ICMP）和地址识别协议（ARP）。

Internet 协议：该协议被设计成互联分组交换通信网，以形成一个网际通信环境。它负责在源主机和目的地主机之间传输来自其较高层软件的称为数据报文的数据块，在源和目的地之间提供非连接型传递服务。

网际控制报文协议：它实际上不是 IP 层部分，但直接同 IP 层一起工作，报告网络上的某些出错情况；允许网际路由器传输差错信息或测试报文。

地址识别协议：它实际上不是网络层部分，处于 IP 和数据链路层之间，是在 32 位 IP 地址和 48 位局域网地址之间执行翻译的协议。

第二部分是传输层协议，主要包括传输控制协议和用户数据报文协议。

传输控制协议（TCP）：由于 IP 提供非连接型传递服务，因此 TCP 应为应用程序存取网络创造条件，使用可靠的面向连接的传输层服务。该协议为建立网际上用户

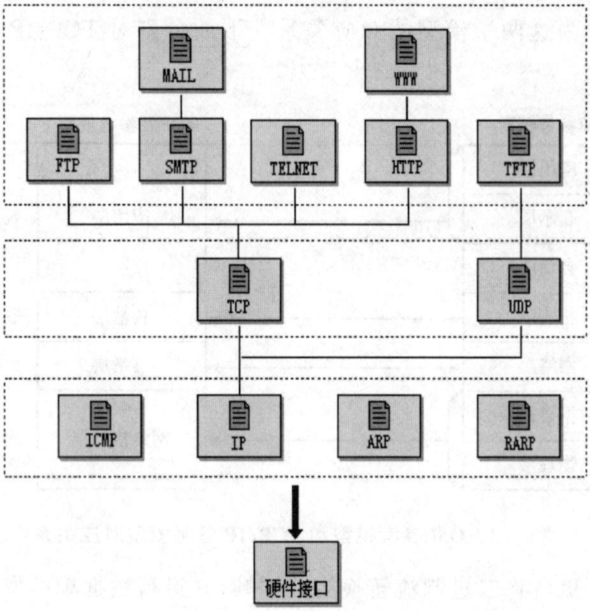

图 6-3　TCP/IP 协议族

进程之间的对话负责。此外,还确保两个以上进程之间的可靠通信。它所提供的功能包括:监听输入对话建立请求,请求另一网络站点对话,可靠地发送和接收数据,适度地关闭对话。

用户数据报文协议(UDP):UDP 提供不可靠的非连接型传输层服务,它允许在源和目的地站点之间传送数据,而不必在传送数据之前建立对话。此外,该协议还不使用 TCP 使用的端对端差错校验。当使用 UDP 时,传输层功能全都发回,而开销却比较低。它主要用于那些不要求 TCP 协议的非连接型的应用程序,例如,名字服务和网络管理。

第三部分是应用程序部分,包括 Telnet、文件传送协议(FTP 和 TFTP)、简单的文件传送协议(SMTP)和域名服务(DNS)等协议。

6.1.3　TCP 和 UDP

1. TCP 协议

TCP 协议处于传输层,实现了从一个应用程序到另一个应用程序的数据传递。应用程序通过目的地址和端口号来区分接收数据的不同应用程序。

(1) TCP 数据包格式

TCP 数据包的格式如图 6-4 所示。

源端口和目的端口字段:各占 2 字节。端口是传输层与应用层的服务接口。传

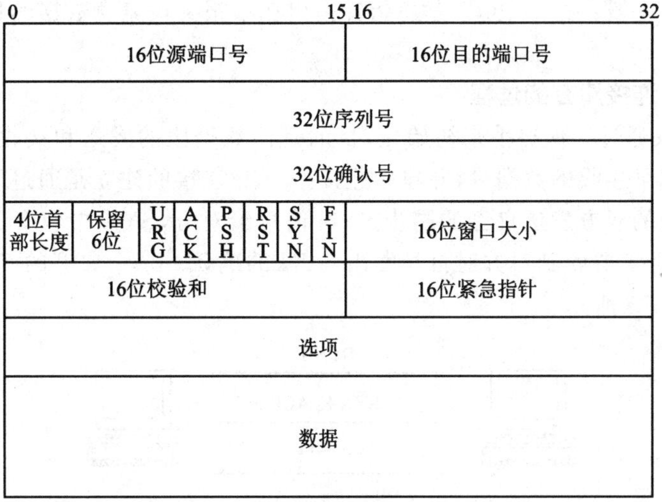

图 6-4　TCP 数据包格式

输层的复用和分用功能都要通过端口才能实现。

序号字段:占 4 字节。TCP 连接中传送的数据流中的每一字节都编上一个序号。序号字段的值则指本报文段所发送的数据的第一字节的序号。

确认号字段:占 4 字节,是期望收到对方的下一个报文段的数据的第一个字节的序号。

HLEN 字段:占 4 bit,它指出首部长度,单位为字 (32 bit 的字)。正常的 TCP 首部长度是 20 字节。

6 个标志字段:占 6 bit。紧急比特 URG:当 URG = 1 时,表明紧急指针字段有效。它告诉系统此报文段中有紧急数据,应尽快传送(相当于高优先级的数据)。确认比特 ACK:只有当 ACK = 1 时,确认号字段才有效;当 ACK = 0 时,确认号无效。推送比特 PSH (PuSH):接收 TCP 收到推送比特置 1 的报文段,就尽快地交付给接收应用进程,而不再等到整个缓存都填满后再向上交付。复位比特 RST (ReSeT):当 RST = 1 时,表明 TCP 连接中出现严重差错(如由于主机崩溃或其他原因),必须释放连接,然后再重新建立运输连接。同步比特 SYN :同步比特 SYN 置为 1,表示这是一个连接请求或连接接收报文。终止比特 FIN (FINal):用来释放一个连接。当 FIN = 1 时,表明此报文段的发送端的数据已发送完毕,并要求释放运输连接。

窗口字段:占 2 字节。窗口字段用来控制对方发送的数据量,单位为字节。TCP 连接的一端根据设置的缓存空间大小确定自己的接收窗口大小,然后通知对方以确定对方的发送窗口的上限。

校验和:占 2 字节。校验和字段校验的范围包括首部和数据这两部分。在计算校验和时,要在 TCP 报文段的前面加上 12 字节的伪首部。

紧急指针字段：占 16 bit。紧急指针指出在本报文段紧急数据的最后一字节的序号。

(2) TCP 连接建立的过程

TCP 协议通过 3 次握手来初始化，目的是使数据段的发送和接收同步，告诉其他主机其一次可接收的数据量，并建立连接。TCP 连接的建立是通过 3 次握手实现的。需要连接的双方发送自己的同步 SYN 信息给对方，SYN 中包含了末端初始的数据序号，并且需要收到对方对自身发出 SYN 的确认。一个典型的 TCP 连接建立的过程如图 6-5 所示。

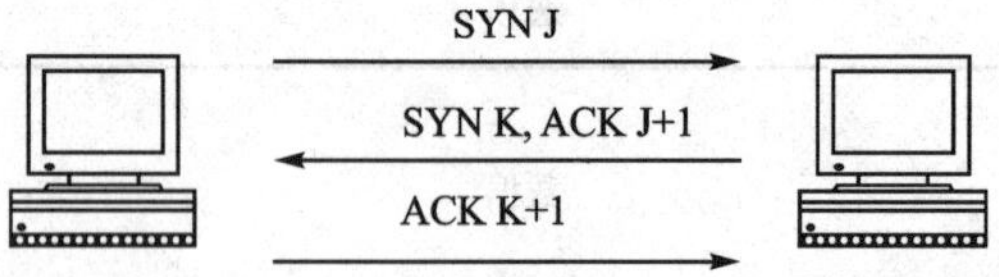

图 6-5　TCP 建立过程

第一步，客户机向服务器发送一个 TCP 数据包，表示请求建立连接。为此，客户端将数据包的 SYN 位设置为 1，并且设置序列号 seq=1 000(假设为 1 000)。

第二步，服务器收到了数据包，并从 SYN 位为 1 知道这是一个建立请求的连接。于是服务器也向客户端发送一个 TCP 数据包。因为是响应客户机的请求，于是服务器设置 ACK=1，ack_seq=1 001(对方的序列号 1 000+1)，同时设置自己的序列号 seq=2 000(假设为 2 000)。

第三步，客户机收到了服务器的 TCP，并从 ACK 为 1 和 ack_seq=1 001 知道是从服务器来的确认信息。于是客户机也向服务器发送确认信息。客户机设置 ACK=1，ack_seq=2 001(对方的序列号 2 000+1)，seq=1 001，发送给服务器。至此客户端完成连接。

最后一步服务器收到确认信息，也完成连接。接下来就可以在两台主机间传输数据了。

(3) TCP 连接的标识

TCP 是实现两主机间进程的通信，所以只有两个主机的 IP 地址是不能标识一条连接的。在 TCP 中，使用两个 Socket 来标识一条连接。Socket 由本地的 IP 地址和进程使用的端口号组成，即＜本地 IP 地址，本地端口＞。这样对于一条 TCP 连接，就可以使用两个一元组来表示为"＜本地 IP 地址，本地端口＞，＜远端 IP 地址，远端端口＞"或者使用一个四元组来表示为"＜本地 IP 地址，本地端口，远端 IP 地址，远端端口＞"。因此，许多的网络应用只使用一个熟知端口，却可以同时支持多个用户的连接。

(4) 关闭 TCP 连接

关闭一条 TCP 连接有 3 种可能的情况：

① 发起连接的一方(主机 A)请求关闭 TCP 连接。在这种情况下,主机 A 发送的数据包中将包含一个 FIN(FINISH,终止信息)控制信息,然后主机 A 将进入 FIN-WAIT 等待状态。在这种状态下,主机 A 仍然可以接收数据,但不能发送数据了。当连接的另一端(主机 B)收到这个数据包后,将发送一个确认数据包,但可能不包括 FIN 控制信息,直到主机 B 完成任务,才发送 FIN。然后 A 端向 B 端发送 FIN 确认信息,这时 B 端变为 CLOSED 状态,A 端延时一段时间后也转换为 CLOSED 状态。

② 主机 B 主动请求关闭 TCP 连接。主机 A 从网络中收到来自主机 B 的 FIN 控制信息,则通知一层应用连接即将断开,而后当来自 B 端的数据发送完毕后,向 B 端发送 FIN 控制信息,确认后即断开连接。如果主机 B 上层应用的超时定时器超时,且还没有收到主机 A 的确认信息,则主动断开 TCP 连接。

③ 主机 A 和主机 B 同时发起断开连接的请求,其过程与上述两种情况大致相同,这里就不再详细介绍了。

2. UDP 协议

UDP 数据包的格式如图 6-6 所示。

源端口号(16 位):UDP 数据包的发送方使用的端口号。

目标端口号(16 位):UDP 数据包的接收方使用的端口号。UDP 协议使用端口号为不同的应用,保留其各自的数据传输通道。UDP 和 rap 协议正是采用这一机制,实现对同一时刻内多项应用同时发送和接收数据的支持。

数据包长度(16 位):数据包的长度是指包括包头和数据部分在内的总字节数。理论上,包含包头在内的数据包的最大长度为 65 535 字节。不过,一些实际应用往往会限制数据包的大小,有时会降低到 8 192 字节。

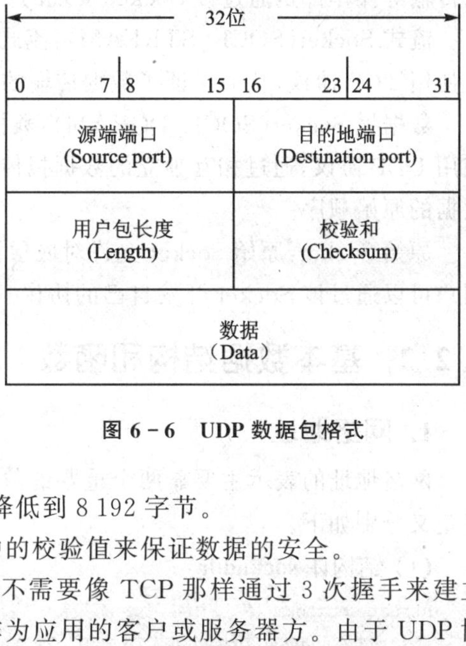

图 6-6 UDP 数据包格式

校验值(16 位):UDP 协议使用包头中的校验值来保证数据的安全。

UDP 协议是一种无连接的协议,因此不需要像 TCP 那样通过 3 次握手来建立一个连接。同时,一个 UDP 应用可同时作为应用的客户或服务器方。由于 UDP 协议并不需要建立一个明确的连接,因此建立 UDP 应用要比建立 TCP 应用简单得多。

UDP 协议问世已久,然而由于早期的网络质量普遍较差,造成 UDP 的实际应用很少,但是在网络质量日益提高的今天,UDP 的应用得到了大大增强。它比 TCP 协议耗费的系统资源少,而且也能更好地解决实时性问题。如今,包括网络视频会议系统在内的众多网络应用都使用的是 UDP 协议。

使用 UDP 协议工作的服务器通常是非面向连接的,因而服务器进程不需要像 TCP 协议服务那样建立连接,UDP 服务器只需要在绑定的端口上等待客户机发送来的 UDP 数据报,并对其进行处理和响应即可。

6.2 网络编程基础

6.2.1 Socket 概述

Socket 接口是 TCP/IP 网络的 API,它定义了许多函数或例程,程序员可以用它们来开发 TCP/IP 网络上的应用程序。要学习 Internet 上的 TCP/IP 网络编程,必须理解 Socket 接口。Socket 接口设计者最先是将接口放在 UNIX 操作系统中。如果了解 UNIX 系统的输入和输出,则就很容易了解 Socket。网络的 Socket 数据传输是一种特殊的 I/O,Socket 也是一种文件描述符。Socket 也具有一个类似于打开文件的函数调用 Socket(),该函数返回一个整型的 Socket 描述符,随后的连接建立、数据传输等操作都是通过该 Socket 实现的。常见的 Socket 有以下 3 种类型。

流式 Socket(SOCK_STREAM):流式 Socket 提供可靠的、面向连接的通信流。它使用 TCP 协议,从而保证了数据传输的正确性。

数据报 Socket(SOCK_DGRAM):数据报 Socket 定义了一种无连接的服务,它使用 UDP 协议,通过相互独立的数据报传输数据,协议本身不保证传输的可靠性和数据的原始顺序。

原始 Socket:原始 Socket 允许对底层协议(如 IP)进行直接访问,它的功能强大,用户可以通过该 Socket 开发自己的协议。

6.2.2 基本数据结构和函数

1. 网络地址

网络地址的表示主要靠两个重要的数据类型:结构体 sockaddr 和 sockaddr_in,其定义分别如下。

(1) 结构体 sockaddr

```
struct sockaddr {
            unsigned short sa_family;   /* 地址族, AF_xxx */
            char sa_data[14];           /* 14 字节的协议地址 */
            };
```

各个字段的含义如下。

sa_family:一般为 AF_INET,代表 Internet(TCP/IP)地址族的 IPV4 协议,其他值可查阅相关手册。

sa_data:包含一些远程计算机的 IP 地址、端口号和套接字的数目,这些数据是混杂在一起的。

(2) 结构体 sockaddr_in

```
struct sockaddr_in { short int sin_family;             /* 地址族 */
                     unsigned short int sin_port;      /* 端口号 */
                     struct in_addr sin_addr           /* IP 地址 */
                     unsigned char sin_zero[8];        /* 填充 0 以保持 */
                                                       /* 与 struct sockaddr 同样大小 */
                     };
```

这个结构更方便使用。sin_zero 用来将 sockaddr_in 结构填充到与 struct sockaddr 同样的长度,可以用 bzero()或 memset()函数将其置为零。指向 sockaddr_in 的指针和指向 sockaddr 的指针可以相互转换,这意味着如果一个函数所需参数类型是 sockaddr,则可在函数调用时将一个指向 sockaddr_in 的指针转换为指向 sockaddr 的指针;或者相反。

2. IP 地址转换

网络上使用的 IP 都是点分十进制的格式,如"192.168.0.1",而 struct in_addr 结构中用的是 32 位的 IP。上面那个 32 位 IP(C0A80001)是"192.168.0.1",为了转换可以使用下面两个函数:

```
int inet_aton(const char * cp,struct in_addr * inp)
char * inet_ntoa(struct in_addr in)
```

函数中 a 代表 ascii,n 代表 network。第一个函数表示将"a.b.c.d"的 IP 转换为 32 位的 IP,存储在 inp 指针里面;第二个函数是将 32 位 IP 转换为"a.b.c.d"的格式。

3. IP 和域名的转换

在实际中 IP 地址是很难记忆的,通常都是借助 DNS 服务,如"www.163.com",但是这个名字怎样转换为 IP 地址呢?可以使用 gethostbyname()函数和 gethostbyaddr(),这两个函数定义如下:

```
struct hostent *gethostbyname(const char * hostname);
struct hostent *gethostbyaddr(const char * addr,int len,int type);
```

这个函数返回了一个指向 struct hostent 的指针,这个 struct hostent 定义如下:

```
struct hostent{
                     char * h_name;             /* 主机的正式名称 */
                     char * h_aliases;          /* 主机的别名 */
                     int h_addrtype;            /* 主机的地址类型 AF_INET */
                     int h_length;         /* 主机的地址长度对于 IP4 是 4 字节 32 位 */
                     char * * h_addr_list;      /* 主机的 IP 地址列表 */
                     };
#define h_addr h_addr_list[0]                   /* 主机的第一个 IP 地址 */
```

gethostbyname()函数可以将机器名转换为一个结构指针,在这个结构里面储存了域名的信息。

gethostbyaddr()函数可以将一个 32 位的 IP 地址(C0A80001)转换为结构指针。这两个函数失败时返回 NULL,且设置 h_errno 错误变量,调用 h_strerror()可以得到详细的出错信息。

4. 字节顺序转换

网络上有许多类型的机器,这些机器在表示数据的字节顺序是不同的。计算机数据存储有两种字节优先顺序:高位字节优先和低位字节优先。例如,i386 芯片是低字节在内存地址的低端,高字节在高端,而 alpha 芯片却相反。Internet 上数据以高位字节优先顺序在网络上传输,所以对于在内部是以低位字节优先方式存储数据的机器,在 Internet 上传输数据时就需要进行转换,否则就会出现数据不一致。为了统一起来,在 Linux 中有专门的字节转换函数如下:

```
unsigned long int htonl(unsigned long int hostlong);
unsigned short int htons(unisgned short int hostshort);
unsigned long int ntohl(unsigned long int netlong);
unsigned short int ntohs(unsigned short int netshort);
```

在这 4 个转换函数中,h 代表 host, n 代表 network,s 代表 short,l 代表 long。第一个函数的意义是将本机器上的 long 数据转化为网络上的 long 数据。其他几个函数的意义也类似。

5. 服务信息函数

网络程序中有时需要知道端口、IP 和服务信息,这时候可以使用以下函数:

```
int getsockname(int sockfd,struct sockaddr * localaddr,int * addrlen);
int getpeername(int sockfd,struct sockaddr * peeraddr, int * addrlen);
struct servent * getservbyname(const char * servname,const char * protoname);
struct servent * getservbyport(int port,const char * protoname);
struct servent {
            char * s_name;        /* 正式服务名 */
            char * * s_aliases;   /* 别名列表 */
            int s_port;           /* 端口号 */
            char * s_proto;       /* 使用的协议 */
            }
```

一般很少用这几个函数。对于客户端,当要得到连接的端口号时,在 connect 调用成功后使用它们可得到系统分配的端口号;对于服务端,用 INADDR_ANY 填充后,为了得到连接的 IP 可以在 accept 调用成功后使用。网络上有许多默认端口和服务,如端口 21 对 ftp、80 对应 WWW。为了得到指定的端口号的服务,可以调用第 4 个函数,相反为了得到端口号则可以调用第 3 个函数。

6.2.3 Socket 基础编程

下面给出一个实例来说明如何使用这些函数。在这个例子中,为了判断用户输入的是 IP 还是域名,于是调用了两个函数。第一次假设输入的是 IP,所以调用 inet_aton,失败时再调用 gethostbyname 而得到信息。其源代码如下:

```
/******* (hostname_ip.c) ************/
#include "stdio.h"
#include "stdlib.h"
#include "errno.h"
#include "sys/types.h"
#include "sys/socket.h"
#include "unistd.h"
#include "netinet/in.h"
#include "netdb.h"
int main(int argc ,char ** argv)
{
   struct sockaddr_in addr;
   struct hostent * host;
   char ** alias;
   if(argc < 2)
   {
     fprintf(stderr,"Usage: %s hostname|ip..\n\a",argv[0]);
   exit(1);
   }
   argv++;
   for(;*argv!= NULL;argv++) {
   if (inet_aton(*argv,&addr.sin_addr)!= 0) {
      host = gethostbyaddr((char *)&addr.sin_addr,4,AF_INET);
      printf("Address information of Ip %s\n", *argv);
      }
    else {
     host = gethostbyname(*argv);
     printf("Address information of host %s\n", *argv);
    }
   if(host == NULL) {
   fprintf(stderr,"No address information of %s\n", *argv);
   c ontinue;
     }
     printf("Official host name %s\n",host -> h_name);
     printf("Name aliases:");
     for(alias = host -> h_aliases; *alias!= NULL;alias++)
     printf("%s ,", *alias);
     printf("\nIp address:");
     for(alias = host -> h_addr_list; *alias!= NULL;alias++)
     printf("%s ,",inet_ntoa(*(struct in_addr *)(*alias)));
     }
}
```

程序的编译调试过程命令如下：

```
[root@JLUZH hostname]# gcc hostname_ip.c -o hostname_ip
[root@JLUZH hostname]# ls
hostname_ip hostname_ip.c
```

由上可知，生成了一个 hostname_ip 可执行文件，分别使用 IP 和机器名作为参数进行测试。为了测试方便,这里使用 127.0.0.1 地址,当然也可以根据实际机器的 IP 进行测试。其运行结果如下:

```
[root@JLUZH hostname]# ./hostname_ip 127.0.0.1
Address information of Ip 127.0.0.1
Official host name JLUZH
Name aliases:localhost.localdomain ,localhost ,
Ip address:127.0.0.1 ,
[root@JLUZH hostname]# ./hostname_ip JLUZH
Address information of host JLUZH
Official host name JLUZH
Name aliases:localhost.localdomain ,localhost ,
Ip address:127.0.0.1 ,
```

6.3 TCP 通信编程

6.3.1 TCP 通信过程

前面简单介绍了 TCP/IP 协议,事实上该协议是十分复杂的,要编写一个优秀的网络程序也是十分困难的。本节尽最大可能简化相关细节的讨论,以便使读者能通过本节的学习,对网络程序的编写有一个概貌性的理解,而不是拘泥在各种细节之中。以最常用的 TCP 协议为例,一个典型的通信过程如图 6-7 所示。

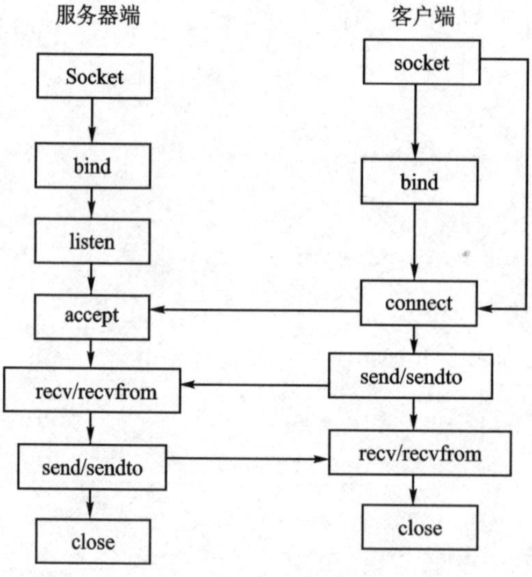

图 6-7 使用 TCP 协议的 Socket 编程

工作过程如下:首先服务器启动,通过调用 Socket()建立一个套接字;然后调用 bind()将该套接字和本地网络地址联系在一起,再调用 listen()使套接字做好侦听的准备,并规定它的请求队列的长度;之后就调用 accept()来接收连接。客户在建立套接字后就可调用 connect()和服务器建立连接。连接一旦建立,客户机和服务器之间就可以通过调用 read()和 write()来发送和接收数据。最后,待数据传送结束,双方调用 close()关闭套接字。下面结合以上步骤来说明各个函数的用法。

1. 使用 Socket()创建套接字

为了建立 Socket,程序可以调用 Socket 函数,该函数返回一个类似于文件描述符的句柄。Socket 函数定义如下：

所需头文件 #include<sys/types.h>

#include<sys/socket.h>

函数原型　int socket(int family,int type,int protocol)

Socket()系统调用创建一个用于网络通信的套接字，并返回该套接字的整数描述符。其参数含义如下。

参数 family：表示协议或地址族，对于 TCP/IP 通常为 AF_INET，与 socket_addr 中 sin_family 的含义和取值是一样的。

参数 type：表示套接字的类型，对于 TCP 为 SOCK_STREAM，对于 UDP 为 SOCK_DGRAM，对于原始套接字为 SOCK_RAW。

参数 protocol：表示使用的协议号，用 0 指定 family 和 type 的默认协议号。

Socket()调用成功则返回一个整型 Socket 描述符，否则返回-1，并设置 errno 为下列值。查看 errno 可知道出错的详细情况。

- EPROTONOSUPPORT：错误原因是参数中的错误，表示申请的服务或指定的协议无效；
- EMFILE：错误原因是应用程序的描述符表已满；
- ENFILE：错误原因是内部的系统文件表已满；
- ENOBUFS：错误原因是系统没有可用的缓冲空间。

调用 Socket 函数时，Socket 执行体将建立一个 Socket；实际上"建立一个 Socket"意味着为一个 Socket 数据结构分配存储空间，可以在后面的调用使用它。Socket 描述符是一个指向内部数据结构的指针，它指向描述符表入口。Socket 执行体管理描述符表。两个网络程序之间的一个网络连接包括 5 种信息：通信协议、本地协议地址、本地主机端口、远端主机地址和远端协议端口。Socket 数据结构中包含这 5 种信息。

2. 绑定本地地址

通过 Socket 调用返回一个 Socket 描述符后，在使用 Socket 进行网络传输以前，必须配置该 Socket。面向连接的 Socket 客户端通过调用 Connect 函数在 Socket 数据结构中保存本地和远端信息。无连接 Socket 的客户端、服务端以及面向连接 Socket 的服务端通过调用 bind 函数来配置本地信息。bind 函数将 Socket 与本机上的一个端口相关联，随后即可在该端口监听服务请求。使用 bind()函数绑定套接字到一个 IP 地址和一个端口上。bind()函数定义如下：

所需头文件 #include<sys/types.h>

#include<sys/socket.h>

函数原型　int bind(int sockfd,struct sockaddr * sa,int addrlen)

该函数可以帮助指定一个套接字使用的地址和端口。使用 Socket()函数得到一个套接字描述符后，根据需要可能要将 Socket 绑定上一个本地的地址和端口。参数说明如下。

参数 sockfd:是由 socket()函数返回的套接字描述符;

参数 sa:是一个指向 struct sockaddr 的指针,包含有关地址的信息,如名称、端口和 IP 地址。

参数 addrlen:是套接字地址接口的长度,可以设置为 sizeof(struct sockaddr)。

如果调用成功,则返回 0;否则,返回-1,并设置 errno 为 EADDRINUSER,最常见的错误是该端口已经被其他程序绑定。

3. listen()函数

使用 listen()函数将套接字设置为监听模式,以等待连接请求。该函数原型如下:

所需头文件#include<sys/socket.h>

函数原型　int listen(int sockfd,int backlog)

调用 bind()函数,将一个套接字绑定到某个端口上之后,就可以通过调用 listen()函数来准备接收客户端提出的连接请求了。其参数含义如下。

参数 sockfd:是一个套接字描述符,由 Socket()系统调用获得。

参数 backlog:是未经过处理的连接请求队列可以容纳的最大数目。

listen()函数将一个套接字转换成侦听套接字(1istening socket),它主要完成了下面两个工作:

Socket()函数建立的套接字是一个未连接的套接字,这时还不能接收内核向此套接字提出的连接请求。调用 listen()函数之后就将这个套接字由 CLOSED 状态转换为 LISTEN 状态,这时才可以准备接收内核发出连接请求的信号。

由于可能同时有很多连接请求需要处理,listen()函数可以确定连接请求队列的长度,也就是参数中的 backlog;本地能够等待的最大连接数目就是 backlog 的数值,通常可以将其设为 5～10。

因为需要等待别人的连接,通常需要指定本地的端口,所以,在 listen()函数调用之前,需要使用 bind()函数来指定使用本地的哪一个端口号,否则由系统指定一个随机的端口。

4. accept()函数

请求到来后,使用 accept()函数接收连接请求,该函数原型如下:

所需头文件#include<sys/socket.h>

函数原型　int accept(int sockfd,struct sockaddr * addr,int * addrlen)

当服务器执行了 listen()调用后,一般使用 accept()函数来响应连接请求,建立连接并产生一个新的 Socket 描述符来描述该连接;该连接用来与特定的客户端交换信息。各参数意义如下。

参数 sockfd:是正在侦听的一个套接字描述符。

参数 addr：一般是一个指向 struct sockaddr_in 结构的指针，将在 accept()函数调用返回后填入远程连接过来的计算机的信息，如远程计算机的 IP 地址和端口。

参数 addrlen：表示参数 addr 所占的内存区的大小，在 accept()函数调用返回后填入返回的 addr 结构体的大小。

accept()函数默认为阻塞函数，调用该函数后将一直阻塞，直到有连接请求。如果执行成功，则返回值是由内核自动生成的一个新的 Socket，同时将远程计算机的地址信息填充到参数 addr 所指的内存空间中。随后就可以通过这个 Socket 实现服务器和客户端的数据通信。一般来说存在两个套接字描述符，一个用于侦听客户端的连接请求，另一个用于与已连接的客户端进行数据通信。

一般一个服务器只须生成一个侦听套接字且一直存在，这样在连接队列头部的连接请求就可以与这个套接字连接。执行了 accept()函数后，内核为每一个新连接的客户端都重新生成了一个与客户端连接的套接字，这个套接字在完成服务器和客户端的通信之后即可关闭，而用于侦听的套接字则需要在退出服务器时才关闭。

5. connect()函数

客户端如果需要申请一个连接，则必须调用 connect()函数，这个函数的任务就是建立与服务器的连接。connect()函数的函数原型如下：

所需头文件 ＃include<sys/types.h>

　　　　　　＃include<sys/socket.h>

函数原型　int connect(int sockfd,struct sockaddr * serv_addr,int addrlen);

它的 3 个参数意义如下。

参数 sockfd：套接字文件描述符，由 Socket()函数返回；

参数 serv_addr：是一个存储远程计算机的 IP 地址和端口信息的 sockaddr 结构；

参数 addrlen：是 serv_addr 结构体所占的内存大小。

客户端调用 connect()函数来连接服务器，这个函数将启动 TCP 协议的 3 次握手并建立连接。如果在调用该函数之前没有调用 bind()函数，则并不指定客户端的 IP 和端口号，系统会自动在 1 024～5 000 的端口号范围内选择一个，并把本地的 IP 地址和端口号填充到套接字的地址结构中。connect()调用成功就返回 0，返回 −1 则表示发生了错误。当错误发生时，全局变量 errno 含有下面的值。

EBADF：错误原因是参数 Socket 未指定一个合法的描述符；

ENOTSOCK：错误原因是参数 Socket 未指定一个套接字描述符；

EAFNOSUPPORT：错误原因是远程端点指定的地址族不能与这种类型的套接字一起使用；

EADDRNOTAVAIL：错误原因是指定的地址不可用；

EISCONN：错误原因是套接字已被连接；

ETIMEDOUT：错误原因是（只用于 TCP）协议因未成功建立一个连接而超时；

ECONNREFUSED：错误原因是（只用于 TCP）连接被远程机器拒绝；

ENETUNREACH:错误原因是(只用于 TCP)网络当前不可到达;

EADDRINUSE:错误原因是指定的地址正在使用;

EINPROGRESS:错误原因是(只用于 TCP)套接字是非阻塞的,且一个连接尝试将被阻塞;

EALREADY:错误原因是(只用于 TCP)套接字是非阻塞的,且调用将等待前一个连接尝试完成。

当 connect()调用成功之后,就可以使用 sockfd 作为与服务器连接的套接字描述符,接下来就可以使用 I/O 函数,如 read()、write()、send()和 recv()等进行数据传输了。

6. 数据通信

一旦成功建立起 TCP 连接,得到了一个 Socket,剩下要做的就是数据通信了。由于 Socket 的本质就是文件描述符,因此,凡是基于文件描述符的 I/O 函数几乎都可以用于数据通信,如 read()、write()、put()和 get()等。下面介绍几个基本的函数。

(1) send()和 recv()函数

这两个函数是最基本的、通过连接的套接字流进行通信的函数,与 write()和 read()函数的功能很相似,只是其参数设置更容易对套接字进行读/写操作控制。其原型如下:

所需头文件 #include<sys/types.h>

#include<sys/socket.h>

函数原型 int send(int sockfd,const void * msg,int len,int flags);

int recv(int sockfd,void * buf,int len,unsigned int flags);

它们的参数很相似,因此统一说明如下。

参数 sockfd:代表与远程程序连接的套接字描述符;

参数 msg:是一个指针,指向想发送或存储信息的地址;

参数 len:是信息的长度;

参数 flags:发送或接收标记,一般都设为 0,具体的设置可以参考相关的 man 手册。

send()函数在调用后会返回它实际发送数据的长度。有一点需要注意,send()函数所发送的数据可能少于它的参数所指定的长度。因为如果赋给 send()的参数中包含的数据长度远远大于 send()所能一次发送的数据,则 send()函数只发送它所能发送的最大数据长度。所以,如果 send()函数的返回值小于 len,那么需要再次发送剩下的数据,以保证数据的完整性。如果要发送的数据包足够小(小于 1 KB),那么 send()一般一次发送完毕。与很多函数一样,send()函数如果发生错误,则返回−1,错误代码存储在全局变量 errno 中。recv()返回它真正收到数据的长度(也就是存到 buf 中数据的长度)。如果返回−1,则代表发生了错误(如网络意外中断和对方关闭了套接字连接等),

全局变量 elTno 里面存储了错误代码。

(2) sendto()和 recvfrom()函数

这两个函数是进行无连接的 UDP 通信时使用的。使用这两个函数,则数据会在没有建立过任何连接的网络上传输。下面是 sendto()函数和 recvfrom()函数的声明。

所需头文件 #include<sys/types. h>

#include<sys/socket. h>

函数原型 int sendto(int sockfd,const void * msg,int len,unsigned int flags,
const struct sockaddr * to,int tolen);

int recvfrom(int sockfd,void * buf,int len,unsigned int flagsstruct
sockaddr * from,int * fromlen);

sendto()函数和 send()函数基本一致。

参数 sockfd:代表与远程程序连接的套接字描述符;

参数 msg:是一个指针,指向欲发送信息的地址;

参数 len:欲发送信息的长度;

参数 flags:发送标记,一般都设为 0,与 send()函数中的 flags 参数一致;

参数 to:是一个指向 struct sockaddr 结构的指针,里面包含了远程主机的 IP 地址和端口数据;

参数 tolen:指出了参数 to 在内存中的大小。

与 send()一样,sendto()返回它所真正发送的字节数,当然也和 send()一样,它真正发送的字节数可能小于给它数据的字节数。它发生错误时返回-1,同时全局变量 errno 存储了错误代码。同样的,recv()函数和 recvfrom()函数也基本一致。

recvfrom()的参数含义如下所示:

参数 sockfd:是要读取数据的套接字描述符;

参数 buf:是一个指针,指向存储数据的内存缓存区域;

参数 len:是缓存区的最大尺寸;

参数 flags:是 recvO 函数的标志,一般都为 0;

参数 from:指向一个 struct sockaddr 的结构,里面存有远程的 IP 地址和端口数;

参数 fromlen:当函数返回时,formlen 指向的数据是参数 form 所指的结构所占的内存大小。

recvfrom()返回它接收到的字节数,发生错误则返回-1,全局变量 errno 存储了错误代码。

7. 使用 close()函数关闭当前的连接

所需头文件 #include<unistd. h>

函数原型 int close(int sockfd)

程序进行网络传输完毕后,就应该关闭这个套接字描述符所表示的连接。实现这步非常简单,执行 close()之后,套接字将不再允许进行读操作和写操作。任何对套接字描述符进行读和写的操作都会接收到一个错误。

6.3.2 TCP Server 程序设计

为了介绍基于 Socket 编程的基本流程和所用到的 API 函数,下面将通过一个实例来学习。该例包含两部分:服务器端程序和客户端程序。首先列出服务器端的程序代码,稍后再介绍客户端程序。

```
/** tcpserver.c *******/
#include<stdlib.h>
#include<stdio.h>
#include<errno.h>
#include<string.h>
#include<netdb.h>
#include<sys/types.h>
#include<netinet/in.h>
#include<sys/socket.h>
int main(int argc,char * argv[])
{
int sockfd,new_fd;
struct sockaddr_in server_addr;
struct sockaddr_in client_addr;
int sin_size,portnumber;
const char hello[]="Hello\n";
if(argc!=2)
{
fprintf(stderr,"Usage: %s portnumber\a\n",argv[0]);
exit(1);
}
if((portnumber=atoi(argv[1]))<0)
{
fprintf(stderr,"Usage: %s portnumber\a\n",argv[0]);
exit(1);
}
/* 服务器端开始建立 socket 描述符 */
if((sockfd=socket(AF_INET,SOCK_STREAM,0))==1)
{
fprintf(stderr,"Socket error: %s portnumber\a\n",strerror(errno));
exit(1);
}
/* 服务器端填充 sockaddr 结构 */
bzero(&server_addr,sizeof(struct sockaddr_in));
server_addr.sin_family=AF_INET;
```

```
35. server_addr.sin_addr.s_addr = htonl(INADDR_ANY);
36. server_addr.sin_port = htons(portnumber);
37. /* 捆绑 sockfd 描述符 */
if(bind(sockfd,(struct sockaddr *)(&server_addr),sizeof(struct
38. sockaddr))== -1)
39. {
40. fprintf(stderr,"Bind error: %s\n\a",strerror(errno));
41. exit(1);
42. }
43. /* 监听 sockfd 描述符 */
44. if(listen(sockfd,5)==-1)
45. {
46. fprintf(stderr,"Listen error: %s\n\a",strerror(errno));
47. exit(1);
48. }
49. while(1)
50. {
51. /* 服务器阻塞,直到客户程序建立连接 */
52. sin_size = sizeof(struct sockaddr_in);
53. if((new_fd = accept(sockfd,(struct
54. sockaddr )(&client_addr),&sin_size))==-1)
55. {
56. fprintf(stderr,"Accept error: %s\n\a",strerror(errno));
57. exit(1);
58. }
59. fprintf(stderr,"Server get connection from %s\n",
60. inet_ntoa(client_addr.sin_addr));
61. if(write(new_fd,hello,strlen(hello))==-1)
62. {
63. fprintf(stderr,"Write Error: %s\n",strerror(errno));
64. exit(1);
65. }
66. /* 这个通信已经结束 */
67. close(new_fd);
68. /* 循环下一个 */
69. }
70. close(sockfd);
71. exit(0);
}
```

这里仅对主要代码进行说明,其余部分请参照程序注释。

第 27 行 if((sockfd=socket(AF_INET,SOCK_STREAM,0))== 1)建立了一个 TCP 类型的套接字,如果建立成功,那么这个套接字描述符就保存在变量 sockfd 中。如果建立套接字失败,则将在控制台打印出错误信息。

为了给 bind()准备其需要的参数,第 33～36 行的代码填充了一个 struct sockaddr 结构的变量。其中需要注意 35 行和 36 行,“server_addr.sin_addr.s_addr”中存储的是需要绑定的 IP 地址;INADDR_ANY 是一个宏定义,表示任意的 IP 地址,在服务器程序中表示接收所有的外部连接。如果需要指定某个具体的 IP 地址,则可以采取如下的代码：

```
server_addr.sin_addr.s_addr = inet_addr("192.168.1.1");
```

表示绑定的 IP 地址为 192.168.1.1。“server_addr.sin_port”中存储的是需要绑定的端口号，可以为 0～65 535 共 65 536 个端口，有以下 3 点需要注意的情况：

① 当指定的端口号为 0 时，表示由系统动态分配一个可用的端口；

② 使用端口号小于 1 024 的端口需要具有 root 权限，一般设置为 1 024 以上的端口号就能满足需要了；

③ 如果设置的端口号已分配给了别的进程，那么 bind() 函数将出错，并设置 errno 为 EADDRINUSER。

第 35 行和第 36 行中还有两个函数，它们是 htonl 和 htons，其作用是进行网络字节顺序的转换。

这个服务器的功能还是十分简单的，同一时刻只允许有一个客户端与其连接，必须将该连接断开后才能与其他的客户端连接。这个问题通常可以采取创建子进程或子线程的方法来实现多个连接，有兴趣的读者可以查阅相关资料。

6.3.3 TCP Client 程序设计

客户端主要需要完成与服务器建立连接、请求数据和应答数据等工作。从代码上看，客户端程序有很多代码与服务器端程序是相同的，所以本小节主要关注那些与服务器端程序不同的实现。同样也是先给出例程的源代码，随后再做详细分析。源代码如下：

```
/*** tcpclient.c
#include <stdlib.h>
#include <stdio.h>
#include <errno.h>
#include <string.h>
#include <netdb.h>
#include <sys/types.h>
#include <netinet/in.h>
#include <sys/socket.h>
int main(int argc,char *argv[])
{
int sockfd;
char buffer[1024];
struct sockaddr_in server_addr;
struct hostent *host;
int portnumber,nbytes;
if(argc!=3)
{
fprintf(stderr,"Usage: %s hostname portnumber\a\n",argv[0]);
exit(1);
}
```

```
if((host = gethostbyname(argv[1]))== NULL)
server_addr.sin_family = AF_INET;
server_addr.sin_port = htons(portnumber);
server_addr.sin_addr = *((struct in_addr *)host -> h_addr);
/*客户程序发起连接请求*/
if (connect(sockfd,(struct sockaddr *)(&server_addr), sizeof(struct sockaddr))
   ==-1)
{
fprintf(stderr,"Connect Error:%s\n\a",strerror(errno));
exit(1);
}
/*连接成功了*/
if((nbytes = read(sockfd,buffer,1024))==-1)
{
fprintf(stderr,"Read Error: %s\n\a",strerror(errno));
exit(1);
}
buffer[nbytes] = '\0';
printf("I have received:%s\n",buffer);
/*结束通信*/
close(sockfd);
exit(0);
}
```

客户端程序首先要连接到服务器端,然后才能进行数据交换,在这之前就必须知道服务器的 IP 地址及端口号。可以发现,这个例程中有很多内容与服务器端程序是相同的,因此这里就没有重复介绍。

6.3.4 TCP 程序测试过程

这里分别将服务器端程序编译为 tcpserver,客户端程序编译为 tcpclient,在虚拟机上运行,测试时使用 localhost 即 IP 地址为 127.0.0.1。进行这个测试,需要打开两个终端,步骤如下:

① 首先终端 1 运行 tcpserver。

```
[root@JLUZH tcp]# tcpserver 2000
```

如果端口 2000 没有被别的程序占用,那么 tcpserver 阻塞以将等待客户端的连接。

② 在另一终端运行客户端。

```
[root@JLUZH tcp]# tcpclient localhost 2000
```

此时,终端 1 会显示:“Server get connection from 127.0.0.1”,表示 tcpserver 程序收到了从 127.0.0.1 来的连接信息。

终端 2 显示:“I have received:Hello”,表示 tcpclient 程序收到了从服务器端发送来的信息。

注意:地址 localhost 是本地循环地址,它代表本机的 IP 地址,用十分点数字表示为 127.0.0.1。这个地址是一个特殊的 IP 地址,通常用来测试 IP 协议是否工作正常,在本地调试网络程序时将会经常接触到这个地址。详细编译调试过程可参考第 7 章相关实验。

6.4 UDP 通信编程

6.4.1 UDP 通信过程

前面介绍了基于 TCP 的通信程序的设计,TCP 协议实现了连接的、可靠性的、传输数据流的传输控制协议,而 UDP 是非连接的、不保证可靠性的、传递数据报的传输协议。UDP 不提供可靠性保证,使得它具有较少的传输时延,因而 UDP 协议常常用在一些对速度要求较高的场合。UDP 连接的通信过程如图 6-8 所示。

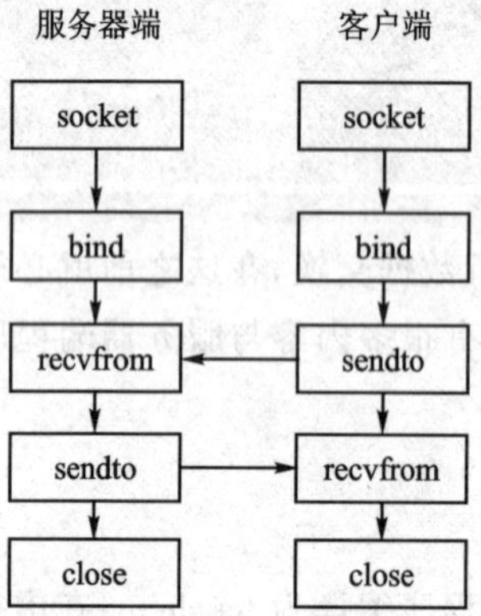

图 6-8 UDP 通信过程

UDP 通信的基本过程如下:在服务器端,服务器首先创建一个 UDP 数据报类型的套接字,然后服务器就调用 bind()函数,给此 UDP 套接字绑定一个端口。由于不需要建立连接,因此服务器端就可以通过调用 recvfrom()函数在指定的端口上等待客户端发送来的 UDP 数据报。在客户端,同样要先通过 Socket()函数创建一个数据报套接字,然后有操作系统为这个套接字分配端口号。此后客户端就可以使用 sendto()函数向一个指定的地址发送一个 UDP 数据报。服务器端接收到套接字后,从 recvfrom()中返回,在对数据报进行处理之后,再用 sendto()函数将处理的结果返回客户端。UDP 中使用的函数基本和上节相同,这里就不专门介绍了。

6.4.2 UDP 服务器端程序设计

这里使用一个简单的 echo Client/Server 程序来介绍在 Linux 下编写 UDP 程序的方法。Client 程序从 stdin 读取数据并通过网络发送到 Server 程序,Server 程序在收到数据后再直接发送回 Client 程序,Client 程序收到 Server 发回的数据后再从 stdout 输出。编写 UDP Server 程序的步骤如下:

① 使用 Socket()来建立一个 UDP Socket,第二个参数为 SOCK_DGRAM。

② 初始化 sockaddr_in 结构的变量并赋值。这里使用“8888”作为服务程序的端口,使用“INADDR_ANY”作为绑定的 IP 地址即任何主机上的地址。

③ 使用 bind()把上面的 Socket 和定义的 IP 地址和端口绑定。这里检查 bind()是否执行成功,如果有错误就退出,这样可以防止服务程序重复运行的问题。

④ 进入无限循环程序,使用 recvfrom()进入等待状态,直到接收到客户程序发送的数据,就处理收到的数据,并向客户程序发送反馈。这里是直接把收到的数据发回给客户程序。服务器端 udpserver.c 完整的代码如下:

```
/*********** udpserver.c ************/
#include <sys/types.h>
#include <sys/socket.h>
#include <string.h>
#include <netinet/in.h>
#include <stdio.h>
#include <stdlib.h>
#define MAXLINE 80
#define SERV_PORT 8888
void do_echo(int sockfd, struct sockaddr *pcliaddr, socklen_t clilen)
{
    int n;
    socklen_t len;
    char mesg[80];
    for(;;)
    {
        len = clilen;
        n = recvfrom(sockfd, mesg, 80, 0, pcliaddr, &len);/* 等待接收数据 */
        sendto(sockfd, mesg, n, 0, pcliaddr, len);        /* 将接收到的数据发送回去 */
        mesg[n] = 0;
        fputs(mesg, stdout);
    }
}
/***** main 函数 **********/
int main(void)
{
    int sockfd;
    struct sockaddr_in servaddr, cliaddr;
    sockfd = socket(AF_INET, SOCK_DGRAM, 0);                 /* 创建 socket */
    bzero(&servaddr, sizeof(servaddr));                      /* 初始化 servaddr */
    servaddr.sin_family = AF_INET;
    servaddr.sin_addr.s_addr = htonl(INADDR_ANY);            /* 定义为 INADDR_ANY */
    servaddr.sin_port = htons(8888);
    if(bind(sockfd, (struct sockaddr *)&servaddr, sizeof(servaddr)) == -1)
    {                                                        /* 绑定 IP 地址和端口 */
        perror("bind error");
        exit(1);
    }
    do_echo(sockfd, (struct sockaddr *)&cliaddr, sizeof(cliaddr));
    return 0;
}
```

通过前面的学习,相信读者现在一定能读懂这段代码了。事实上,UDPServer 的实现与 TCPServer 的实现十分类似,除了没有 listen 和 accept 等步骤外,最大的不同就是 Socket()数的第二个参数为 SOCK_DGRAM,应该说这才是 UDPServer 与 TCPServer 本质上的区别,其他的都是为了配合这个参数。

6.4.3 UDP 客户端程序设计

客户端主要需要完成与服务器请求数据、应答数据等工作,与 TCP 通信的客户端不同的是,UDP 通信的客户端不需要与服务器端建立连接,只要将数据报准备好,通过线路发出即可。因此,UDP 通信的客户端不知道服务端是否正确地收到了发出的数据,除非程序员自己定义应用层的通信协议,让服务器端反馈应答信息,这样才能保证通信的可靠性。编写 UDP Client 程序的步骤如下:

① 初始化 sockaddr_in 结构的变量并赋值。这里使用“8888”作为连接服务程序的端口,从命令行参数读取 IP 地址,并且判断 IP 地址是否符合要求。

② 使用 Socket()建立一个 UDP Socket,第二个参数为 SOCK_DGRAM。

③ 使用 connect()建立与服务程序的连接。与 TCP 协议不同,UDP 的 connect()并没有与服务程序 3 次握手。上面说了 UDP 是非连接的,实际上也可以是连接的。使用连接的 UDP,内核可以直接返回错误信息给用户程序,从而避免由于没有接收到数据而导致调用 recvfrom()一直等待下去,看上去好像客户程序没有反应一样。

④ 向服务程序发送数据,因为使用连接的 UDP,所以使用 write()来替代 sendto()。这里的数据直接从标准输入读取用户输入。

⑤ 接收服务程序发回的数据,同样使用 read()来替代 recvfrom()。

⑥ 处理接收到的数据,这里是直接输出到标准输出上。

完整的 udpclient.c 程序源代码如下:

```
/********** udpclient.c ********** /
#include <sys/types.h>
#include <sys/socket.h>
#include <string.h>
#include <netinet/in.h>
#include <stdio.h>
#include <stdlib.h>
#include <arpa/inet.h>
#include <unistd.h>
#define MAXLINE 80
#define SERV_PORT 8888
void do_cli(FILE *fp, int sockfd, struct sockaddr *pservaddr, socklen_t servlen)
```

```
{
 int n;
 char sendline[80], recvline[80 + 1];
 if(connect(sockfd, (struct sockaddr * )pservaddr, servlen) == -1)
 {                                               /* 连接服务器 */
   perror("connect error");
   exit(1);
 }
  while(fgets(sendline, 80, fp) != NULL)
  {
   write(sockfd, sendline, strlen(sendline));    /*读一行并发送到服务器*/
   n = read(sockfd, recvline, 80);               /* 接收从服务器来的数据 */
   if(n == -1)
   {
    perror("read error");
    exit(1);
   }
 recvline[n] = 0; /* terminate string */
 fputs(recvline, stdout);
 }
}
/******* main 函数 *******/
int main(int argc, char ** argv)
{
  int sockfd;
  struct sockaddr_in servaddr;
  if(argc != 2) /* 输入参数检查 */
  {
  printf("usage: udpclient <IPaddress>\n");
  exit(1);
 }
bzero(&servaddr, sizeof(servaddr)); /*初始化 servaddr */
servaddr.sin_family = AF_INET;
servaddr.sin_port = htons(8888);
if(inet_pton(AF_INET, argv[1], &servaddr.sin_addr) <= 0)
 {
    printf("[%s] is not a valid IPaddress\n", argv[1]);
      exit(1);
 }
sockfd = socket(AF_INET, SOCK_DGRAM, 0);
do_cli(stdin, sockfd, (struct sockaddr * )&servaddr, sizeof(servaddr));
return 0;
}
```

6.4.4 UDP 程序测试过程

这里分别将服务器端程序编译为 udpserver,客户端程序编译为 udpclient,在虚拟机上运行,测试时使用 localhost(即 IP 地址为 127.0.0.1)进行这个测试,需要打开两个终端。步骤如下:

① 首先终端 1 运行 udpserver。

```
[root@JLUZH udp]# udpserver
```

如果端口 2000 没有被其他的程序占用,那么 udpserver 阻塞将等待客户端的连接。

② 在另一终端运行客户端。

```
[root@JLUZH udp]# udpclient 127.0.0.1
```

在客户端输入信息,如“hello”,然后即可在终端 1 中看到接收到的信息。终端 1 服务器程序收到信息后随即发回给客户端程序。所以在终端 2 可以看到从键盘上输入的信息被反馈回来,并且显示在终端 2 中。详细的调试过程请参考第 7 章相关实验。

习题六

1. 简述 TCP/IP 模型和 OSI 参考模型的对应关系。
2. 列举 5 个 TCP/IP 协议并说明其功能。
3. 简述 TCP 连接建立的过程。
4. 什么是 UDP,与 TCP 有何区别?
5. 什么是 Socket,常见的 Socket 有几种类型?
6. 网络字节顺序和机器字节顺序有何区别,要用到哪些函数?
7. 简述 TCP 通信过程以及各过程用到的函数。

第 7 章

嵌入式操作系统实验

本章主要介绍嵌入式 Linux 操作系统的实验过程，共分为 10 个实验。考虑到读者使用的硬件平台各异，因此尽量淡化硬件平台的要求，大部分实验与硬件平台无关，在虚拟机中就可以实现，部分实验需要实验箱的支持。每个实验由实验目的、实验设备、实验预习要求、实验内容、实验步骤、思考题 6 个部分组成。读者可以根据实际情况选做其中的实验。通过本章的学习和操作，读者可以掌握 Linux 平台下软件设计的基本过程，从而在此基础上设计出具体的嵌入式产品。

7.1 Linux 常用命令

1. 实验目的

① 熟悉 VirtualBox 虚拟机的使用。

② 熟悉 Ubuntu 操作系统。

③ 掌握常用的 Linux 命令。

2. 实验设备

① 硬件：PC 机。

② 软件：VirtualBox 虚拟机和 Ubuntu 操作系统。

3. 实验预习要求

① 阅读 1.3 节关于 Linux 的安装和使用。

② 阅读 1.5 节 Linux 常用操作命令。

4. 实验内容

① 基于虚拟机的 Linux 操作系统的使用。

② 文件与目录相关命令的使用。

③ 磁盘管理与维护命令的使用。

④ 系统管理与设置命令的使用。

⑤ 网络相关命令的使用。

⑥ 压缩备份命令的使用。

5. 实验步骤

(1) 基于虚拟机的 Linux 操作系统的使用

① 启动 VirtualBox 应用程序,启动 Windows 以后,选择"开始→程序→VirtualBox",则弹出如图 7-1 所示界面。

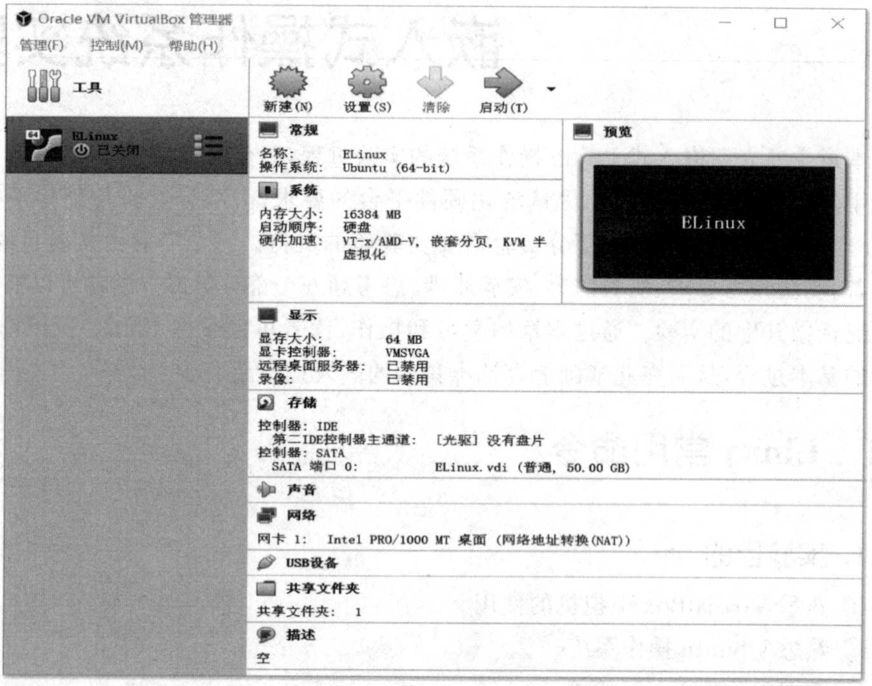

图 7-1 启动 VirtualBox

② 单击"启动"运行 Linux 操作系统。

③ 启动系统后需要输入用户名和密码,如图 7-2 所示,这里用户名为 wen,密码为"123456"。

图 7-2 输入用户名和密码

④ 启动终端,成功进入系统后,选择"应用程序→终端",如图 7-3 所示。

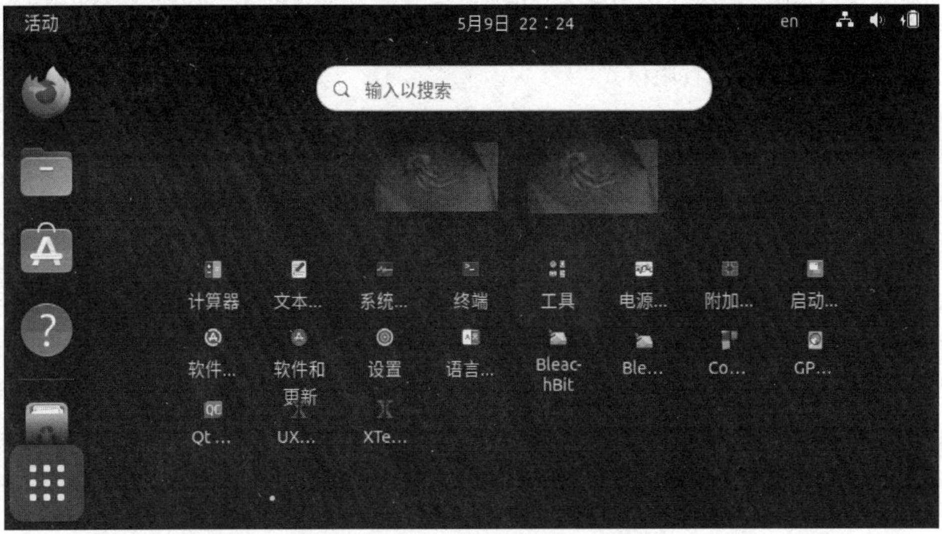

图 7-3 启动终端

⑤ 在终端中执行 Linux 命令,终端运行以后,就可以在这里输入 Linux 命令,并按回车键执行,如图 7-4 所示。

图 7-4 运行 Linux 命令

(2) 文件与目录相关命令的使用

参考 1.5.2 小节理解 12 个常用的文件与目录相关命令的使用,完成如下练习。

① 查询/bin 目录,看一看有哪些常用的命令文件在该目录下:

```
ll /bin
```

② 进入/tmp 目录下,新建目录 myshare:

```
cd  /tmp
mkdir  myshare
ls  -ld  myshare/
```

③ 用 pwd 命令查看当前所在的目录:

```
pwd
```

④ 新建 testfile 文件：

```
touch  testfile
ls  -l
```

⑤ 设置该文件的权限模式：

```
chmod  755  testfile
ls  -l  testfile
```

⑥ 把该文件备份到/tmp/myshare 目录下，并改名为 testfile.bak：

```
cp  testfile  myshare/testfile.bak
ls  -l  myshare/
```

⑦ 在/root 目录下为该文件创建一个符号连接：

```
ln  -s  /tmp/testfile    /root/testfile.ln
ls  -l  /root/testfile.ln
```

⑧ 搜索 inittab 文件中含有 initdefault 字符串的行：

```
cat  /etc/inittab  | grepinitdefault
```

(3) 磁盘管理与维护命令的使用

参考 1.5.3 小节理解 2 个磁盘管理与维护命令，完成如下练习。

1) Linux 下使用光盘步骤

① 确认光驱对应的设备文件：

```
ll /dev/cdrom
```

② 挂载光盘：

```
mount -t iso9660 /dev/cdrom testdir
```

③ 查询挂载后的目录：

```
ll /media/cdrom
```

④ 卸载光盘(umount testdir)：

```
umount /dev/cdrom
```

2) Linux 下 USB 设备的使用

① 挂载 U 盘，看看系统认出的盘(或者使用 # fdisk -l)：

```
cat /proc/partitions
```

② 建立挂载点：

```
mkdir /mnt/usb
```

③ 挂载 U 盘：

```
mount -t vfat -o codepage=936,iocharset=gb2312 /dev/sdb1 /mnt/usb
```

④ 卸载 U 盘：

```
umount /mnt/usb
```

(4) 系统管理与设置命令的使用

参考 1.5.4 小节理解 shutdown、ps、kill 命令，完成如下练习。

① 查看系统所有进程：

```
ps  -ef
```

② 查找 ssh 服务守护进程的进程 ID 号：

```
ps  -ef  |grep  sshd
```

③ 假设 ssh 服务守护进程出现了问题，则强制杀掉该进程：

```
kill -9  进程 ID 号
```

④ 系统关机：

```
shutdown
```

(5) 网络相关命令的使用

参考 1.5.5 小节理解 ifconfig、ping、netstat 命令，完成如下练习。

① 显示当前网络的信息：

```
ifconfig
```

② 设置网卡 eth0 的 IP 地址为 192.168.1.10：

```
ifconfig eth0 192.168.1.10
```

③ 设置网卡 eth0 的子网掩码为 255.255.255.0：

```
ifconfig eth0 netmask 255.255.255.0
```

④ 禁用网卡 eth0：

```
ifconfig erh0 down
```

⑤ 测试本机网络的连通性：

```
ping 127.0.0.1
```

⑥ 启用网卡 eth0：

```
ifconfig erh0 up
```

⑦ 显示内核路由表：

```
netstat -r
```

⑧ 显示 TCP 协议连接状态：

```
netstat -t
```

⑨ 显示 UDP 协议连接状态：

```
netstat -u
```

(6) 压缩备份命令的使用

参考 1.5.6 小节理解 tar 命令和 gzip 命令的使用，完成如下练习。

① 把/tmp 目录打包成 tmp.tar，放到/root 目录下：

```
tar  cf   /root/tmp.tar   /tmp/*
```

② 把/tmp 目录压缩打包成 tmp.tar.gz，放到/root 目录下：

```
tar  zcvf   /root/tmp.tar.gz   /tmp/*
```

③ 比较 tmp.tar 和 tmp.tar.gz 的大小：

```
ls  -l  /root/tmp.tar  /root/tmp.tar.gz
```

④ 不解包只查看压缩包 tmp.tar.gz 中的内容：

```
tar  ztf  /root/tmp.tar.gz
```

⑤ 解压 tmp.tar.gz 的内容到/tmp/myshare 目录：

```
tar  zxvf  /root/tmp.tar.gz  -C  /tmp/myshare/
```

⑥ 把/tmp 目录下每个文件压缩成.gz 格式：

```
gzip *
```

⑦ 详细列出每个.gz 压缩文件的信息，不解压：

```
gzip -l *
```

⑧ 把每个.gz 压缩文件解压，并列出详细信息：

```
gzip -dv *
```

6. 思考题

① 使用 ls 命令查看/root 下的信息，使用重定向功能将结果保存到 test.txt 文件中。

② 通过磁盘管理与维护命令将 U 盘挂载到虚拟机中，并将思考题①中生成的 test.txt 文件复制到 U 盘中。

③ 用 ifconfig 把 eth0 的 IP 修改为 10.3.0.159，子网掩码修改为 255.0.0.0。

④ 压缩和打包有何区别？

7.2 Linux 下 C 语言开发环境

1. 实验目的

① 熟悉 Ubuntu 下的 C 语言开发环境。

② 掌握 Vi、GCC 和 GDB 的使用。

③ 掌握 Linux 下 C 语言程序设计流程。

④ 掌握 Linux 下集成开发环境。

2. 实验设备

硬件：PC。

软件：VirtualBox 虚拟机、Ubuntu 操作系统。

3. 实验预习要求

① 阅读 2.1.2 小节，熟悉 Linux 下 C 语言开发流程。

② 阅读 2.2 节，掌握 Vim 编辑器的使用。

③ 阅读 2.3 节，掌握 GCC 编译器的使用。

④ 阅读 2.4 节，掌握 GDB 调试器的使用。

⑤ 阅读 2.5 节，Make 工程管理器。

⑥ 阅读 2.6 节，熟悉 CodeBlocks 集成开发环境。

4. 实验内容

① Linux 下 C 语言开发流程。

② Vi 和 Vim 编辑器的使用。

③ GCC 编译器的使用。

④ GDB 调试器的使用。

⑤ Make 工程管理器的使用。

⑥ 熟悉 CodeBlocks 集成开发环境。

5. 实验步骤

(1) Linux 下 C 语言开发流程

参考 2.1 节，具体流程如下：

① 启动虚拟机，进入操作系统，然后启动终端。

② 使用 Vim 编辑源程序，在终端中输入“vi hello. c”，然后参考 2.1.2 小节输入源代码，编辑完成后存盘，如图 7-5 所示。

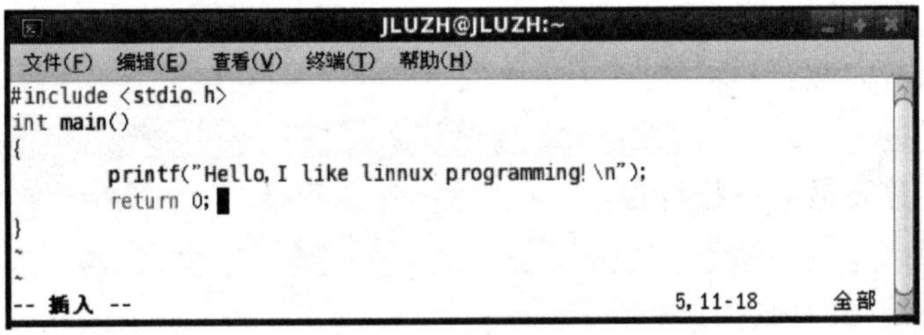
JLUZH@JLUZH:~
文件(F) 编辑(E) 查看(V) 终端(T) 帮助(H)
#include <stdio.h>
int main()
{
printf("Hello, I like linnux programming! \n");
return 0;
}
-- 插入 --
5, 11-18
全部

图 7-5 编辑源代码

③ 编译源代码，在终端下输入“GCC -o hello hello. c”进行编译。

④ 运行程序，参考 2.1.2 小节运行程序，在终端中查看程序运行结果，如图 7-6 所示。

JLUZH@JLUZH:~
文件(F) 编辑(E) 查看(V) 终端(T) 帮助(H)
[JLUZH@JLUZH ~]$ gcc hello.c -o hello
[JLUZH@JLUZH ~]$ ./hello
Hello, I like linnux programming!
[JLUZH@JLUZH ~]$

图 7-6 编译、运行程序

(2) Vi、Vim 编辑器的使用

参考 2.2 节,具体步骤如下:

① Vim 的启动。

② 3 种模式(命令模式、编辑模式和底行模式)之间的切换,以及 3 种模式下的常用命令的使用。命令行模式常见功能键如表 3-1 所列。底行模式常见功能键如表 3-2所列,完成如下操作练习。

➢ 在"/root"目录下建一个名为"/Vi"的目录:

```
mkdir /root/Vi
```

➢ 进入"/Vi"目录:

```
cd /root/Vi
```

➢ 将文件"/etc/inittab"复制到"/Vi"目录下:

```
cp /etc/inittab ./
```

➢ 使用 Vi 打开"/Vi"目录下的 inittab:

```
Vi ./inittab
```

➢ 设定行号,指出设定 initdefault(类似于"id:5:initdefault")的所在行号:

```
:set nu
```

➢ 将光标移到该行:

```
17<enter>
```

➢ 复制该行内容:

```
yy
```

➢ 将光标移到最后一行行首:

```
G
```

➢ 粘贴复制行的内容:

```
p
```

➢ 撤销上一步的动作:

```
u
```

➢ 将光标移动到最后一行的行尾:

```
$
```

➢ 粘贴复制行的内容:

```
p
```

➢ 光标移到"si::sysinit:/etc/rc.d/rc.sysinit":

```
21G
```

➢ 删除该行:

```
dd
```

➢ 存盘但不退出:

```
:w(底行模式)
```

➢ 将光标移到首行：

```
1G
```

➢ 插入模式下输入“Hello,this is Vi world!”：

按 i 键并输入“Hello,this is Vi world!”(插入模式)

➢ 返回命令行模式：

```
Esc
```

➢ 向下查找字符串“0:wait”：

```
/0:wait(命令行模式)
```

➢ 再向上查找字符串“halt”：

```
? halt
```

➢ 强制退出 Vi,不存盘：

```
:q! (底行模式)
```

(3) GCC 编译器的使用

参考 2.3 节。

(4) GDB 基本命令的使用

使用 Vim 编辑源程序,在终端中输入“vi test.c”,输入如下源代码,编辑完成后存盘。此代码的功能为输出倒序 main 函数中定义的字符串,但结果没有输出显示,这里通过调试的方式来解决程序中存在的问题。程序源代码如下：

```
#include <stdio.h>
int display1 (char * string)
int display2 (char * string1)
int main ()
{
    char string[] = "Embedded Linux";
    display1 (string);
    display2 (string);
}
int display1 (char * string)
{
    printf ("The original string is %s \n", string);
}
int display2 (char * string1)
{
    char * string2;
    int size,i;
    size = strlen (string1);
    string2 = (char * ) malloc (size + 1);
    for (i = 0; i < size; i++)
        string2[size-i] = string1[i];
```

```
    string2[size+1] = '';
    printf("The string afterward is %s\n",string2);
}
```

① 用 GCC 编译:gcc -g greet.c -o greet。

② 运行 greet:./greet,输出为:

```
The original string is Embedded Linux
The string afterward is
```

可见,该程序没有能够倒序输出。

③ 启动 Gdb 调试:gdb greet

- 查看源代码:l;
- 在 30 行(for 循环处)设置断点:b 30;
- 在 33 行(printf 函数处)设置断点:b 33;
- 查看断点设置情况:info b;
- 运行代码:r;
- 单步运行代码:n;
- 查看暂停点变量值:p string2[size-i];
- 继续单步运行代码数次,并使用命令查看,发现 string2[size-1]的值正确;
- 继续程序的运行:c;
- 程序在 printf 前停止运行,此时依次查看 string2[0],string2[1]等发现 string[0]没有被正确赋值,而后面的复制都是正确的,这时,定位程序第 31 行,发现程序运行结果错误的原因在于"size-1";由于 i 只能增到"size-1",这样 string2[0]就永远不能被赋值而保持 NULL,故输不出任何结果;
- 退出 Gdb:q;
- 重新编辑 greet.c,把其中的"string2[size-i]=string1[i]"改为"string2[size-i-1]=string1[i];"即可。

使用 GCC 重新编译,查看运行结果:./greet

```
The original string is Embedded Linux
The string afterward is xuniL deddedbmE
```

这时,输入结果正确。

(5) Make 工程管理器的使用

① 编辑源代码,利用文本编辑器 Vi 创建 hello.c 文件 vi hello.c。

```
#include <stdio.h>
int main()
{
    printf("Welcome Emdoor!\n");
    return 1;
}
```

② 编写 Makefile 文件。

利用文本编辑器创建一个 makefile 文件，并将其保存到与 hello.c 相同的目录下：

```
CC = gcc
CFLAGS =
all: hello
hello: hello.o
 $(CC) $(CFLAGS) hello.o -o hello
hello.o: hello.c
 $(CC) $(CFLAGS) -c hello.c -o hello.o
clean:
```

③ 使用 Make 编译项目。执行 Make，查看并记录所生成的文件和运行的结果。

④ 使用自动生成工具生成 Makefile 文件，参考 2.5.5 小节。

(6) 熟悉 CodeBlocks 集成开发环境

参考 2.6 节。

6. 思考题

① 将 hello.c 编译成 ARM 架构的可执行程序。

② 什么是远程调试？

③ 编程实现输入任意 2 个小于 100 的正整数 a 和 b，然后输出 100 以内能同时整除 a 和 b 的所有数，并使用 GCC 和 GDB 编译和调试。

7.3 文件 I/O 及进程控制编程

1. 实验目的

① 掌握 Linux 下文件 I/O 编程。

② 掌握 Linux 下进程控制编程。

2. 实验设备

硬件：PC。

软件：VirtualBox 虚拟机和 Ubuntu 操作系统。

3. 实验预习要求

① 阅读 2.7 节内容。

② 阅读 2.8 节内容。

4. 实验内容

① 掌握基本 I/O 编程。

② 掌握标准 I/O 操作编程。

③ 创建子进程。

④ 掌握 exec 函数族、exit()函数和 wait()函数的使用。

⑤ 掌握 Zombie 进程的编写。

5. 实验步骤

(1) 掌握基本 I/O 编程

通过综合实例,熟悉 Linux 下输入/输出的基本编程,掌握 I/O 基本操作,如打开、读取、写入、定位和关闭所用到的函数 open、read、write、lseek 和 close 等。参考代码如下,输入源代码,编译并运行,在终端中查看结果。

```
#include <unistd.h>
#include <sys/types.h>
#include <sys/stat.h>
#include <fcntl.h>
#include <stdlib.h>
#include <stdio.h>
#include <string.h>
int main(void)
{
    char *buf = "Hello! I'm writing to this file! ";
    char buf_r[11];
    int fd,size,len;
    len = strlen(buf);
    buf_r[10] = '\0';
    /* 首先调用 open 函数,并指定相应的权限 */
    if ((fd = open("hello.c", O_CREAT | O_TRUNC | O_RDWR,0666 ))<0)
    {
        perror("open:");
        exit(1);
    }
    else
        printf("open and create file:hello.c %d OK\n",fd);
    /* 调用 write 函数,将 buf 中的内容写入到打开的文件中 */
    if ((size = write( fd, buf, len)) < 0)
    {
        perror("write:");
        exit(1);
    }
    else
        printf("Write: %s OK\n",buf);
    /* 调用 lseek 函数将文件指针移动到文件起始,并读出文件中的 10 字节 */
    lseek(fd, 0, SEEK_SET );
    if ((size = read( fd, buf_r, 10))<0)
    {
        perror("read:");
        exit(1);
```

```
    }
    else
        printf("read form file: %s OK\n",buf_r);

    if ( close(fd) < 0 )
    {
        perror("close:");
        exit(1);
    }
    else
        printf("Close hello.c OK\n");
    return 0;
}
```

(2) 掌握标准 I/O 操作编程

通过综合实例掌握 fopen()函数、fclose()函数、fread()和 fwrite()函数的使用，参考代码如下，输入源代码，编译并运行，在终端中查看结果：

```
#include <stdio.h>
#include <unistd.h>
#include <fcntl.h>
#include <sys/stat.h>
#include <sys/types.h>
char buf1[] = "abcdefghij";
char buf2[] = "ABCDEFGHIJ";
void err_exit(char *err_s)
{
    perror(err_s);
    exit(1);
}
int main(void)
{
    FILE *fp;
    if((fp = fopen("hole.file","w")) == NULL)
            err_exit("file open fail! ");
    if(fwrite(buf1,sizeof(buf1),1,fp)!= 1)
            err_exit("file write buf1 error! ");
    if(fseek(fp,40,SEEK_SET)== -1)
            err_exit("fseek error! ");
    if(fwrite(buf2,strlen(buf2),1,fp)!= 1)
            err_exit("file write buf2 error! ");
    fclose(fp);
}
```

(3) 创建子进程

使用 fork 函数编程实现创建子进程，理解父子进程执行的流程，参考代码如下，输入源代码，编译并运行，在终端中查看结果。

源代码功能：实现父进程创建一个子进程，返回后父子进程分别循环输出字符串 6 次，每次输出后使用 sleep(5)延时 5 s，然后再进入下一次循环。

```
#include<stdio.h>
main()
{
    int p,i;
    while((p=fork())==-1);          //创建子进程直至成功
    if(p==0)                        //子进程返回
    {
        for(i=0;i<6;i++)
        {
            printf("Hello,this is a child process! ID=%d \n",getpid());
            sleep(5);               //延时 5 s
        }
    }
    else                            //父进程返回
    {
        for(i=0;i<6;i++)
        {
            printf("Hello,this is a parent process! ID=%d \n",getpid());
            sleep(5);               //延时 5 s
        }
    }
}
```

修改上题程序,使用 exit()和 wait()实现父子进程同步,其同步方式为父进程等待子进程的同步,即子进程循环输出 6 次,然后父进程再循环输出 6 次。

```
#include<stdio.h>
main()
{
  int p,i;
  while((p=fork())==-1);            //创建子进程直至成功
  if(p>0)                           //返回父进程
  {
      wait(0);                      //父进程等待子进程终止
      for(i=0;i<6;i++)
      {
          printf("Hello,this is a parent process! ID=%d \n",getpid());
          sleep(5);                 //延时 5 s
      }
  }
  else                              //返回子进程
  {
      for(i=0;i<6;i++)
      {
          printf("Hello,this is a child process! ID=%d \n",getpid());
          sleep(5);
      }
      exit(0);                      //子进程向父进程发终止信号
  }
}
```

(4) 掌握 exec 函数族、exit()函数和 wait()函数的使用

参考代码如下，输入源代码，编译并运行，在终端中查看结果。

代码功能：通过 fork( )、wait( )和 exit( )等实现进程创建、并发和同步；用 fork 创建一个子进程，由其调用 exec( )启动 Shell 命令 ps 查看系统当前的进程信息。

```
#include <stdio.h>
#include <sys/types.h>
#include <unistd.h>
main( )
{
  pid_t pid;
  char *path = "/bin/ps";
  char *argv[5] = { "ps","-a","-x",NULL};
  printf("Run ps with execve by child process:\n");
  if((pid = fork( ))< 0)
  {
      printf("fork error! ");
      exit(0);
  }
  else if (pid == 0)
  {
      if(execve(path,argv,0)< 0)
      {
          printf("fork error! ");
          exit(0);
      }
      printf("child is ok!\n");
      exit(0);
  }
  wait( );
  printf("it is ok!\n");
  exit(0);
}
```

(5) 掌握 Zombie 进程的编写

参考代码如下，输入源代码，编译并运行，在终端中查看结果。

```
#include <stdio.h>
#include <sys/types.h>
main()
{
   pid_t pid;
   pid = fork();
   if(p < 0)                                   //出错处理
       printf("error occurred");
```

```
    else if(p == 0)                           //返回子进程
        exit(0);
    else                                      //返回父进程
    {
        sleep(60);                            //延时 60 s
        wait(NULL);                           //收集 Zombie 进程
    }
}
```

6. 思考题

① 基本 I/O 操作和标准 I/O 操作有何区别?

② fork 函数有几种不同返回值,分别有何含义?

③ 编程实现使用 exec 函数调用"ls -l"命令。

④ 在互联网上搜索一个 Zombie 进程,调试并理解该程序,掌握编写 Zombie 进程的方法。

7.4 进程通信以及多线程编程

1. 实验目的

① 掌握进程通信和同步程序的编写。

② 掌握多线程编程技术。

2. 实验设备

硬件:PC。

软件:VirtualBox 虚拟机和 Ubuntu 操作系统。

3. 实验预习要求

① 阅读 2.9 节内容。

② 阅读 2.10 节内容。

4. 实验内容

① 掌握管道通信编程技术。

② 掌握共享内存通信编程技术。

③ 掌握多线程编程技术。

④ 使用多线程技术解决"生产者消费者"问题。

5. 实验步骤

(1) 掌握管道通信编程技术

① 编写程序实现管道的创建、读/写和关闭功能,实现父子进程通过管道交换数据,源代码如下:

```
#include <unistd.h>
#include <sys/types.h>
int handle_cmd(int cmd)          //子进程的命令处理函数
main()
{
  int pipe_fd[2];
  pid_t pid;
  char r_buf[4];
  char ** w_buf[256];
  int childexit = 0;
  int i;
  int cmd;
  memset(r_buf,0,sizeof(r_buf));
  if(pipe(pipe_fd)<0)
  {
    printf("pipe create error\n");
    return -1;
  }
  if((pid = fork())== 0)         //子进程:解析从管道中获取的命令,并作相应的处理
  {
    printf("\n");
    close(pipe_fd[1]);
    sleep(2);
    while(!childexit)
    {
      read(pipe_fd[0],r_buf,4);
      cmd = atoi(r_buf);
      if(cmd == 0)
      {
        printf("child: receive command from parent over\n");
        printf("now child process exit \n");
        childexit = 1;
      }
      else if(handle_cmd(cmd)!= 0)
        return;
      sleep(1);
    }
    close(pipe_fd[0]);
    exit();
  }
  else if(pid > 0)               //父进程:发送命令给子进程
  {
    close(pipe_fd[0]);
    w_buf[0] = "003";
    w_buf[1] = "005";
    w_buf[2] = "777";
    w_buf[3] = "000";
```

```
    for(i = 0;i < 4;i ++ )
      write(pipe_fd[1],w_buf[i],4);
    close(pipe_fd[1]);
  }
}

int handle_cmd(int cmd)
{
  if((cmd < 0)||(cmd > 256))        //假设子进程最多支持 256 个命令行
  {
    printf("child: invalid command \n");
    return -1;
  }
  printf("child: the cmd from parent is %d\n", cmd);
  return 0;
}
```

② 理解标准流管道的使用,源代码如下:

```
#include <stdio.h>
#include <unistd.h>
#include <stdlib.h>
#include <fcntl.h>
#define BUFSIZE 1024
int main()
{
    FILE *fp;
    char *cmd = "ps -ef";
    char buf[BUFSIZE];
    /* 调用 popen()函数执行相应的命令 */
    if ((fp = popen(cmd, "r")) == NULL)
    {
        printf("Popen error\n");
        exit(1);
    }
    while ((fgets(buf, BUFSIZE, fp)) != NULL)
    {
        printf("%s",buf);
    }
    pclose(fp);
    exit(0);
}
```

③ 编写程序实现有名管道的功能,源代码如下:

```
/* 写管道程序 fifo_write.c */
#include <sys/types.h>
#include <sys/stat.h>
#include <errno.h>
#include <fcntl.h>
#include <stdio.h>
#include <stdlib.h>
```

```
#include <limits.h>
#define MYFIFO              "/tmp/myfifo"       /* 有名管道文件名 */
#define MAX_BUFFER_SIZE     PIPE_BUF            /* 定义在 limits.h 中 */
int main(int argc, char * argv[])              /* 参数为即将写入的字符串 */
{
    int fd;
    char buff[MAX_BUFFER_SIZE];
    int nwrite;
    if(argc <= 1)
    {
        printf("Usage: ./fifo_write string\n");
        exit(1);
    }
    sscanf(argv[1], "%s", buff);
    /* 以只写阻塞方式打开 FIFO 管道 */
    fd = open(MYFIFO, O_WRONLY);
    if (fd == -1)
    {
        printf("Open fifo file error\n");
        exit(1);
    }
    /* 向管道中写入字符串 */
    if ((nwrite = write(fd, buff, MAX_BUFFER_SIZE)) > 0)
    {
        printf("Write '%s' to FIFO\n", buff);
    }
    close(fd);
    exit(0);
}
/* 读管道程序 fifo_read.c */
#include <sys/types.h>
#include <sys/stat.h>
#include <errno.h>
#include <fcntl.h>
#include <stdio.h>
#include <stdlib.h>
#include <limits.h>
#define MYFIFO              "/tmp/myfifo"       /* 有名管道文件名 */
#define MAX_BUFFER_SIZE     PIPE_BUF            /* 定义在 limits.h 中 */
int main()
{
    char buff[MAX_BUFFER_SIZE];
    int  fd;
    int  nread;
    /* 判断有名管道是否已存在，若尚未创建，则以相应的权限创建 */
    if (access(MYFIFO, F_OK) == -1)
    {
        if ((mkfifo(MYFIFO, 0666) < 0) && (errno != EEXIST))
```

```
            {
                printf("Cannot create fifo file\n");
                exit(1);
            }
        }
        /* 以只读阻塞方式打开有名管道 */
        fd = open(MYFIFO, O_RDONLY);
        if (fd == -1)
        {
            printf("Open fifo file error\n");
            exit(1);
        }
        while (1)
        {
            memset(buff, 0, sizeof(buff));
            if ((nread = read(fd, buff, MAX_BUFFER_SIZE)) > 0)
            {
                printf("Read '%s' from FIFO\n", buff);
            }
        }
        close(fd);
        exit(0);
}
```

(2) 掌握共享内存通信编程技术

编程实现两个进程间通过共享内存的方式交换数据，主要使用 shget()、shmat()、shmdt()和 shmctl()等函数，源代码如下：

```
/*写共享内存程序 mem_write.c*/
#include <sys/types.h>
#include <sys/ipc.h>
#include <sys/shm.h>
#include <stdio.h>
#include <stdlib.h>
#include <sys/types.h>
#define SHMSZ 27
int main(void)
{
  char c;
  int shmid;
  key_t key;
  char *shm, *s;
  key = 1234;
  if((shmid = shmget(key,SHMSZ,IPC_CREAT|0666))<0)
  {
      perror("shmget error");
      exit(0);
  }
  if((shm = shmat(shmid,NULL,0)) == (char *)-1)
```

```
    {
        perror("shmat error");
        exit(0);
    }
    s = shm;
    for(c = 'a'; c <= 'z'; c++)
        *s++ = c;
    *s = NULL;
    printf("init over!\n");
    while(*shm != '*')
        sleep(1);
    exit(0);
}
/*读共享内存程序 mem_read.c*/
#include <sys/types.h>
#include <sys/ipc.h>
#include <sys/shm.h>
#include <stdlib.h>
#include <string.h>
#include <stdio.h>
#define SHMSZ 27
int main(void)
{
    int shmid;
    key_t key;
    char *shm, *s;
    key = 1234;
    if((shmid = shmget(key,SHMSZ,0666))< 0)
    {
        perror("shmget error! ");
        exit(0);
    }
    if((shm = shmat(shmid,NULL,0)) == (char *) - 1)
    {
        perror("shmat error! ");
        exit(0);
    }
    for(s = shm; *s != NULL; s++)
        putchar(*s);
    putchar('\n');
    *shm = '*';
    exit(0);
}
```

(3) 掌握多线程编程技术

源代码如下：

```
#include <stdio.h>
#include <pthread.h>
```

```
main()
{
    pthread_t t1 , t2;
    void * p_msg(void * );
    pthread_create(&t1,NULL,p_msg,(void * )"hello");
    pthread_create(&t2,NULL,p_msg,(void * )"world\n");
    pthread_join(t1, NULL);
    pthread_join(t2, NULL);
}
void * p_msg(void * m)
{
    int i;
    for(i=0 ; i<5 ; i++)
    {
        printf("%s",m);
        fflush(stdout);
        sleep(1);
    }
    return NULL;
}
```

(4) 使用多线程技术解决"生产者消费者"问题

程序每读入 5 个字母,打印一遍,并清空缓存区,循环执行直到 Y 为止。源代码如下:

```
#include <pthread.h>
#include <stdio.h>
#include <stdlib.h>
#define MAX 5
pthread_mutex_t mutex = PTHREAD_MUTEX_INITIALIZER;                /* 初始化互斥锁 */
pthread_cond_t = PTHREAD_CODE_INITIALIZER;                         /* 初始化条件变量 */
typedef struct
{
    char buffer[MAX];
    int how_many;
}BUFFER;
BUFFER share = {"",0};
char ch = 'A';                                                     /* 初始化 ch */
void * read_some(void * );
void * write_some(void * );
int main(void)
{
    pthread_t t_read;
    pthread_t t_write;
    pthread_create(&t_read,NULL,read_some,(void * )NULL);      /* 创建进程 t_a */
    pthread_create(&t_write,NULL,write_some,(void * )NULL);    /* 创建进程 t_b */
    pthread_join(t_write,(void * * )NULL);
    pthread_mutex_destroy(&mutex);
```

```
    pthread_cond_destroy(&cond);
    exit(0);
}
void * read_some(void * junk)
{
    int n = 0;
    printf("R %2d: starting\n",pthread_self());
    while(ch!='Z')
    {
          pthread_mutex_lock(&lock_it);                          /* 锁住互斥量 */
          if(share.how_many!= MAX)
        {
          share.buffer[share.how_many++] = ch++ ;                /* 把字母读入缓存 */
          printf("R %2d:Got char[%c]\n",pthread_self(),ch-1);
                                                                 /* 打印读入字母 */
          if(share.how_many == MAX)
          {
              printf("R %2d:signaling full\n",pthread_self());
              pthread_cond_signal(&write_it);
              /* 如果缓存中的字母到达了最大值就发送信号 */
          }
          pthread_mutex_unlock(&lock_it);                        /* 解锁互斥量 */
        }
    sleep(1);
    printf("R %2d:Exiting\n",pthread_self());
    return NULL;
}
void * write_some(void * junk)
{
    int i;
    int n = 0;
    printf("w %2d: starting\n",pthread_self());
    while(ch!='Z')
    {
      pthread_mutex_lock(&lock_it);                              /* 锁住互斥量 */
      printf("\nW %2d:Waiting\n",pthread_self());
      while(share.how_many!= MAX)             /* 如果缓存区字母不等于最大值就等待 */
          pthread_cond_wait(&write_it,&lock_it);
      printf("W %2d:writing buffer\n",pthread_self());
      for(i = 0;share.buffer[i]&&share.how_many; ++i,share.how_many--)
          putchar(share.buffer[i]);                              /* 循环输出缓存区字母 */
      pthread_mutex_unlock(&lock_it);                            /* 解锁互斥量 */
    }
    printf("W %2d:exiting\n",pthread_self());
    return NULL;
}
```

6. 思考题

① 使用管道编程实现父进程写数据、子进程读数据的功能。

② 在两个没有亲缘关系的进程间通信能否通过匿名管道实现,为什么?

③ 进程间通信还有其他哪些方式,在互联网上搜索相关源代码,调试并理解。

7.5 嵌入式 Linux 开发环境

1. 实验目的

① 熟悉嵌入式硬件开发平台。

② 熟悉嵌入式软件开发工具的使用。

③ 掌握交叉编译方法。

2. 实验设备

硬件:PC 和 ARM 实验箱。

软件:VirtualBox 虚拟机、Ubuntu 操作系统、minicom 和 nfs。

3. 实验预习要求

① 阅读 3.3 节内容。

② 阅读 2.1.2 小节、2.3 节和 2.4 节关于 C 语言开发的相关内容。

4. 实验内容

① 掌握如何配置开发环境。

② 设计一个 C 语言程序,交叉编译并在实验箱平台调试运行。

5. 实验步骤

(1) 掌握如何配置开发环境

1) samba 服务器的设置

参考 3.3.3 小节,实现 Windows 操作系统和 Linux 操作系统下文件共享。

2) minicom 的设置

由于实验箱启动时并没有驱动显示器,有些嵌入式设备甚至没有显示器,那么其调试信息如何输出呢? minicom 用于在 PC 端查看实验箱的输出信息。首先用串口线将 PC 和实验箱连接起来(**注意**:一般是 PC 的 COM1 连接实验箱的 COM1),然后参考 3.3.3 小节,一般在第一次使用时配置好即可,以后直接运行 minicom 就行,不需要每次都配置。

配置好 minicom 后,在 PC 端运行 minicom,然后打开实验箱电源,出现如图 7-7 所示的界面,表示 minicom 配置成功。实验箱中系统运行的输出信息能够在 PC 端显示,通过这个终端,在 PC 端就可以控制实验箱中的资源,这就是所谓的交叉编译调试模式。

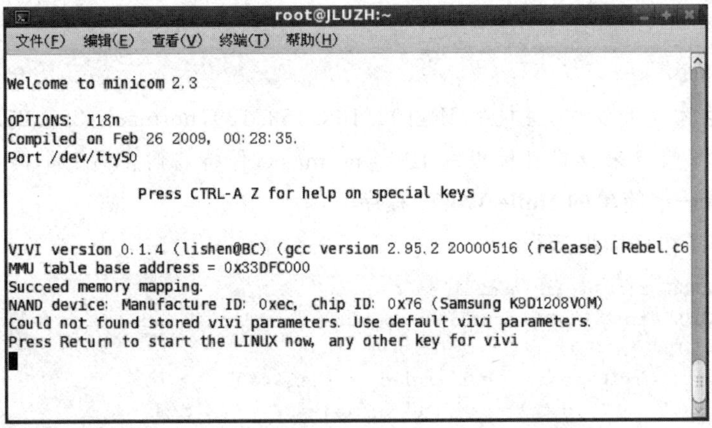

图 7-7 实验箱通过 minicom 输出信息

3) NFS 服务器的配置

在嵌入式开发中，把开发用的 PC 称为主机(host)，而被开发的嵌入式产品称为目标板(target)。NFS(Network File System)网络文件系统可以让用户很容易在目标板访问主机上的资源，提高嵌入式开发的效率。如果使用 fedora 操作系统，则其配置参考 3.3.3 小节和配套资料中的视频“NFS 的配置”。在 fedora 操作系统中，也可使用命令“gedit/etc/exports”加入 NFS 配置信息，例如，“/arm2410s *(rw,sync)”。其中“/arm2410s”表示主机的共享目录；“*”代表可以访问的主机，也可以写成“192.168.0.123”或“192.168.0.*”，分别表示允许 192.168.0.123 和 192.168.0.1～192.168.0.254 的主机访问，而“*”代表允许网络上所有主机访问；rw 代表可以读/写；sync 表示与内存数据保持同步。

重启 NFS 服务：使用如下命令“service nfs restart”(**注意**：如果提示“无法注册服务：RPC”，则需要先启动守护进程 rpcbind：service rpcbind start)。启动成功后，使用 showmount 命令查看可以使用的服务：

```
[root@JLUZH arm2410s]# showmount -e
Export list for JLUZH:
/arm2410s *
[root@JLUZH arm2410s]#
```

目标板挂载 NFS 服务：通过 minicom 给目标板输入命令。

```
[/mnt/yaffs]mkdir nfs
[/mnt/yaffs]ifconfig eth0 192.168.153.115 netmask 255.255.255.0
[/mnt/yaffs]mount -o nolock -t nfs 192.168.153.129:/arm2410s nfs
[/mnt/yaffs]ls nfs
```

```
VERSION-7.2            exp            kernel-2410s
busybox-1.00-pre10     gdb            root
demos                  gui            sh
doc                    img
[/mnt/yaffs]
```

注意:在本次开发中,主机的 IP:192.168.153.129,netmask:255.255.255.0,读者要根据实际情况来设置目标板的 IP 和 netmask,保持它们在同一个网段。

4) 编辑一个简单的 Holle World 程序

交叉编译在目标板运行:

```
[root@JLUZH root]# cd /arm2410s/
[root@JLUZH arm2410s]# armv4l-unknown-linux-gcc test_2_hello.c -o hello
[root@JLUZH arm2410s]# ls
busybox-1.00-pre10  doc    gdb  hello  kernel-2410s  sh
VERSION-7.2         demos  exp  gui    img           root
test_2_hello.c
[root@JLUZH arm2410s]#
```

以上的操作在主机完成,通过交叉编译器 armv4l-unknown-linux-gcc 交叉编译了 test_2_hello.c。在目标板就可以运行可执行程序 hello,运行方法如下:

```
[/mnt/yaffs]cd nfs
[/mnt/yaffs/nfs]ls
 demos              hello              test_2_hello.c
doc              img
[/mnt/yaffs/nfs] ./hello
Hello World!
[/mnt/yaffs/nfs]
```

(2) 设计一个 C 语言程序

交叉编译并在实验箱平台调试运行。

① 编译源代码如下,文件名为 debugTest.c:

```
#include <stdio.h>
int main(void)
{
 int i,sum;
 printf("start\n");
 sum = 0;
 for(i = 1;i <= 10;i++)
{
    sum += i;
    printf("add: %d\n",i);
}
printf("the result is: %d\n",sum);
return 0;
}
```

② 交叉编译,使用命令"armv4l-unknown-linux-gcc -g debugTest.c -o debugTest"交叉编译源程序,生成可执行文件 debugTest。

③ 建立交叉调试：交叉调试中需要目标板文件系统中有 gdbserver 工具。gdbserver 负责远程通信并控制本地的应用程序执行。gdbserver 在"/opt/target/armv4l/bin"，先将它复制到 NFS 共享目录"/arm2410s"中。

```
[root@JLUZH arm2410s]# cp /opt/target/armv4l/bin/gdbserver /arm2410s
```

然后，在目标板上启动 gdbserver：

```
[/mnt/yaffs/nfs]gdbserver 192.168.153.129:5555 debugTest
Process debugTest created; pid = 60
```

192.168.153.129 是主机的 IP 地址，5555 是通信端口，这个值可以是目标板上任何未被使用的端口。

然后在主机启动 ddd 可视化调试工具，命令如下：

```
ddd --debugger armv4l-unknown-linux-gdb debugTest
```

则弹出如图 7-8 所示的界面。这个界面下部出现一个控制台，在控制台中就可以输入 gdb 调试命令。GDB 调试命令的内容可以参考 2.4.3 小节。

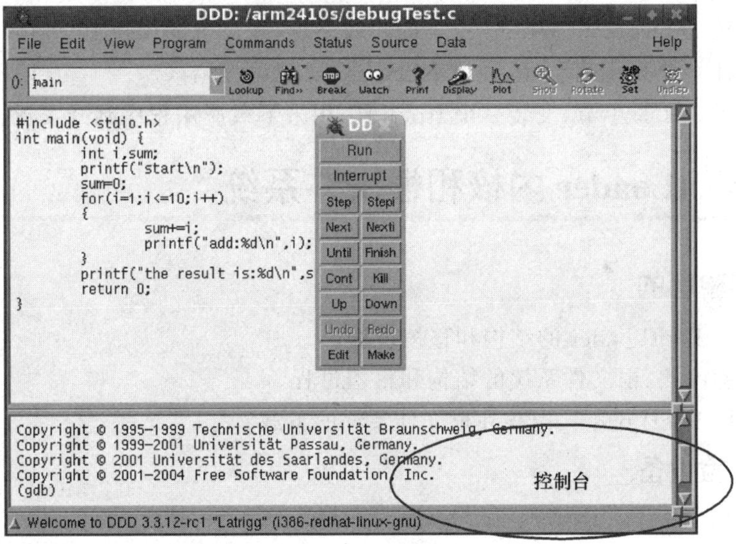

图 7-8 ddd 调试器

在远程目标板的控制台输入：

```
(gdb)target remote 192.168.153.115:5555
```

注意：这里 192.168.153.115 是目标板的 IP。

连接成功，在目标板显示如下信息：

```
Remote debugging from host 192.168.153.129
```

④ 开始调试，实现之前学习过的 gdb 命令，如"b 5"，可以在第 5 行设置断点，然后输入 c，使得程序继续运行。观察目标板的运行情况，如图 7-9 所示。

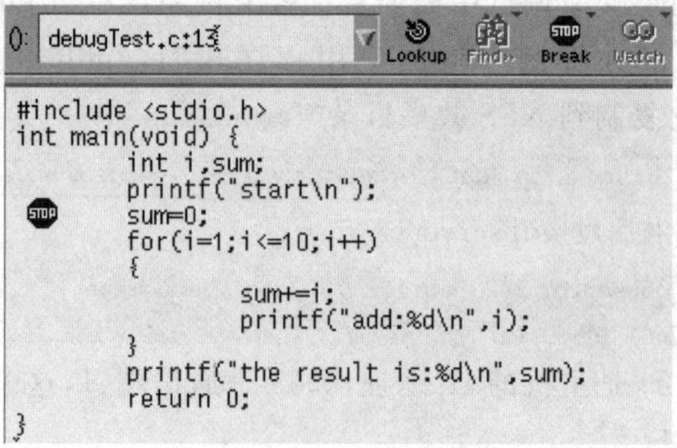
debugTest.c:13
Lookup
Find
Break
Watch
#include <stdio.h>
int main(void) {
int i,sum;
printf("start\n");
sum=0;
for(i=1;i<=10;i++)
{
sum+=i;
printf("add:%d\n",i);
}
printf("the result is:%d\n",sum);
return 0;
}

图 7-9　远程调试程序

6. 思考题

① 为什么要使用交叉编译,交叉编译出的可执行程序能在主机上运行吗?

② 如何通过 samba 服务器将 Windows 系统下编写的文件传送到 Linux 系统中?

③ 比较 minicom 和 Windows 下的超级终端,在设置的操作上有何区别?

④ 设计一个 C 语言程序,通过 NFS 方式实现远程调试。

⑤ 参考 3.3.3 小节,安装一个 ftp 工具,用来下载应用程序到开发板。

7.6　BootLoader 内核和根文件系统

1. 实验目的

① 了解 BootLoader 的结构和移植过程。

② 熟悉内核、根文件系统的结构和移植过程。

③ 掌握 BootLoader、内核和根文件系统的下载。

2. 实验设备

硬件:PC。

软件:VirtualBox 虚拟机、Ubuntu 操作系统、编译好的 BootLoader(根据实际情况选择 Uboot 或 Vivi)、Linux 操作系统内核映像文件、根文件系统、Source Insight 工具软件和 BusyBox 工具软件。

3. 实验预习要求

① 阅读 3.4 节内容。

② 阅读 3.5 节内容。

③ 阅读 3.6 节内容。

4. 实验内容

① 掌握源码分析工具 Source Insight 的使用。

② 熟悉 BootLoader 的移植过程。

③ 熟悉 Linux 内核的移植过程。

④ 熟悉根文件的生成过程。

⑤ 将 BootLoader、Linux 内核和根文件系统下载到开发板。

5. 实验步骤

(1) 掌握源码分析工具 Source Insight 的使用

1) 安装 Source Insight

该软件工具是一个面向项目开发的程序编辑器和代码浏览器,它拥有内置的对C/C++、C#和 Java 等程序的分析。Source Insight 能分析用户的源代码并在工作的同时动态维护它自己的符号数据库,并自动为用户显示有用的上下文信息。Source Insight 不仅是一个强大的程序编辑器,它还能显示 reference trees、class inheritancediagrams 和 call trees。Source Insight 提供了最快速地对源代码的导航和任何程序编辑器的源信息。Source Insight 提供了快速和刷新地访问源代码和源信息的能力。与众多其他编辑器产品不同,Source Insight 能在编辑的同时分析源代码,提供实用的信息并立即进行分析。双击安装程序即可完成安装任务。

2) 建立项目

启动 Source Insight,选择项目→新项目,出现如图 7-10 所示的对话框,填写新建项目的名称和项目所在位置,建立项目。

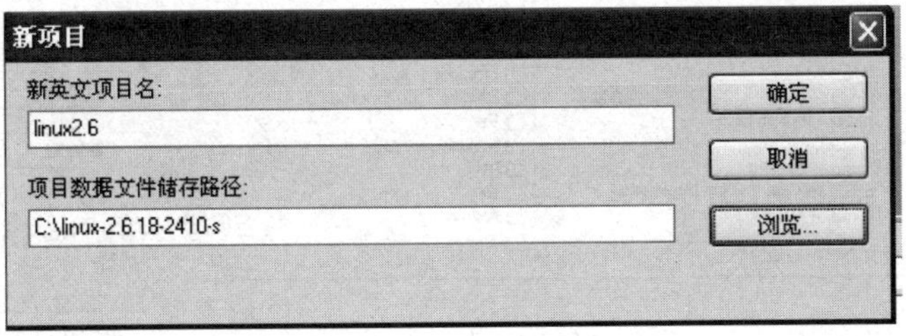

图 7-10 新建项目

3) 将源码文件加入到新建的项目中

这里以 Linux 2.6 源码为例,如图 7-11 所示,单击“浏览”按钮找到 Linux 源码所在位置。选择“全加入”,如图 7-12 所示。

4) 阅读源码

选择要浏览的 Linux 源码目录,打开要阅读的文件,这里打开了 main.c 文件,通过导航就可以定位到某一函数或变量,如图 7-13 所示。

(2) 熟悉 BootLoader 的移植过程

1) BootLoader 的移植

不同目标板的 BootLoader 的移植过程都差不多,具体区别是修改配置和参数,

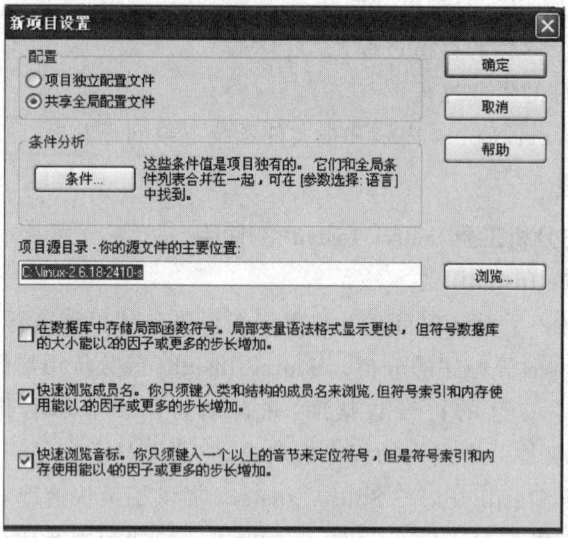

图 7-11　打开源码所在目录

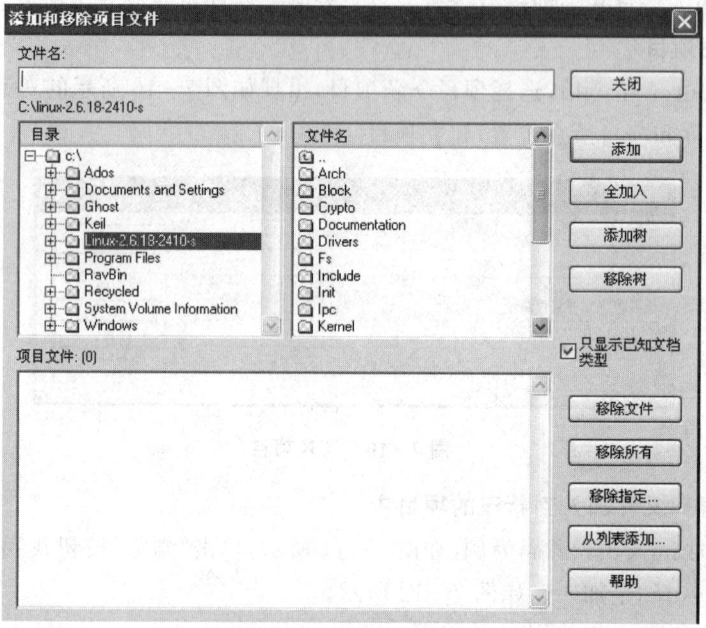

图 7-12　添加文件

目前大多数目标板使用的 BootLoader 是 Uboot 和 Vivi，其移植过程参考 3.4.4 小节和 3.4.5 小节。此外，不同的硬件提供商也会提供相关资料，作为初学者，建议重点掌握其流程而不是拘泥于细节的参数设置。

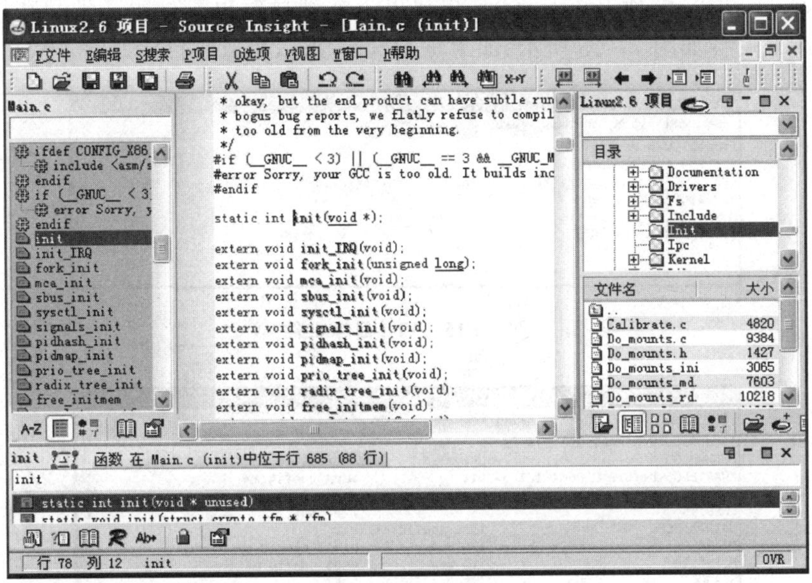

图 7-13 阅读源码

2) 配置与编译 BootLoader

通过移植就可以得到与具体目标板相匹配的引导系统源码，接下来还需要对引导系统进行配置，编译生成二进制文件，一般使用如下几个命令。

➢ Make distclean 命令：清除以前配置产生的一些中间文件和目标文件。

➢ Make menuconfig 命令：这是 Vivi 中系统进行配置的命令，其操作界面如图 7-14 所示。Uboot 中这个命令是 Make up2410_config（配置文件名称因具体开发板而异）。

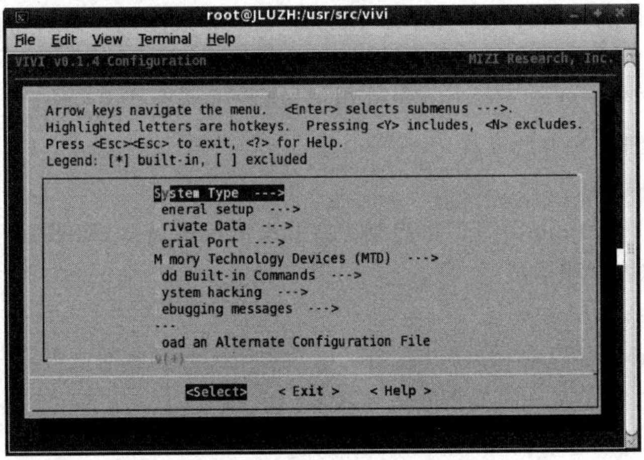

图 7-14 配置 Vivi

➢ Make 命令:编译 BootLoader,生成可下载到目标板执行的二进制文件,最后生成文件如图 7-15 所示;如果是 Uboot,那么生成的目标如图 7-16 所示。

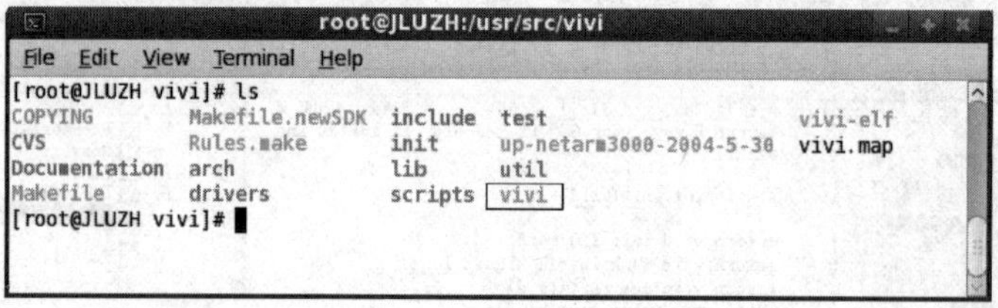

图 7-15 Vivi 目标文件

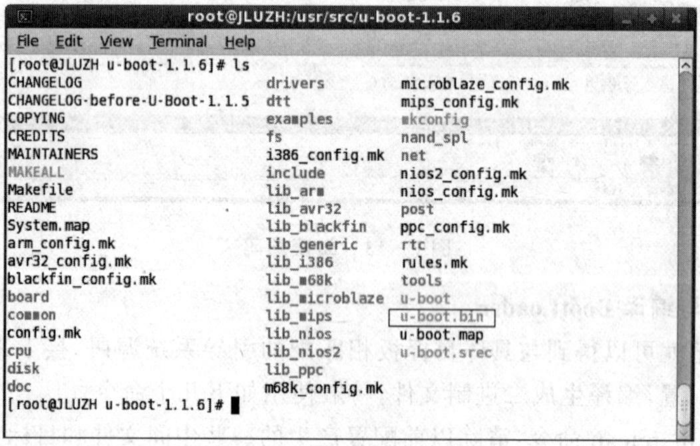

图 7-16 Uboot 目标文件

(3) 熟悉 Linux 内核的移植过程

1) Linux 内核的移植

不同目标板的移植过程都差不多,具体区别是修改配置和参数,目前大多数目标板使用 Linux 2.4 和 Linux 2.6 两个版本,其移植过程参考 3.5.2 小节～3.5.5 小节。此外,不同的硬件提供商也会提供相关资料,作为初学者,建议重点掌握其流程而不是拘泥于细节的参数设置。

2) 内核的裁减

使用 Make Xconfig 命令即可启动内核裁减的配置窗口,如图 7-17 所示。

3) 内核的编译和下载

用到如下命令。

Make clean:清除以前编译过程中生成的中间代码和临时文件。

Make dep:建立文件间的依赖关系。

Make zImage:创建内核映像文件。

在“./arch/arm/boot/”目录下生成了一个 zImage 文件,如图 7-18 所示,这就

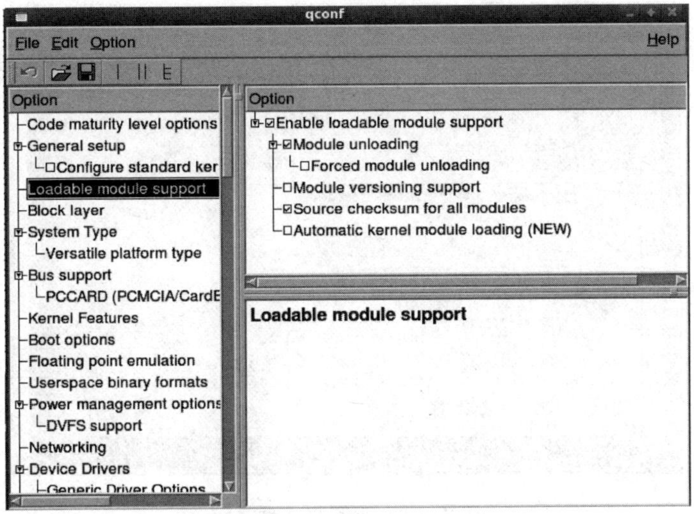

图 7-17　内核的裁减

是要下载的内核文件。

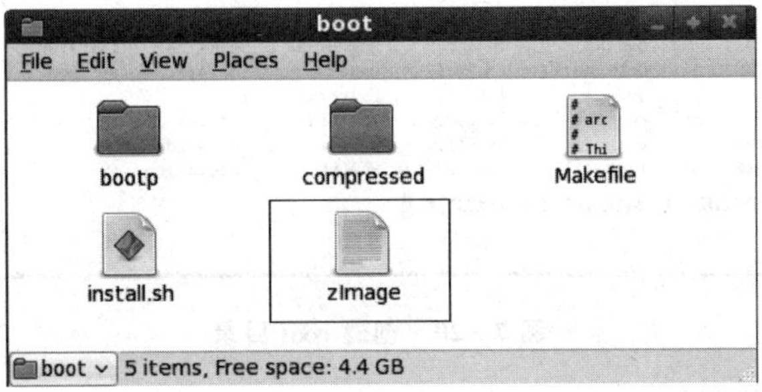

图 7-18　生成映像文件

(4) 熟悉根文件的生成过程

1) 根文件系统的制作

使用 Busybox 工具软件制作根文件系统。

先创建一个 rootfs,并在这个目录下建各个子目录。

```
Mkdir rootfs
Mkdir etc dev lib mnt proc tmp usr var
Cd busybox - 1.00 - pre10
```

2) 配置根文件系统

使用命令 Make menuconfig 对根文件系统进行配置,如图 7-19 所示。

3) 建立依赖关系

使用命令 Make dep 建立依赖关系,如果无法操作,则用“rm. /. depend”删除,再重新生成。“Make PREFIX=. /root install”,如图 7-20 所示。

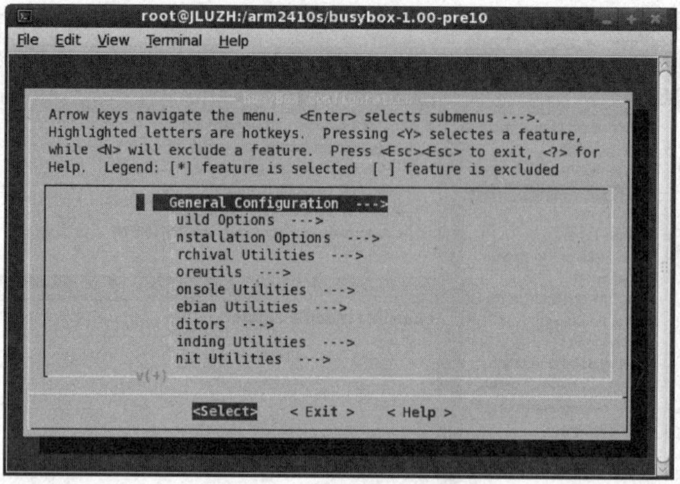

图 7-19 配置根文件系统

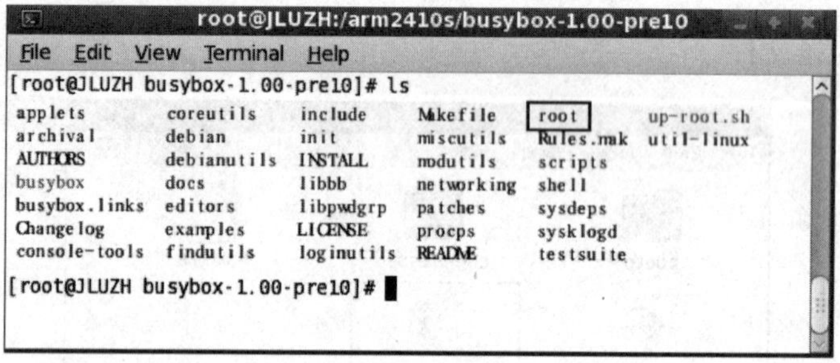

图 7-20 创建 root 目录

4) 生成根文件系统

将生成的 root 目录复制到 rootfs 目录下，使用命令"Mkcramfs rootfs root.cramfs"生成根文件系统，如图 7-21 所示。

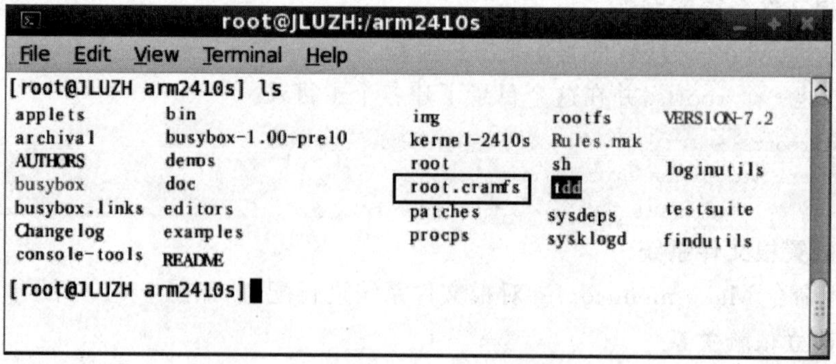

图 7-21 生成根文件系统

(5) 将 BootLoader、Linux 内核和根文件系统下载到开发板

基本步骤如下，具体到某种实验箱，可参考相应实验箱的参考文档，一般包括如下几个步骤：

① 硬件连接。

② 烧写 BootLoader。

③ 烧写内核。

④ 烧写根文件系统。

根文件烧写完后即可将应用程序下载到目标板，设置启动参数，然后就可以实现一个具体的应用了。

6. 思考题

① 使用 Source Insight 工具分别阅读并分析 BootLoader 和 Linux 内核源代码。

② 掌握 BootLoader、内核和根文件系统的烧写过程。

③ 通过 ftp 方式将应用程序下载到开发板。

7.7 驱动程序设计

1. 实验目的

① 掌握 Linux 下驱动程序的编写。

② 掌握模块方式进行驱动开发调试的过程。

2. 实验设备

硬件：PC。

软件：VirtualBox 虚拟机和 Ubuntu 操作系统。

3. 实验预习要求

① 阅读 3.7 节，理解驱动程序的基本结构和驱动程序的分类。

② 阅读 3.8 节，理解驱动程序的接口和 Linux 设备控制方式。

③ 阅读 3.9 节，掌握 Linux 设备驱动程序开发调试的基本流程。

4. 实验内容

① 掌握 Linux 下驱动程序的开发流程。

② 掌握 Linux 驱动程序设计的调试过程。

5. 实验步骤

(1) 掌握 Linux 下驱动程序的开发流程

① 编辑驱动程序源代码，首先创建一个目录 drv，然后参考 3.9.1 小节代码，操作命令如下：

```
[root@JLUZH drv]# gedit hello.c
```

② 编写 Makefile 文件,参考 3.9.1 小节代码,其操作命令如下:

```
[root@JLUZH drv]# gedit Makefile
```

③ 编译驱动程序,其命令如下:

```
[root@JLUZH drv]# make
make - C /lib/modules/'uname - r'/build M = /root/drv modules
make[1]: Entering directory '/usr/src/kernels/2.6.29.4-167.fc11.i686.PAE'
      CC [M]  /root/drv/hello.o
      LD [M]  /root/drv/helloworld.o
 Building modules, stage 2.
      MODPOST 1 modules
      CC      /root/drv/helloworld.mod.o
      LD [M]  /root/drv/helloworld.ko
make[1]: Leaving directory '/usr/src/kernels/2.6.29.4-167.fc11.i686.PAE'
```

④ 加载驱动程序,编译完后,可以使用 ls 查看当前目录下生成的目标程序,然后使用 insmod 命令、lsmod 命令和 rmmod 命令对驱动模块进行操作,其命令如下:

```
[root@JLUZH drv]# ls
hello.c   hello.o   helloworld.mod.c   helloworld.o     modules.order
helloworld.ko helloworld.mod.o  Makefile   Module.markers   Module.symvers
[root@JLUZH drv]# insmod helloworld.ko
[root@JLUZH drv]# lsmod
Module                  Size Used by
helloworld               1132 0
fuse                     49780 2
⋮
[root@JLUZH drv]rmmod helloworld.ko
[root@JLUZH drv]# lsmod
Module                   Size   Used by
fuse                     49780   2
⋮
```

⑤ 查看驱动输出信息,从而验证了驱动程序的加载过程,操作如下:

```
[root@JLUZH drv]# cat /var/log/messages
Jul 9 17:25:07 JLUZH kernel: Hello World! n<1>Goodbye World!
[root@JLUZH drv]#
```

(2) 掌握 Linux 驱动程序设计的调试过程

① 从虚拟机运行 Linux 操作系统,启动终端后新建一个目录 chrdrv,参考 3.9.2 小节。使用 gedit 编写一个字符设备驱动框架取名为 demo.c,其参考命令如下:

```
[root@JLUZH chardrv]# gedit demo.c
```

输入源代码后存盘,按照此方式分别编写一个测试驱动的程序取名为 test_demo.c,一个 Makefile 文件。最后,使用 ls 命令查看目录中的文件,其命令如下,可以看到有 3 个文件。

```
[root@JLUZH chardrv]# ls
demo.c   Makefile   test_demo.c
```

② 使用 Make 编译驱动和测试文件，可以看到生成了 demodrv. ko 驱动模块。

```
[root@JLUZH chardrv]# make
make -C /lib/modules/'uname -r'/build  M = /root/drvdemo/chardrv modules
make[1]: Entering directory '/usr/src/kernels/2.6.29.4-167.fc11.i686.PAE'
  CC [M]  /root/drvdemo/chardrv/demo.o
  LD [M]  /root/drvdemo/chardrv/demodrv.o
  Building modules, stage 2.
  MODPOST 1 modules
  CC      /root/drvdemo/chardrv/demodrv.mod.o
  LD [M]  /root/drvdemo/chardrv/demodrv.ko
make[1]: Leaving directory '/usr/src/kernels/2.6.29.4-167.fc11.i686.PAE'
[root@JLUZH chardrv]#
```

类似可以编译 test_demo. c，得到 test_demo 可执行文件，使用 ls 命令查看有如下结果：

```
[root@JLUZH chardrv]# ls
demo.c          demodrv.mod.o   Makefile        Module.symvers   test_demo.o
demodrv.ko      demodrv.o       Module.markers  test_demo
demodrv.mod.c   demo.o          modules.order   test_demo.c
```

其中，加粗斜体显示的 demodrv. ko 和 test_demo 两个文件分别是需要的驱动模块和测试驱动模块的应用程序。

③ 创建设备节点，使用 mknod 命令，然后使用 ll 命令查看该节点的详细信息，其操作如下：

```
[root@JLUZH chardrv]# mknod /dev/demodrv c 267 0
[root@JLUZH chardrv]# ll /dev/demodrv
crw-r--r--. 1 root root 267, 0 07-10 17:46 /dev/demodrv
```

注意：创建设备节点时须选择一个系统没有使用的设备号，具体可以使用"cat proc/devices"查看，否则有可能和现有设备号发生冲突。

④ 插入驱动模块，使用 insmod 命令插入，然后可以使用 lsmod 命令查看，也可以查看"/proc/modules"文件中有关该模块加载的信息。同时，也可以查看"/var/log/messages"中关于该模块加载、读/写的输出信息（printk 打印的信息），其操作如下：

```
[root@JLUZH chardrv]# insmod demodrv.ko
[root@JLUZH chardrv]# lsmod
Module                  Size  Used by
demodrv                 2676  0
 ⋮
[root@JLUZH chardrv]# cat /proc/modules
demodrv 2676 0 - Live 0xd0a8c000
 ⋮
[root@JLUZH chardrv]# cat /var/log/messages
 ⋮
Jul 10 17:04:50 JLUZH kernel: demodrv initialized
```

```
Jul 10 17:47:03 JLUZH kernel: user write data to driver
Jul 10 17:47:03 JLUZH kernel: user read data from driver
Jul 10 17:43:44 JLUZH kernel: demodrv unloaded
⋮
```

如果不需要该驱动模块,那么还可以用 rmmod 命令将模块卸载,这个操作最好放在第⑤步后操作。

⑤ 测试驱动程序,运行 test_demo,即可看到应用程序访问驱动的情形。

```
[root@JLUZH chardrv]# ./test_demo
write 32 bytes data to /dev/demo
     0:    0    1    2    3
     1:    4    5    6    7
     2:    8    9   10   11
     3:   12   13   14   15
     4:   16   17   18   19
     5:   20   21   22   23
     6:   24   25   26   27
     7:   28   29   30   31
***********************************************************
Read 32 bytes data from /dev/demo
     0:    0    1    2    3
     1:    4    5    6    7
     2:    8    9   10   11
     3:   12   13   14   15
     4:   16   17   18   19
     5:   20   21   22   23
     6:   24   25   26   27
     7:   28   29   30   31
***********************************************************
[root@JLUZH chardrv]#
```

测试完毕后,使用 rmmod 命令将驱动模块卸载,然后再次运行测试程序,则发现驱动程序访问不到了。其操作如下:

```
[root@JLUZH chardrv]# rmmod demodrv.ko
[root@JLUZH chardrv]# ./test_demo
```

6. 思考题

① 驱动程序和应用程序有何区别?

② 使用哪些命令能够实现 Linux 驱动模块的动态加载和卸载?

③ 理解驱动程序的基本框架。

7.8 Qt 应用编程

1. 实验目的

① 熟悉 Qt 开发环境的搭建。

② 掌握 Qt 程序设计的基本流程。

2. 实验设备

硬件:PC 机。

软件:VirtualBox 虚拟机、Ubuntu 操作系统和 Qt 源代码。

3. 实验预习要求

① 阅读 4.2 节内容,熟悉 Qt 编程基础。

② 阅读 4.3 节内容,掌握 Qt 中的信号和插槽机制。

③ 阅读 4.4 节内容,掌握 Qt Creator 设计技术。

④ 阅读 4.5 节内容,熟悉使用 CodeBlocks 开发 Qt 程序。

4. 实验内容

① 如何搭建 Qt 开发环境?

② Qt 程序设计的基本流程。

③ Qt Creator 设计工具的使用。

④ 使用 CodeBlocks 开发 Qt 程序。

5. 实验步骤

(1) 如何搭建 Qt 开发环境

在 Qt 官方网站 https://www.qt.io/zh-cn/下载 Qt 源代码,在虚拟机的 Linux 操作系统中安装,安装步骤参考 4.2.3 小节。

(2) Qt 程序设计的基本流程

Qt 程序设计可以是基于终端的命令方式,也可以是基于 CodeBlocks 的集成开发方式,这里主要介绍基于终端的命令方式,其操作步骤参考 4.2.4 小节。

(3) 使用 Qt Creator 设计

使用 Qt Creator 编写 Qt 程序,利用信号和插槽机制实现信号的传递,其操作步骤参考 4.4.2 小节。

(4) 使用 CodeBlocks 开发 Qt 程序

掌握 Eclipse 平台下 Qt 开发过程,参考 4.5 节。

6. 思考题

① 掌握 CodeBlocks 平台下 Qt 开发过程。

② 如何将 Qt 应用程序移植到实验箱。

7.9 嵌入式数据库

1. 实验目的

① 掌握嵌入式数据库 SQLite3 的安装和使用。

② 掌握嵌入式数据库编程。

2. 实验设备

硬件:PC。

软件:VirtualBox 虚拟机、Ubuntu 操作系统和 SQLite3 源码包。

3. 实验预习要求

阅读 5.2 节内容,熟悉 SQLite3 的基础知识。

4. 实验内容

① 掌握 SQLite3 数据库的安装。

② 掌握 SQLite3 数据库的操作命令。

③ 使用 SQLite3 的 API 编程。

5. 实验步骤

(1) 掌握 SQLite3 数据库的安装

① 参考 5.2.2 小节,从互联网上下载 SQLite3 源码包,解压缩并安装。

② 将库文件所在的路径加到系统文件"/etc/ld.so.conf"中。

③ 测试数据库,其命令如下,若出现"sqlite>"提示符,则表示正确安装了数据,在此提示符下就可以运行建立数据库、建立表、插入和查询等命令。

```
[root@JLUZH bin]# sqlite3
SQLite version 3.6.20
Enter ".help" for instructions
Enter SQL statements terminated with a ";"
sqlite>
```

(2) 掌握 SQLite3 数据库操作命令

① 基本命令的操作参考 5.2.3 小节,包括数据的建立、表的建立、建立索引、插入记录、查询记录和修改或删除记录等。

② 数据库管理命令的操作参考 5.2.4 小节,包括 Help 命令、Database 命令和 Tables 命令等。

(3) 使用 SQLite3 的 API 编程

结合以上建立的 test.db,使用 SQLite3 的 API 函数,设计一个应用程序,实现对数据库的基本操作,参考 5.2.6 小节源码。

6. 思考题

编写一个学生管理系统,GUI 使用 Qt,数据库使用 SQLite 数据库,然后移植到嵌入式设备中。

7.10 网络通信编程

1. 实验目的

① 掌握 Socket 基础知识。

② 掌握 TCP 协议通信原理。

③ 掌握 UDP 协议通信原理。

2. 实验设备

硬件:PC。

软件:VirtualBox 虚拟机和 Ubuntu 操作系统。

3. 实验预习要求

① 阅读 6.2 节,熟悉 Socket 网络编程基础。

② 阅读 6.3 节,掌握 TCP 通信编程。

③ 阅读 6.4 节,掌握 UDP 通信编程。

4. 实验内容

① 掌握 Socket 基础编程。

② 掌握 TCP 协议通信编程。

③ 掌握 UDP 协议通信编程。

5. 实验步骤

(1) 掌握 Socket 基础编程

① 熟悉 sockaddr_in 等基本数据结构和基本函数,使用 mkdir 命令新建如下目录"/root/net/hostname",参考 6.2.3 小节,将源代码 hostname_ip.c 进行编辑。其操作如下:

```
[root@JLUZH net]# mkdir hostname
[root@JLUZH net]# cd hostname
[root@JLUZH hostname]# gedit hostname_ip.c
```

② 编辑完后将 hostname_ip.c 进行编译,然后使用 ls 命令查看是否生成可执行文件,其操作如下:

```
[root@JLUZH hostname]# gcc hostname_ip.c -o hostname_ip
[root@JLUZH hostname]# ls
hostname_ip hostname_ip.c
```

③ 运行程序,运行时分别使用 IP 和主机名作为参数进行测试,其操作和程序运行的结果如下:

```
[root@JLUZH hostname]# ./hostname_ip 127.0.0.1
Address information of Ip 127.0.0.1
```

```
Official host name JLUZH
Name aliases:localhost.localdomain ,localhost ,
Ip address:127.0.0.1 ,
[root@JLUZH hostname]# ./hostname_ip JLUZH
Address information of host JLUZH
Official host name JLUZH
Name aliases:localhost.localdomain ,localhost ,
Ip address:127.0.0.1 ,
[root@JLUZH hostname]#
```

(2) 掌握 TCP 协议通信编程

① 使用 mkdir 命令新建如下目录"/root/net/tcp",参考 6.3.2 小节,编辑源代码 tcpserver.c。参考 6.3.3 小节编辑源代码 tcpclient.c。

② 编译。编辑完后分别将 tcpserver.c 和 tcpcliet.c 进行编译,然后使用 ls 命令查看是否生成可执行文件,其操作如下:

```
[root@JLUZH tcp]# gcc tcpserver.c -o tcpserver
[root@JLUZH tcp]# gcc tcpclient.c -o tcpclient
[root@JLUZH tcp]# ls
tcpclient tcpclient.c tcpserver tcpserver.c
```

③ 测试运行程序,分别打开两个终端,首先在终端 1 中运行 tcpserver,端口设为 2000,运行后程序一直处于阻塞状态;直到终端 2 中的客户端程序运行,就会输出一个连接信息,如图 7-22 所示。

图 7-22　终端 1 的运行服务器端

其次,在终端 2 中运行 tcpclient,为了测试方便,这里的 IP 设为 LOCALHOST 即 127.0.0.1,端口设为 2000。可以看到,客户端运行后和服务器端进行通信,最后显示从服务器端获得的信息,如图 7-23 所示。

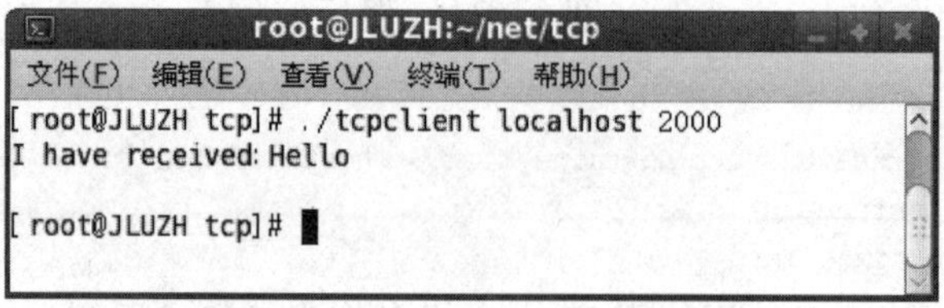

图 7-23　终端 2 的运行客户端

注意:进行测试时先要运行服务器端,然后才运行客户端程序。

(3) 掌握 UDP 协议通信编程

① 使用 mkdir 命令新建如下目录“/root/net/udp”，参考 6.4.2 小节，编辑源代码 udpserver.c。参考 6.4.3 小节编辑源代码 udpclient.c。

② 编辑完后分别将 udpserver.c 和 udpcliet.c 进行编译，然后使用 ls 命令查看是否生成可执行文件，其操作如下：

```
[root@JLUZH udp]# gcc udpserver.c -o udpserver
[root@JLUZH udp]# gcc udpclient.c -o udpclient
[root@JLUZH udp]# ls
udpclient udpclient.c udpserver udpserver.c
```

③ 测试运行程序，分别打开两个终端，首先在终端 1 中运行 udpserver，直到终端 2 中的客户端程序运行，就会输出一个连接信息，如图 7-24 所示。

其次，在终端 2 中运行 tcpclient，为了测试方便这里的 IP 设为 127.0.0.1。可以看到，客户端运行后和服务器端进行通信，最后显示从服务器端获得的信息，如图 7-25 所示。

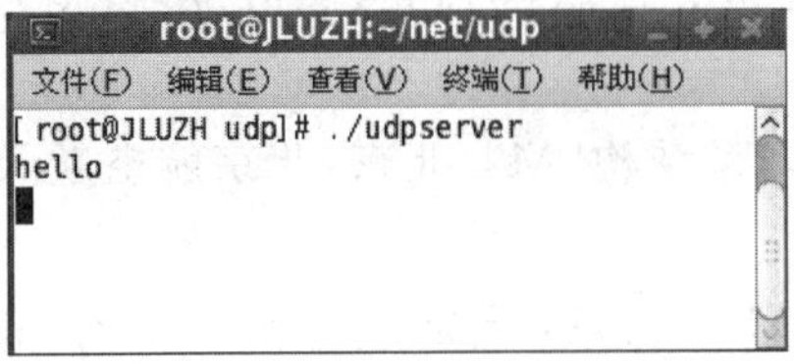

图 7-24 终端 1 的 udpserver 端

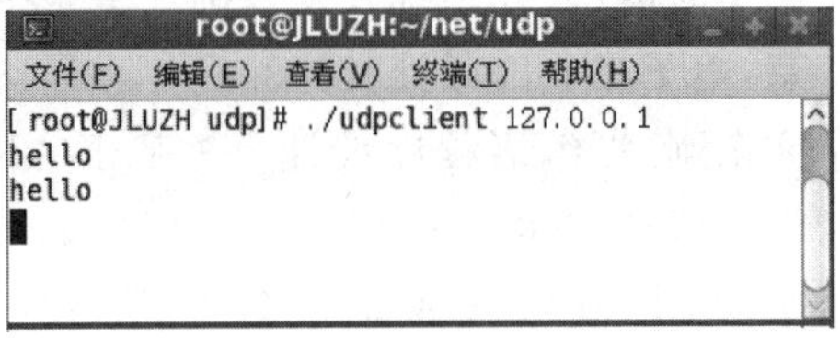

图 7-25 终端 2 的 udpclient 端

6. 思考题

① 使用 TCP 协议编写一个简单的文件传输的程序。

② 使用 UDP 方式编写一个具有聊天功能的客户端程序。

参考文献

[1] 候杰. Linux 下 C 语言编程[EB/OL]. [2010-07-04]http://blog.csdn.net/Hou_Rj/archive/2009/05/19/4201941.aspx.

[2] 施聪. 嵌入式数据库系统 Berkeley DB[EB/OL]. [2010-09-05]http://www.ibm.com/developerworks/cn/linux/l-embdb/index.html Berkeley DB 数据库.

[3] 詹荣开. 嵌入式系统 BootLoader 技术内幕[EB/OL]. [2010-10-06]http://www.csai.cn.

[4] linuxinside. Qt 的信号和槽机制介绍[EB/OL]. [2010-10-11]http://www.cublog.cn/u/12592/showart_225650.html.

[5] 孙琼. 嵌入式 Linux 应用程序开发详解[M]. 北京:人民邮电出版社,2006.

[6] 滕英岩. 嵌入式系统开发基础—基于 ARM 微处理器和 Linux 操作系统[M]. 北京:电子工业出版社,2008.

[7] 文全刚. 汇编语程序设计——基于 ARM 体系结构[M]. 北京:北京航空航天大学出版社,2007.

[8] 文全刚. 嵌入式系统接口原理与应用[M]. 北京:北京航空航天大学出版社,2009.

[9] 杨水清,张剑,施云飞,等. ARM 嵌入式 Linux 系统开发技术详解[M]. 北京:电子工业出版社,2008.

[10] 丁林松,黄丽琴. Qt4 图形设计与嵌入式开发[M]. 北京:人民邮电出版社,2009.

[11] 华清远见嵌入式培训中心. 嵌入式 Linux 应用程序开发标准教程 [M]. 2 版. 北京:人民邮电出版社,2009.

[12] 赖晓晨,原旭,孙宁. 嵌入式系统程序设计[M]. 北京:清华大学出版社,2009.

[13] 俞辉,李永,何旭莉. 嵌入式 Linux 程序设计案例与实验教程[M]. 北京:机械工业出版社,2009.

[14] 赵苍明,穆煜. 嵌入式 Linux 应用开发教程[M]. 北京:人民邮电出版社,2009.